KB085404

책장을 넘기며 느껴지는
몰입의 기쁨

노력한 만큼 빛이 나는
내일의 반짝임

새로운 배움, 더 큰 즐거움

미래엔이 응원합니다!

올리드
중등 수학 2(하)

BOOK CONCEPT

개념 이해부터 내신 대비까지 완벽하게 끝내는 필수 개념서

BOOK GRADE

구성 비율	개념				문제

개념 수준	간략		알참		상세

문제 수준	기본		표준		발전

WRITERS

미래엔콘텐츠연구회
No.1 Content를 개발하는 교육 전문 콘텐츠 연구회

천태선　인도네시아 자카르타한국국제학교 교사 | 서울대 수학교육과
강순모　동신중 교사 | 한양대 대학원 수학교육과
김보현　동성중 교사 | 이화여대 수학교육과
강해기　배재중 교사 | 서울대 수학교육과
신지영　개운중 교사 | 서울대 수학교육과
이경은　한울중 교사 | 서울대 수학교육과
이현구　정의여중 교사 | 서강대학교 대학원 수학교육과
정 란　옥정중 교사 | 부산대 수학교육과
정석규　세곡중 교사 | 충남대 수학교육과
주우진　서울사대부설고 교사 | 서울대 수학교육과
한혜정　창덕여중 교사 | 숙명여대 수학과
홍은지　원촌중 교사 | 서울대 수학교육과

COPYRIGHT

인쇄일 2023년 8월 1일(1판10쇄)
발행일 2019년 2월 1일

펴낸이 신광수
펴낸곳 ㈜미래엔
등록번호 제16-67호

교육개발1실장 하남규
개발책임 주석호
개발 이미래, 문정분, 이선희

디자인실장 손현지
디자인책임 김기욱
디자인 이진희, 유성아

CS본부장 강윤구
CS지원책임 강승훈

ISBN 979-11-6841-120-3

자신감

보조바퀴가 달린 네발 자전거를 타다 보면
어느 순간 시시하고, 재미가 없음을 느끼게 됩니다.
그리고 주위에서 두발 자전거를 타는 모습을 보며
'언제까지 네발 자전거만 탈 수는 없어!'
라는 마음에 두발 자전거 타는 방법을 배우려고 합니다.

보조바퀴를 떼어낸 후
자전거도 뒤뚱뒤뚱, 몸도 뒤뚱뒤뚱.
결국에는 넘어지기도 수 십번.
넘어졌다고 포기하지 않고 다시 일어나서 자전거를 타다 보면
어느덧 혼자서도 씽씽 달릴 수가 있습니다.

올리드 수학을 만나면
개념과 문제뿐 아니라 오답까지 잡을 수 있습니다.
그래서 어느새 수학에 자신감이 생기게 됩니다.

자, 이제 올리드 수학으로 공부해 볼까요?

Structure

[첫째,]
교과서 개념을 47개로 세분화
하고 알차게 정리하여 차근차근
공부할 수 있도록 하였습니다.

[둘째,]
개념 1쪽, 문제 1쪽의 2쪽 구성
으로 개념 학습 후 문제를 바로
풀면서 개념을 익힐 수 있습니다.

[셋째,]
개념교재편을 공부한 후, 익힘교
재편으로 **반복 학습**을 하여 **완
벽하게 마스터**할 수 있습니다.

**개념
교재편**

1 개념 & 대표 문제 학습

2쪽 구성

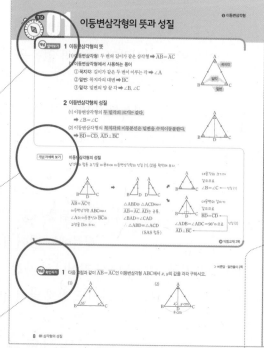

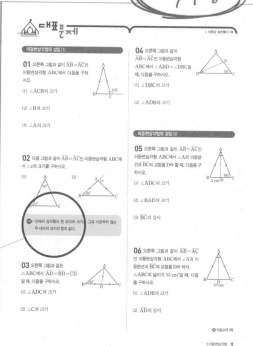

개념 학습

● 개념 **알아보기**

각 단원에서 교과서 핵심 개념을 세분화하여 정리하
였습니다.

● 개념 **자세히 보기**

개념을 도식화, 도표화하여 보다 쉽게 개념을 이해
할 수 있습니다.

● 개념 **확인하기**

정의와 공식을 이용하여 푸는 문제로 개념을 바로
확인할 수 있습니다.

대표 문제

개념별로 1~3개의 주제로 분류하고, 주제별로 대표
적인 문제를 수록하였습니다.

●

문제를 해결하는 데 필요한 전략이나 어려운 개념에
대한 설명이 필요한 경우에 TIP을 제시하였습니다.

2 핵심 문제 학습

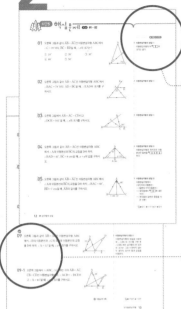

소단원 핵심 문제
각 소단원의 주요 핵심 문제만을 선별하여 수록하였습니다.

● 개념 REVIEW
문제 풀이에 이용된 개념을 다시 한 번 짚어 볼 수 있습니다.

UP & 한문제 더
실력을 한 단계 향상시킬 수 있는 문제로, UP과 유사한 문제를 한 번 더 학습할 수 있습니다.

3 마무리 학습

중단원 마무리 문제
중단원에서 배운 내용을 종합적으로 마무리할 수 있는 문제를 수록하였습니다.

창의・융합 문제
타 교과나 실생활과 관련된 문제를 단계별 과정에 따라 풀어 봄으로써 문제 해결력을 기를 수 있습니다.

교과서 속 서술형 문제
꼬리에 꼬리를 무는 구체적인 질문으로 풀이를 서술하는 연습을 하고, 연습문제를 풀면서 서술형에 대한 감각을 기를 수 있습니다.

익힘 교재편

개념 정리
빈칸을 채우면서 중단원별 핵심 개념을 다시 한 번 확인할 수 있습니다.

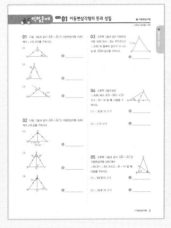

익힘 문제
개념별 기본 문제로 개념교재편의 대표 문제를 반복 연습할 수 있습니다.

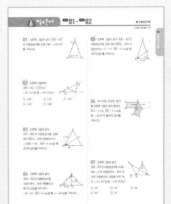

필수 문제
소단원별 필수 문제로 개념교재편의 핵심 문제를 반복 연습할 수 있습니다.

내가 푼 모든 문제는 이후에
다른 문제를 푸는 데 도움이 되는 규칙이 되었다.
- 르네 데카르트 -

01

삼각형의 성질

배운내용 Check

1 다음 그림과 같은 두 삼각형이 서로 합동일 때, 합동인 두 삼각형을 기호 ≡를 사용하여 나타내고 합동 조건을 말하시오.

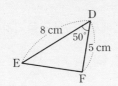

정답 **1** △ABC≡△EDF, SAS 합동

개념 01 이등변삼각형의 뜻과 성질

개념 알아보기

1 이등변삼각형의 뜻

(1) **이등변삼각형**: 두 변의 길이가 같은 삼각형 ➡ $\overline{AB}=\overline{AC}$

(2) **이등변삼각형에서 사용하는 용어**

① **꼭지각**: 길이가 같은 두 변이 이루는 각 ➡ $\angle A$

② **밑변**: 꼭지각의 대변 ➡ $\overline{BC}$

③ **밑각**: 밑변의 양 끝 각 ➡ $\angle B$, $\angle C$

2 이등변삼각형의 성질

(1) 이등변삼각형의 두 밑각의 크기는 같다.

➡ $\angle B=\angle C$

(2) 이등변삼각형의 꼭지각의 이등분선은 밑변을 수직이등분한다.

➡ $\overline{BD}=\overline{CD}$, $\overline{AD}\perp\overline{BC}$

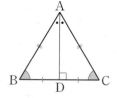

개념 자세히 보기 이등변삼각형의 성질

삼각형의 합동 조건을 이용하여 이등변삼각형의 성질 (1), (2)를 확인해 보자.

$\overline{AB}=\overline{AC}$인
이등변삼각형 ABC에서
$\angle A$의 이등분선과 $\overline{BC}$의
교점을 D라 하자.

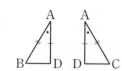

$\triangle ABD$와 $\triangle ACD$에서
$\overline{AB}=\overline{AC}$, $\overline{AD}$는 공통,
$\angle BAD=\angle CAD$
∴ $\triangle ABD\equiv\triangle ACD$
(SAS 합동)

대응각의 크기가
같으므로
$\angle B=\angle C$ ← 성질 (1)

대응변의 길이가
같으므로
$\overline{BD}=\overline{CD}$
$\angle ADB=\angle ADC=90°$이므로
$\overline{AD}\perp\overline{BC}$ ← 성질 (2)

>> 익힘교재 2쪽

➠ 바른답·알찬풀이 2쪽

개념 확인하기 **1** 다음 그림과 같이 $\overline{AB}=\overline{AC}$인 이등변삼각형 ABC에서 x, y의 값을 각각 구하시오.

(1)
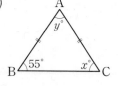

(2)
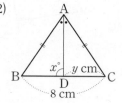

이등변삼각형의 성질 (1)

01 오른쪽 그림과 같이 $\overline{AB}=\overline{AC}$인 이등변삼각형 ABC에서 다음을 구하시오.

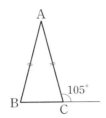

(1) ∠ACB의 크기

(2) ∠B의 크기

(3) ∠A의 크기

02 다음 그림과 같이 $\overline{AB}=\overline{AC}$인 이등변삼각형 ABC에서 ∠$x$의 크기를 구하시오.

(1)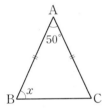

(2)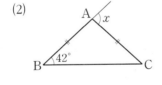

> **TIP** (2)에서 삼각형의 한 외각의 크기는 그와 이웃하지 않는 두 내각의 크기의 합과 같다.

03 오른쪽 그림과 같은 △ABC에서 $\overline{AD}=\overline{BD}=\overline{CD}$일 때, 다음을 구하시오.

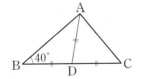

(1) ∠ADC의 크기

(2) ∠C의 크기

04 오른쪽 그림과 같이 $\overline{AB}=\overline{AC}$인 이등변삼각형 ABC에서 ∠ABD=∠DBC일 때, 다음을 구하시오.

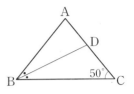

(1) ∠DBC의 크기

(2) ∠ADB의 크기

이등변삼각형의 성질 (2)

05 오른쪽 그림과 같이 $\overline{AB}=\overline{AC}$인 이등변삼각형 ABC에서 ∠A의 이등분선과 $\overline{BC}$의 교점을 D라 할 때, 다음을 구하시오.

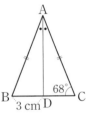

(1) ∠ADC의 크기

(2) ∠BAD의 크기

(3) $\overline{BC}$의 길이

06 오른쪽 그림과 같이 $\overline{AB}=\overline{AC}$인 이등변삼각형 ABC에서 ∠A의 이등분선과 $\overline{BC}$의 교점을 D라 하자. △ABC의 넓이가 55 cm²일 때, 다음을 구하시오.

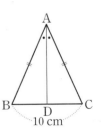

(1) ∠ADB의 크기

(2) $\overline{AD}$의 길이

>> 익힘교재 3쪽

개념 02 이등변삼각형이 되는 조건

개념 알아보기 **1 이등변삼각형이 되는 조건**

두 내각의 크기가 같은 삼각형은 이등변삼각형이다.

➡ $\triangle ABC$에서 $\angle B = \angle C$이면 $\overline{AB} = \overline{AC}$

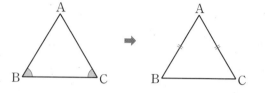

참고 폭이 일정한 종이접기

폭이 일정한 종이를 오른쪽 그림과 같이 접으면

$\angle BAC = \angle DAC$ (접은 각),

$\angle DAC = \angle BCA$ (엇각)

이므로 $\angle BAC = \angle BCA$

따라서 $\triangle ABC$의 두 내각의 크기가 같으므로 $\triangle ABC$는 $\overline{BA} = \overline{BC}$인 이등변삼각형이다.

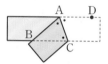

개념 자세히 보기 **이등변삼각형이 되는 조건**

삼각형의 합동 조건을 이용하여 이등변삼각형이 되는 조건을 확인해 보자.

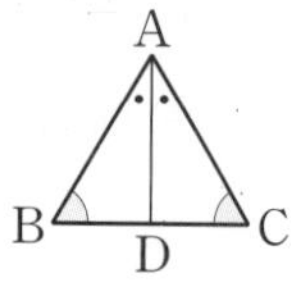

$\angle B = \angle C$인 $\triangle ABC$에서 $\angle A$의 이등분선과 $\overline{BC}$의 교점을 D라 하자.

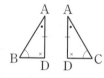

$\triangle ABD$와 $\triangle ACD$에서 $\overline{AD}$는 공통,

$\angle BAD = \angle CAD$,

$\angle ADB = \angle ADC$

$\therefore \triangle ABD \equiv \triangle ACD$

(ASA 합동)

$\angle ADB = 180° - (\angle B + \angle BAD)$
$= 180° - (\angle C + \angle CAD)$
$= \angle ADC$

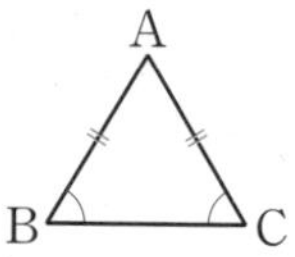

대응변의 길이가 같으므로 $\overline{AB} = \overline{AC}$

➤➤ 익힘교재 2쪽

개념 확인하기 ➤ 바른답·알찬풀이 2쪽

1 다음 그림과 같은 $\triangle ABC$에서 x의 값을 구하시오.

(1)

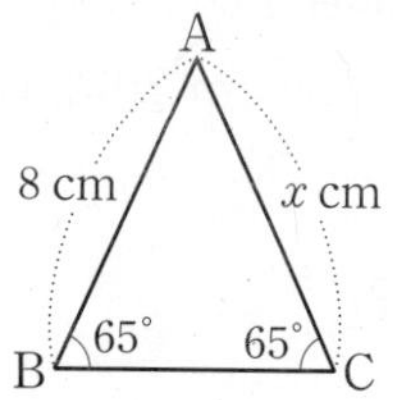

8 cm x cm
$65°$ $65°$

(2)

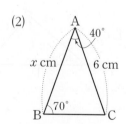

$40°$
x cm   6 cm
$70°$

이등변삼각형이 되는 조건

01 오른쪽 그림과 같은 △ABC 에서 다음을 구하시오.

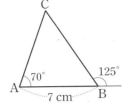

(1) ∠C의 크기

(2) $\overline{AC}$의 길이

02 오른쪽 그림과 같이 ∠B=90° 인 직각삼각형 ABC에서 다음을 구 하시오.

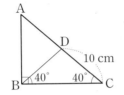

(1) $\overline{BD}$의 길이

(2) ∠ABD의 크기

(3) ∠A의 크기

(4) $\overline{AD}$의 길이

03 오른쪽 그림과 같이 $\overline{AB}=\overline{AC}$ 인 이등변삼각형 ABC에서 ∠B, ∠C 의 이등분선의 교점을 D라 할 때, 다 음 물음에 답하시오.

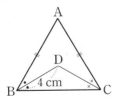

(1) △DBC는 어떤 삼각형인지 말하시오.

(2) $\overline{DC}$의 길이를 구하시오.

04 오른쪽 그림과 같은 △ABC 에서 ∠A의 이등분선과 $\overline{BC}$의 교 점을 D라 할 때, $\overline{BD}$의 길이를 구 하시오.

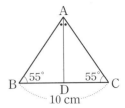

> **TIP** △ABC에서 ∠B=∠C
> ⇨ △ABC는 $\overline{AB}=\overline{AC}$인 이등변삼각형이다.
> ⇨ ∠A의 이등분선은 밑변을 수직이등분한다.

폭이 일정한 종이접기

05 직사각형 모양의 종이를 오 른쪽 그림과 같이 접었을 때, 다 음을 구하시오.

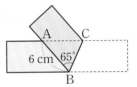

(1) ∠ACB의 크기

(2) $\overline{AC}$의 길이

> **TIP** 폭이 일정한 종이를 접었을 때, 접은 각의 크기와 엇각의 크기가 각각 같음을 이용한다.

06 직사각형 모양의 종이를 오 른쪽 그림과 같이 접었을 때, 다음 **보기**에서 옳지 <u>않은</u> 것을 모두 고 르시오.

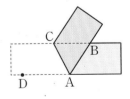

┤ 보기 ├─

ㄱ. ∠CAB=∠CAD   ㄴ. ∠CAB=∠ACB

ㄷ. $\overline{AB}=\overline{AC}$ ㄹ. $\overline{BA}=\overline{BC}$

》 익힘교재 4쪽

• 개념 REVIEW

01 오른쪽 그림과 같이 $\overline{AB}=\overline{AC}$인 이등변삼각형 ABC에서 $\angle C=70°$이다. $\overline{BC}=\overline{BD}$일 때, $\angle x$의 크기는?

① 10°　　② 20°　　③ 30°
④ 40°　　⑤ 50°

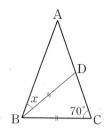

이등변삼각형의 성질 (1)
이등변삼각형의 두 **❶**□□의 크기는 같다.

02 오른쪽 그림과 같이 $\overline{AB}=\overline{AC}$인 이등변삼각형 ABC에서 $\angle BAC=78°$이다. $\overline{AD} /\!/ \overline{BC}$일 때, $\angle EAD$의 크기를 구하시오.

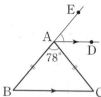

이등변삼각형의 성질 (1)

03 오른쪽 그림에서 $\overline{AB}=\overline{AC}=\overline{CD}$이고 $\angle DCE=105°$일 때, $\angle x$의 크기를 구하시오.

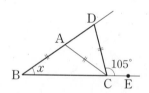

이등변삼각형의 성질 (1)

04 오른쪽 그림과 같이 $\overline{AB}=\overline{AC}$인 이등변삼각형 ABC에서 $\angle A$의 이등분선과 $\overline{BC}$의 교점을 D라 하자. $\angle BAD=45°$, $\overline{BC}=8$ cm일 때, $x+y$의 값을 구하시오.

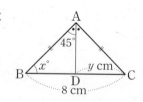

이등변삼각형의 성질 (2)
이등변삼각형의 꼭지각의 이등분선은 밑변을 **❷**□□□□□한다.

05 오른쪽 그림과 같이 $\overline{AB}=\overline{AC}$인 이등변삼각형 ABC에서 $\angle A$의 이등분선과 $\overline{BC}$의 교점을 D라 하자. $\angle BAC=60°$, $\overline{BD}=7$ cm일 때, $\overline{AB}$의 길이를 구하시오.

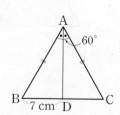

이등변삼각형의 성질 (2)
이등변삼각형에서
(꼭지각의 이등분선)
＝(밑변의 수직이등분선)
＝(꼭짓점에서 **❸**□□에 내린 수선)
＝(꼭짓점과 밑변의 중점을 이은 선분)

답 **❶** 밑각 **❷** 수직이등분 **❸** 밑변

개념 REVIEW

06 오른쪽 그림과 같은 △ABC에서 ∠A=∠B이고 $\overline{AB}\perp\overline{CD}$, $\overline{AD}$=6 cm일 때, $\overline{AB}$의 길이를 구하시오.

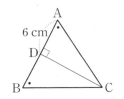

> **이등변삼각형이 되는 조건**
> 두 내각의 크기가 같은 삼각형은 ❶□□□삼각형이다.

07 오른쪽 그림과 같이 $\overline{AB}$=$\overline{AC}$인 이등변삼각형 ABC에서 ∠B의 이등분선과 $\overline{AC}$의 교점을 D라 하자. ∠A=36°, $\overline{BC}$=10 cm일 때, $\overline{AD}$의 길이를 구하시오.

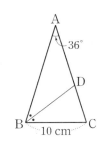

> **이등변삼각형이 되는 조건**

08 직사각형 모양의 종이를 오른쪽 그림과 같이 접었다. $\overline{AB}$=11 cm, $\overline{AC}$=7 cm일 때, △ABC의 둘레의 길이를 구하시오.

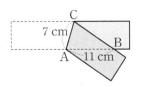

> **폭이 일정한 종이접기**
> 폭이 일정한 종이를 접었을 때,
> ⇨ 접은 각, 엇각의 크기는 각각 같다.
> ⇨ 겹쳐진 삼각형은 ❷□□□삼각형이다.

UP
09 오른쪽 그림과 같이 $\overline{AB}$=$\overline{AC}$인 이등변삼각형 ABC에서 ∠B의 이등분선과 ∠C의 외각의 이등분선의 교점을 D라 하자. ∠A=52°일 때, ∠x의 크기를 구하시오.

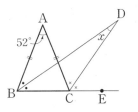

> **이등변삼각형의 성질 (1)**
> 이등변삼각형의 성질을 이용하여 ∠ABC의 크기를 구한 후 △DBC에서 삼각형의 한 외각의 크기는 그와 이웃하지 않는 두 내각의 크기의 합과 같음을 이용한다.

09-1 오른쪽 그림에서 △ABC, △CDB는 각각 $\overline{AB}$=$\overline{AC}$, $\overline{CB}$=$\overline{CD}$인 이등변삼각형이다. ∠ACD=∠DCE이고 ∠A=44°일 때, ∠x의 크기를 구하시오.

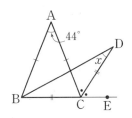

익힘교재 5쪽

답 ❶ 이등변 ❷ 이등변

개념 03 직각삼각형의 합동 조건; RHA 합동

개념 알아보기 **1** 직각삼각형의 합동 조건; RHA 합동

빗변의 길이와 한 예각의 크기가 각각 같은 두 직각삼각형
은 서로 합동이다.

➡ $\angle C = \angle F = 90°$, $\overline{AB} = \overline{DE}$, $\angle B = \angle E$이면
　　　R직각　　　　 H빗변　　　　 A각

　　$\triangle ABC \equiv \triangle DEF$ (RHA 합동)

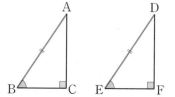

참고 ① 직각삼각형에서 직각의 대변을 빗변이라 한다.
　　② RHA 합동에서
　　　R는 Right angle (직각), H는 Hypotenuse (빗변), A는 Angle (각)의 첫 글자이다.

개념 자세히 보기 RHA 합동

삼각형의 합동 조건을 이용하여 RHA 합동임을 확인해 보자.

  ➡

$\triangle ABC$와 $\triangle DEF$에서　　　$\angle C = \angle F = 90°$, $\angle B = \angle E$이므로
$\angle C = \angle F = 90°$,　　　　　　　$\angle A = 90° - \angle B$
$\angle B = \angle E$,　　……㉠　　　　　　 $= 90° - \angle E = \angle D$　……㉢
$\overline{AB} = \overline{DE}$　　……㉡　　　　㉠, ㉡, ㉢에 의하여
　　　　　　　　　　　　　　　　$\triangle ABC \equiv \triangle DEF$ (ASA 합동)

》 익힘교재 2쪽

개념 확인하기 **1** 오른쪽 그림과 같은 두 직각삼각형 ABC와 DEF에 대하여 다음 물음에 답
하시오.

※ 바른답·알찬풀이 4쪽

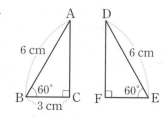

(1) $\triangle ABC$와 $\triangle DEF$가 서로 합동임을 설명하는 과정이다. ☐ 안에
알맞은 것을 써넣으시오.

> $\triangle ABC$와 $\triangle DEF$에서
> $\angle C = \angle F = \boxed{}°$, $\overline{AB} = \boxed{} = 6\,cm$, $\angle B = \boxed{} = 60°$
> ∴ $\triangle ABC \equiv \triangle DEF$ ($\boxed{}$ 합동)

(2) $\overline{EF}$의 길이를 구하시오.

직각삼각형의 합동 조건; RHA 합동

01 다음 **보기** 중 두 직각삼각형 ABC와 DEF가 RHA 합동이기 위한 조건으로 옳은 것을 모두 고르시오.

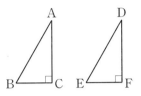

┌ **보기** ├
ㄱ. $\angle A = \angle D$, $\overline{AB} = \overline{DE}$
ㄴ. $\angle B = \angle E$, $\overline{AB} = \overline{DE}$
ㄷ. $\angle B = \angle E$, $\overline{AC} = \overline{DF}$
ㄹ. $\overline{AC} = \overline{DF}$, $\overline{BC} = \overline{EF}$

02 오른쪽 그림과 같은 두 직각삼각형 ABC와 DEF에서 $\overline{EF}$의 길이를 구하시오.

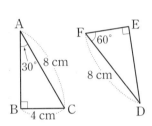

03 다음 **보기**의 직각삼각형 중 오른쪽 그림과 같은 직각삼각형 ABC와 서로 합동인 것을 모두 고르시오.

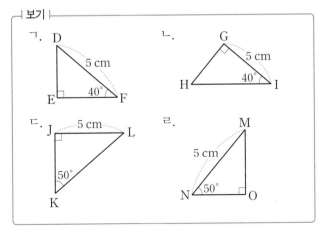

04 오른쪽 그림과 같이 선분 AB의 중점 P를 지나는 직선 l이 있다. 선분의 양 끝 점 A, B에서 직선 l에 내린 수선의 발을 각각 C, D라 할 때, 다음 물음에 답하시오.

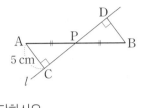

(1) △ACP와 서로 합동인 삼각형을 찾으시오.

(2) $\overline{BD}$의 길이를 구하시오.

> **TIP** 서로 다른 두 직선이 한 점에서 만날 때, 맞꼭지각의 크기는 서로 같다.

05 오른쪽 그림과 같이 $\angle B = 90°$, $\overline{AB} = \overline{BC}$인 직각이등변삼각형 ABC가 있다. 두 꼭짓점 A, C에서 점 B를 지나는 직선 l에 내린 수선의 발을 각각 D, E라 할 때, 다음 물음에 답하시오.

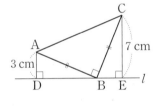

(1) △ADB와 △BEC가 서로 합동임을 설명하는 과정이다. ☐ 안에 알맞은 것을 써넣으시오.

> △ADB와 △BEC에서
> $\angle D = \angle E = \boxed{}°$, $\overline{AB} = \boxed{}$,
> $\angle ABD + \angle BAD = 90°$이고
> $\angle ABD + \angle CBE = \boxed{}°$이므로
> $\angle BAD = \boxed{}$
> $\therefore △ADB \equiv △BEC$ ($\boxed{}$ 합동)

(2) $\overline{DE}$의 길이를 구하시오.

익힘교재 6쪽

개념 04 직각삼각형의 합동 조건; RHS 합동

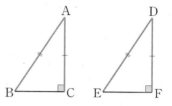

개념 알아보기 **1 직각삼각형의 합동 조건; RHS 합동**

빗변의 길이와 다른 한 변의 길이가 각각 같은 두 직각삼각형은 서로 합동이다.

➡ $\angle C = \angle F = 90°$, $\overline{AB} = \overline{DE}$, $\overline{AC} = \overline{DF}$이면
     ⓡ직각   ⓗ빗변   ⓢ변

    $\triangle ABC \equiv \triangle DEF$ (RHS 합동)

참고 RHS 합동에서

R는 Right angle (직각), H는 Hypotenuse (빗변), S는 Side (변)의 첫 글자이다.

개념 자세히 보기 RHS 합동

RHA 합동 조건을 이용하여 RHS 합동임을 확인해 보자.

  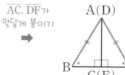

$\overline{AC}, \overline{DF}$가 맞닿게 붙이기

$\angle BCE = 180°$이므로 세 점 B, C(F), E는 한 직선 위에 있다.

△ABC와 △DEF에서

$\angle C = \angle F = 90°$, ······ ㉠

$\overline{AB} = \overline{DE}$, ······ ㉡

$\overline{AC} = \overline{DF}$

△ABE는 $\overline{AB} = \overline{AE}$인 이등변삼각형이므로

$\angle B = \angle E$ ······ ㉢

㉠, ㉡, ㉢에 의하여

$\triangle ABC \equiv \triangle DEF$ (RHA 합동)

≫ 익힘교재 2쪽

✎ 바른답·알찬풀이 5쪽

개념 확인하기 **1** 오른쪽 그림과 같은 두 직각삼각형 ABC와 DEF에 대하여 다음 물음에 답하시오.

 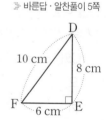

(1) △ABC와 △DEF가 서로 합동임을 설명하는 과정이다.

  □ 안에 알맞은 것을 써넣으시오.

> △ABC와 △DEF에서
> $\angle B = \angle E = \boxed{}°$, $\overline{AC} = \boxed{} = 10$ cm,
> $\overline{BC} = \boxed{} = 6$ cm
> ∴ $\triangle ABC \equiv \triangle DEF$ ($\boxed{}$ 합동)

(2) $\overline{AB}$의 길이를 구하시오.

직각삼각형의 합동 조건: RHS 합동

01 다음 **보기** 중 두 직각삼각형 ABC와 DEF가 RHS 합동이기 위한 조건으로 옳은 것을 모두 고르시오.

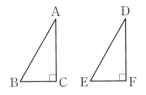

┤ **보기** ├
- ㄱ. $\overline{AB}=\overline{DE}$, $\overline{AC}=\overline{DF}$
- ㄴ. $\overline{BC}=\overline{EF}$, $\overline{AC}=\overline{DF}$
- ㄷ. $\overline{AB}=\overline{DE}$, $\overline{BC}=\overline{EF}$
- ㄹ. $\angle B=\angle E$, $\overline{AB}=\overline{DE}$

02 오른쪽 그림과 같은 두 직각삼각형 ABC와 DEF에서 $\overline{AB}=\overline{DE}$, $\overline{AC}=\overline{DF}$일 때, $\angle D$의 크기를 구하시오.

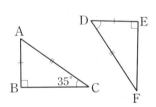

03 다음 **보기**의 직각삼각형 중 오른쪽 그림과 같은 직각삼각형 ABC와 서로 합동인 것을 모두 고르시오.

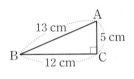

┤ **보기** ├

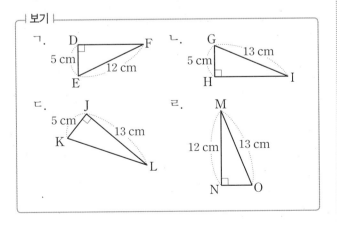

04 오른쪽 그림과 같이 $\angle C=90°$인 직각삼각형 ABC에서 $\overline{AE}=\overline{AC}$, $\overline{AB}\perp\overline{DE}$일 때, 다음 물음에 답하시오.

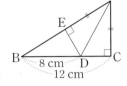

(1) $\triangle AED$와 $\triangle ACD$가 서로 합동임을 설명하는 과정이다. ☐ 안에 알맞은 것을 써넣으시오.

> $\triangle AED$와 $\triangle ACD$에서
> $\angle AED=\angle ACD=$ ☐ °,
> $\overline{AD}$는 공통,
> $\overline{AE}=$ ☐
> ∴ $\triangle AED\equiv\triangle ACD$ (☐ 합동)

(2) $\overline{DE}$의 길이를 구하시오.

05 오른쪽 그림과 같이 $\angle B=90°$인 직각삼각형 ABC에서 $\overline{AB}=\overline{AE}$, $\overline{AC}\perp\overline{DE}$일 때, 다음 물음에 답하시오.

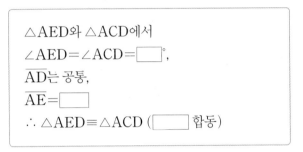

(1) $\triangle ABD$와 서로 합동인 삼각형을 찾으시오.

(2) $\angle BDA$의 크기를 구하시오.

(3) $\angle EDC$의 크기를 구하시오.

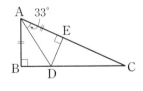
TIP 서로 합동인 두 직각삼각형을 찾아 대응각의 크기가 같음을 이용한다.

» 익힘교재 7쪽

각의 이등분선의 성질

개념 알아보기 1 각의 이등분선의 성질

(1) 각의 이등분선 위의 한 점에서 그 각을 이루는 두 변까지의 거리는 같다.

➡ ∠AOP=∠BOP이면 $\overline{PQ}=\overline{PR}$

> 참고 각 내부의 한 점이 그 각을 이루는 두 변에서 같은 거리에 있다는 것은 그 점에서 두 변에 내린 수선의 발까지의 거리가 같다는 의미이다.

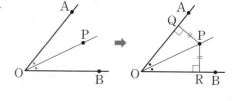

(2) 각을 이루는 두 변에서 같은 거리에 있는 점은 그 각의 이등분선 위에 있다.

➡ $\overline{PQ}=\overline{PR}$이면 ∠AOP=∠BOP

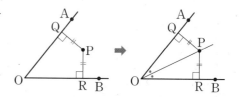

개념 자세히 보기 각의 이등분선의 성질

직각삼각형의 합동 조건을 이용하여 각의 이등분선의 성질을 확인해 보자.

(1)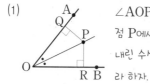

∠AOP=∠BOP일 때, 점 P에서 두 변 OA, OB에 내린 수선의 발을 각각 Q, R 라 하자.

⬇

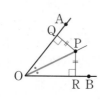

△POQ와 △POR에서
∠PQO=∠PRO=90°,
$\overline{OP}$는 공통, ∠POQ=∠POR
∴ △POQ≡△POR
(RHA 합동)
∴ $\overline{PQ}=\overline{PR}$

(2)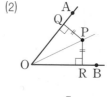

$\overline{PQ}=\overline{PR}$일 때, 두 점 O, P를 지나는 직선을 긋자.

⬇

△POQ와 △POR에서
∠PQO=∠PRO=90°,
$\overline{OP}$는 공통, $\overline{PQ}=\overline{PR}$
∴ △POQ≡△POR
(RHS 합동)
∴ ∠AOP=∠BOP

❯❯ 익힘교재 2쪽

➫ 바른답·알찬풀이 5쪽

개념 확인하기 1 다음 그림에서 x의 값을 구하시오.

(1)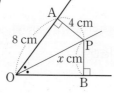

(2)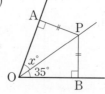

(3)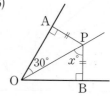

각의 이등분선의 성질

01 오른쪽 그림에서
∠AOP＝∠BOP,
∠PAO＝∠PBO＝90°일 때, 다음 중 옳지 <u>않은</u> 것은?

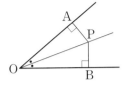

① △POA≡△POB

② $\overline{PA}=\overline{PB}$

③ $\overline{OP}=\overline{OA}$

④ ∠OPA＝∠OPB

⑤ ∠POB＋∠OPA＝90°

02 다음은 오른쪽 그림에서
$\overline{PA}=\overline{PB}$, ∠PAO＝∠PBO＝90°
이고 ∠AOB＝52°일 때, ∠x의 크기를 구하는 과정이다. □ 안에 알맞은 것을 써넣으시오.

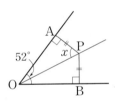

$\overline{PA}=\overline{PB}$이므로 △POA≡△POB (RHS 합동)
이다. 즉, 점 P는 ∠AOB의 이등분선 위에 있다.
∴ ∠AOP＝∠BOP

     ＝□∠AOB

     ＝□×52°＝□°

따라서 △AOP에서

∠x＝180°－(90°＋□°)＝□°

TIP 직각삼각형에서 한 예각의 크기를 알면 다른 한 예각의 크기를 구할 수 있다.

03 다음 그림과 같이 ∠C＝90°인 직각삼각형 ABC에서 $\overline{BE}$는 ∠B의 이등분선이고 $\overline{AB}\perp\overline{DE}$일 때, x의 값을 구하시오.

(1)   (2)

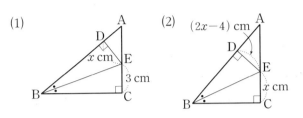

04 다음 그림과 같이 ∠C＝90°인 직각삼각형 ABC에서 $\overline{AB}\perp\overline{DE}$, $\overline{DE}=\overline{EC}$일 때, x의 값을 구하시오.

(1)   (2)

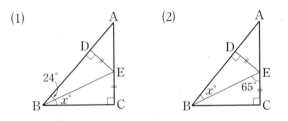

05 오른쪽 그림과 같이 ∠B＝90°, $\overline{AB}=\overline{BC}$인 직각이등변삼각형 ABC에서 $\overline{AD}$는 ∠A의 이등분선이고 $\overline{AC}\perp\overline{DE}$일 때, 다음을 구하시오.

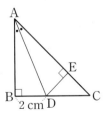

(1) $\overline{ED}$의 길이

(2) ∠EDC의 크기

(3) $\overline{EC}$의 길이

익힘교재 8쪽

01 다음 **보기** 중 서로 합동인 직각삼각형끼리 짝 지어 보고, 각각의 직각삼각형의 합동 조건을 말하시오.

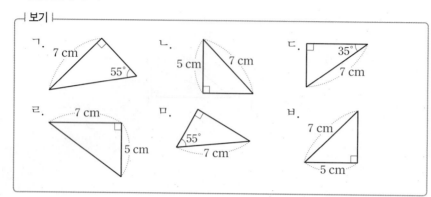

┤ 보기 ├

ㄱ. 7 cm 55°

ㄴ. 5 cm 7 cm

ㄷ. 35° 7 cm

ㄹ. 7 cm 5 cm

ㅁ. 55° 7 cm

ㅂ. 7 cm 5 cm

● **개념 REVIEW**

▶ 직각삼각형의 합동 조건
• 빗변의 길이와 한 ❶□□의 크기가 각각 같은 두 직각삼각형은 서로 합동이다.
(RHA 합동)
• 빗변의 길이와 다른 한 ❷□의 길이가 각각 같은 두 직각삼각형은 서로 합동이다.
(RHS 합동)

02 다음 중 오른쪽 그림과 같이 ∠C=∠F=90°인 두 직각삼각형 ABC와 DEF가 서로 합동이 되는 경우가 <u>아닌</u> 것은?

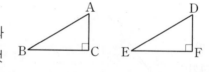

① $\overline{AB}=\overline{DE}$, $\overline{BC}=\overline{EF}$
② $\overline{AC}=\overline{DF}$, $\overline{BC}=\overline{EF}$
③ $\overline{AC}=\overline{DF}$, ∠A=∠D
④ $\overline{AB}=\overline{DE}$, ∠B=∠E
⑤ ∠A=∠D, ∠B=∠E

▶ 직각삼각형의 합동 조건
• 직각삼각형의 합동 조건
⇨ RHA 합동, ❸□□□ 합동
• 삼각형의 합동 조건
⇨ SSS 합동, SAS 합동, ❹□□□ 합동

03 오른쪽 그림과 같이 ∠A=90°이고 $\overline{AB}=\overline{AC}$인 직각이등변삼각형 ABC의 두 꼭짓점 B, C에서 점 A를 지나는 직선 l에 내린 수선의 발을 각각 D, E라 하자. $\overline{BD}=8$ cm, $\overline{DE}=12$ cm일 때, 다음 물음에 답하시오.

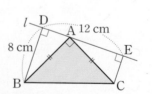

(1) $\overline{CE}$의 길이를 구하시오.

(2) △ABC의 넓이를 구하시오.

▶ 직각삼각형의 합동 조건
; RHA 합동
빗변의 길이가 같은 두 직각삼각형에서 한 ❺□□의 크기가 같으면 두 삼각형은 서로 합동이다.

답 ❶ 예각 ❷ 변 ❸ RHS ❹ ASA ❺ 예각

04 오른쪽 그림과 같이 △ABC에서 $\overline{BC}$의 중점을 M이라 하고, 점 M에서 $\overline{AB}$, $\overline{AC}$에 내린 수선의 발을 각각 D, E라 하자. $\overline{BD}=\overline{CE}$일 때, 다음 중 옳지 않은 것은?

① $\overline{DM}=\overline{EM}$
② $\angle B=\angle C$
③ $\angle DMB=\angle EMC$
④ $\overline{AD}=\overline{BC}$
⑤ $\angle DMB+\angle C=90°$

05 오른쪽 그림과 같이 △ABC의 $\overline{BC}$ 위의 점 D에서 $\overline{AB}$, $\overline{AC}$에 내린 수선의 발을 각각 E, F라 하자. $\overline{DE}=\overline{DF}$이고 $\angle ADF=70°$일 때, ∠BAC의 크기를 구하시오.

UP
06 오른쪽 그림과 같이 $\angle C=90°$인 직각삼각형 ABC에서 ∠A의 이등분선이 $\overline{BC}$와 만나는 점을 D라 하자. $\overline{AB}=13$ cm, $\overline{CD}=4$ cm일 때, △ABD의 넓이를 구하시오.

06-1 오른쪽 그림과 같이 $\angle A=90°$인 직각삼각형 ABC에서 ∠B의 이등분선이 $\overline{AC}$와 만나는 점을 D라 하자. $\overline{AD}=6$ cm, $\overline{BC}=20$ cm일 때, △BCD의 넓이를 구하시오.

익힘교재 9쪽

● 개념 REVIEW

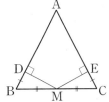

직각삼각형의 합동 조건 ; RHS 합동
빗변의 길이가 같은 두 직각삼각형에서 다른 한 ❶□의 길이가 같으면 두 삼각형은 서로 합동이다.

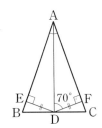

각의 이등분선의 성질
• 각의 이등분선 위의 한 점에서 그 각을 이루는 두 변까지의 ❷□□는 같다.
• 각을 이루는 두 변에서 같은 거리에 있는 점은 그 각의 ❸□□□선 위에 있다.

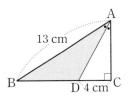

각의 이등분선의 성질
점 D에서 $\overline{AB}$에 수선을 내리고 △ACD와 합동인 삼각형을 찾는다.

답 ❶ 변 ❷ 거리 ❸ 이등분

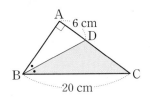

삼각형의 외심

개념 알아보기 **1 외접원과 외심**

한 삼각형의 세 꼭짓점이 원 O 위에 있을 때, 원 O는 이 삼각형에
외접한다고 한다. 이때 원 O를 삼각형의 **외접원**, 외접원의 중심 O
를 삼각형의 **외심**이라 한다.

2 삼각형의 외심의 성질

(1) 삼각형의 세 변의 수직이등분선은 한 점(외심)에서 만난다.

(2) 삼각형의 외심에서 세 꼭짓점에 이르는 거리는 같다.

➡ $\overline{OA} = \overline{OB} = \overline{OC}$ (외접원 O의 반지름의 길이)

참고 $\overline{OA} = \overline{OB} = \overline{OC}$이므로 △OAB, △OBC, △OCA는 모두 이등변삼각형이다.

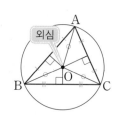

3 삼각형의 외심의 위치

(1) **예각삼각형**: 삼각형의 내부

(2) **직각삼각형**: 빗변의 중점

(3) **둔각삼각형**: 삼각형의 외부

예각삼각형　　직각삼각형　　둔각삼각형

개념 자세히 보기 **삼각형의 외심의 성질**

△ABC에서 변 AB와 변 AC의 수직이등분선의 교점을 O라 하자.

점 O는 변 AB의 수직이등분선 위에 있으므로 $\overline{OA} = \overline{OB}$

또, 점 O는 변 AC의 수직이등분선 위에 있으므로 $\overline{OA} = \overline{OC}$

➡ $\overline{OA} = \overline{OB} = \overline{OC}$

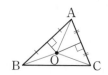

△OBC는 $\overline{OB} = \overline{OC}$인 이등변삼각형이므로 점 O에서 $\overline{BC}$에 내린 수선의 발을 D라
하면 $\overline{BD} = \overline{CD}$ ◀── △OBD ≡ △OCD (RHS 합동)

즉, $\overline{OD}$는 $\overline{BC}$의 수직이등분선이다.

➡ △ABC의 세 변의 수직이등분선은 한 점 O에서 만난다.

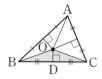

≫ 익힘교재 2쪽

≇ 바른답·알찬풀이 7쪽

개념 확인하기 **1** 다음 그림에서 점 O가 △ABC의 외심일 때, x의 값을 구하시오.

(1)

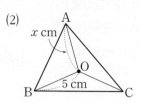

(2)

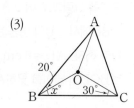

(3)

바른답·알찬풀이 7쪽

삼각형의 외심

01 오른쪽 그림에서 점 O가 △ABC의 외심일 때, 다음 □ 안에 알맞은 것을 써넣으시오.

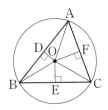

(1) $\overline{AD}=\overline{BD}$, $\overline{BE}=$ □,
$\overline{CF}=$ □

(2) $\overline{OA}=\overline{OB}=$ □

(3) △OAD≡△OBD, △OBE≡ □,
△OCF≡ □

02 다음 중 점 O가 △ABC의 외심인 것을 모두 고르면?

(정답 2개)

① 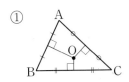 ②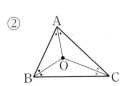

③ 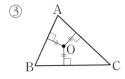 ④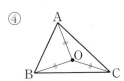

⑤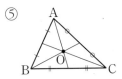

03 다음 그림에서 점 O가 △ABC의 외심일 때, ∠x의 크기를 구하시오.

(1) 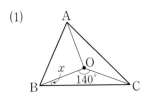 (2)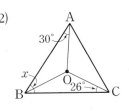

04 오른쪽 그림에서 점 O는 △ABC의 외심이다. $\overline{AC}=12$ cm이고 △OAC의 둘레의 길이가 26 cm일 때, △ABC의 외접원의 반지름의 길이를 구하시오.

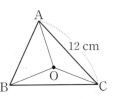
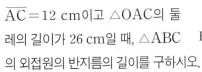

직각삼각형의 외심

05 다음 그림에서 점 O는 ∠A=90°인 직각삼각형 ABC의 외심일 때, x의 값을 구하시오.

(1) 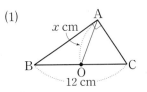 (2)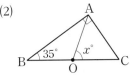

06 오른쪽 그림과 같이 ∠C=90°인 직각삼각형 ABC에 대하여 $\overline{AB}=10$ cm일 때, 다음을 구하시오.

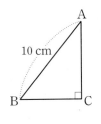

(1) △ABC의 외접원의 반지름의 길이

(2) △ABC의 외접원의 넓이

> **TIP** 직각삼각형의 외심은 빗변의 중점과 일치하므로
> (외접원의 반지름의 길이)$=\frac{1}{2}\times$(빗변의 길이)

익힘교재 10쪽

07 삼각형의 외심의 응용

개념 알아보기 1 삼각형의 외심의 응용

점 O가 △ABC의 외심일 때

(1)

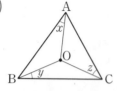

➡ $\angle x + \angle y + \angle z = 90°$

(2)

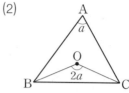

➡ $\angle BOC = 2\angle A$

참고 삼각형 ABC의 외심 O가 주어진 문제를 풀 때는 외심 O에서 세 꼭짓점에 이르는 보조선
을 각각 긋고 다음을 이용한다.

① $\overline{OA} = \overline{OB} = \overline{OC}$

② △OAB, △OBC, △OCA는 모두 이등변삼각형이다.

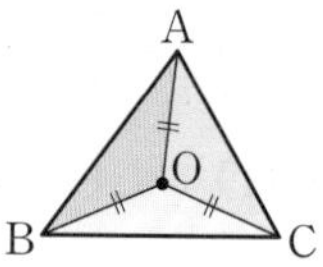

개념 자세히 보기 삼각형의 외심의 응용

점 O가 △ABC의 외심일 때, △OAB, △OBC, △OCA는 모두 이등변삼각형임을 이용하여 위의 내용을 확
인해 보자.

(1)

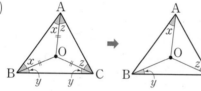

$\overline{OA} = \overline{OB} = \overline{OC}$이므로 △ABC에서

$(\angle x + \angle z) + (\angle x + \angle y) + (\angle y + \angle z)$
$= 180°$

$2\angle x + 2\angle y + 2\angle z = 180°$

∴ $\angle x + \angle y + \angle z = 90°$

(2)

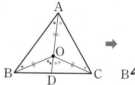

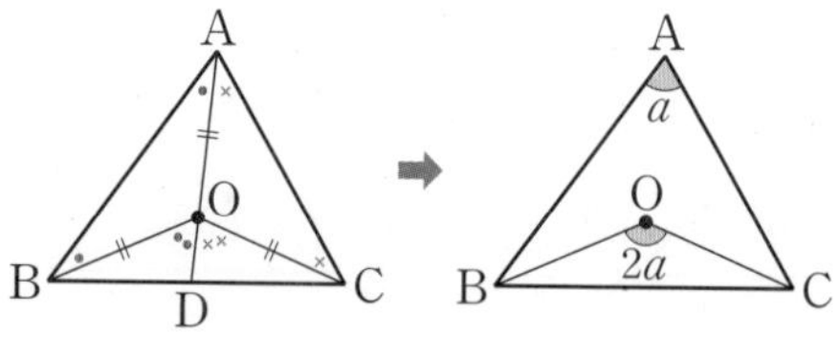

$\overline{AO}$의 연장선이 $\overline{BC}$와 만나는 점을 D라 하면

$\angle BOC = \angle BOD + \angle COD$

$= (\bullet + \bullet) + (\times + \times)$

$= 2(\bullet + \times)$

$= 2\angle A$

삼각형의 한 외각의
크기는 그와 이웃하
지 않는 두 내각의
크기의 합과 같다.

⏩ 익힘교재 2쪽

🔖 바른답·알찬풀이 7쪽

개념 확인하기 1 다음 그림에서 점 O가 △ABC의 외심일 때, $\angle x$의 크기를 구하시오.

(1)

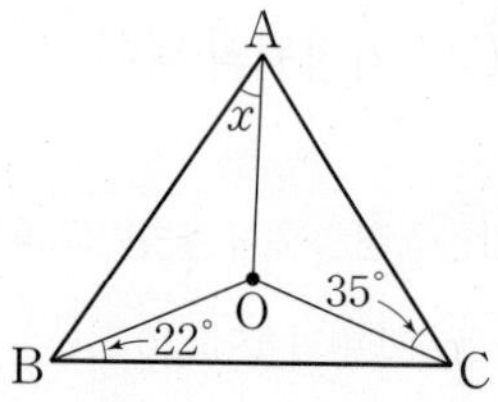

(2)

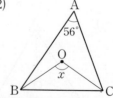

삼각형의 외심의 응용 (1)

01 다음 그림에서 점 O가 △ABC의 외심일 때, ∠x의 크기를 구하시오.

(1)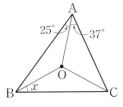

(2)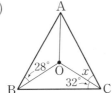

02 오른쪽 그림에서 점 O가 △ABC의 외심일 때, 다음을 구하시오.

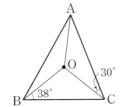

(1) ∠OAB의 크기

(2) ∠BAC의 크기

03 오른쪽 그림에서 점 O는 △ABC의 외심이고 ∠ABO=36°, ∠OBC=30°일 때, ∠C의 크기를 구하시오.

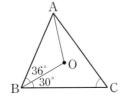

TIP $\overline{OC}$를 그어 ∠a+∠b+∠c=90° 임을 이용한다.

삼각형의 외심의 응용 (2)

04 다음 그림에서 점 O가 △ABC의 외심일 때, ∠x의 크기를 구하시오.

(1)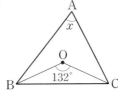

(2)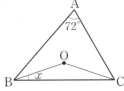

05 오른쪽 그림에서 점 O가 △ABC의 외심일 때, 다음을 구하시오.

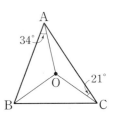

(1) ∠BAC의 크기

(2) ∠BOC의 크기

06 오른쪽 그림에서 점 O는 △ABC의 외심이고 ∠A : ∠B : ∠C=3 : 4 : 5일 때, 다음을 구하시오.

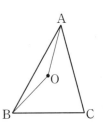

(1) ∠C의 크기

(2) ∠AOB의 크기

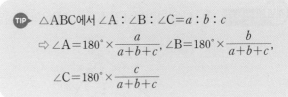

TIP △ABC에서 ∠A : ∠B : ∠C=a : b : c

⇨ ∠A=180°×$\dfrac{a}{a+b+c}$, ∠B=180°×$\dfrac{b}{a+b+c}$,

∠C=180°×$\dfrac{c}{a+b+c}$

익힘교재 11쪽

삼각형의 내심

 개념 알아보기

1 원의 접선과 접점

(1) 원과 직선이 한 점에서 만날 때, 직선이 원에 **접한다**고 한다.

　　이때 이 직선을 원의 **접선**, 원과 접선이 만나는 점을 **접점**이라 한다.

(2) 원의 접선은 그 접점을 지나는 반지름과 서로 수직이다.

2 내접원과 내심

한 삼각형의 세 변이 원 I에 접할 때, 원 I는 이 삼각형에 **내접**한다고 한다. 이때 원 I를 삼각형의 **내접원**, 내접원의 중심 I를 삼각형의 **내심**이라 한다.

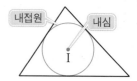

3 삼각형의 내심의 성질

(1) 삼각형의 세 내각의 이등분선은 한 점(내심)에서 만난다.

(2) 삼각형의 내심에서 세 변에 이르는 거리는 같다.

　➡ $\overline{ID}=\overline{IE}=\overline{IF}$ (내접원 I의 반지름의 길이)

참고 이등변삼각형의 외심과 내심은 꼭지각의 이등분선 위에 있고, 정삼각형의 외심과 내심은 일치한다.

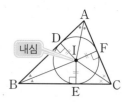

개념 자세히 보기

삼각형의 내심의 성질

△ABC에서 ∠A와 ∠B의 이등분선의 교점을 I라 하고, 점 I에서 세 변 AB, BC, CA에 내린 수선의 발을 각각 D, E, F라 하자.

점 I는 ∠A의 이등분선 위에 있으므로 $\overline{ID}=\overline{IF}$ ◀

또, 점 I는 ∠B의 이등분선 위에 있으므로 $\overline{ID}=\overline{IE}$ ◀

➡ $\overline{ID}=\overline{IE}=\overline{IF}$

　　　　　┌→ △ICE≡△ICF (RHS 합동)

$\overline{IC}$를 그으면 $\overline{IE}=\overline{IF}$이므로 $\overline{CI}$는 ∠C의 이등분선이다. ◀

➡ △ABC의 세 내각의 이등분선은 한 점 I에서 만난다.

각의 이등분선의 성질

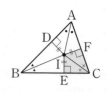

≫ 익힘교재 2쪽

▷ 바른답 · 알찬풀이 8쪽

개념 확인하기 **1** 다음 그림에서 점 I가 △ABC의 내심일 때, x의 값을 구하시오.

(1)

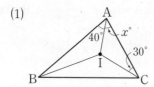

(2)

원의 접선

01 다음 그림에서 $\overrightarrow{PA}$는 원 O의 접선일 때, $\angle x$의 크기를 구하시오.

(1)

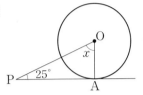

(2)

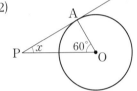

삼각형의 내심

02 오른쪽 그림에서 점 I가 △ABC의 내심일 때, 다음 ☐ 안에 알맞은 것을 써넣으시오.

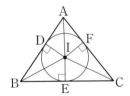

(1) $\angle IAD = \angle IAF$,

$\angle IBD = \boxed{}$, $\angle ICE = \boxed{}$

(2) $\overline{ID} = \overline{IE} = \boxed{}$

(3) $\triangle ADI \equiv \triangle AFI$, $\triangle BDI \equiv \boxed{}$,

$\triangle CEI \equiv \boxed{}$

03 다음 중 점 I가 △ABC의 내심인 것을 모두 고르면?

(정답 2개)

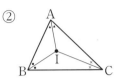

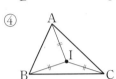

04 다음 그림에서 점 I가 △ABC의 내심일 때, $\angle x$의 크기를 구하시오.

(1)

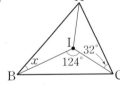

(2)

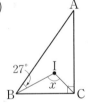

05 오른쪽 그림에서 점 I는 △ABC의 내심이고 $\angle ABI = 25°$, $\angle ACI = 30°$일 때, $\angle A$의 크기를 구하시오.

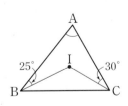

> **TIP** 삼각형의 내심은 세 내각의 이등분선의 교점임을 이용하여 먼저 $\angle ABC$, $\angle ACB$의 크기를 구한다.

≫ 익힘교재 12쪽

삼각형의 내심의 응용

개념 알아보기

1 삼각형의 내심의 응용

점 I가 △ABC의 내심일 때

(1)

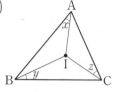

➡ $\angle x + \angle y + \angle z = 90°$

(2)

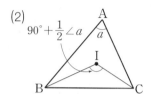

➡ $\angle BIC = 90° + \dfrac{1}{2}\angle A$

2 삼각형의 내접원의 응용

(1) △ABC의 내접원 I의 반지름의 길이를 r라 할 때

$$\triangle ABC = \dfrac{1}{2}r(\overline{AB} + \overline{BC} + \overline{CA})$$

└─ △ABC의 둘레의 길이

(2) △ABC의 내접원 I와 세 변의 접점을 각각 D, E, F라 할 때

$$\overline{AD} = \overline{AF},\ \overline{BD} = \overline{BE},\ \overline{CE} = \overline{CF}$$

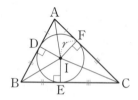

개념 자세히 보기

・삼각형의 내심의 응용

(1)

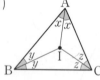　

△ABC에서

$\angle A + \angle B + \angle C = 180°$이므로

$2\angle x + 2\angle y + 2\angle z = 180°$

∴ $\angle x + \angle y + \angle z = 90°$

(2)

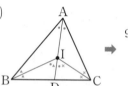　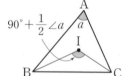

$\overline{AI}$의 연장선이 $\overline{BC}$와 만나는 점을 D라 하면

$\angle BIC = \angle BID + \angle CID$

$\qquad = (\bullet + \blacktriangle) + (\bullet + \times)$　└ 삼각형의 한 외각의 크기는 그와 이웃하지 않는 두 내각의 크기의 합과 같다.

$\qquad = (\bullet + \blacktriangle + \times) + \bullet$

$\qquad = 90° + \dfrac{1}{2}\angle A$

・삼각형의 내접원의 응용

(1)

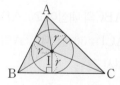

$\triangle ABC = \triangle IAB + \triangle IBC + \triangle ICA$

$\qquad = \dfrac{1}{2}r\overline{AB} + \dfrac{1}{2}r\overline{BC} + \dfrac{1}{2}r\overline{CA}$

$\qquad = \dfrac{1}{2}r(\overline{AB} + \overline{BC} + \overline{CA})$

(2)

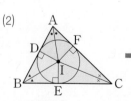　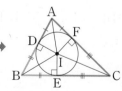

$\triangle IAD \equiv \triangle IAF$ (RHA 합동)이므로 $\overline{AD} = \overline{AF}$

$\triangle IBD \equiv \triangle IBE$ (RHA 합동)이므로 $\overline{BD} = \overline{BE}$

$\triangle ICE \equiv \triangle ICF$ (RHA 합동)이므로 $\overline{CE} = \overline{CF}$

❯❯ 익힘교재 2쪽

삼각형의 내심의 응용 (1)

01 다음 그림에서 점 I가 △ABC의 내심일 때, ∠x의 크기를 구하시오.

(1)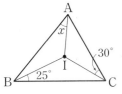

(2)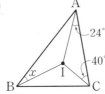

02 오른쪽 그림에서 점 I가 △ABC의 내심일 때, 다음을 구하시오.

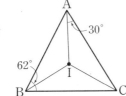

(1) ∠IBA의 크기

(2) ∠ICB의 크기

03 오른쪽 그림에서 점 I는 △ABC의 내심이고 ∠A=70°, ∠ICA=18°일 때, ∠x의 크기를 구하시오.

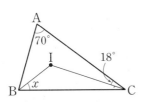

> **TIP** $\overline{\text{IA}}$를 그어 ∠a+∠b+∠c=90°임을 이용한다.
>
>

삼각형의 내심의 응용 (2)

04 다음 그림에서 점 I가 △ABC의 내심일 때, ∠x의 크기를 구하시오.

(1)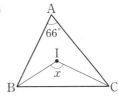

(2)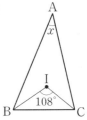

05 오른쪽 그림에서 점 I가 △ABC의 내심일 때, 다음을 구하시오.

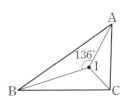

(1) ∠BCA의 크기

(2) ∠BCI의 크기

06 오른쪽 그림에서 점 I가 △ABC의 내심일 때, 다음을 구하시오.

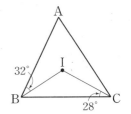

(1) ∠BIC의 크기

(2) ∠A의 크기

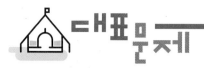

삼각형의 내접원의 반지름의 길이와 삼각형의 넓이

07 오른쪽 그림에서 점 I는 △ABC의 내심이고 △ABC의 넓이가 6일 때, 다음은 내접원 I의 반지름의 길이 r의 값을 구하는 과정이다. ☐ 안에 알맞은 것을 써넣으시오.

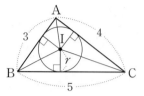

△ABC=△IAB+△IBC+△ICA이므로
☐ $=\dfrac{1}{☐}×r×(3+☐+4)$ ∴ $r=$ ☐

08 오른쪽 그림에서 점 I는 △ABC의 내심이고 △ABC의 넓이가 48 cm²일 때, 다음을 구하시오.

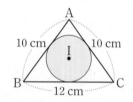

(1) 내접원 I의 반지름의 길이

(2) 내접원 I의 넓이

09 오른쪽 그림에서 점 I가 직각삼각형 ABC의 내심일 때, 다음을 구하시오.

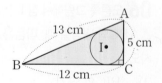

(1) △ABC의 넓이

(2) 내접원 I의 반지름의 길이

삼각형의 내접원의 접선의 길이

10 오른쪽 그림에서 점 I는 △ABC의 내심이고 세 점 D, E, F는 각각 내접원과 $\overline{AB}$, $\overline{BC}$, $\overline{CA}$의 접점일 때, 다음은 $\overline{AF}$의 길이를 구하는 과정이다. ☐ 안에 알맞은 것을 써넣으시오.

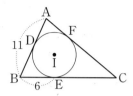

$\overline{BD}=\overline{BE}=$ ☐ 이므로
$\overline{AD}=\overline{AB}-\overline{BD}=$ ☐ $-$ ☐ $=$ ☐
∴ $\overline{AF}=\overline{AD}=$ ☐

11 오른쪽 그림에서 점 I는 △ABC의 내심이고 세 점 D, E, F는 각각 내접원과 $\overline{AB}$, $\overline{BC}$, $\overline{CA}$의 접점일 때, 다음을 구하시오.

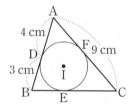

(1) $\overline{BE}$의 길이

(2) $\overline{CE}$의 길이

(3) $\overline{BC}$의 길이

12 오른쪽 그림에서 점 I는 △ABC의 내심이고 세 점 D, E, F는 각각 내접원과 $\overline{AB}$, $\overline{BC}$, $\overline{CA}$의 접점일 때, 다음 물음에 답하시오.

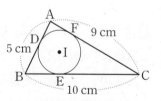

(1) $\overline{BE}=x$ cm라 할 때, $\overline{AF}$, $\overline{CF}$의 길이를 각각 x에 대한 식으로 나타내시오.

(2) $\overline{BE}$의 길이를 구하시오.

▶▶ 익힘교재 13쪽

● 개념 REVIEW

01 오른쪽 그림에서 점 O는 △ABC의 외심이고
∠ABO=24°, ∠ACO=36°일 때, ∠A의 크기는?

① 58°   ② 60°   ③ 62°

④ 64°   ⑤ 66°

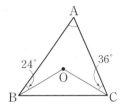

▸ 삼각형의 외심
삼각형의 외심에서 세
❶◻◻◻에 이르는 거리는 같다.

02 오른쪽 그림에서 점 M은 ∠B=90°인 직각삼각형
ABC의 빗변 AC의 중점이다. $\overline{\text{BM}}$=8 cm일 때,
△ABC의 외접원의 둘레의 길이를 구하시오.

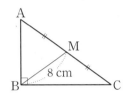

▸ 직각삼각형의 외심
직각삼각형의 외심은 빗변의
❷◻◻과 일치한다.
⇨ (외접원의 반지름의 길이)
  =❸◻×(빗변의 길이)

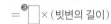

03 오른쪽 그림에서 점 O가 △ABC의 외심일 때, ∠x의 크
기를 구하시오.

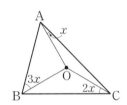

▸ 삼각형의 외심의 응용(1)
점 O가 △ABC의 외심일 때

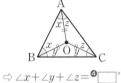

⇨ ∠x+∠y+∠z=❹◻◻°

04 오른쪽 그림에서 점 I는 △ABC의 내심이고 ∠BAI=20°,
∠BCI=35°일 때, ∠AIC의 크기는?

① 120°   ② 125°   ③ 130°

④ 135°   ⑤ 140°

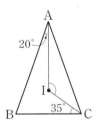

▸ 삼각형의 내심
삼각형의 내심은 세 내각의
❺◻◻◻선의 교점이다.

05 오른쪽 그림에서 점 I는 △ABC의 내심이고 ∠A=64°일
때, ∠x+∠y의 크기를 구하시오.

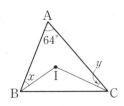

▸ 삼각형의 내심의 응용(1)
점 I가 △ABC의 내심일 때

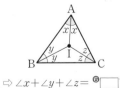

⇨ ∠x+∠y+∠z=❻◻◻°

답 ❶꼭짓점 ❷중점 ❸$\frac{1}{2}$
❹90 ❺이등분 ❻90

06 오른쪽 그림에서 점 I는 △ABC의 내심이고, ∠A : ∠B : ∠C=3 : 2 : 4일 때, ∠BIC의 크기를 구하시오.

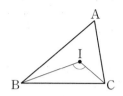

▶ 삼각형의 내심의 응용 (2)
점 I가 △ABC의 내심일 때

⇨ ∠BIC=❶□° + $\frac{1}{2}$∠A

07 오른쪽 그림에서 점 I는 △ABC의 내심이다. 내접원 I의 반지름의 길이가 4 cm이고 △ABC의 넓이가 90 cm²일 때, △ABC의 둘레의 길이를 구하시오.

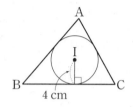

▶ 삼각형의 내접원의 반지름의 길이와 삼각형의 넓이
세 변의 길이가 a, b, c인 삼각형의 내접원의 반지름의 길이가 r일 때
⇨ (삼각형의 넓이)
= $\frac{1}{2}$❷□$(a+b+$❸□$)$

08 오른쪽 그림에서 점 I는 △ABC의 내심이고 세 점 D, E, F는 각각 내접원과 $\overline{AB}$, $\overline{BC}$, $\overline{CA}$의 접점이다. $\overline{AB}$=8 cm, $\overline{AC}$=6 cm, $\overline{CE}$=3 cm일 때, $\overline{BE}$의 길이를 구하시오.

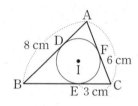

▶ 삼각형의 내접원의 접선의 길이
△ABC의 내접원이 세 변과 만나는 점을 각각 D, E, F라 할 때

⇨ $\overline{AD}=\overline{AF}$, $\overline{BD}=$❹□
❺□$=\overline{CF}$

UP
09 오른쪽 그림에서 점 I는 △ABC의 내심이고 $\overline{DE}$ // $\overline{BC}$이다. $\overline{AD}$=8 cm, $\overline{DB}$=4 cm, $\overline{AE}$=6 cm, $\overline{EC}$=3 cm일 때, $\overline{DE}$의 길이를 구하시오.

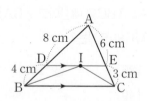

▶ 삼각형의 내심과 평행선
점 I가 △ABC의 내심일 때

$\overline{DE}$ // $\overline{BC}$이면 △DBI, △ECI는 각각 이등변삼각형이다.

09-1 오른쪽 그림에서 점 I는 △ABC의 내심이고 $\overline{DE}$ // $\overline{BC}$이다. $\overline{DB}$=5 cm, $\overline{DE}$=11 cm일 때, $\overline{EC}$의 길이를 구하시오.

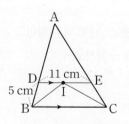

≫ 익힘교재 14쪽

답 ❶ 90 ❷ r ❸ c ❹ $\overline{BE}$ ❺ $\overline{CE}$

01 오른쪽 그림과 같이 $\overline{AB}=\overline{AC}$ 인 이등변삼각형 ABC의 꼭짓점 A에서 $\overline{BC}$에 내린 수선의 발을 H라 할 때, 다음 중 옳지 않은 것은?

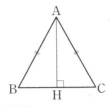

① $\angle B=\angle C$ ② $\overline{BH}=\overline{CH}$

③ $\angle BAH=\angle CAH$ ④ $\triangle ABH \equiv \triangle ACH$

⑤ $\overline{AB}=\overline{BC}$

02 오른쪽 그림에서 $\triangle ABC$는 $\overline{AB}=\overline{BC}$인 이등변삼각형이고 $\overline{AD}=\overline{AC}$이다. $\angle B=40°$일 때, $\angle x$의 크기를 구하시오.

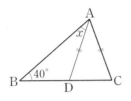

03 오른쪽 그림과 같이 $\overline{AB}=\overline{AC}$인 이등변삼각형 ABC에서 $\overline{AD}$는 $\angle A$의 이등분선이다. $\overline{BD}=3$ cm, $\overline{BE}=4$ cm일 때, $\overline{EC}$의 길이를 구하시오.

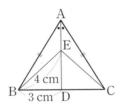

서술형
04 오른쪽 그림과 같은 $\triangle DBC$에서 점 E는 $\overline{BD}$의 연장선 위의 점이다. $\overline{AB}=7$ cm, $\angle ABC=36°$, $\angle DAC=72°$, $\angle EDC=108°$일 때, $\overline{CD}$의 길이를 구하시오.

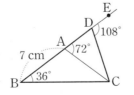

05 폭이 9 cm로 일정한 종이를 오른쪽 그림과 같이 접었다. $\overline{AB}=10$ cm일 때, $\triangle ABC$의 넓이는?

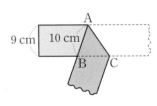

① 40 cm²   ② 42 cm²   ③ 45 cm²

④ 48 cm²   ⑤ 50 cm²

06 다음 중 오른쪽 그림과 같은 두 직각삼각형 ABC와 DEF가 서로 합동이 되는 조건은?

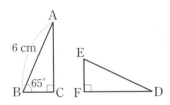

① $\overline{EF}=3$ cm, $\overline{DF}=6$ cm

② $\overline{EF}=3$ cm, $\angle E=65°$

③ $\overline{DE}=6$ cm, $\angle D=25°$

④ $\overline{DF}=6$ cm, $\angle D=25°$

⑤ $\angle D=25°$, $\angle E=65°$

신유형
07 오른쪽 그림과 같이 벽면 끝까지 닿도록 기대어 둔 사다리가 기울어져 내려왔다. $\angle BAC=\angle PQC$ 이고 $\overline{BQ}=1$ m, $\overline{QC}=1.5$ m일 때, 벽면의 높이인 $\overline{PC}$의 길이는 몇 m 인지 구하시오.

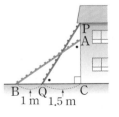

UP

08 오른쪽 그림과 같이 $\overline{AB}=\overline{AC}$인 직각이등변삼각형 ABC의 두 꼭짓점 B, C에서 꼭짓점 A를 지나는 직선 l에 내린 수선의 발을 각각 D, E라 하자. $\overline{BD}=10$ cm, $\overline{CE}=3$ cm일 때, $\overline{DE}$의 길이를 구하시오.

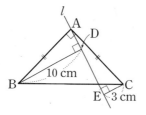

서술형

09 오른쪽 그림과 같은 △ABC에서 점 D는 $\overline{BC}$의 중점이고 $\overline{DE}=\overline{DF}$, $\angle DEB=\angle DFC=90°$이다. $\overline{AB}=9$ cm, $\overline{BC}=10$ cm일 때, $\overline{AC}$의 길이를 구하시오.

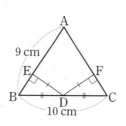

10 오른쪽 그림과 같이 $\angle C=90°$인 직각삼각형 ABC에서 $\overline{BC}=\overline{BD}$, $\overline{AB}\perp\overline{ED}$이다. $\angle A=40°$일 때, $\angle x$의 크기를 구하시오.

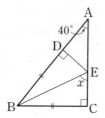

11 오른쪽 그림과 같이 $\angle C=90°$인 직각삼각형 ABC에서 $\angle A$의 이등분선이 $\overline{BC}$와 만나는 점을 D라 하자. $\overline{AB}=18$ cm이고 △ABD의 넓이가 45 cm²일 때, $\overline{DC}$의 길이를 구하시오.

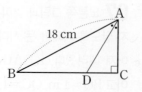

12 다음 중 삼각형의 외심과 내심에 대한 설명으로 옳은 것을 모두 고르면? (정답 2개)

① 외심은 삼각형의 세 내각의 이등분선의 교점이다.
② 내심에서 삼각형의 세 변에 이르는 거리는 같다.
③ 내심에서 삼각형의 세 꼭짓점에 이르는 거리는 같다.
④ 직각삼각형의 내심은 빗변의 중점과 일치한다.
⑤ 둔각삼각형의 외심은 삼각형의 외부에 있다.

13 오른쪽 그림에서 점 O는 △ABC의 외심이다. $\overline{BD}=5$ cm, $\overline{CE}=6$ cm, $\overline{CF}=7$ cm일 때, △ABC의 둘레의 길이를 구하시오.

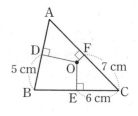

14 오른쪽 그림에서 점 O가 △ABC의 외심일 때, $\angle x+\angle y$의 크기는?

① 116°　　② 121°
③ 126°　　④ 131°
⑤ 136°

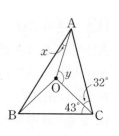

15 오른쪽 그림에서 점 I는 $\overline{AB}=\overline{BC}$인 이등변삼각형 ABC의 내심이다. $\angle ABC=48°$일 때, $\angle x$의 크기를 구하시오.

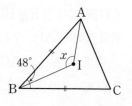

16 오른쪽 그림에서 점 I는 △ABC의 내심이고 $\overline{DE}\,/\!/\,\overline{BC}$이다. $\overline{AB}=8$ cm, $\overline{AC}=10$ cm일 때, △ADE의 둘레의 길이를 구하시오.

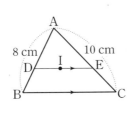

17 오른쪽 그림과 같은 △ABC에서 점 O는 외심이고 점 I는 내심이다. ∠BOC=84°일 때, ∠BIC의 크기를 구하시오.

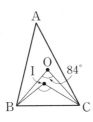

서술형

18 오른쪽 그림에서 점 I는 ∠B=90°인 직각삼각형 ABC의 내심이다. $\overline{AB}=12$ cm, $\overline{BC}=16$ cm, $\overline{AC}=20$ cm일 때, 색칠한 부분의 넓이를 구하시오.

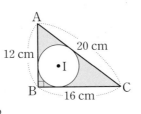

19 오른쪽 그림에서 점 I는 △ABC의 내심이고 세 점 D, E, F는 각각 내접원과 $\overline{AB}$, $\overline{BC}$, $\overline{CA}$의 접점이다. $\overline{AB}=5$ cm, $\overline{BC}=8$ cm, $\overline{AC}=11$ cm일 때, $\overline{AD}$의 길이를 구하시오.

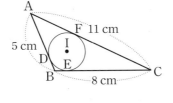

창의·융합 문제

다음 그림과 같이 $\overline{AB}=\overline{AC}$인 이등변삼각형 모양의 종이 ABC를 $\overline{BD}=\overline{CE}$, $\overline{BE}=\overline{CF}$가 되도록 잘랐다. ∠A=50°일 때, ∠DEF의 크기를 구하시오.

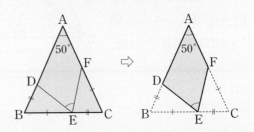

해결의 길잡이

❶ 이등변삼각형의 성질을 이용하여 ∠B, ∠C의 크기를 각각 구한다.

❷ 삼각형의 합동 조건을 이용하여 △DBE와 합동인 삼각형을 찾아 기호 ≡를 사용하여 나타낸다.

❸ ❷에서 찾은 △DBE와 합동인 삼각형에서 ∠BED와 크기가 같은 각을 구한다.

❹ ∠DEF의 크기를 구한다.

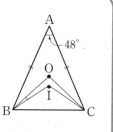

1 오른쪽 그림과 같이 $\overline{AB}=\overline{AC}$인 이등변삼각형 ABC에서 점 O는 외심이고 점 I는 내심이다. $\angle A=48°$일 때, $\angle OBI$의 크기를 구하시오.

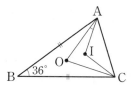

2 오른쪽 그림과 같이 $\overline{AB}=\overline{BC}$인 이등변삼각형 ABC에서 점 O는 외심이고 점 I는 내심이다. $\angle B=36°$일 때, $\angle OAI$의 크기를 구하시오.

---

❶ ∠BOC의 크기는?

점 O가 △ABC의 외심이므로
$\angle BOC = \boxed{}\angle A = \boxed{} \times 48° = \boxed{}°$

❷ ∠OBC의 크기는?

△OBC에서 $\overline{OB}=\boxed{}$이므로
$\angle OBC = \angle OCB$
　　$= \dfrac{1}{2} \times (180° - \boxed{}°) = \boxed{}°$　　… 40 %

❸ ∠ABC의 크기는?

△ABC에서 $\overline{AB}=\overline{AC}$이므로
$\angle ABC = \angle ACB$
　　$= \dfrac{1}{2} \times (180° - \boxed{}°) = \boxed{}°$

❹ ∠IBC의 크기는?

점 I가 △ABC의 내심이므로
$\angle IBC = \boxed{}\angle ABC$
　　$= \boxed{} \times \boxed{}° = \boxed{}°$　　… 40 %

❺ ∠OBI의 크기는?

$\angle OBI = \angle OBC - \angle IBC$
　　$= \boxed{}° - \boxed{}° = \boxed{}°$　　… 20 %

---

❶ ∠AOC의 크기는?

❷ ∠OAC의 크기는?

❸ ∠BAC의 크기는?

❹ ∠IAC의 크기는?

❺ ∠OAI의 크기는?

바른답·알찬풀이 12쪽

3 오른쪽 그림과 같이 $\overline{AB}=\overline{AC}$인 이등변삼각형 모양의 종이 ABC를 꼭짓점 A가 꼭짓점 B에 오도록 접었더니 $\angle EBC=24°$일 때, $\angle x$의 크기를 구하시오.

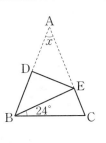

✏️ 풀이 과정

답 _____

5 오른쪽 그림과 같이 △ABC의 두 꼭짓점 B, C에서 $\overline{AC}$, $\overline{AB}$에 내린 수선의 발을 각각 D, E라 하자. $\overline{BE}=\overline{CD}$이고 $\angle A=56°$일 때, $\angle ECB$의 크기를 구하시오.

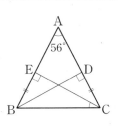

✏️ 풀이 과정

답 _____

4 오른쪽 그림에서 $\angle A=\angle B=90°$이고 △DEC는 $\overline{DE}=\overline{EC}$인 직각이등변삼각형이다. $\overline{AD}=3$ cm, $\overline{BC}=5$ cm일 때, 사다리꼴 ABCD의 넓이를 구하시오.

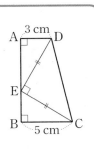

✏️ 풀이 과정

답 _____

6 오른쪽 그림과 같이 세 변의 길이가 각각 15 cm, 9 cm, 12 cm인 직각삼각형 ABC의 외접원과 내접원의 둘레의 길이를 차례대로 구하시오.

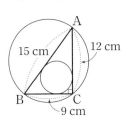

✏️ 풀이 과정

답 _____

인생을 바꾼 표정 관리

영국의 수상을 역임한 존 메이어는 16세에 다니던 학교를 그만두고, 가족의 생계를 위해 새벽부터 노동 현장에서 일했습니다. 그의 고단한 시절을 잘 아는 지인이 힘겨운 시절을 이겨 낸 비법을 물었을 때 그는 다음과 같이 말했습니다.

"가난하고 불우한 가정에서 태어난 내가 성공할 수 있었던 비결은,
 그 어떤 상황에서도 비관적인 생각을 하지 않고 항상 희망을 가졌던 데 있다.
 희망을 떠올리며 일을 하면 부정적인 생각이 사라진다.
 그런 생각을 하면 표정도 밝아진다.
 하늘은 표정이 밝고 긍정적인 사람에게 복을 내려 준다."

어떤 표정으로 하루를 보내고 싶으세요? 얼굴의 표정은 자신만이 선택할 수 있습니다. 지금 자신의 표정을 선택하세요.

02

사각형의 성질

배운내용 Check

1 오른쪽 그림에서 $l /\!/ m$일 때,
$\angle x$, $\angle y$의 크기를 각각 구하시오.

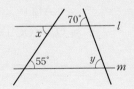

정답 **1** $\angle x = 55°$, $\angle y = 70°$

개념 10 평행사변형의 뜻과 성질

개념 알아보기

1 사각형 ABCD

사각형 ABCD를 기호로 □ABCD와 같이 나타낸다.

참고 사각형에서 마주 보는 변을 대변, 마주 보는 각을 대각이라 한다.
➡ 대변: $\overline{AB}$와 $\overline{DC}$, $\overline{AD}$와 $\overline{BC}$, 대각: ∠A와 ∠C, ∠B와 ∠D

2 평행사변형

마주 보는 두 쌍의 변이 서로 평행한 사각형

➡ □ABCD에서 $\overline{AB} /\!/ \overline{DC}$, $\overline{AD} /\!/ \overline{BC}$

참고 평행사변형에서 이웃하는 두 내각의 크기의 합은 180°이다.

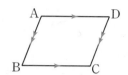

3 평행사변형의 성질

(1) 두 쌍의 대변의 길이는 각각 같다.	(2) 두 쌍의 대각의 크기는 각각 같다.	(3) 두 대각선은 서로를 이등분한다.
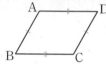	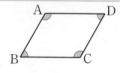	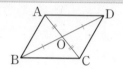
➡ $\overline{AB}=\overline{DC}$, $\overline{AD}=\overline{BC}$	➡ ∠A=∠C, ∠B=∠D	➡ $\overline{OA}=\overline{OC}$, $\overline{OB}=\overline{OD}$

개념 자세히 보기

• 평행사변형의 성질 (1), (2)

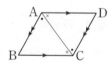

△ABC와 △CDA에서

$\overline{AB} /\!/ \overline{DC}$이므로 ∠BAC=∠DCA (엇각),

$\overline{AD} /\!/ \overline{BC}$이므로 ∠ACB=∠CAD (엇각),

$\overline{AC}$는 공통

∴ △ABC≡△CDA (ASA 합동)

➡ $\overline{AB}=\overline{DC}$, $\overline{AD}=\overline{BC}$ ← 성질 (1)

∠A=∠C, ∠B=∠D ← 성질 (2)

∠A
=∠BAC+∠CAD
=∠DCA+∠ACB
=∠C

• 평행사변형의 성질 (3)

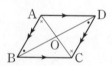

△ABO와 △CDO에서

$\overline{AB} /\!/ \overline{DC}$이므로

∠ABO=∠CDO (엇각),

∠BAO=∠DCO (엇각),

$\overline{AB}=\overline{CD}$ (평행사변형의 대변)

∴ △ABO≡△CDO (ASA 합동)

➡ $\overline{OA}=\overline{OC}$, $\overline{OB}=\overline{OD}$ ← 성질 (3)

➡ 익힘교재 15쪽

바른답 · 알찬풀이 14쪽

개념 확인하기

1 다음 그림과 같은 평행사변형 ABCD에서 x, y의 값을 각각 구하시오. (단, 점 O는 두 대각선의 교점이다.)

(1)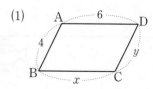

(2)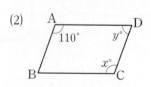

(3)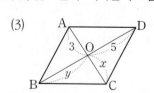

평행사변형의 뜻

01 다음 그림과 같은 평행사변형 ABCD에서 ∠x, ∠y의 크기를 각각 구하시오.

(1)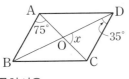

(2)

04 오른쪽 그림과 같은 평행사변형 ABCD에서 다음을 구하시오.

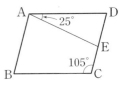

(1) ∠B의 크기

(2) ∠AED의 크기

> **TIP** 평행사변형에서 두 쌍의 대변이 각각 평행하므로 이웃하는 두 내각의 크기의 합은 180°이다.
>
> ⇨ ∠A+∠B=∠B+∠C=∠C+∠D
> =∠D+∠A=180°

02 오른쪽 그림과 같은 평행사변형 ABCD에서 두 대각선의 교점을 O라 하자. ∠BAC=75°, ∠BDC=35°일 때, ∠x의 크기를 구하시오.

05 오른쪽 그림과 같은 평행사변형 ABCD에서 두 대각선의 교점을 O라 하자. $\overline{AB}$=8 cm, $\overline{AC}$=10 cm, $\overline{BO}$=7 cm일 때, △OCD의 둘레의 길이를 구하시오.

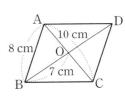

평행사변형의 성질

03 다음 그림과 같은 평행사변형 ABCD에서 x, y의 값을 각각 구하시오.

(1)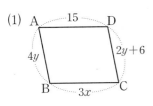

(2)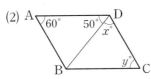

06 오른쪽 그림과 같은 평행사변형 ABCD에서 두 대각선의 교점을 O라 할 때, 다음 **보기** 중 옳은 것을 모두 고르시오.

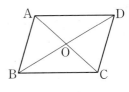

┤ 보기 ├
ㄱ. $\overline{OA}$=$\overline{OB}$　　　　ㄴ. △OAD≡△OCB
ㄷ. $\overline{BC}$=$\overline{CD}$　　　　ㄹ. ∠ADB=∠BDC
ㅁ. ∠DAB+∠ABC=180°

≫ 익힘교재 16쪽

평행사변형이 되는 조건

개념 알아보기 **1** 평행사변형이 되는 조건

다음 조건 중 어느 하나를 만족하는 사각형은 평행사변형이다.

(1) 두 쌍의 대변이 각각 평행하다.	(2) 두 쌍의 대변의 길이가 각각 같다.	(3) 두 쌍의 대각의 크기가 각각 같다.
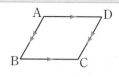	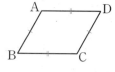	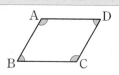
➡ $\overline{AB} /\!/ \overline{DC}$, $\overline{AD} /\!/ \overline{BC}$	➡ $\overline{AB} = \overline{DC}$, $\overline{AD} = \overline{BC}$	➡ $\angle A = \angle C$, $\angle B = \angle D$

(4) 두 대각선이 서로를 이등분한다.	(5) 한 쌍의 대변이 평행하고, 그 길이가 같다.
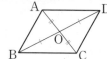 ➡ $\overline{OA} = \overline{OC}$, $\overline{OB} = \overline{OD}$	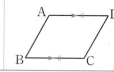 ➡ $\overline{AD} /\!/ \overline{BC}$, $\overline{AD} = \overline{BC}$ (또는 $\overline{AB} /\!/ \overline{DC}$, $\overline{AB} = \overline{DC}$)

개념 자세히 보기 평행사변형이 되는 조건

엇각의 크기나 동위각의 크기가 같으면 두 직선이 평행함을 이용하여 조건 (2)~(5)를 확인해 보자.

(2) 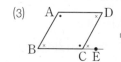 ➡ $\triangle ABC \equiv \triangle CDA$ (SSS 합동) ➡ $\angle BAC = \angle DCA$이므로 $\overline{AB} /\!/ \overline{DC}$
$\angle BCA = \angle DAC$이므로 $\overline{AD} /\!/ \overline{BC}$

(3) 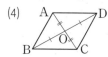 ➡ $\angle D = \angle DCE$이므로 $\overline{AD} /\!/ \overline{BC}$
$\angle B = \angle DCE$이므로 $\overline{AB} /\!/ \overline{DC}$

(4) 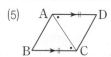 ➡ $\triangle AOD \equiv \triangle COB$, $\triangle AOB \equiv \triangle COD$ (SAS 합동) ➡ $\angle BAC = \angle DCA$이므로 $\overline{AB} /\!/ \overline{DC}$
$\angle BCA = \angle DAC$이므로 $\overline{AD} /\!/ \overline{BC}$

(5) ➡ $\triangle ABC \equiv \triangle CDA$ (SAS 합동) ➡ $\angle BAC = \angle DCA$이므로 $\overline{AB} /\!/ \overline{DC}$
처음 주어진 조건에서 $\overline{AD} /\!/ \overline{BC}$

익힘교재 15쪽

바른답·알찬풀이 14쪽

개념 확인하기 **1** 다음 보기의 □ABCD 중 평행사변형인 것을 모두 고르시오. (단, 점 O는 두 대각선의 교점이다.)

보기

ㄱ. 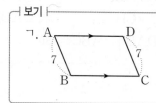　　ㄴ. 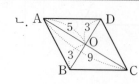　　ㄷ.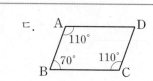

평행사변형이 되는 조건

01 다음 □ABCD가 평행사변형이 되는 조건을 **보기**에서 골라 ( ) 안에 써넣으시오.

(단, 점 O는 두 대각선의 교점이다.)

┤ 보기 ├
ㄱ. 두 쌍의 대변이 각각 평행하다.
ㄴ. 두 쌍의 대변의 길이가 각각 같다.
ㄷ. 두 쌍의 대각의 크기가 각각 같다.
ㄹ. 두 대각선이 서로를 이등분한다.
ㅁ. 한 쌍의 대변이 평행하고, 그 길이가 같다.

(1) $\overline{OA}=2$, $\overline{OB}=3$, $\overline{OC}=2$, $\overline{OD}=3$ ( )

(2) $\overline{AB}/\!\!/\overline{DC}$, $\overline{AB}=\overline{DC}=3$ ( )

(3) $\overline{AB}=\overline{DC}=4$, $\overline{AD}=\overline{BC}=5$ ( )

(4) $\angle ABD=\angle BDC=30°$, $\angle ADB=\angle DBC=20°$ ( )

02 다음 그림과 같은 □ABCD의 두 대각선의 교점을 O라 할 때, □ABCD가 평행사변형이 되도록 하는 x, y의 값을 각각 구하시오.

(1)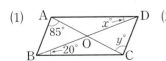
(2)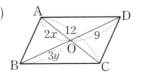

03 다음 사각형 중 평행사변형이 <u>아닌</u> 것은?

①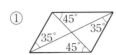
②

③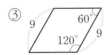
④

⑤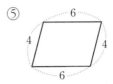

평행사변형이 되는 조건의 응용

04 다음은 오른쪽 그림과 같은 평행사변형 ABCD에서 ∠B, ∠D의 이등분선이 $\overline{AD}$, $\overline{BC}$와 만나는 점을 각각 E, F라 할 때, □EBFD가 평행사변형임을 설명하는 과정이다. ☐ 안에 알맞은 것을 써넣으시오.

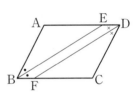

∠B=☐이므로 ∠EBF=∠FDE ······ ㉠
이때 ∠AEB=∠EBF (엇각),
∠DFC=☐ (엇각)이므로
∠AEB=∠DFC
∴ ∠DEB=180°−∠AEB=180°−∠DFC
=☐ ······ ㉡
㉠, ㉡에서 두 쌍의 ☐의 크기가 각각 같으므로
□EBFD는 평행사변형이다.

> **TIP** □ABCD에서 평행사변형의 성질을 이용하여 □EBFD가 평행사변형이 되는 조건 중 하나를 만족함을 보인다.

▶ 익힘교재 17쪽

평행사변형과 넓이

개념 알아보기 **1 평행사변형과 넓이**

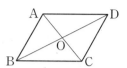

평행사변형 ABCD에서

(1) 평행사변형의 넓이는 한 대각선에 의하여 이등분된다.

➡ $\triangle ABC = \triangle BCD = \triangle CDA = \triangle DAB$

$\qquad = \dfrac{1}{2}\square ABCD$

(2) 평행사변형의 넓이는 두 대각선에 의하여 사등분된다.

➡ $\triangle ABO = \triangle BCO = \triangle CDO = \triangle DAO$

$\qquad = \dfrac{1}{4}\square ABCD$

(3) 평행사변형의 내부의 한 점 P에 대하여

$\triangle PAB + \triangle PCD = \triangle PDA + \triangle PBC$

$\qquad = \dfrac{1}{2}\square ABCD$

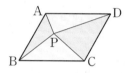

개념 자세히 보기 평행사변형과 넓이

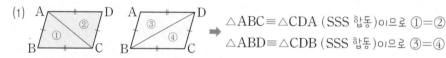

(1) $\triangle ABC \equiv \triangle CDA$ (SSS 합동)이므로 ①=②
$\triangle ABD \equiv \triangle CDB$ (SSS 합동)이므로 ③=④

(2) $\triangle ABO \equiv \triangle CDO$ (SAS 합동)이므로 ①=③
$\triangle BCO \equiv \triangle DAO$ (SAS 합동)이므로 ②=④ ➡ ①=②=③=④

밑변의 길이와 높이가 각각 같으므로 ①=②

(3) 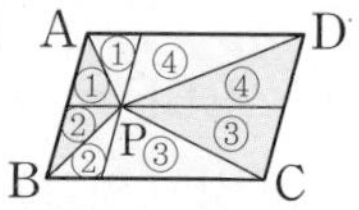 점 P를 지나고 $\overline{AB}$, $\overline{BC}$와 평행한 직선을 각각 그으면

➡ $\triangle PAB + \triangle PCD = (①+②)+(③+④)$
$\qquad = (①+④)+(②+③)$
$\qquad = \triangle PDA + \triangle PBC$

>> 익힘교재 15쪽

바른답·알찬풀이 15쪽

개념 확인하기 **1** 다음 그림과 같은 평행사변형 ABCD의 넓이가 40 cm²일 때, 색칠한 부분의 넓이를 구하시오.

(단, 점 O는 두 대각선의 교점이고, 점 P는 내부의 한 점이다.)

(1)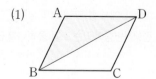

(2)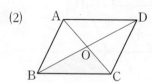

(3)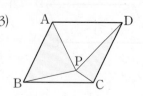

바른답·알찬풀이 15쪽

평행사변형과 넓이; 대각선

01 오른쪽 그림과 같은 평행사변형 ABCD에서 두 대각선의 교점을 O라 하자. △ABC의 넓이가 16 cm²일 때, 다음을 구하시오.

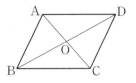

(1) □ABCD의 넓이

(2) △CDO의 넓이

02 오른쪽 그림과 같은 평행사변형 ABCD에서 두 대각선의 교점을 O라 하자. □ABCD의 넓이가 30 cm²일 때, △ABO와 △CDO의 넓이의 합을 구하시오.

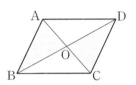

03 오른쪽 그림과 같은 평행사변형 ABCD에서 두 대각선의 교점을 O라 하자. △BCO의 넓이가 9 cm²일 때, □ABCD의 넓이를 구하시오.

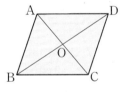

TIP 평행사변형 ABCD의 두 대각선의 교점을 O라 할 때,
△ABO＝△BCO
　　　＝△CDO＝△DAO
　　　＝$\frac{1}{4}$□ABCD
⇨ □ABCD＝4△ABO＝4△BCO
　　　　　＝4△CDO＝4△DAO

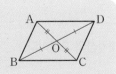

평행사변형과 넓이; 내부의 한 점

04 오른쪽 그림과 같은 평행사변형 ABCD의 내부의 한 점 P에 대하여 △PAB의 넓이가 3 cm², △PCD의 넓이가 9 cm²일 때, 다음을 구하시오.

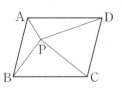

(1) △PDA와 △PBC의 넓이의 합

(2) □ABCD의 넓이

05 오른쪽 그림과 같은 평행사변형 ABCD의 내부의 한 점 P에 대하여 △PAB, △PBC, △PCD의 넓이가 각각 16 cm², 24 cm², 18 cm²일 때, △PDA의 넓이를 구하시오.

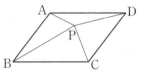

06 오른쪽 그림과 같은 평행사변형 ABCD의 내부의 한 점 P에 대하여 □ABCD의 넓이가 64 cm², △PDA의 넓이가 12 cm²일 때, △PBC의 넓이를 구하시오.

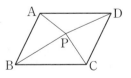

익힘교재 18쪽

● 개념 REVIEW

01 오른쪽 그림과 같은 평행사변형 ABCD에서 $\overline{BE}$는 ∠B의 이등분선이다. $\overline{AB}=6$ cm, $\overline{BC}=10$ cm일 때, $\overline{ED}$의 길이를 구하시오.

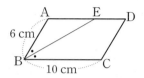

▶ 평행사변형의 성질; 대변
평행사변형의 두 쌍의 ❶□□의 길이는 각각 같다.

02 오른쪽 그림과 같은 평행사변형 ABCD에서 ∠A : ∠B=3 : 2일 때, ∠C의 크기를 구하시오.

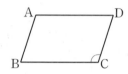

▶ 평행사변형의 성질; 대각
평행사변형의 두 쌍의 ❷□□의 크기는 각각 같다.

03 오른쪽 그림과 같은 평행사변형 ABCD에서 $\overline{DE}$는 ∠D의 이등분선이다. $\overline{AF}\perp\overline{DE}$이고 ∠B=74°일 때, ∠$x$의 크기를 구하시오.

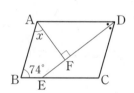

▶ 평행사변형의 성질; 대각
평행사변형에서 두 쌍의 대변이 각각 평행하므로 이웃하는 두 내각의 크기의 합은 ❸□□□°이다.

04 오른쪽 그림과 같은 평행사변형 ABCD에서 두 대각선의 교점을 O라 하자. $\overline{OC}=9$ cm, $\overline{OD}=13$ cm일 때, $x+y$의 값을 구하시오.

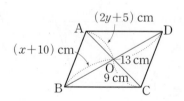

▶ 평행사변형의 성질; 대각선
평행사변형의 두 대각선은 서로를 ❹□□□□한다.

05 다음 중 □ABCD가 평행사변형인 것은? (단, 점 O는 두 대각선의 교점이다.)

① ∠A=120°, ∠B=120°, ∠C=60°
② $\overline{AB}/\!/\overline{DC}$, $\overline{AB}=11$ cm, $\overline{BC}=11$ cm
③ $\overline{AB}=7$ cm, $\overline{BC}=7$ cm, $\overline{CD}=5$ cm, $\overline{DA}=5$ cm
④ $\overline{OA}=9$ cm, $\overline{OB}=9$ cm, $\overline{OC}=5$ cm, $\overline{OD}=5$ cm
⑤ ∠A=50°, ∠B=130°, $\overline{AD}=8$ cm, $\overline{BC}=8$ cm

▶ 평행사변형이 되는 조건
(1) 두 쌍의 대변이 각각 평행하다.
(2) 두 쌍의 대변의 길이가 각각 같다.
(3) 두 쌍의 대각의 크기가 각각 같다.
(4) 두 대각선이 서로를 이등분한다.
(5) 한 쌍의 ❺□□이 평행하고, 그 길이가 같다.

답 ❶ 대변 ❷ 대각 ❸ 180
❹ 이등분 ❺ 대변

▶ 바른답·알찬풀이 15쪽

06 다음은 평행사변형 ABCD에서 $\overline{AB}$, $\overline{CD}$의 중점을 각각 M, N이라 할 때, □MBND가 평행사변형임을 설명하는 과정이다. ㈎ ~ ㈐에 알맞은 것을 구하시오.

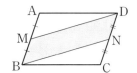

> □ABCD가 평행사변형이므로 □MBND에서 $\overline{MB}$ // ㈎ ······ ㉠
> 또, $\overline{AB}=\overline{CD}$이므로 $\overline{MB}=$ ㈏ $\overline{AB}=$ ㈏ $\overline{CD}=$ ㈐
> ㉠, ㉡에서 한 쌍의 대변이 ㈑ 하고, 그 길이가 같으므로
> □MBND는 평행사변형이다.

● 개념 REVIEW

▶ 평행사변형이 되는 조건의 응용
주어진 사각형이 평행사변형인지 알기 위해 다음을 이용한다.
• 평행선의 성질
• 삼각형의 합동 조건
• 평행사변형의 성질

07 오른쪽 그림과 같은 평행사변형 ABCD에서 $\overline{AD}$, $\overline{BC}$의 중점을 각각 M, N이라 하자. □ABCD의 넓이가 $100\,\mathrm{cm}^2$일 때, □MPNQ의 넓이를 구하시오.

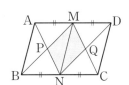

▶ 평행사변형과 넓이; 대각선
• 평행사변형의 넓이는 한 대각선에 의하여 ❶□□□된다.
• 평행사변형의 넓이는 두 대각선에 의하여 ❷□□□된다.

08 오른쪽 그림과 같은 평행사변형 ABCD의 내부의 한 점 P에 대하여 △PAB, △PBC, △PCD, △PDA의 넓이가 각각 $10\,\mathrm{cm}^2$, $x\,\mathrm{cm}^2$, $y\,\mathrm{cm}^2$, $7\,\mathrm{cm}^2$일 때, $x-y$의 값을 구하시오.

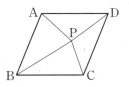

▶ 평행사변형과 넓이; 내부의 한 점
평행사변형에서 내부의 한 점과 각 꼭짓점을 연결하였을 때, 마주 보는 두 쌍의 삼각형의 넓이의 ❸□은 서로 같다.

⬆ 09 오른쪽 그림과 같은 평행사변형 ABCD에서 두 대각선의 교점을 O라 하자. $\overline{BE}=\overline{DF}$일 때, 다음 **보기** 중 옳은 것을 모두 고르시오.

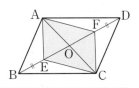

┤ 보기 ├
ㄱ. $\overline{OE}=\overline{OF}$ ㄴ. $\overline{AF}=\overline{CF}$
ㄷ. $\angle OAF=\angle DAF$ ㄹ. $\angle OAE=\angle OCF$

▶ 평행사변형이 되는 조건의 응용
두 대각선이 서로를 이등분하는 사각형은 평행사변형임을 이용한다.

09-1 **09**번 문제에서 $\overline{AE}=3\,\mathrm{cm}$, $\overline{AF}=4\,\mathrm{cm}$일 때, □AECF의 둘레의 길이를 구하시오.

◎ 익힘교재 19쪽

답 ❶ 이등분 ❷ 사등분 ❸ 합

직사각형의 뜻과 성질

개념 알아보기 **1 직사각형**

네 내각의 크기가 90°로 모두 같은 사각형

➡ □ABCD에서 ∠A=∠B=∠C=∠D=90°

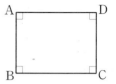

참고 ① 사각형의 네 내각의 크기의 합은 360°이므로 직사각형의 한 내각의 크기는 90°이다.
② 직사각형은 두 쌍의 대각의 크기가 각각 같으므로 평행사변형이다.
➡ 직사각형은 평행사변형의 성질을 모두 만족한다.

2 직사각형의 성질

직사각형의 두 대각선은 길이가 같고, 서로를 이등분한다.
➡ $\overline{AC}=\overline{BD}$, $\overline{OA}=\overline{OB}=\overline{OC}=\overline{OD}$

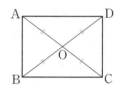

3 평행사변형이 직사각형이 되는 조건

평행사변형이 다음 조건 중 어느 하나를 만족하면 직사각형이 된다.
① 한 내각이 직각이다.　　　　② 두 대각선의 길이가 같다.

개념 자세히 보기 **직사각형의 성질**

두 대각선은 서로를 이등분한다. ➡ 직사각형은 평행사변형이므로 평행사변형의 성질을 만족한다.

두 대각선의 길이가 같다. ➡ △ABC와 △DCB에서
$\overline{AB}=\overline{DC}$, ∠ABC=∠DCB, $\overline{BC}$는 공통
∴ △ABC≡△DCB (SAS 합동)
∴ $\overline{AC}=\overline{DB}$

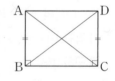

» 익힘교재 15쪽

※ 바른답·알찬풀이 16쪽

개념 확인하기 **1** 다음 그림과 같은 직사각형 ABCD에서 두 대각선의 교점을 O라 할 때, x의 값을 구하시오.

(1)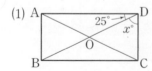

(2)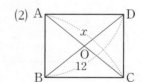

(3)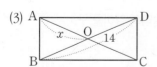

(4)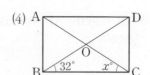

직사각형의 뜻과 성질

01 오른쪽 그림과 같은 직사각형 ABCD에서 두 대각선의 교점을 O 라 할 때, 다음을 구하시오.

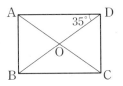

(1) ∠ABO의 크기

(2) ∠BAO의 크기

02 오른쪽 그림과 같은 직사각형 ABCD에서 두 대각선의 교점을 O라 할 때, 다음을 구하시오.

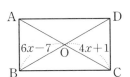

(1) x의 값

(2) $\overline{\text{OD}}$의 길이

(3) $\overline{\text{AC}}$의 길이

03 다음 그림과 같은 직사각형 ABCD에서 두 대각선의 교점을 O라 할 때, ∠x의 크기를 구하시오.

(1)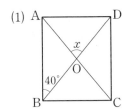
(2)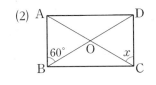

04 오른쪽 그림과 같은 직사각형 ABCD에서 두 대각선의 교점을 O 라 할 때, 다음 **보기** 중 옳은 것을 모 두 고르시오.

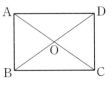

┤ 보기 ├
ㄱ. ∠AOB＝90°   ㄴ. ∠BCD＝90°
ㄷ. $\overline{\text{AC}}=\overline{\text{BC}}$ ㄹ. $\overline{\text{OC}}=\overline{\text{OD}}$

05 오른쪽 그림과 같은 직사각 형 ABCD에서 $\overline{\text{BE}}=\overline{\text{DE}}$이고 ∠BDE＝∠EDC일 때, 다음을 구하시오.

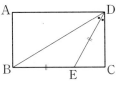

(1) ∠DBE의 크기

(2) ∠DEC의 크기

> **TIP** 직사각형의 한 내각의 크기는 90°이고, △DBE는 이등 변삼각형임을 이용한다.

평행사변형이 직사각형이 되는 조건

06 다음 중 오른쪽 그림과 같은 평행사변형 ABCD가 직사각형이 되는 조건이 <u>아닌</u> 것은? (단, 점 O 는 두 대각선의 교점이다.)

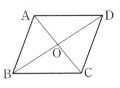

① $\overline{\text{AC}}=\overline{\text{BD}}$ ② $\overline{\text{AO}}=\overline{\text{DO}}$
③ $\overline{\text{AC}}\perp\overline{\text{BD}}$ ④ ∠ABC＝90°
⑤ ∠BCD＝∠ADC

➡ 익힘교재 20쪽

마름모의 뜻과 성질

개념 알아보기

1 마름모

네 변의 길이가 모두 같은 사각형

➡ □ABCD에서 $\overline{AB}=\overline{BC}=\overline{CD}=\overline{DA}$

참고 마름모는 두 쌍의 대변의 길이가 각각 같으므로 평행사변형이다.
➡ 마름모는 평행사변형의 성질을 모두 만족한다.

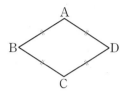

2 마름모의 성질

마름모의 두 대각선은 서로를 수직이등분한다.

➡ $\overline{OA}=\overline{OC}$, $\overline{OB}=\overline{OD}$, $\overline{AC}\perp\overline{BD}$

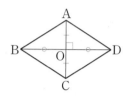

3 평행사변형이 마름모가 되는 조건

평행사변형이 다음 조건 중 어느 하나를 만족하면 마름모가 된다.

① 이웃하는 두 변의 길이가 같다.　　　② 두 대각선이 서로 수직이다.

개념 자세히 보기 | **마름모의 성질**

두 대각선은 서로를 이등분한다. ➡ 마름모는 평행사변형이므로 평행사변형의 성질을 만족한다.

두 대각선이 서로 수직이다. ➡ △ABO와 △ADO에서
$\overline{AB}=\overline{AD}$, $\overline{OB}=\overline{OD}$, $\overline{OA}$는 공통
∴ △ABO≡△ADO (SSS 합동)
즉, ∠AOB=∠AOD=90°이므로 $\overline{AC}\perp\overline{BD}$
└→ ∠AOB+∠AOD=180°

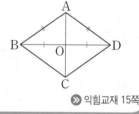

>> 익힘교재 15쪽

꿈 바른답 · 알찬풀이 17쪽

개념 확인하기 | **1** 다음 그림과 같은 마름모 ABCD에서 두 대각선의 교점을 O라 할 때, x의 값을 구하시오.

(1)

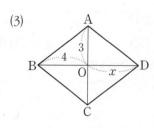

(2)

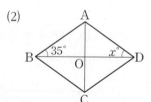

(3)

(4)

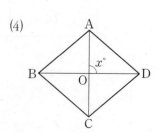

마름모의 뜻과 성질

01 오른쪽 그림과 같은 마름모 ABCD에서 다음을 구하시오.

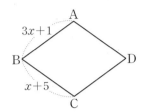

(1) x의 값

(2) □ABCD의 둘레의 길이

02 오른쪽 그림과 같은 마름모 ABCD에서 두 대각선의 교점을 O라 하자. ∠BAD=120° 일 때, 다음을 구하시오.

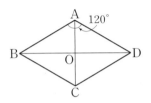

(1) ∠ABO의 크기

(2) ∠DCO의 크기

03 다음 그림과 같은 마름모 ABCD에서 x, y의 값을 각각 구하시오. (단, 점 O는 두 대각선의 교점이다.)

(1)

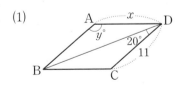

(2)

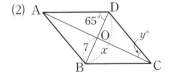

04 오른쪽 그림과 같은 마름모 ABCD에서 두 대각선의 교점을 O라 할 때, 다음 **보기** 중 옳지 <u>않은</u> 것을 모두 고르시오.

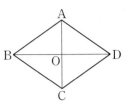

┤ 보기 ├
ㄱ. $\overline{AC}=\overline{BD}$ ㄴ. $\overline{OA}=\overline{OC}$
ㄷ. ∠BOC=90°   ㄹ. ∠BAO=∠DAO

05 오른쪽 그림과 같은 마름모 ABCD에서 두 대각선의 교점을 O라 하자. △ABO의 넓이가 9 cm²일 때, □ABCD의 넓이를 구하시오.

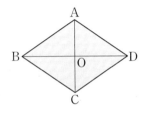

TIP △ABO와 합동인 삼각형을 모두 찾아 □ABCD의 넓이를 구한다.

평행사변형이 마름모가 되는 조건

06 다음 **보기** 중 오른쪽 그림과 같은 평행사변형 ABCD가 마름모가 되는 조건을 모두 고르시오. (단, 점 O는 두 대각선의 교점이다.)

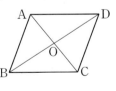

┤ 보기 ├
ㄱ. $\overline{AB}=\overline{AD}$ ㄴ. ∠ABC=∠BCD
ㄷ. $\overline{AO}=\overline{BO}$ ㄹ. ∠BAC=∠DAC

익힘교재 21쪽

개념 15 정사각형의 뜻과 성질

개념 알아보기

1 정사각형

네 변의 길이가 모두 같고, 네 내각의 크기가 $90°$로 모두 같은 사각형

➡ □ABCD에서

$\overline{AB}=\overline{BC}=\overline{CD}=\overline{DA}$, $\angle A=\angle B=\angle C=\angle D=90°$

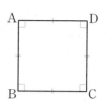

> **참고** 정사각형은 네 변의 길이가 모두 같으므로 마름모이고, 네 내각의 크기가 모두 같으므로 직사각형이다. ➡ 정사각형은 마름모와 직사각형의 성질을 모두 만족한다.

2 정사각형의 성질

정사각형의 두 대각선은 길이가 같고, 서로를 수직이등분한다.

➡ $\overline{AC}=\overline{BD}$, $\overline{OA}=\overline{OB}=\overline{OC}=\overline{OD}$, $\overline{AC}\perp\overline{BD}$

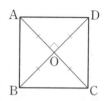

3 정사각형이 되는 조건

(1) **직사각형이 정사각형이 되는 조건**

직사각형이 다음 조건 중 어느 하나를 만족하면 정사각형이 된다.

① 이웃하는 두 변의 길이가 같다.　　　② 두 대각선이 서로 수직이다.

(2) **마름모가 정사각형이 되는 조건**

마름모가 다음 조건 중 어느 하나를 만족하면 정사각형이 된다.

① 한 내각이 직각이다.　　　② 두 대각선의 길이가 같다.

개념 자세히 보기 정사각형의 성질

| 두 대각선의 길이가 같다. | ➡ 정사각형은 직사각형이므로 직사각형의 성질을 만족한다. |

| 두 대각선은 서로를 수직이등분한다. | ➡ 정사각형은 마름모이므로 마름모의 성질을 만족한다. |

➡ 익힘교재 15쪽

※ 바른답 · 알찬풀이 18쪽

개념 확인하기

1 다음 그림과 같은 정사각형 ABCD에서 두 대각선의 교점을 O라 할 때, x의 값을 구하시오.

(1)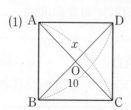

(2)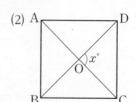

대표문제

정사각형의 뜻과 성질

01 오른쪽 그림과 같은 정사각형 ABCD에서 두 대각선의 교점을 O라 할 때, 다음을 구하시오.

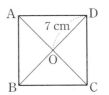

(1) $\overline{OC}$의 길이

(2) ∠OBC의 크기

> **TIP** 정사각형에서 두 대각선에 의해 생기는 4개의 삼각형 △OAB, △OBC, △OCD, △ODA는 모두 합동인 직각이등변삼각형이다.

02 오른쪽 그림과 같은 정사각형 ABCD에서 두 대각선의 교점을 O라 할 때, 다음을 구하시오.

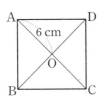

(1) △ABD의 넓이

(2) □ABCD의 넓이

03 오른쪽 그림과 같은 정사각형 ABCD에서 두 대각선의 교점을 O라 할 때, 다음 중 옳지 않은 것은?

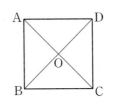

① $\overline{OA}=\overline{OD}$ ② $\overline{AC}\perp\overline{BD}$
③ $\overline{AB}=\overline{AC}$ ④ ∠OAB=∠ODC
⑤ ∠BOC=∠COD

04 오른쪽 그림과 같이 정사각형 ABCD의 대각선 BD 위에 점 E가 있을 때, 다음을 구하시오.

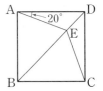

(1) ∠DCE의 크기

(2) ∠BEC의 크기

정사각형이 되는 조건

05 다음 **보기** 중 오른쪽 그림과 같은 직사각형 ABCD가 정사각형이 되는 조건을 모두 고르시오. (단, 점 O는 두 대각선의 교점이다.)

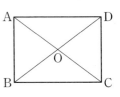

┤ 보기 ├
ㄱ. $\overline{AC}=\overline{BD}$ ㄴ. $\overline{OA}=\overline{OD}$
ㄷ. ∠AOD=90°   ㄹ. ∠ABD=∠ADB

06 오른쪽 그림과 같은 마름모 ABCD가 정사각형이 되도록 하려고 할 때, 다음을 구하시오. (단, 점 O는 두 대각선의 교점이다.)

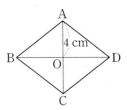

(1) $\overline{BD}$의 길이

(2) ∠CDO의 크기

▶▶ 익힘교재 22쪽

개념 16 등변사다리꼴의 뜻과 성질

개념 **알아보기**

1 사다리꼴

마주 보는 한 쌍의 변이 서로 평행한 사각형
➡ □ABCD에서 $\overline{AD}$ ∥ $\overline{BC}$

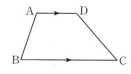

2 등변사다리꼴

아랫변의 양 끝 각의 크기가 같은 사다리꼴
➡ □ABCD에서 $\overline{AD}$ ∥ $\overline{BC}$, ∠B=∠C

참고 $\overline{AD}$ ∥ $\overline{BC}$인 등변사다리꼴 ABCD에서 ∠B=∠C이고
∠A+∠B=∠C+∠D=180°이므로
➡ ∠A=∠D

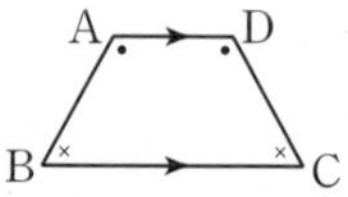

3 등변사다리꼴의 성질

(1) 평행하지 않은 한 쌍의 대변의 길이가 같다. ➡ $\overline{AB}$=$\overline{DC}$
(2) 두 대각선의 길이가 같다. ➡ $\overline{AC}$=$\overline{DB}$

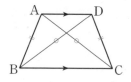

개념 **자세히 보기**   등변사다리꼴의 성질

| 평행하지 않은 한 쌍의 대변의 길이가 같다. | ➡ | $\overline{AB}$와 평행하게 $\overline{DE}$를 그으면 ∠B=∠DEC (동위각), ∠B=∠C 이므로 ∠DEC=∠C $\overline{DE}$=$\overline{DC}$, $\overline{AB}$=$\overline{DE}$이므로 $\overline{AB}$=$\overline{DC}$ |

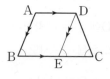

| 두 대각선의 길이가 같다. | ➡ | △ABC와 △DCB에서 $\overline{AB}$=$\overline{DC}$, ∠ABC=∠DCB, $\overline{BC}$는 공통 ∴ △ABC≡△DCB (SAS 합동) ∴ $\overline{AC}$=$\overline{DB}$ |

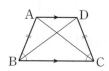

≫ 익힘교재 15쪽

바른답·알찬풀이 18쪽

개념 **확인하기** 1 다음 그림과 같이 $\overline{AD}$ ∥ $\overline{BC}$인 등변사다리꼴 ABCD에서 x의 값을 구하시오.

(단, 점 O는 두 대각선의 교점이다.)

(1)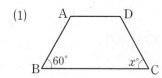

(2)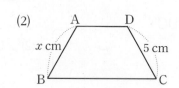

(3)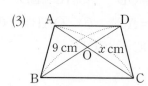

등변사다리꼴의 뜻과 성질

01 다음 그림과 같이 $\overline{AD} \,/\!/\, \overline{BC}$인 등변사다리꼴 ABCD에서 두 대각선의 교점을 O라 할 때, x의 값을 구하시오.

(1)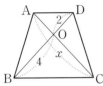

(2)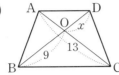

02 오른쪽 그림과 같이 $\overline{AD} \,/\!/\, \overline{BC}$인 등변사다리꼴 ABCD에서 다음을 구하시오.

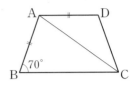

(1) ∠C의 크기

(2) ∠B의 크기

03 오른쪽 그림과 같이 $\overline{AD} \,/\!/\, \overline{BC}$인 등변사다리꼴 ABCD에서 두 대각선의 교점을 O라 할 때, 다음 **보기** 중 옳은 것을 모두 고르시오.

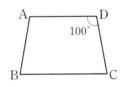

┤ 보기 ├
ㄱ. $\overline{AB} = \overline{DC}$ ㄴ. $\overline{AB} = \overline{AD}$
ㄷ. $\overline{AC} = \overline{DB}$ ㄹ. ∠BAD = ∠CDA
ㅁ. ∠AOD = 90°

04 오른쪽 그림과 같이 $\overline{AD} \,/\!/\, \overline{BC}$인 등변사다리꼴 ABCD에서 $\overline{AB} = \overline{AD}$일 때, 다음 물음에 답하시오.

(1) ∠ACB와 크기가 같은 각을 모두 찾으시오.

(2) ∠ACB의 크기를 구하시오.

> **TIP** 등변사다리꼴에서 마주 보는 한 쌍의 변이 서로 평행하고 평행하지 않은 한 쌍의 대변의 길이는 같음을 이용한다.

등변사다리꼴의 성질의 응용

05 다음은 오른쪽 그림과 같이 $\overline{AD} \,/\!/\, \overline{BC}$인 등변사다리꼴 ABCD의 꼭짓점 A에서 $\overline{BC}$에 내린 수선의 발을 E라 할 때, $\overline{BE}$의 길이를 구하는 과정이다. ☐ 안에 알맞은 것을 써넣으시오.

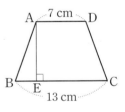

오른쪽 그림과 같이 꼭짓점 D에서 $\overline{BC}$에 내린 수선의 발을 F라 하면 □AEFD는

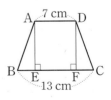

☐이므로

$\overline{EF} = \overline{AD} = \boxed{}$ cm

△ABE ≡ $\boxed{}$ ($\boxed{}$ 합동)이므로

$\overline{BE} = \boxed{} = \dfrac{1}{2} \times (\overline{BC} - \overline{EF})$

$\quad = \dfrac{1}{2} \times (\boxed{} - \boxed{}) = \boxed{}$ (cm)

» 익힘교재 23쪽

여러 가지 사각형 사이의 관계

개념 알아보기 **1** 여러 가지 사각형 사이의 관계

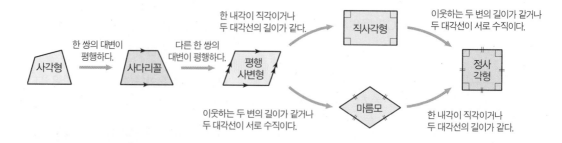

2 여러 가지 사각형의 대각선의 성질

(1) **평행사변형**: 서로를 이등분한다.　　(2) **직사각형**: 길이가 같고, 서로를 이등분한다.

(3) **마름모**: 서로를 수직이등분한다.　　(4) **정사각형**: 길이가 같고, 서로를 수직이등분한다.

(5) **등변사다리꼴**: 길이가 같다.

개념 자세히 보기 **사각형의 각 변의 중점을 연결하여 만든 사각형**

사각형의 각 변의 중점을 연결하여 만든 사각형은 다음과 같다.

사각형 ➡ 평행사변형	평행사변형 ➡ 평행사변형	직사각형 ➡ 마름모
평행사변형	평행사변형	마름모
마름모 ➡ 직사각형	정사각형 ➡ 정사각형	등변사다리꼴 ➡ 마름모
직사각형	정사각형	마름모

>> 익힘교재 15쪽

🔖 바른답·알찬풀이 19쪽

개념 확인하기 **1** 다음 표는 여러 가지 사각형의 성질을 나타낸 것이다. 각 사각형의 성질로 옳은 것은 ○표, 옳지 않은 것은 ×표를 하시오.

성질　　　　　　　　　　　사각형	평행사변형	직사각형	마름모	정사각형	등변사다리꼴
(1) 두 쌍의 대변이 각각 평행하다.					
(2) 모든 변의 길이가 같다.					
(3) 두 대각선의 길이가 같다.					
(4) 두 대각선이 서로를 이등분한다.					
(5) 두 대각선이 서로를 수직이등분한다.					

여러 가지 사각형 사이의 관계

01 오른쪽 그림과 같은 평행사변형 ABCD가 다음 조건을 만족하면 어떤 사각형이 되는지 말하시오.

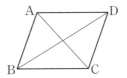

(1) $\angle BAD = 90°$

(2) $\overline{AC} \perp \overline{BD}$

(3) $\overline{AC} = \overline{BD}$

(4) $\overline{AB} = \overline{BC}$, $\angle ABC = \angle BCD$

02 아래 **보기** 중 다음 성질을 만족하는 사각형을 모두 고르시오.

┤ 보기 ├

ㄱ. 평행사변형 ㄴ. 직사각형
ㄷ. 마름모   ㄹ. 정사각형
ㅁ. 등변사다리꼴

(1) 두 대각선의 길이가 같다.

(2) 두 대각선이 서로를 이등분한다.

(3) 두 대각선이 서로 수직이다.

03 다음 중 옳지 않은 것은?

① 평행사변형은 사다리꼴이다.
② 직사각형은 평행사변형이다.
③ 마름모는 직사각형이다.
④ 정사각형은 마름모이다.
⑤ 정사각형은 직사각형이다.

04 다음 **보기** 중 옳은 것을 모두 고르시오.

┤ 보기 ├

ㄱ. 한 내각의 크기가 90°인 평행사변형은 직사각형이다.

ㄴ. 두 대각선의 길이가 같은 평행사변형은 마름모이다.

ㄷ. 두 쌍의 대변이 각각 평행하고, 두 대각선이 서로 수직인 사각형은 정사각형이다.

ㄹ. 이웃하는 두 내각의 크기가 같은 마름모는 정사각형이다.

사각형의 각 변의 중점을 연결하여 만든 사각형

05 다음은 오른쪽 그림과 같은 직사각형 ABCD의 각 변의 중점을 각각 E, F, G, H라 할 때, □EFGH가 어떤 사각형인지 알아보는 과정이다. ☐ 안에 알맞은 것을 써넣으시오.

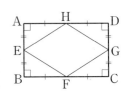

△AEH, △BEF, △CGF, △DGH에서
$\angle A = \angle B = \angle C = \angle D$,
$\overline{AE} = \boxed{} = \overline{CG} = \overline{DG}$,
$\overline{AH} = \overline{BF} = \overline{CF} = \boxed{}$
∴ △AEH ≡ △BEF ≡ △CGF ≡ △DGH
($\boxed{}$ 합동)
∴ $\overline{HE} = \overline{FE} = \overline{FG} = \boxed{}$
따라서 □EFGH는 $\boxed{}$이다.

TIP □ABCD가 직사각형이므로 직사각형의 성질을 이용한다.

» 익힘교재 24쪽

● 개념 REVIEW

01 오른쪽 그림과 같은 직사각형 ABCD에서 두 대각선의 교점을 O라 하자. $\overline{AB}=6$ cm, $\overline{BD}=10$ cm일 때, △OCD의 둘레의 길이를 구하시오.

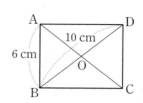

> **직사각형의 뜻과 성질**
> 직사각형
> ⇨ 네 내각의 크기가 90°로 모두 같은 사각형
> ⇨ 두 대각선은 길이가 같고, 서로를 ❶□□□한다.

02 오른쪽 그림과 같은 마름모 ABCD에서 두 대각선의 교점을 O라 하자. $\overline{AO}=5$ cm, $\overline{BO}=12$ cm, $\overline{CD}=13$ cm일 때, □ABCD의 넓이를 구하시오.

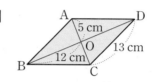

> **마름모의 뜻과 성질**
> 마름모
> ⇨ 네 ❷□의 길이가 모두 같은 사각형
> ⇨ 두 대각선은 서로를 수직이 등분한다.

03 오른쪽 그림과 같은 평행사변형 ABCD가 마름모가 되도록 하는 x, y에 대하여 $x-y$의 값을 구하시오.

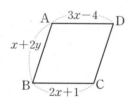

> **평행사변형이 마름모가 되는 조건**
> ① 이웃하는 두 변의 길이가 같다.
> ② 두 대각선이 서로 ❸□□이다.

04 오른쪽 그림과 같은 정사각형 ABCD에서 $\overline{AE}$와 $\overline{BF}$의 교점을 P라 하자. $\overline{BE}=\overline{CF}$이고 $\angle AEC=120°$일 때, $\angle x$의 크기를 구하시오.

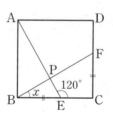

> **정사각형의 뜻과 성질**
> 정사각형
> ⇨ 네 변의 길이가 모두 같고, 네 내각의 크기가 90°로 모두 같은 사각형
> ⇨ 두 대각선은 길이가 같고, 서로를 ❹□□□□□한다.

05 다음 중 오른쪽 그림과 같은 평행사변형 ABCD가 정사각형이 되는 조건은? (단, 점 O는 두 대각선의 교점이다.)

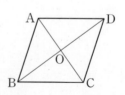

① $\overline{AC}=\overline{BD}$, $\overline{OB}=\overline{OC}$
② $\overline{AB}=\overline{AD}$, $\overline{AC}\perp\overline{BD}$
③ $\overline{OB}=\overline{OD}$, $\angle AOD=90°$
④ $\overline{AC}=\overline{BD}$, $\angle BAC=\angle BCA$
⑤ $\overline{OA}=\overline{OC}$, $\angle ABC=\angle ADC$

> **정사각형이 되는 조건**
> • 직사각형이 정사각형이 되려면
> ① 이웃하는 두 ❺□의 길이가 같다.
> ② 두 대각선이 서로 수직이다.
> • 마름모가 정사각형이 되려면
> ① 한 내각이 직각이다.
> ② 두 대각선의 길이가 같다.

> 답 ❶ 이등분 ❷ 변 ❸ 수직
> ❹ 수직이등분 ❺ 변

바른답·알찬풀이 19쪽

개념 REVIEW

06 다음 조건을 모두 만족하는 □ABCD는 어떤 사각형인가?

> (가) $\overline{AB}=\overline{DC}$, $\overline{AB}$ // $\overline{DC}$ (나) $\overline{AC}=\overline{BD}$, $\overline{AC}\perp\overline{BD}$

① 평행사변형   ② 직사각형   ③ 마름모
④ 정사각형   ⑤ 등변사다리꼴

여러 가지 사각형 사이의 관계

07 다음 중 두 대각선의 길이가 서로 같지 않은 사각형을 모두 고르면? (정답 2개)

① 평행사변형   ② 직사각형   ③ 마름모
④ 정사각형   ⑤ 등변사다리꼴

여러 가지 사각형의 대각선의 성질

08 오른쪽 그림과 같이 $\overline{AD}$ // $\overline{BC}$인 등변사다리꼴 ABCD의 각 변의 중점을 각각 E, F, G, H라 하자. $\overline{AD}=8$ cm, $\overline{BC}=14$ cm, $\overline{EF}=7$ cm일 때, □EFGH의 둘레의 길이를 구하시오.

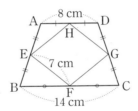

사각형의 각 변의 중점을 연결하여 만든 사각형
• 사각형, 평행사변형
  ⇨ 평행사변형
• 직사각형, 등변사다리꼴
  ⇨ 마름모
• 마름모 ⇨ ❶□□□□
• 정사각형 ⇨ 정사각형

UP
09 오른쪽 그림과 같이 $\overline{AD}$ // $\overline{BC}$인 등변사다리꼴 ABCD에서 $\overline{AD}=8$ cm, $\overline{CD}=10$ cm, ∠D=120°일 때, $\overline{BC}$의 길이를 구하시오.

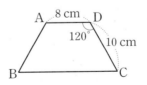

등변사다리꼴의 성질의 응용

꼭짓점 A를 지나고 $\overline{DC}$에 평행한 직선을 그어 $\overline{BC}$와 만나는 점을 E라 하면 □AECD는 평행사변형이고 △ABE는 이등변삼각형이다.

09-1 오른쪽 그림과 같이 $\overline{AD}$ // $\overline{BC}$인 등변사다리꼴 ABCD에서 $\overline{AB}=9$ cm, $\overline{AD}=6$ cm, ∠C=60° 일 때, □ABCD의 둘레의 길이를 구하시오.

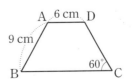

>> 익힘교재 25쪽

답 ❶ 직사각형

18 평행선과 삼각형의 넓이

개념 알아보기 **1 평행선과 삼각형의 넓이**

두 직선 l, m이 평행할 때, $\triangle ABC$와 $\triangle A'BC$는 밑변 BC가 공통이고 높이는 h로 같으므로 두 삼각형의 넓이가 같다.

➡ $l \,/\!/\, m$이면 $\triangle ABC = \triangle A'BC = \dfrac{1}{2}ah$

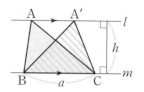

참고 두 직선 l, m이 평행할 때,
$\triangle ABO = \triangle ABC - \triangle OBC = \triangle A'BC - \triangle OBC$
$\qquad\quad = \triangle A'OC$

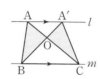

2 평행선과 삼각형의 넓이의 응용

평행선을 이용하여 사각형과 넓이가 같은 삼각형을 찾을 수 있다.
➡ $\overline{AC} \,/\!/\, \overline{DE}$이면 $\square ABCD = \triangle ABE$

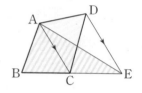

개념 자세히 보기 **사각형과 넓이가 같은 삼각형**

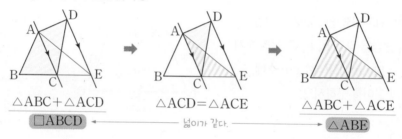

$\triangle ABC + \triangle ACD$ → $\triangle ACD = \triangle ACE$ → $\triangle ABC + \triangle ACE$

$\boxed{\square ABCD}$ ← ─ 넓이가 같다. ─ → $\boxed{\triangle ABE}$

» 익힘교재 15쪽

개념 확인하기 **1** 오른쪽 그림과 같이 $\overline{AD} \,/\!/\, \overline{BC}$인 사다리꼴 ABCD에서 두 대각선의 교점을 O라 할 때, 다음 도형과 넓이가 같은 삼각형을 말하시오.

⋮ 바른답·알찬풀이 20쪽

(1) $\triangle ABC$ (2) $\triangle ABD$

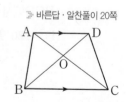

2 오른쪽 그림에서 $\overline{AE} \,/\!/\, \overline{DB}$일 때, 다음 도형과 넓이가 같은 삼각형을 말하시오.

(1) $\triangle ABD$ (2) $\square ABCD$

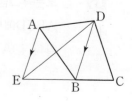

평행선과 삼각형의 넓이

01 오른쪽 그림에서 $l /\!/ m$이
고 $\overline{BC} \perp \overline{DE}$일 때, 다음을 구하
시오.

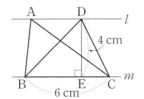

(1) △DBC의 넓이

(2) △ABC의 넓이

02 오른쪽 그림과 같이 $\overline{AD} /\!/ \overline{BC}$
인 사다리꼴 ABCD에서 두 대각선
의 교점을 O라 하자. △AOD,
△DOC의 넓이가 각각 6 cm²,
9 cm²일 때, 다음을 구하시오.

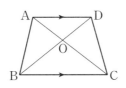

(1) △ABO의 넓이

(2) △ABD의 넓이

> **TIP** $\overline{AD} /\!/ \overline{BC}$인 사다리꼴 ABCD에
> 서 △ABC=△DBC임을 이용한
> 다.
>
>

03 오른쪽 그림과 같이
$\overline{AD} /\!/ \overline{BC}$인 사다리꼴 ABCD에
서 두 대각선의 교점을 O라 하자.
△ABC, △OBC의 넓이가 각각
24 cm², 10 cm²일 때, △OCD의 넓이를 구하시오.

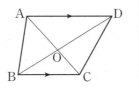

평행선과 삼각형의 넓이의 응용

04 오른쪽 그림에서 $\overline{AC} /\!/ \overline{DE}$
이고 □ABCD의 넓이가 10 cm²,
△ABC의 넓이가 6 cm²일 때, 다
음을 구하시오.

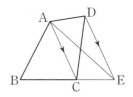

(1) △ACD의 넓이

(2) △ACE의 넓이

(3) △ABE의 넓이

05 오른쪽 그림에서 $\overline{AC} /\!/ \overline{DE}$이
고 △ABE의 넓이가 40 cm²일 때,
□ABCD의 넓이를 구하시오.

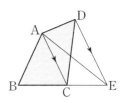

06 오른쪽 그림에서 $\overline{AE} /\!/ \overline{DB}$
이고 △DEC, △ABD의 넓이가
각각 16 cm², 7 cm²일 때,
△DBC의 넓이를 구하시오.

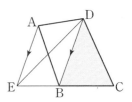

➡ 익힘교재 26쪽

개념 19 높이가 같은 두 삼각형의 넓이의 비

개념 알아보기

1 높이가 같은 두 삼각형의 넓이의 비

높이가 같은 두 삼각형의 넓이의 비는 두 삼각형의 밑변의 길이의 비와 같다.

➡ $\overline{BC} : \overline{CD} = m : n$이면 $\triangle ABC : \triangle ACD = m : n$

참고 점 C가 $\overline{BD}$의 중점이면 $\triangle ABC = \triangle ACD$
$\quad\quad\quad \overline{BC} = \overline{CD}$

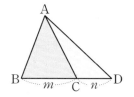

개념 자세히 보기 높이가 같은 두 삼각형의 넓이의 비

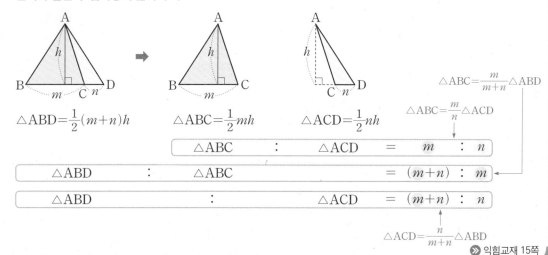

$$\triangle ABD = \frac{1}{2}(m+n)h \qquad \triangle ABC = \frac{1}{2}mh \qquad \triangle ACD = \frac{1}{2}nh$$

$$\triangle ABC = \frac{m}{m+n}\triangle ABD$$
$$\triangle ABC = \frac{m}{n}\triangle ACD$$

| $\triangle ABC$ | : | $\triangle ACD$ | = | m | : | n |

| $\triangle ABD$ | : | $\triangle ABC$ | = | $(m+n)$ | : | m |

| $\triangle ABD$ | : | $\triangle ACD$ | = | $(m+n)$ | : | n |

$$\triangle ACD = \frac{n}{m+n}\triangle ABD$$

» 익힘교재 15쪽

» 바른답·알찬풀이 20쪽

개념 확인하기

1 오른쪽 그림과 같은 $\triangle ABD$에서 $\overline{BC} : \overline{CD} = 2 : 1$이고 $\triangle ACD$의 넓이가 $6\,\text{cm}^2$일 때, 다음 물음에 답하시오.

(1) $\triangle ABC$와 $\triangle ACD$의 넓이의 비를 가장 간단한 자연수의 비로 나타내시오.

(2) $\triangle ABC$의 넓이를 구하시오.

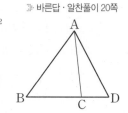

2 오른쪽 그림과 같은 평행사변형 ABCD에서 $\overline{BE} = \overline{EC}$이고 $\square ABCD$의 넓이가 $24\,\text{cm}^2$일 때, 다음을 구하시오.

(1) $\triangle ABC$의 넓이

(2) $\triangle AEC$의 넓이

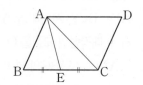

↱ 바른답·알찬풀이 21쪽

높이가 같은 두 삼각형의 넓이

01 오른쪽 그림과 같은 △ABD에서 $\overline{BC} : \overline{CD} = 4 : 1$이고 △ABC의 넓이가 36 cm^2일 때, 다음을 구하시오.

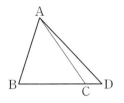

(1) △ACD의 넓이

(2) △ABD의 넓이

02 오른쪽 그림과 같은 △ABD에서 $\overline{BC} = \overline{CD}$, $\overline{AE} : \overline{ED} = 3 : 7$이고 △ABD의 넓이가 60 cm^2일 때, 다음을 구하시오.

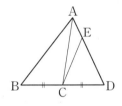

(1) △ACD의 넓이

(2) △ACE의 넓이

03 오른쪽 그림과 같은 △ABC에서 $\overline{BD} : \overline{DC} = 4 : 3$, $\overline{AE} : \overline{ED} = 2 : 1$이다. △ABE의 넓이가 8 cm^2일 때, 다음을 구하시오.

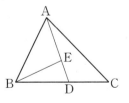

(1) △ABD의 넓이

(2) △ABC의 넓이

사각형에서 높이가 같은 두 삼각형의 넓이

04 오른쪽 그림과 같은 평행사변형 ABCD에서 $\overline{BE} : \overline{ED} = 3 : 1$이고 □ABCD의 넓이가 48 cm^2일 때, 다음을 구하시오.

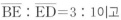
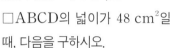

(1) △BCD의 넓이

(2) △BCE의 넓이

05 오른쪽 그림과 같이 $\overline{AD} /\!/ \overline{BC}$인 등변사다리꼴 ABCD에서 두 대각선의 교점을 O라 하자. $\overline{AO} : \overline{OC} = 1 : 2$이고 △AOD의 넓이가 4 cm^2일 때, 다음을 구하시오.

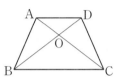

(1) △OAB의 넓이

(2) △OBC의 넓이

(3) □ABCD의 넓이

06 오른쪽 그림과 같은 평행사변형 ABCD에서 $\overline{BQ} : \overline{QC} = 2 : 3$이고 △PBQ의 넓이가 6 cm^2일 때, 다음을 구하시오.

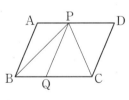

(1) △PBC의 넓이

(2) □ABCD의 넓이

> **TIP** 평행사변형 ABCD에서 $\overline{AD} /\!/ \overline{BC}$이므로 $\triangle PBC = \triangle ABC = \triangle DBC$ $= \dfrac{1}{2} \square ABCD$

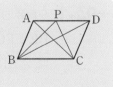

≫ 익힘교재 27쪽

소단원 **핵심문제** 개념 18~19

● 개념 REVIEW

01 오른쪽 그림과 같이 $\overline{AD} /\!/ \overline{BC}$인 사다리꼴 ABCD에서 두 대각선의 교점을 O라 할 때, 다음 중 옳지 않은 것을 모두 고르면? (정답 2개)

① △ABD=△DBC
② △ABC=△DBC
③ △ABD=△ACD
④ △ABO=△DCO
⑤ △AOD=△BOC

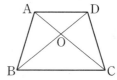

▸ 평행선과 삼각형의 넓이
두 평행선 사이에서 밑변의 길이가 같은 두 삼각형은 ❶□□가 같으므로 넓이가 같다.

02 오른쪽 그림에서 $\overline{AC} /\!/ \overline{DE}$, $\overline{AH} \perp \overline{BC}$이고 $\overline{AH}=4$ cm, $\overline{BC}=5$ cm, $\overline{CE}=3$ cm일 때, □ABCD의 넓이는?

① 12 cm²
② 14 cm²
③ 16 cm²
④ 18 cm²
⑤ 20 cm²

▸ 평행선과 삼각형의 넓이의 응용

□ABCD
=△ABC+△ACD
=△ABC+❷□□□
=❸□□□

03 오른쪽 그림과 같은 △ABD에서 $\overline{BC} : \overline{CD}=3 : 2$이고 △ACD의 넓이가 14 cm²일 때, △ABC의 넓이를 구하시오.

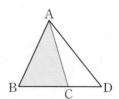

▸ 높이가 같은 두 삼각형의 넓이
높이가 같은 두 삼각형의 넓이의 비는 두 삼각형의 ❹□□의 길이의 비와 같다.

UP
04 오른쪽 그림과 같은 평행사변형 ABCD에서 $\overline{BE} : \overline{EC}=2 : 1$이고 □ABCD의 넓이가 30 cm²일 때, △DEC의 넓이를 구하시오.

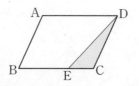

▸ 평행사변형에서 높이가 같은 두 삼각형의 넓이
$\overline{BD}$를 긋고 △DBC의 넓이를 구한 후 $\overline{BE} : \overline{EC}$를 이용하여 △DEC의 넓이를 구한다.

04-1 오른쪽 그림과 같은 평행사변형 ABCD에서 $\overline{BE} : \overline{EC}=3 : 2$이고 △AED의 넓이가 25 cm²일 때, △ABE의 넓이를 구하시오.

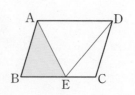

>> 익힘교재 28쪽

답 ❶ 높이 ❷ △ACE
❸ △ABE ❹ 밑변

중단원 마무리 문제

01 오른쪽 그림과 같은 평행사변형 ABCD에서 ∠BAC=72°, ∠BCA=40°일 때, ∠x, ∠y의 크기를 각각 구하시오.

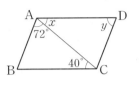

02 오른쪽 그림과 같은 평행사변형 ABCD에서 $\overline{AB}=\overline{AE}$이고 ∠C=100°일 때, ∠$x$의 크기를 구하시오.

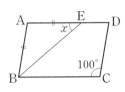

03 오른쪽 그림과 같은 평행사변형 ABCD에서 $\overline{AE}$, $\overline{DF}$는 각각 ∠A, ∠D의 이등분선이다. $\overline{AB}=8$ cm, $\overline{AD}=10$ cm일 때, $\overline{FE}$의 길이는?

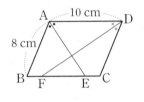

① 4 cm   ② 5 cm   ③ 6 cm
④ 7 cm   ⑤ 8 cm

04 다음 중 □ABCD가 평행사변형이 되지 <u>않는</u> 것은?
(단, 점 O는 두 대각선의 교점이다.)

① $\overline{AB}=\overline{DC}=5$ cm, $\overline{AD}=\overline{BC}=6$ cm
② ∠A=110°, ∠B=70°, ∠C=110°
③ $\overline{AD}/\!/\overline{BC}$, $\overline{AB}=\overline{DC}=7$ cm
④ ∠A+∠B=180°, ∠B+∠C=180°
⑤ $\overline{OA}=\overline{OB}=\overline{OC}=\overline{OD}$

05 오른쪽 그림과 같이 평행사변형 ABCD의 두 꼭짓점 B, D에서 대각선 AC에 내린 수선의 발을 각각 E, F라 할 때, 다음 중 옳지 <u>않은</u> 것은?

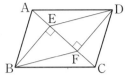

① $\overline{BE}=\overline{DF}$ ② $\overline{BF}=\overline{DF}$
③ $\overline{BE}/\!/\overline{DF}$ ④ ∠BAE=∠DCF
⑤ □BFDE는 평행사변형이다.

서술형

06 오른쪽 그림과 같은 평행사변형 ABCD에서 $\overline{BC}$와 $\overline{DC}$의 연장선 위에 $\overline{BC}=\overline{CE}$, $\overline{DC}=\overline{CF}$가 되도록 두 점 E, F를 잡았다. △AOD의 넓이가 10 cm²일 때, □BFED의 넓이를 구하시오. (단, 점 O는 □ABCD의 두 대각선의 교점이다.)

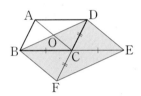

07 오른쪽 그림과 같은 평행사변형 ABCD의 내부의 한 점 P에 대하여 △PAD의 넓이가 8 cm²일 때, △PBC의 넓이는?

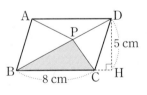

① 10 cm²   ② 11 cm²   ③ 12 cm²
④ 13 cm²   ⑤ 14 cm²

08 오른쪽 그림은 직사각형 모양의 종이 ABCD를 꼭짓점 C가 꼭짓점 A에 오도록 접은 것이다. ∠BAF=24°일 때, ∠x의 크기를 구하시오.

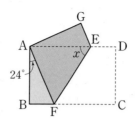

09 오른쪽 그림과 같이 마름모 ABCD의 꼭짓점 A에서 $\overline{CD}$에 내린 수선의 발을 E라 하고, $\overline{AE}$와 $\overline{BD}$의 교점을 P라 하자. ∠C=110°일 때, ∠x의 크기를 구하시오.

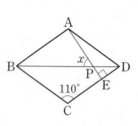

10 오른쪽 그림과 같은 직사각형 ABCD에서 $\overline{EF}$는 대각선 AC의 수직이등분선이다. $\overline{AD}$=15 cm, $\overline{BF}$=6 cm일 때, $\overline{AF}$의 길이를 구하시오.

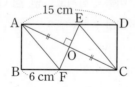

서술형
11 오른쪽 그림에서 □ABCD는 정사각형이고 $\overline{DC}=\overline{DE}$이다. ∠DCE=55°일 때, ∠DAF의 크기를 구하시오.

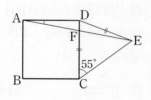

12 오른쪽 그림과 같이 $\overline{AD}\,/\!/\,\overline{BC}$인 등변사다리꼴 ABCD에서 두 대각선의 교점을 O라 하자. $\overline{AB}$=6 cm, $\overline{AC}$=8 cm, ∠ABC=80°일 때, 다음 중 옳지 <u>않은</u> 것은?

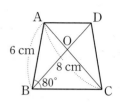

① $\overline{CD}$=6 cm 　　② ∠DCB=80°

③ $\overline{BD}$=8 cm 　　④ $\overline{OD}$=4 cm

⑤ ∠BAD=100°

신유형
13 다음 중 ①~⑤에 알맞은 것으로 옳지 <u>않은</u> 것은?

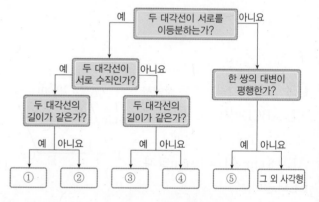

① 정사각형 　　② 마름모

③ 등변사다리꼴 　　④ 평행사변형

⑤ 사다리꼴

14 다음 중 사각형과 그 사각형의 각 변의 중점을 연결하여 만든 사각형을 짝 지은 것으로 옳지 <u>않은</u> 것은?

① 평행사변형 — 평행사변형

② 직사각형 — 마름모

③ 마름모 — 직사각형

④ 정사각형 — 정사각형

⑤ 등변사다리꼴 — 직사각형

15 오른쪽 그림과 같은 평행사변형 ABCD에서 다음 중 △ACE와 넓이가 같은 삼각형은?

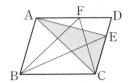

① △ABF   ② △ACF
③ △AED   ④ △BCE
⑤ △DFC

16 오른쪽 그림에서 $\overline{AC} /\!/ \overline{DE}$이고 ∠ABC=90°, $\overline{AB}$=5 cm, $\overline{BC}$=6 cm, $\overline{CE}$=4 cm일 때, □ABCD의 넓이를 구하시오.

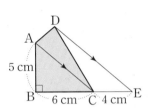

UP 17 오른쪽 그림에서 $\overline{BP} : \overline{PC} = \overline{AQ} : \overline{QB}$=2 : 1이고 △BPQ의 넓이가 4 cm²일 때, △ABC의 넓이를 구하시오.

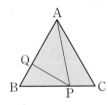

서술형 18 오른쪽 그림과 같이 $\overline{AD} /\!/ \overline{BC}$인 등변사다리꼴 ABCD에서 두 대각선의 교점을 O라 하자. $\overline{AO} : \overline{OC}$=1 : 3이고 △ABC의 넓이가 60 cm²일 때, △OCD의 넓이를 구하시오.

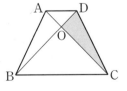

창의·융합 문제

A, B, C, D 네 사람이 동시에 다음 그림의 P 지점에서 동서남북 방향으로 각각 출발하였다. 출발한 후 1시간 동안 A와 C는 동쪽과 서쪽으로 각각 4 km씩, B와 D는 북쪽과 남쪽으로 각각 9 km씩을 이동하였다. 1시간 후의 A, B, C, D의 위치를 각각 E, F, G, H라 할 때, 네 지점 E, F, G, H를 연결한 사각형의 넓이를 구하시오.

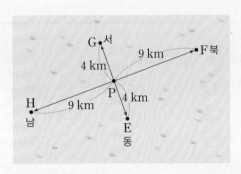

해결의 길잡이

❶ 네 지점 E, F, G, H를 연결한 사각형에서 대각선 사이의 관계를 파악한다.

❷ 네 지점 E, F, G, H를 연결한 사각형은 어떤 사각형인지 구한다.

❸ □EFGH의 넓이를 구한다.

교과서 속 서술형 문제

1 오른쪽 그림과 같은 평행사변형 ABCD에서 ∠B의 이등분선이 $\overline{CD}$의 연장선과 만나는 점을 E라 하고, $\overline{AD}$와 $\overline{BE}$의 교점을 F라 하자. $\overline{AB}=6$ cm, $\overline{BC}=9$ cm일 때, $\overline{DE}$의 길이를 구하시오.

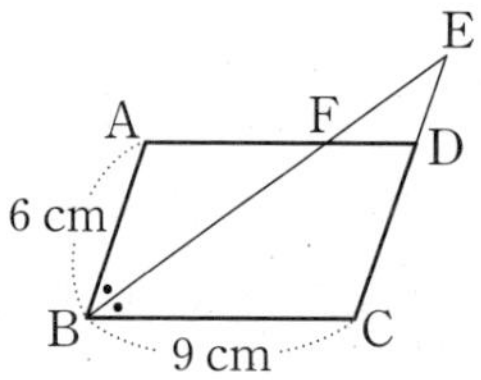

1 △BCE는 어떤 삼각형인가?

$\overline{AB} /\!/ \overline{DC}$이므로 ∠CEB=∠☐ (엇각)

즉, ∠CBE=∠CEB이므로 △BCE는

$\overline{BC}=$☐인 ☐삼각형이다. ··· 30 %

2 $\overline{EC}$의 길이는?

△BCE가 ☐삼각형이므로

$\overline{EC}=$☐$=$☐ cm ··· 20 %

3 $\overline{DC}$의 길이는?

평행사변형 ABCD에서 대변의 길이는 같으므로

$\overline{DC}=$☐$=$☐ cm ··· 20 %

4 $\overline{DE}$의 길이는?

$\overline{DE}=\overline{EC}-$☐

$=$☐$-$☐$=$☐(cm) ··· 30 %

2 오른쪽 그림과 같은 평행사변형 ABCD에서 ∠A의 이등분선이 $\overline{BC}$와 만나는 점을 E라 하자. $\overline{AB}=5$ cm, $\overline{EC}=3$ cm일 때, $\overline{AD}$의 길이를 구하시오.

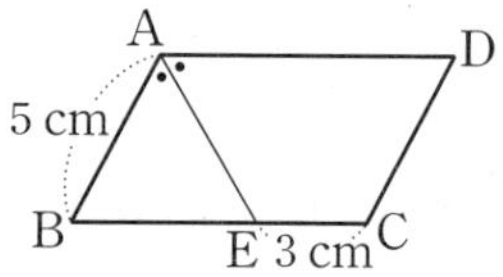

1 △BEA는 어떤 삼각형인가?

2 $\overline{BE}$의 길이는?

3 $\overline{BC}$의 길이는?

4 $\overline{AD}$의 길이는?

↳ 바른답·알찬풀이 23쪽

3 오른쪽 그림과 같은 마름모 ABCD에서 $\overline{AE} \perp \overline{BC}$, $\overline{AF} \perp \overline{CD}$이고 ∠BAE＝25°일 때, ∠EAF의 크기를 구하시오.

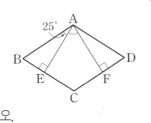

✎ 풀이 과정

답 _____

4 오른쪽 그림과 같은 정사각형 ABCD에서 $\overline{AE}＝\overline{BF}$이고 $\overline{AF}$와 $\overline{DE}$의 교점을 G라 할 때, ∠DGF의 크기를 구하시오.

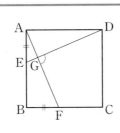

✎ 풀이 과정

답 _____

5 오른쪽 그림과 같이 평행사변형 ABCD의 네 내각의 이등분선의 교점을 각각 E, F, G, H라 할 때, □EFGH는 어떤 사각형인지 말하시오.

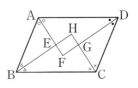

✎ 풀이 과정

답 _____

6 오른쪽 그림에서 $\overline{AC} \mathbin{/\!/} \overline{DE}$이고, $\overline{AC}$는 □ABCD의 넓이를 이등분한다. □ABCD의 넓이가 56 cm², △FCE의 넓이가 15 cm²일 때, △ACF의 넓이를 구하시오.

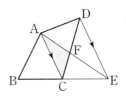

✎ 풀이 과정

답 _____

혼잣말의 힘

스포츠 심리학자들은 선수들이 자신에게 긍정적인 메시지를 전달하는 혼잣말을 연구하며 다음과 같은 결론을 얻었습니다.

1. 혼잣말은 집중력을 높여 준다.
2. 혼잣말은 마음이 방황하지 않도록 한다.
3. 혼잣말은 자신감과 의욕을 높여 준다.
4. 혼잣말은 동작을 더 정확하게 하도록 돕는다.

2008년 북경 올림픽, 2012년 런던 올림픽, 2016년 리우 올림픽에서 금메달을 획득한 공기권총 사격 선수 진종오는 혼잣말에 대해 다음과 같이 말했습니다.

"저는 중얼중얼 자기 독백을 해요. 한 발 쏘고 나서 '그래 됐어, 됐으니까 다음 발도 또 10점을 쏘자.'라고. 이렇게 독백을 하다 보면 집중도 더 되는 것 같고 다른 생각을 하지 않게 됩니다."

혼잣말은 대개 습관입니다. 긍정적인 혼잣말로 자신감과 의욕을 높일 수 있도록 간결하고도 긍정적인 혼잣말을 준비해 보세요.

03

도형의 닮음 (1)

배운내용 Check

1 다음 그림에서 $\triangle ABC \equiv \triangle DEF$일 때, 다음을 구하시오.

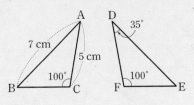

(1) $\overline{DE}$의 길이   (2) $\angle B$의 크기

정답 **1** (1) 7 cm   (2) 45°

20 닮은 도형

개념 알아보기   1 닮은 도형

(1) **닮음**: 한 도형을 일정한 비율로 확대하거나 축소한 도형이 다른 도형과 합동일 때, 이 두
도형은 서로 **닮음**인 관계에 있다고 한다. → 닮은 도형은 크기에 관계없이 모양이 같다.

또, 서로 닮음인 관계에 있는 두 도형을 **닮은 도형**이라 한다.

> 참고 ① 항상 서로 닮은 평면도형: 변의 개수가 같은 두 정다각형, 두 직각이등변삼각형, 두 원, 중심각의 크기가 같
> 은 두 부채꼴
> ② 항상 서로 닮은 입체도형: 면의 개수가 같은 두 정다면체, 두 구

(2) **닮음의 기호**: $\triangle ABC$와 $\triangle DEF$가 서로 닮은 도형
일 때, 기호로

$$\triangle ABC \backsim \triangle DEF$$

와 같이 나타낸다.

> 참고 서로 닮은 두 도형을 기호로 나타낼 때, 두 도형의 꼭짓점은
> 대응하는 차례대로 쓴다.

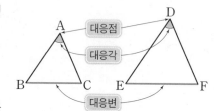

개념 자세히 보기   대응점, 대응변, 대응각

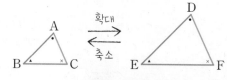

$$\triangle ABC \backsim \triangle DEF$$

대응점	대응변	대응각
점 A와 점 D	$\overline{AB}$와 $\overline{DE}$	$\angle A$와 $\angle D$
점 B와 점 E	$\overline{BC}$와 $\overline{EF}$	$\angle B$와 $\angle E$
점 C와 점 F	$\overline{AC}$와 $\overline{DF}$	$\angle C$와 $\angle F$

» 익힘교재 29쪽

▷ 바른답·알찬풀이 25쪽

개념 확인하기   1 다음 두 도형의 관계를 기호 $\backsim$를 사용하여 나타내시오.

(1)

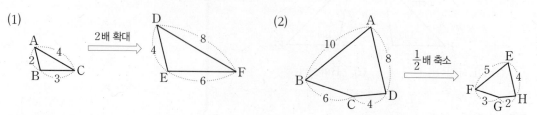

(2)

닮은 도형

01 아래 그림에서 □ABCD∽□EFGH일 때, 다음을 구하시오.

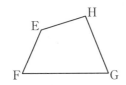

(1) 점 C의 대응점

(2) $\overline{AD}$의 대응변

(3) ∠D의 대응각

02 다음 그림에서 △ABC∽△DEF일 때, $\overline{AB}$의 대응변과 ∠E의 대응각을 차례대로 구하시오.

TIP 도형의 모양이 뒤집어져 있는 경우에는 닮음의 기호에서 대응점을 찾을 수도 있다.

△ABC∽△DEF

대응점

03 아래 그림에서 두 사각뿔은 서로 닮은 도형이고 □BCDE∽□GHIJ일 때, 다음을 구하시오.

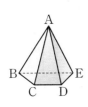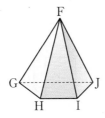

(1) 모서리 AC에 대응하는 모서리

(2) 면 ADE에 대응하는 면

04 아래 그림에서 두 사면체는 서로 닮은 도형이고 △ABC∽△EFG일 때, 다음 중 옳은 것은?

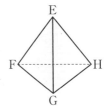

① 점 C의 대응점은 점 E이다.

② 점 H의 대응점은 점 B이다.

③ 모서리 BC에 대응하는 모서리는 모서리 HG이다.

④ 면 ABD에 대응하는 면은 면 EFG이다.

⑤ 면 FGH에 대응하는 면은 면 BCD이다.

항상 닮은 도형

05 다음 보기 중 항상 서로 닮은 도형인 것을 모두 고르시오.

┤ 보기 ├
ㄱ. 두 예각삼각형   ㄴ. 두 직각삼각형
ㄷ. 두 정삼각형   ㄹ. 두 직사각형
ㅁ. 두 마름모   ㅂ. 두 원

06 다음 중 항상 서로 닮은 도형이라 할 수 <u>없는</u> 것을 모두 고르면? (정답 2개)

① 두 사각뿔   ② 두 정사면체
③ 두 정십이면체   ④ 두 원기둥
⑤ 두 구

≫ 익힘교재 30쪽

21 닮음의 성질

개념 알아보기

1 평면도형에서 닮음의 성질

(1) 서로 닮은 두 평면도형에서
    ① 대응변의 길이의 비는 일정하다.   ② 대응각의 크기는 각각 같다.

(2) **닮음비**: 서로 닮은 두 평면도형에서 대응변의 길이의 비

> 참고 ① 일반적으로 닮음비는 가장 간단한 자연수의 비로 나타낸다.
> ② 서로 합동인 두 도형은 닮음비가 1 : 1인 닮은 도형이다.

2 입체도형에서 닮음의 성질

(1) 서로 닮은 두 입체도형에서
    ① 대응하는 모서리의 길이의 비는 일정하다.   ② 대응하는 면은 닮은 도형이다.

(2) **닮음비**: 서로 닮은 두 입체도형에서 대응하는 모서리의 길이의 비

3 서로 닮은 두 도형에서의 비

(1) **서로 닮은 두 평면도형에서의 비**
서로 닮은 두 평면도형의 닮음비가 $m : n$일 때
    ① 둘레의 길이의 비 ➡ $m : n$ → 닮음비
    ② 넓이의 비 ➡ $m^2 : n^2$ → 닮음비의 제곱

(2) **서로 닮은 두 입체도형에서의 비**
서로 닮은 두 입체도형의 닮음비가 $m : n$일 때
    ① 겉넓이의 비 ➡ $m^2 : n^2$ → 닮음비의 제곱
    ② 부피의 비 ➡ $m^3 : n^3$ → 닮음비의 세제곱

개념 자세히 보기

• **닮음의 성질**

$\triangle ABC \backsim \triangle DEF$일 때

(1) $\overline{AB} : \overline{DE} = \overline{BC} : \overline{EF} = \overline{CA} : \overline{FD} = 2 : 3$ — 닮음비
(2) $\angle A = \angle D, \angle B = \angle E, \angle C = \angle F$

두 삼각뿔이 서로 닮은 도형일 때

(1) $\overline{AB} : \overline{EF} = \overline{BC} : \overline{FG} = \cdots = \overline{AD} : \overline{EH} = 3 : 4$ — 닮음비
(2) $\triangle ABC \backsim \triangle EFG$, $\triangle ACD \backsim \triangle EGH$, $\cdots$

• **서로 닮은 두 도형에서의 비**

$\square ABCD \backsim \square EFGH$이고 닮음비가 $m : n$일 때

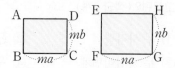

(1) 둘레의 길이의 비 ➡ $m : n$
(2) 넓이의 비 ➡ $m^2 : n^2$ — $m^2 ab : n^2 ab$

두 직육면체가 서로 닮은 도형이고 닮음비가 $m : n$일 때

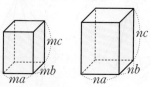

(1) 겉넓이의 비 ➡ $m^2 : n^2$
(2) 부피의 비 ➡ $m^3 : n^3$ — $2m^2(ab+bc+ca) : 2n^2(ab+bc+ca)$
    — $m^3 abc : n^3 abc$

⟩⟩ 익힘교재 29쪽

닮음의 성질

01 아래 그림에서 △ABC∽△DEF일 때, 다음을 구하시오.

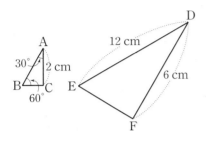

(1) △ABC와 △DEF의 닮음비

(2) $\overline{AB}$의 길이

(3) ∠E의 크기

02 다음 그림에서 △ABC∽△DEF일 때, x, y의 값을 각각 구하시오.

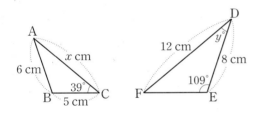

03 아래 그림에서 □ABCD∽□EFGH일 때, 다음 중 옳지 <u>않은</u> 것은?

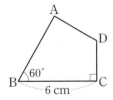 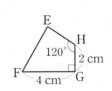

① 닮음비는 3 : 2이다.　　② $\overline{DC}=3$ cm
③ ∠D$=120°$　　④ ∠E$=80°$
⑤ ∠F$=60°$

04 아래 그림에서 두 직육면체가 서로 닮은 도형이고 $\overline{AB}$에 대응하는 모서리가 $\overline{A'B'}$일 때, 다음을 구하시오.

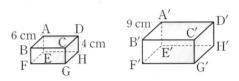

(1) 두 직육면체의 닮음비

(2) $\overline{D'H'}$의 길이

05 다음 그림에서 두 원뿔 A, B가 서로 닮은 도형일 때, 두 원뿔의 닮음비와 원뿔 B의 높이를 차례대로 구하시오.

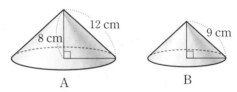

> **TIP** 서로 닮은 두 입체도형의 닮음비가 $m : n$일 때, 대응하는 모든 길이의 비는 $m : n$이다. ➡ 원기둥 또는 원뿔의 높이의 비, 원기둥 또는 원뿔의 밑면의 반지름의 길이의 비, 원뿔의 모선의 길이의 비, 구의 반지름의 길이의 비 등

06 아래 그림에서 두 삼각기둥이 서로 닮은 도형이고 $\overline{AD}$에 대응하는 모서리가 $\overline{A'D'}$일 때, x, y의 값을 각각 구하시오.

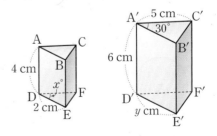

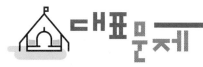

바른답·알찬풀이 26쪽

서로 닮은 두 평면도형에서의 비

07 아래 그림에서 △ABC∽△A′B′C′일 때, 다음을 구하시오.

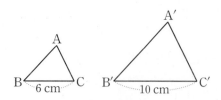

(1) △ABC와 △A′B′C′의 닮음비

(2) △ABC와 △A′B′C′의 둘레의 길이의 비

(3) △ABC와 △A′B′C′의 넓이의 비

08 다음 그림에서 □ABCD∽□EFGH이고 닮음비는 4 : 5이다. □ABCD의 둘레의 길이가 60 cm일 때, □EFGH의 둘레의 길이를 구하시오.

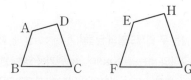

> **TIP** 서로 닮은 두 평면도형의 닮음비가 $m : n$일 때, 대응하는 모든 길이의 비는 $m : n$이다. ➡ 대응변의 길이의 비, 높이의 비, 원의 반지름의 길이의 비 등

09 아래 그림의 두 원 O, O′의 반지름의 길이의 비가 3 : 4이다. 원 O′의 넓이가 48π cm²일 때, 원 O의 넓이를 구하시오.

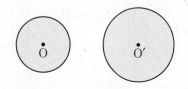

서로 닮은 두 입체도형에서의 비

10 아래 그림과 같은 두 정사면체에 대하여 다음을 구하시오.

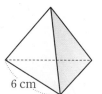

(1) 두 정사면체의 닮음비

(2) 두 정사면체의 겉넓이의 비

(3) 두 정사면체의 부피의 비

11 오른쪽 그림의 두 원기둥 A, B는 서로 닮은 도형이다. 밑면의 반지름의 길이의 비가 4 : 5이고 원기둥 B의 겉넓이가 300π cm²일 때, 원기둥 A의 겉넓이를 구하시오.

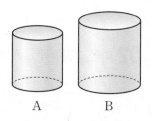

> **TIP** 서로 닮은 두 입체도형의 닮음비가 $m : n$일 때, 대응하는 면의 넓이의 비는 $m^2 : n^2$이다. ➡ 대응하는 면의 넓이의 비, 밑넓이의 비, 옆넓이의 비, 겉넓이의 비 등

12 오른쪽 그림의 두 정육면체 A, B의 겉넓이의 비가 9 : 16이고 정육면체 A의 부피가 108 cm³일 때, 정육면체 B의 부피를 구하시오.

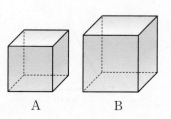

익힘교재 31쪽

● 개념 REVIEW

01 오른쪽 그림에서 □ABCD∽□EFGH
일 때, $\overline{CD}$의 대응변과 ∠F의 대응각을
차례대로 구하시오.

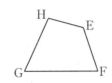

> 닮은 도형
> 서로 닮은 두 도형을 기호로 나
> 타낼 때, 두 도형의 꼭짓점은
> ❶☐☐하는 차례대로 쓴다.

02 오른쪽 그림에서 △ABC∽△DEF
일 때, $x+y$의 값을 구하시오.

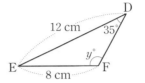

> 평면도형에서 닮음의 성질
> 서로 닮은 두 평면도형에서
> ❷☐☐☐는 대응변의 길이의
> 비와 같다.

03 오른쪽 그림과 같은 원뿔 모양의 그릇에 전체 높이의 $\dfrac{2}{3}$만큼 물을
넣었다. 그릇의 부피가 540π cm³일 때, 물의 부피를 구하시오.
(단, 그릇의 두께는 무시한다.)

> 서로 닮은 두 입체도형에서의 비
> 서로 닮은 두 입체도형의 닮음비
> 가 $m:n$일 때,
> ① 겉넓이의 비 ⇨ $m^2:n^2$
> ② 부피의 비 ⇨ ❸☐ : ❹☐

04 오른쪽 그림은 호수의 두 지점 B,
C 사이의 거리를 구하기 위하여
△ABC를 축소하여 △DEF를 그
린 것이다. 다음 물음에 답하시오.

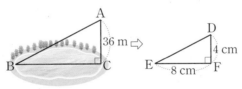

(1) △ABC와 △DEF의 닮음비를 구하시오.

(2) 두 지점 B, C 사이의 실제 거리는 몇 m인지 구하시오.

> 닮음의 활용
> 직접 측정하지 않아도 실제 거
> 리, 높이 등을 축도를 그린 후 닮
> 음비와 축척을 이용하여 구할
> 수 있다.
> ① 축도: 어떤 도형을 일정한 비
> 율로 줄여 그린 그림
> ② 축척: 축도에서 실제 길이를
> 줄인 비율
> $$(축척)=\dfrac{(축도에서의 길이)}{(실제 길이)}$$

04-1 오른쪽 그림은 해안에서 바다에
있는 두 지점 C, D 사이의 거리
를 구하기 위하여 축도를 그린
것이다. 다음 물음에 답하시오.

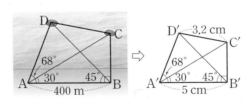

(1) □ABCD와 □A′B′C′D′의 닮음비를 구하시오.

(2) 두 지점 C, D 사이의 실제 거리는 몇 m인지 구하시오.

◎ 익힘교재 32쪽

답 ❶대응 ❷닮음비 ❸m^3 ❹n^3

삼각형의 닮음 조건

개념 알아보기

1 삼각형의 닮음 조건

다음 각 경우에 △ABC∽△A′B′C′이다.

(1) 세 쌍의 대응변의 길이의 비가 같을 때 (SSS 닮음)

➡ $a:a'=b:b'=c:c'$

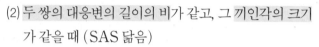

(2) 두 쌍의 대응변의 길이의 비가 같고, 그 끼인각의 크기가 같을 때 (SAS 닮음)

➡ $a:a'=c:c'$, $\angle B=\angle B'$

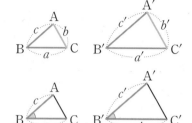

(3) 두 쌍의 대응각의 크기가 각각 같을 때 (AA 닮음)

➡ $\angle B=\angle B'$, $\angle C=\angle C'$

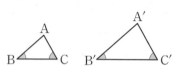

주의 삼각형의 합동 조건은 대응변의 길이가 같고, 삼각형의 닮음 조건은 대응변의 길이의 비가 같다.

개념 자세히 보기 삼각형의 닮음 조건 찾는 방법

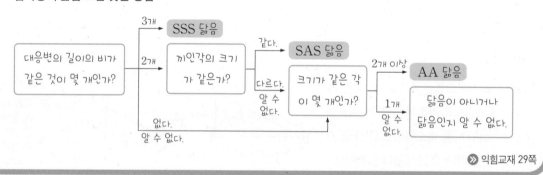

≫ 익힘교재 29쪽

🗲 바른답·알찬풀이 27쪽

개념 확인하기

1 다음 그림과 같은 두 삼각형에서 □ 안에 알맞은 것을 써넣으시오.

(1)

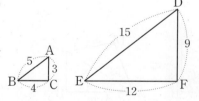

$\overline{AB}:\overline{DE}=5:\square=1:\square$

$\overline{BC}:\overline{EF}=4:\square=1:\square$

$\overline{AC}:\overline{DF}=3:\square=1:\square$

∴ △ABC∽△DEF (□ 닮음)

(2)

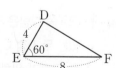

$\overline{AB}:\overline{DE}=3:\square$

$\overline{BC}:\overline{EF}=6:\square=3:\square$

$\angle B=\angle\square=60°$

∴ △ABC∽△DEF (□ 닮음)

삼각형의 닮음 조건

01 아래 그림과 같은 두 삼각형에 대하여 다음 물음에 답하시오.

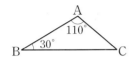

(1) ∠D의 크기를 구하시오.

(2) 두 삼각형의 관계를 기호 ∽를 사용하여 나타내고, 그 닮음 조건을 말하시오.

02 다음 삼각형 중 서로 닮은 두 삼각형을 찾아 기호 ∽를 사용하여 나타내고, 각각의 닮음 조건을 말하시오.

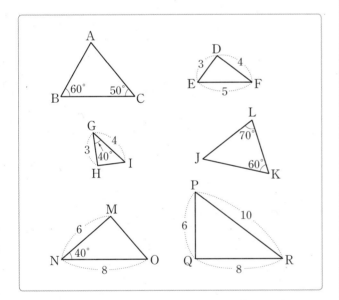

03 오른쪽 그림에서 서로 닮은 두 삼각형을 찾아 기호 ∽를 사용하여 나타내고, 그 닮음 조건을 말하시오.

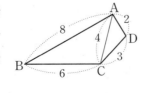

04 오른쪽 그림과 같은 △ABC에 대하여 다음 물음에 답하시오.

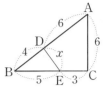

(1) 서로 닮은 두 삼각형을 찾아 기호 ∽를 사용하여 나타내고, 그 닮음 조건을 말하시오.

(2) x의 값을 구하시오.

> **TIP** 두 삼각형이 공통인 각을 가질 때
> ① 공통인 각을 끼인각으로 하는 두 쌍의 대응변이 있으면 ⇨ SAS 닮음
> ② 다른 한 각의 크기가 같으면 ⇨ AA 닮음

05 오른쪽 그림과 같은 △ABC에서 ∠ACB=∠EDB일 때, 다음 물음에 답하시오.

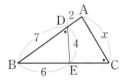

(1) 서로 닮은 두 삼각형을 찾아 기호 ∽를 사용하여 나타내고, 그 닮음 조건을 말하시오.

(2) x의 값을 구하시오.

06 다음 그림에서 x의 값을 구하시오.

(1)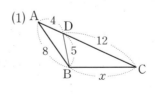

(2)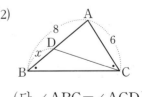

(단, ∠ABC=∠ACD)

>> 익힘교재 33쪽

개념 23 직각삼각형의 닮음의 응용

개념 알아보기

1 직각삼각형의 닮음의 응용

$\angle A=90°$인 직각삼각형 ABC의 꼭짓점 A에서 빗변 BC에 내린 수선의 발을 D라 할 때,

$$\triangle ABC \backsim \triangle DBA \backsim \triangle DAC \text{ (AA 닮음)}$$

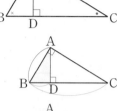

(1) $\triangle ABC \backsim \triangle DBA$이므로

$$\overline{AB} : \overline{DB} = \overline{BC} : \overline{BA} \Rightarrow \overline{AB}^2 = \overline{BD} \times \overline{BC}$$

(2) $\triangle ABC \backsim \triangle DAC$이므로

$$\overline{AC} : \overline{DC} = \overline{BC} : \overline{AC} \Rightarrow \overline{AC}^2 = \overline{CD} \times \overline{CB}$$

(3) $\triangle DBA \backsim \triangle DAC$이므로

$$\overline{AD} : \overline{CD} = \overline{BD} : \overline{AD} \Rightarrow \overline{AD}^2 = \overline{BD} \times \overline{CD}$$

참고 직각삼각형 ABC의 넓이에서 $\triangle ABC = \dfrac{1}{2} \times \overline{AB} \times \overline{AC} = \dfrac{1}{2} \times \overline{AD} \times \overline{BC}$

이므로 $\overline{AB} \times \overline{AC} = \overline{AD} \times \overline{BC}$가 성립한다.

개념 자세히 보기 **직각삼각형의 닮음의 응용 공식**

  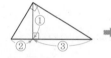 $\Rightarrow$ ①² = ② × ③

» 익힘교재 29쪽

바른답 · 알찬풀이 28쪽

개념 확인하기 **1** 오른쪽 그림과 같이 $\angle A=90°$인 직각삼각형 ABC의 꼭짓점 A에서 빗변 BC에 내린 수선의 발을 D라 할 때, 주어진 두 직각삼각형이 서로 닮음임을 알아보려고 한다. 다음 ☐ 안에 알맞은 것을 써넣으시오.

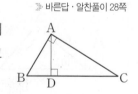

(1) $\triangle ABC$와 $\triangle DBA$

> ☐는 공통,
> $\angle BAC = \boxed{} = 90°$
> $\therefore \triangle ABC \backsim \triangle DBA$ (☐ 닮음)

(2) $\triangle DBA$와 $\triangle DAC$

> $\angle BDA = \angle ADC = \boxed{}°,$
> $\angle DAB + \angle DAC = 90°$이고
> $\angle DAC + \angle DCA = \boxed{}°$이므로
> $\angle DAB = \boxed{}$
> $\therefore \triangle DBA \backsim \triangle DAC$ (☐ 닮음)

직각삼각형의 닮음

01 오른쪽 그림에 대하여 다음 물음에 답하시오.

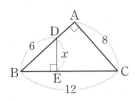

(1) 서로 닮은 두 삼각형을 찾아 기호 ∽를 사용하여 나타내고, 그 닮음 조건을 말하시오.

(2) x의 값을 구하시오.

02 오른쪽 그림과 같은 △ABC에서 $\overline{AB}\perp\overline{CD}$, $\overline{BC}\perp\overline{AE}$이고 점 F가 $\overline{AE}$, $\overline{CD}$의 교점일 때, 다음 중 나머지 넷과 닮음이 아닌 하나는?

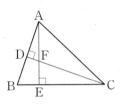

① △ABE   ② △ACD   ③ △AFD

④ △CBD   ⑤ △CFE

직각삼각형의 닮음의 응용

03 다음 ☐ 안에 알맞은 것을 써넣으시오.

(1)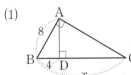

$\Rightarrow \overline{AB}^2 = \boxed{} \times \overline{BC}$

$\boxed{}^2 = \boxed{} \times x$

$\therefore x = \boxed{}$

(2)

$\Rightarrow \overline{AC}^2 = \overline{CD} \times \boxed{}$

$\boxed{}^2 = \boxed{} \times x$

$\therefore x = \boxed{}$

(3)

$\Rightarrow \overline{AD}^2 = \overline{BD} \times \boxed{}$

$\boxed{}^2 = x \times \boxed{}$

$\therefore x = \boxed{}$

04 다음 그림에서 x의 값을 구하시오.

(1) 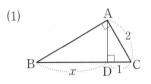   (2)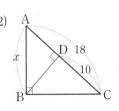

05 오른쪽 그림과 같이 ∠A=90°인 직각삼각형 ABC에서 $\overline{AD}\perp\overline{BC}$일 때, 다음을 구하시오.

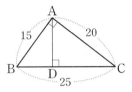

(1) $\overline{BD}$의 길이

(2) $\overline{AD}$의 길이

> **TIP** (삼각형의 넓이)$=\dfrac{1}{2}\times$(밑변의 길이)$\times$(높이)
> $\Rightarrow \overline{AB}\times\overline{AC}=\overline{AD}\times\overline{BC}$

06 오른쪽 그림과 같이 ∠C=90°인 직각삼각형 ABC에서 $\overline{CD}\perp\overline{AB}$일 때, 다음을 구하시오.

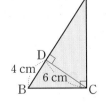

(1) $\overline{AD}$의 길이

(2) △ABC의 넓이

» 익힘교재 34쪽

개념 REVIEW

01 다음 중 오른쪽 그림에 대한 설명으로 옳지 않은 것은?

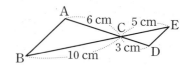

① ∠ACB=∠DCE

② ∠A=∠D

③ △ABC∽△DEC

④ △ABC와 △DEC의 닮음 조건은 SSS 닮음이다.

⑤ △ABC와 △DEC의 닮음비는 2 : 1이다.

> 삼각형의 닮음 조건
> • 세 쌍의 대응변의 길이의 비가 같을 때 ⇨ ❶□□□ 닮음
> • 두 쌍의 대응변의 길이의 비가 같고, 그 끼인각의 크기가 같을 때 ⇨ ❷□□□ 닮음
> • 두 쌍의 대응각의 크기가 각각 같을 때 ⇨ ❸□□ 닮음

02 오른쪽 그림과 같은 △ABC에서 $\overline{AB}$=6 cm, $\overline{BC}$=9 cm, $\overline{AD}$=$\overline{CD}$=5 cm일 때, $\overline{AC}$의 길이를 구하시오.

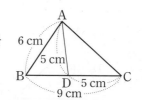

> 삼각형의 닮음 조건
> 두 삼각형의 각의 크기 또는 변의 길이를 비교하여 삼각형의 ❹□□ 조건을 찾는다.

03 오른쪽 그림과 같이 ∠A=90°인 직각삼각형 ABC에서 점 M은 $\overline{BC}$의 중점이고 $\overline{DM}\perp\overline{BC}$이다. $\overline{AB}$=8 cm, $\overline{BC}$=10 cm일 때, $\overline{BD}$의 길이를 구하시오.

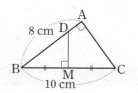

> 직각삼각형의 닮음

UP
04 오른쪽 그림과 같이 ∠A=90°인 직각삼각형 ABC에서 $\overline{AD}\perp\overline{BC}$이고 $\overline{CD}$=8 cm이다. △ADC의 넓이가 48 cm²일 때, △ABC의 넓이를 구하시오.

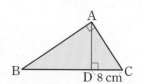

> 직각삼각형의 닮음의 응용
>
>
>
> ⇨ $\overline{AB}^2=\overline{BD}\times\overline{BC}$
> $\overline{AC}^2=\overline{CD}\times\overline{CB}$
> $\overline{AD}^2=\overline{BD}\times\overline{CD}$

04-1 오른쪽 그림과 같이 ∠C=90°인 직각삼각형 ABC에서 $\overline{CD}\perp\overline{AB}$이고 $\overline{AB}$=25 cm, $\overline{AC}$=15 cm일 때, △DBC의 넓이를 구하시오.

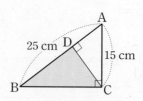

답 ❶ SSS ❷ SAS
❸ AA ❹ 닮음

≫ 익힘교재 35쪽

01 다음 보기 중 항상 서로 닮은 도형인 것은 모두 몇 개 인가?

┌ 보기 ├─────────────────────
ㄱ. 두 원뿔대   ㄴ. 두 정오각형
ㄷ. 두 정이십면체   ㄹ. 두 반구
ㅁ. 두 직육면체   ㅂ. 두 마름모
└──────────────────────────

① 1개   ② 2개   ③ 3개
④ 4개   ⑤ 5개

02 아래 그림에서 □ABCD∽□EFGH일 때, 다음 중 옳지 <u>않은</u> 것은?

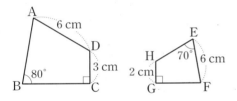

① $\overline{AB}=9$ cm   ② $\overline{EH}=4$ cm
③ $\overline{BC} : \overline{FG}=3 : 2$ ④ $\angle F=80°$
⑤ $\angle D=100°$

03 다음 그림에서 △ABC∽△DEF이고 닮음비가 4 : 3일 때, △DEF의 둘레의 길이는?

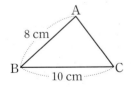 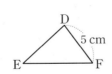

① $\dfrac{33}{2}$ cm   ② 17 cm   ③ $\dfrac{35}{2}$ cm
④ 18 cm   ⑤ $\dfrac{37}{2}$ cm

04 다음 그림의 두 원기둥 A, B가 서로 닮은 도형일 때, 원기둥 B의 높이를 구하시오.

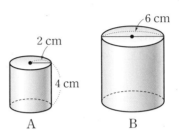

서술형
05 다음 그림의 두 구 O, O′의 반지름의 길이의 비가 3 : 5이고 구 O의 겉넓이가 144π cm²일 때, 구 O′의 겉넓이를 구하시오.

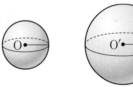

신유형
06 어느 피자 가게에서 지름의 길이가 27 cm인 원 모양의 피자를 22500원에 판매하고 있다. 이 가게에서 판매하는 피자의 가격은 피자의 넓이에 정비례한다고 할 때, 지름의 길이가 18 cm인 원 모양의 피자의 가격은 얼마인지 구하시오.

(단, 피자의 두께는 무시한다.)

07 아래 그림과 같은 △ABC와 △DEF가 서로 닮은 도형이 되려면 다음 중 어느 조건을 만족해야 하는가?

① ∠C=60°, ∠E=40°
② $\overline{BC}$=6 cm, $\overline{DE}$=4 cm
③ ∠E=50°, $\overline{BC}$=3 cm
④ ∠C=∠D=60°
⑤ $\overline{AC}$=3 cm, $\overline{DF}$=8 cm

08 다음 중 서로 닮은 두 삼각형이 있는 도형은?

① 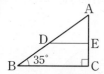   ②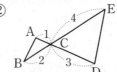

③ 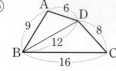   ④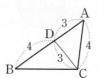

⑤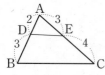

09 오른쪽 그림과 같은 △ABC에서 $\overline{AE}$=$\overline{CE}$=$\overline{DE}$이고 $\overline{AD}$=8 cm, $\overline{BD}$=1 cm, $\overline{AC}$=12 cm일 때, $\overline{BC}$의 길이를 구하시오.

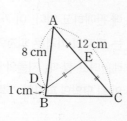

10 오른쪽 그림과 같은 △ABC에서 $\overline{AD}$=4 cm, $\overline{AE}$=3 cm, $\overline{CE}$=5 cm이고 ∠ADE=∠ACB일 때, $\overline{DB}$의 길이를 구하시오.

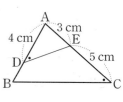

11 오른쪽 그림에서 $\overline{AB}$∥$\overline{DE}$, $\overline{AD}$∥$\overline{BC}$이고 $\overline{BC}$=6 cm, $\overline{AC}$=5 cm, $\overline{CE}$=2 cm일 때, $\overline{AD}$의 길이를 구하시오.

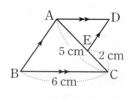

12 오른쪽 그림에서 $\overline{AC}$⊥$\overline{BD}$, $\overline{DE}$⊥$\overline{AB}$이고 $\overline{BE}$=6 cm, $\overline{BC}$=$\overline{CD}$=5 cm일 때, $\overline{AE}$의 길이를 구하시오.

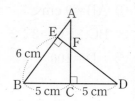

13 오른쪽 그림과 같은 직사각형 ABCD에서 $\overline{AE}$=2 cm, $\overline{DF}$=5 cm, $\overline{CF}$=3 cm이고 ∠ABE=∠CBF일 때, □ABCD의 둘레의 길이를 구하시오.

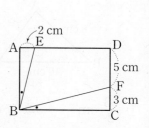

14 다음 그림과 같이 키가 1.2 m인 예린이가 자신의 그림자의 끝과 나무의 그림자의 끝이 일치하도록 섰다. 예린이의 그림자의 길이가 1.8 m이고, 나무와 그림자의 끝 사이의 거리가 4.5 m일 때, 나무의 높이는 몇 m인지 구하시오.

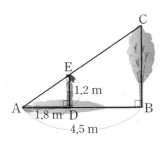

15 오른쪽 그림은 직사각형 모양의 종이 ABCD를 접어서 꼭짓점 B가 $\overline{AD}$ 위의 점 E에 오도록 한 것이다. $\overline{AF}=6$ cm, $\overline{AE}=8$ cm, $\overline{CD}=16$ cm일 때, $\overline{EC}$의 길이를 구하시오.

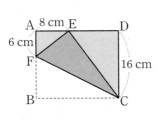

16 오른쪽 그림과 같이 ∠A=90°인 직각삼각형 ABC에서 점 M은 $\overline{BC}$의 중점이다. $\overline{AD}\perp\overline{BC}$, $\overline{DE}\perp\overline{AM}$이고 $\overline{BD}=18$ cm, $\overline{CD}=8$ cm일 때, $\overline{DE}$의 길이를 구하시오.

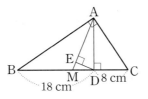

창의·융합 문제

다음 그림과 같이 반지름의 길이가 6 cm인 원 모양의 액자를 벽면으로부터 수직으로 8 cm 떨어진 곳에 설치했다. 벽면으로부터 수직으로 20 cm 떨어진 곳에서 손전등으로 액자를 비출 때, 벽면에 생기는 액자의 그림자의 넓이를 구하시오. (단, 손전등의 크기와 액자의 두께는 무시한다.)

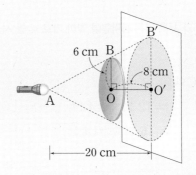

해결의 길잡이

❶ 원 모양의 액자와 액자의 그림자의 닮음비를 구한다.

❷ ❶에서 구한 닮음비를 이용하여 액자의 그림자의 반지름의 길이를 구한다.

❸ 액자의 그림자의 넓이를 구한다.

서술형 문제

❶ 오른쪽 그림과 같은
△ABC에서
$\overline{AB}$=12 cm,
$\overline{BD}$=9 cm, $\overline{CD}$=7 cm,
$\overline{AC}$=8 cm일 때, $\overline{AD}$의 길이를 구하시오.

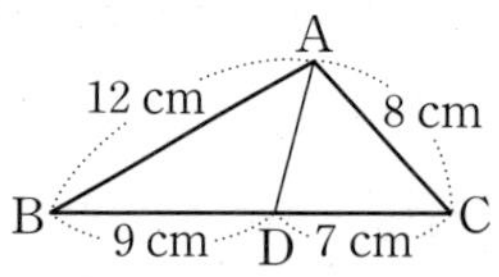

A
12 cm   8 cm
B   9 cm D 7 cm   C

❷ 오른쪽 그림과 같은
△ABC에서 $\overline{BC}$=6 cm,
$\overline{AC}$=9 cm, $\overline{BD}$=8 cm,
$\overline{CD}$=4 cm일 때, $\overline{AB}$의 길이를 구하시오.

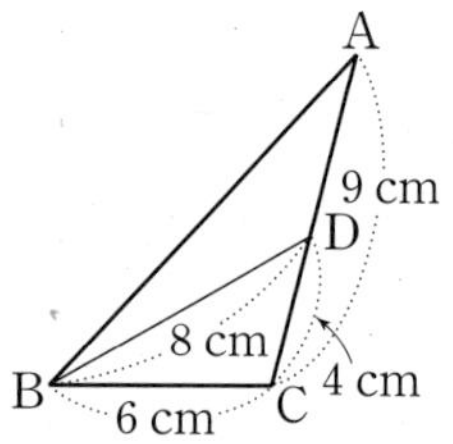

A
9 cm
D
8 cm
B   6 cm   C 4 cm

---

❶ △ABC와 서로 닮은 삼각형을 찾아 기호 ∽를 사용하여 나타내면?

△ABC와 [   ]에서
$\overline{AB}$: [   ]=12 : [ ]=4 : [ ],
$\overline{BC}$: [   ]=16 : [ ]=4 : [ ],
∠B는 공통
∴ △ABC∽[   ] ([   ] 닮음) … 50 %

❶ △ABC와 서로 닮은 삼각형을 찾아 기호 ∽를 사용하여 나타내면?

---

❷ △ABC와 ❶에서 찾은 삼각형의 닮음비를 구하면?

대응변의 길이의 비가 4 : [ ]이므로 닮음비는
4 : [ ]이다. … 10 %

❷ △ABC와 ❶에서 찾은 삼각형의 닮음비를 구하면?

---

❸ $\overline{AD}$의 길이는?

$\overline{AD}$의 대응변은 [   ]이므로
[   ] : $\overline{AD}$=4 : [ ]에서
[ ] : $\overline{AD}$=4 : [ ], 4$\overline{AD}$=[   ]
∴ $\overline{AD}$=[ ](cm) … 40 %

❸ $\overline{AB}$의 길이는?

3 오른쪽 그림과 같이 A0 용지를 반으로 접을 때마다 생기는 사각형 모양의 용지를 각각 A1, A2, A3, A4, ⋯ 용지라 할 때, 각각의 용지는 서로 닮은 도형이다. 이때 A0 용지와 A4 용지의 넓이의 비를 가장 간단한 자연수의 비로 나타내시오.

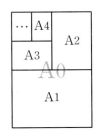

✎ 풀이 과정

답 _____

5 오른쪽 그림과 같이 직사각형 모양의 종이 ABCD를 대각선 BD를 접는 선으로 하여 접었다. $\overline{BD} \perp \overline{FG}$이고 $\overline{AB}=6$ cm, $\overline{BC}=8$ cm, $\overline{BD}=10$ cm일 때, $\overline{FG}$의 길이를 구하시오.

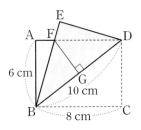

✎ 풀이 과정

답 _____

4 오른쪽 그림과 같은 직사각형 ABCD에서 $\overline{EF}$는 대각선 BD의 수직이등분선이고 $\overline{BD}=12$ cm, $\overline{BC}=9$ cm일 때, $\overline{AE}$의 길이를 구하시오.

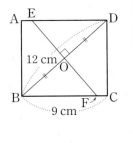

✎ 풀이 과정

답 _____

6 오른쪽 그림과 같이 $\angle A=90°$인 직각삼각형 ABC에서 $\overline{AD} \perp \overline{BC}$이고 $\overline{AB}=18$, $\overline{BD}=12$일 때, 반지름의 길이가 $\overline{AD}$인 원의 넓이를 구하시오.

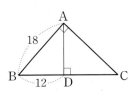

✎ 풀이 과정

답 _____

큰물을 보라

〈장자〉의 추수편에 나오는 이야기입니다.

중국에는 중국 대륙을 가로지르는 황하라는 큰 강이 있습니다. 황하는 수심이 깊고 넓어 바다처럼 그 끝을 한눈에 보기 어렵습니다. 강의 신 하백이 황하를 보며 말했습니다.

"이 세상천지에 이런 큰물은 없을 것이다!"

하백의 옆에서 이 말을 들은 그의 신하가 말했습니다.

"황하와 견줄 수 없는 큰물이 있다고 들었습니다."

하백은 그 말을 듣고, 큰물을 찾아 헤매다가 바다에 이르렀습니다. 그리고 바다의 위용에 놀라 입을 다물지 못했습니다.

"아, 황하보다 큰물이 있었다니! 바다를 보지 못했더라면 평생을 좁은 생각으로 인생을 살았겠구나."

이 모습을 보고, 바다의 신이 다음과 같이 말했습니다.

"우물 속에 있는 개구리에게는 바다에 대해 설명할 수가 없습니다."

하백은 자신의 견문과 생각이 매우 좁았다는 것을 깨닫고 부끄러워했습니다.

이 이야기가 배경이 된 '망양지탄(望洋之歎)'은 넓은 바다를 바라보고 감탄한다는 뜻으로 남의 위대함을 보고 자신의 미흡함을 깨닫는다는 의미입니다.

04

도형의 닮음 (2)

배운내용 Check

1 오른쪽 그림에서 $l /\!/ m$일 때, $\angle x$, $\angle y$의 크기를 각각 구하시오.

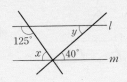

정답 **1** $\angle x = 55°$, $\angle y = 40°$

삼각형에서 평행선과 선분의 길이의 비

 1 삼각형에서 평행선과 선분의 길이의 비

△ABC에서 $\overline{AB}$, $\overline{AC}$ 또는 그 연장선 위의 점을 각각 D, E라 할 때,

(1) ① $\overline{BC}$∥$\overline{DE}$이면 $\overline{AB}:\overline{AD}=\overline{AC}:\overline{AE}=\overline{BC}:\overline{DE}$

   ② $\overline{AB}:\overline{AD}=\overline{AC}:\overline{AE}$이면 $\overline{BC}$∥$\overline{DE}$

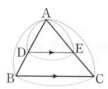 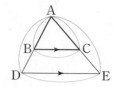 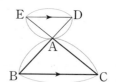

(2) ① $\overline{BC}$∥$\overline{DE}$이면 $\overline{AD}:\overline{DB}=\overline{AE}:\overline{EC}$

   주의 $\overline{AD}:\overline{DB}=\overline{AE}:\overline{EC}\neq\overline{DE}:\overline{BC}$임에 주의한다.

   ② $\overline{AD}:\overline{DB}=\overline{AE}:\overline{EC}$이면 $\overline{BC}$∥$\overline{DE}$

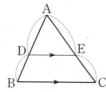 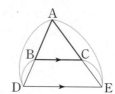 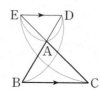

개념 자세히 보기   **삼각형에서 평행선과 선분의 길이의 비**

삼각형의 닮음을 이용하여 위의 성질 (1), (2)를 확인해 보자.

(1) ①

△ABC∽△ADE(AA 닮음)이므로
$\overline{AB}:\overline{AD}=\overline{AC}:\overline{AE}=\overline{BC}:\overline{DE}$

②

△ABC∽△ADE(SAS 닮음)이므로
∠B=∠ADE
즉, 동위각의 크기가 같으므로
$\overline{BC}$∥$\overline{DE}$

(2) ①
 ➡ ➡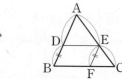

$\overline{BC}$∥$\overline{DE}$일 때,
$\overline{DB}$∥$\overline{EF}$가 되도록
$\overline{EF}$를 긋자.

∠AED=∠ECF(동위각),
∠A=∠FEC(동위각)
∴ △ADE∽△EFC
  (AA 닮음)

대응변의 길이의 비는 일정하므로
$\overline{AD}:\overline{EF}=\overline{AE}:\overline{EC}$
▱DBFE는 평행사변형이므로
$\overline{EF}=\overline{DB}$
∴ $\overline{AD}:\overline{DB}=\overline{AE}:\overline{EC}$

>> 익힘교재 36쪽

삼각형에서 평행선과 선분의 길이의 비 (1)

01 다음 그림에서 $\overline{BC} /\!/ \overline{DE}$일 때, x의 값을 구하시오.

(1)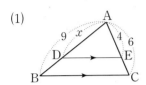

(2)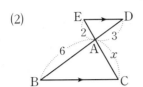

02 다음 그림에서 $\overline{BC} /\!/ \overline{DE}$일 때, x의 값을 구하시오.

(1)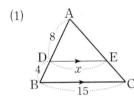

(2)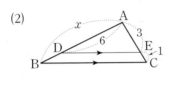

03 오른쪽 그림에서 $\overline{BC} /\!/ \overline{DE}$일 때, x, y의 값을 각각 구하시오.

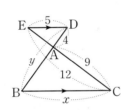

04 다음 그림에서 $\overline{BC}$와 $\overline{DE}$가 평행하면 ○표, 평행하지 않으면 ×표를 하시오.

(1)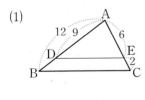

(   )

(2)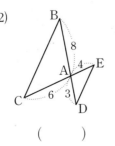

(   )

삼각형에서 평행선과 선분의 길이의 비 (2)

05 다음 그림에서 $\overline{BC} /\!/ \overline{DE}$일 때, x의 값을 구하시오.

(1)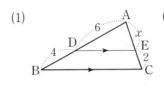

(2)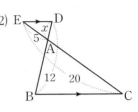

06 오른쪽 그림에서 $\overline{AB} /\!/ \overline{DE}$일 때, x, y의 값을 각각 구하시오.

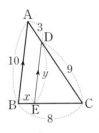

07 오른쪽 그림에서 $\overline{BC} /\!/ \overline{FE}$, $\overline{DE} /\!/ \overline{FC}$일 때, $\overline{BF}$의 길이를 구하시오.

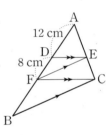

TIP △ABC에서 $\overline{BC} /\!/ \overline{DE}$, $\overline{BE} /\!/ \overline{DF}$일 때,
$a : b = c : d = e : f$

08 다음 그림에서 $\overline{BC}$와 $\overline{DE}$가 평행하면 ○표, 평행하지 않으면 ×표를 하시오.

(1)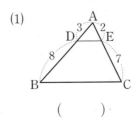

(   )

(2)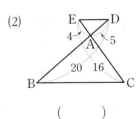

(   )

◈ 익힘교재 37쪽

삼각형의 각의 이등분선

개념 알아보기 **1 삼각형의 각의 이등분선**

(1) **삼각형의 내각의 이등분선**

$\triangle$ABC에서 ∠A의 이등분선이 $\overline{BC}$와 만나는 점을 D라 하면

$$\overline{AB} : \overline{AC} = \overline{BD} : \overline{CD}$$

참고 $\triangle$ABD와 $\triangle$ACD의 높이가 같으므로 넓이의 비는 밑변의 길이의 비와 같다.
➡ $\triangle$ABD : $\triangle$ACD = $\overline{BD}$: $\overline{CD}$ = $\overline{AB}$: $\overline{AC}$

(2) **삼각형의 외각의 이등분선**

$\triangle$ABC에서 ∠A의 외각의 이등분선이 $\overline{BC}$의 연장선과 만나는 점을 D라 하면

$$\overline{AB} : \overline{AC} = \overline{BD} : \overline{CD}$$

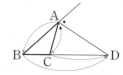

개념 자세히 보기 삼각형에서 내각 또는 외각의 이등분선에 의하여 생기는 선분의 길이의 비

(1)

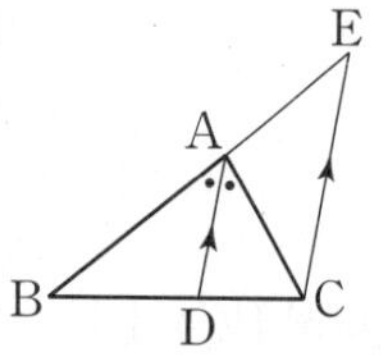

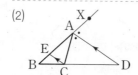
점 C를 지나면서 $\overline{AD}$에 평행한 직선과 $\overline{BA}$의 연장선의 교점을 E라 하자.

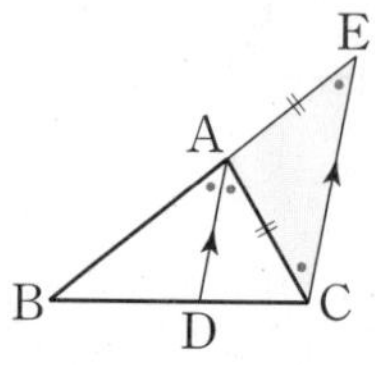

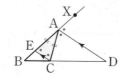
∠DAC = ∠ACE (엇각),
∠BAD = ∠AEC (동위각)
이므로 ∠ACE = ∠AEC
즉, $\triangle$ACE에서 $\overline{AC} = \overline{AE}$

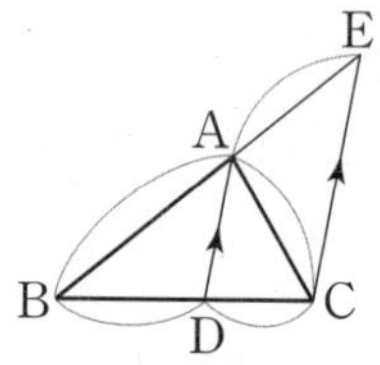

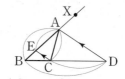
삼각형에서 평행선과 선분의 길이의 비에 의하여
$\overline{BA} : \overline{AE} = \overline{BD} : \overline{DC}$
∴ $\overline{AB} : \overline{AC} = \overline{BD} : \overline{CD}$

(2)

점 C를 지나면서 $\overline{AD}$에 평행한 직선과 $\overline{AB}$의 교점을 E라 하자.

∠DAC = ∠ACE (엇각),
∠XAD = ∠AEC (동위각)
이므로 ∠ACE = ∠AEC
즉, $\triangle$AEC에서 $\overline{AC} = \overline{AE}$

삼각형에서 평행선과 선분의 길이의 비에 의하여
$\overline{BA} : \overline{AE} = \overline{BD} : \overline{DC}$
∴ $\overline{AB} : \overline{AC} = \overline{BD} : \overline{CD}$

≫ 익힘교재 36쪽

바른답·알찬풀이 33쪽

개념 확인하기 **1** 다음 그림과 같은 $\triangle$ABC에서 $\overline{AD}$가 ∠A의 이등분선 또는 ∠A의 외각의 이등분선일 때, x의 값을 구하시오.

(1)

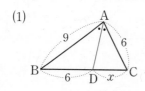

(2)

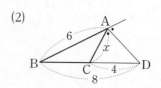

삼각형의 내각의 이등분선

01 다음 그림과 같은 △ABC에서 $\overline{AD}$가 ∠A의 이등분선일 때, x의 값을 구하시오.

(1)
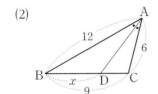

(2)

04 오른쪽 그림과 같은 △ABC에서 $\overline{AD}$는 ∠A의 이등분선이다. △ABC의 넓이가 15 cm²일 때, △ABD의 넓이를 구하시오.

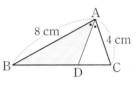

02 오른쪽 그림에서 점 I가 △ABC의 내심일 때, $\overline{CD}$의 길이를 구하시오.

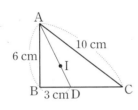

삼각형의 외각의 이등분선

05 다음 그림과 같은 △ABC에서 $\overline{AD}$가 ∠A의 외각의 이등분선일 때, x의 값을 구하시오.

(1)
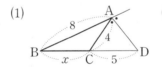

(2)
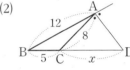

TIP 삼각형의 내심은 세 내각의 이등분선의 교점이다.

삼각형의 내각의 이등분선과 넓이

03 오른쪽 그림과 같은 △ABC에서 $\overline{AD}$가 ∠A의 이등분선일 때, 다음 물음에 답하시오.

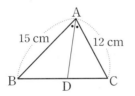

(1) $\overline{BD} : \overline{CD}$를 가장 간단한 자연수의 비로 나타내시오.

(2) △ABD : △ACD를 가장 간단한 자연수의 비로 나타내시오.

(3) △ABD의 넓이가 45 cm²일 때, △ACD의 넓이를 구하시오.

06 오른쪽 그림과 같은 △ABC에서 $\overline{AD}$가 ∠A의 외각의 이등분선일 때, 다음을 구하시오.

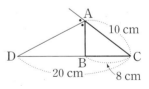

(1) $\overline{AB}$의 길이

(2) △ABC의 둘레의 길이

▶ 익힘교재 38쪽

26 삼각형의 두 변의 중점을 연결한 선분의 성질

개념 알아보기

1 삼각형의 두 변의 중점을 연결한 선분의 성질

(1) 삼각형의 두 변의 중점을 연결한 선분은 나머지 한 변과 평행하고, 그 길이는 나머지 한 변의 길이의 $\frac{1}{2}$과 같다.

➡ △ABC에서 $\overline{AM}=\overline{MB}$, $\overline{AN}=\overline{NC}$이면

$$\overline{BC} \, / \! / \, \overline{MN}, \ \overline{MN}=\frac{1}{2}\overline{BC}$$

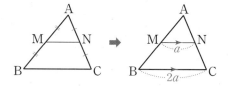

(2) 삼각형의 한 변의 중점을 지나고 다른 한 변에 평행한 직선은 나머지 한 변의 중점을 지난다.

➡ △ABC에서 $\overline{AM}=\overline{MB}$, $\overline{BC} \, / \! / \, \overline{MN}$이면

$$\overline{AN}=\overline{NC}$$

참고 $\overline{AM}=\overline{MB}$, $\overline{AN}=\overline{NC}$이므로 $\overline{MN}=\frac{1}{2}\overline{BC}$

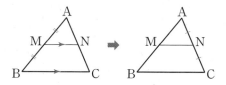

개념 자세히 보기 **삼각형의 두 변의 중점을 연결한 선분의 성질**

(1) AB의 중점 A AC의 중점

 ➡

$\overline{AB} : \overline{AM} = \overline{AC} : \overline{AN} = 2 : 1$
∴ $\overline{BC} \, / \! / \, \overline{MN}$

$\overline{BC} \, / \! / \, \overline{MN}$이므로 $\overline{BC} : \overline{MN} = \overline{AB} : \overline{AM} = 2 : 1$
∴ $\overline{MN}=\frac{1}{2}\overline{BC}$

---

(2) AB의 중점 A

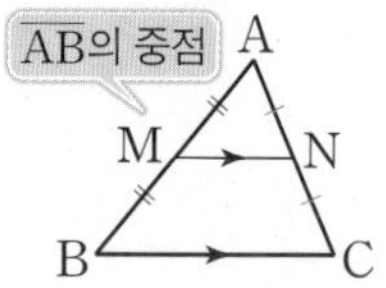

① $\overline{BC} \, / \! / \, \overline{MN}$이므로 $\overline{AN} : \overline{NC} = \overline{AM} : \overline{MB} = 1 : 1$
∴ $\overline{AN}=\overline{NC}$

② $\overline{AM}=\overline{MB}$, $\overline{AN}=\overline{NC}$이므로 성질 (1)에 의하여
$$\overline{MN}=\frac{1}{2}\overline{BC}$$

≫ 익힘교재 36쪽

⁑ 바른답·알찬풀이 34쪽

개념 확인하기

1 다음 그림에서 x의 값을 구하시오.

(1)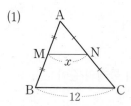

(2)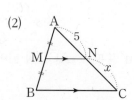

삼각형의 두 변의 중점을 연결한 선분의 성질

01 오른쪽 그림과 같은 △ABC에서 두 점 M, N은 각각 $\overline{AB}$, $\overline{AC}$의 중점일 때, 다음을 구하시오.

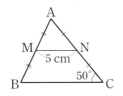

(1) $\overline{BC}$의 길이

(2) ∠ANM의 크기

02 오른쪽 그림과 같은 △ABC에서 점 M은 $\overline{AB}$의 중점이고 $\overline{BC}$∥$\overline{MN}$일 때, x, y의 값을 각각 구하시오.

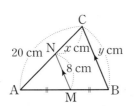

03 오른쪽 그림과 같이 ∠C=90°인 직각삼각형 ABC에서 점 D는 $\overline{AB}$의 중점이고 $\overline{AC}$∥$\overline{DE}$일 때, 다음을 구하시오.

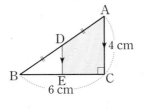

(1) $\overline{CE}$의 길이

(2) $\overline{DE}$의 길이

(3) □DECA의 넓이

04 오른쪽 그림과 같은 △ABC에서 $\overline{AB}$, $\overline{BC}$, $\overline{CA}$의 중점을 각각 P, Q, R라 할 때, △PQR의 둘레의 길이를 구하시오.

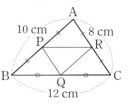

TIP △ABC에서 $\overline{AB}$, $\overline{BC}$, $\overline{CA}$의 중점을 각각 P, Q, R라 하면 $\overline{PQ}=\dfrac{1}{2}\overline{AC}$, $\overline{QR}=\dfrac{1}{2}\overline{AB}$, $\overline{RP}=\dfrac{1}{2}\overline{BC}$임을 이용하여 △PQR의 둘레의 길이를 구한다.

05 오른쪽 그림과 같은 △ABC에서 $\overline{AB}$, $\overline{BC}$, $\overline{CA}$의 중점을 각각 P, Q, R라 하자. △PQR의 둘레의 길이가 13 cm일 때, △ABC의 둘레의 길이를 구하시오.

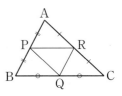

삼각형의 두 변의 중점을 연결한 선분의 성질의 응용

06 오른쪽 그림과 같은 △ABC에서 $\overline{BF}=\overline{FC}$, $\overline{AG}=\overline{GF}$이고 $\overline{BD}$∥$\overline{FE}$일 때, 다음을 구하시오.

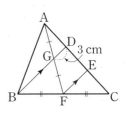

(1) $\overline{FE}$의 길이

(2) $\overline{BD}$의 길이

(3) $\overline{BG}$의 길이

➡ 익힘교재 39쪽

개념 27 도형에서 변의 중점을 연결한 선분의 성질

개념 알아보기

1 사각형의 네 변의 중점을 연결하여 만든 사각형

□ABCD의 네 변의 중점을 각각 P, Q, R, S라 하면

(1) $\overline{AC} /\!/ \overline{PQ} /\!/ \overline{SR}$, $\overline{PQ} = \overline{SR} = \dfrac{1}{2}\overline{AC}$

(2) $\overline{BD} /\!/ \overline{PS} /\!/ \overline{QR}$, $\overline{PS} = \overline{QR} = \dfrac{1}{2}\overline{BD}$

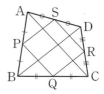

2 사다리꼴의 두 변의 중점을 연결한 선분의 성질

$\overline{AD} /\!/ \overline{BC}$인 사다리꼴 ABCD에서 $\overline{AB}$, $\overline{DC}$의 중점을 각각 M, N이라 하면

(1) $\overline{AD} /\!/ \overline{MN} /\!/ \overline{BC}$

(2) $\overline{MN} = \dfrac{1}{2}(\overline{AD} + \overline{BC})$

(3) $\overline{PQ} = \dfrac{1}{2}(\overline{BC} - \overline{AD})$ (단, $\overline{BC} > \overline{AD}$)

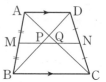

개념 자세히 보기 사다리꼴의 두 변의 중점을 연결한 선분의 성질

$\overline{AM} = \overline{MB}$, $\overline{AD} /\!/ \overline{MP}$이므로

$$\boxed{\overline{MP} = \dfrac{1}{2}\overline{AD}}$$

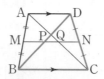

$\overline{DN} = \overline{NC}$, $\overline{BC} /\!/ \overline{PN}$이므로

$$\boxed{\overline{PN} = \dfrac{1}{2}\overline{BC}}$$

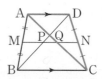

$\overline{DN} = \overline{NC}$, $\overline{AD} /\!/ \overline{QN}$이므로

$$\boxed{\overline{QN} = \dfrac{1}{2}\overline{AD}}$$

$$\overline{MN} = \overline{MP} + \overline{PN}$$
$$= \dfrac{1}{2}\overline{AD} + \dfrac{1}{2}\overline{BC}$$
$$= \dfrac{1}{2}(\overline{AD} + \overline{BC})$$

$$\overline{PQ} = \overline{PN} - \overline{QN}$$
$$= \dfrac{1}{2}\overline{BC} - \dfrac{1}{2}\overline{AD}$$
$$= \dfrac{1}{2}(\overline{BC} - \overline{AD})$$

익힘교재 36쪽

바른답·알찬풀이 35쪽

개념 확인하기

1 오른쪽 그림과 같이 $\overline{AD} /\!/ \overline{BC}$인 사다리꼴 ABCD에서 $\overline{AB}$, $\overline{DC}$의 중점을 각각 M, N이라 할 때, 다음을 구하시오.

(1) $\overline{MP}$의 길이   (2) $\overline{PN}$의 길이   (3) $\overline{MN}$의 길이

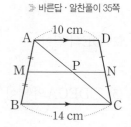

사각형의 네 변의 중점을 연결하여 만든 사각형

01 오른쪽 그림과 같은 평행사변형 ABCD에서 $\overline{AB}$, $\overline{BC}$, $\overline{CD}$, $\overline{DA}$의 중점을 각각 E, F, G, H라 할 때, 다음을 구하시오.

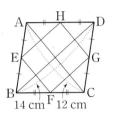

14 cm   12 cm

(1) $\overline{EF}$의 길이

(2) $\overline{HG}$의 길이

(3) $\overline{EH}$의 길이

(4) $\overline{FG}$의 길이

02 오른쪽 그림과 같은 □ABCD에서 $\overline{AB}$, $\overline{BC}$, $\overline{CD}$, $\overline{DA}$의 중점을 각각 E, F, G, H라 할 때, 다음 물음에 답하시오.

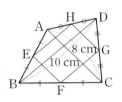

8 cm   10 cm

(1) □EFGH가 어떤 사각형인지 말하시오.

(2) □EFGH의 둘레의 길이를 구하시오.

> **TIP** 사각형의 네 변의 중점을 연결하여 만든 사각형
> ① 사각형, 평행사변형 ⇨ 평행사변형
> ② 직사각형, 등변사다리꼴 ⇨ 마름모
> ③ 마름모 ⇨ 직사각형
> ④ 정사각형 ⇨ 정사각형

03 오른쪽 그림과 같은 직사각형 ABCD에서 $\overline{AB}$, $\overline{BC}$, $\overline{CD}$, $\overline{DA}$의 중점을 각각 E, F, G, H라 할 때, □EFGH의 둘레의 길이를 구하시오.

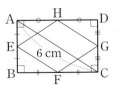

6 cm

사다리꼴의 두 변의 중점을 연결한 선분의 성질

04 오른쪽 그림과 같이 $\overline{AD} \, / \! / \, \overline{BC}$인 사다리꼴 ABCD에서 $\overline{AB}$, $\overline{CD}$의 중점을 각각 M, N이라 할 때, $\overline{MN}$의 길이를 구하시오.

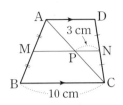

3 cm   10 cm

05 오른쪽 그림과 같이 $\overline{AD} \, / \! / \, \overline{BC}$인 사다리꼴 ABCD에서 $\overline{AB}$, $\overline{CD}$의 중점을 각각 M, N이라 할 때, x, y의 값을 각각 구하시오.

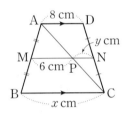

8 cm y cm   6 cm x cm

06 오른쪽 그림과 같이 $\overline{AD} \, / \! / \, \overline{BC}$인 사다리꼴 ABCD에서 $\overline{AB}$, $\overline{CD}$의 중점을 M, N이라 할 때, 다음을 구하시오.

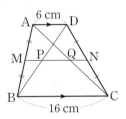

6 cm   16 cm

(1) $\overline{MP}$의 길이

(2) $\overline{MQ}$의 길이

(3) $\overline{PQ}$의 길이

>> 익힘교재 40쪽

개념 REVIEW

01 오른쪽 그림에서 $\overline{BC} /\!/ \overline{DE}$이고 점 G가 $\overline{AF}$와 $\overline{DE}$의 교점일 때, $\overline{FC}$의 길이를 구하시오.

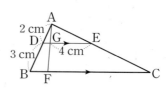

삼각형에서 평행선과 선분의 길이의 비

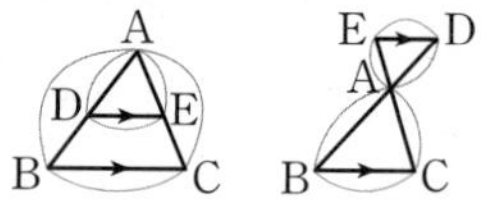

· $\overline{AB}$: ❶ ☐
  $= \overline{AC} : \overline{AE} = \overline{BC} : \overline{DE}$
· $\overline{AD} : \overline{DB} = \overline{AE} :$ ❷ ☐

02 오른쪽 그림과 같은 △ABC에서 $\overline{BD}$가 ∠B의 이등분선일 때, x의 값을 구하시오.

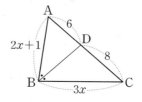

삼각형의 내각의 이등분선

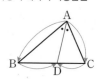

$\overline{AB} : \overline{AC} =$ ❸ ☐ $: \overline{CD}$

03 오른쪽 그림과 같이 $\overline{AD} /\!/ \overline{BC}$인 사다리꼴 ABCD에서 $\overline{AB}$, $\overline{DC}$의 중점을 각각 M, N이라 하자. $\overline{AD} = 10$ cm, $\overline{PQ} = 3$ cm일 때, $\overline{BC}$의 길이를 구하시오.

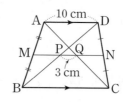

사다리꼴의 두 변의 중점을 연결한 선분의 성질

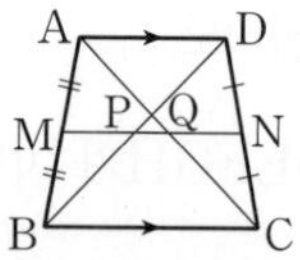

· $\overline{AD} /\!/$ ❹ ☐ $/\!/ \overline{BC}$
· $\overline{PQ} = \overline{MQ} - \overline{MP}$
  $= \dfrac{1}{2}($ ❺ ☐ $- \overline{AD})$

UP
04 오른쪽 그림에서 $\overline{EF} /\!/ \overline{BD}$이고 $\overline{AE} = \overline{EB}$, $\overline{EG} = \overline{GD}$ 이다. $\overline{BC} = 16$ cm일 때, 다음 물음에 답하시오.

(1) △EGF와 서로 합동인 삼각형을 찾아 기호 ≡ 를 사용하여 나타내시오.

(2) $\overline{CD}$의 길이를 구하시오.

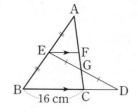

삼각형의 두 변의 중점을 연결한 선분의 성질
· 서로 합동인 두 삼각형을 찾아 $\overline{CD}$의 길이를 구한다.

04-1 오른쪽 그림에서 $\overline{EF} /\!/ \overline{BD}$이고 $\overline{AE} = \overline{EB}$, $\overline{EG} = \overline{GD}$이다. $\overline{EF} = 4$ cm일 때, $\overline{BD}$의 길이를 구하시오.

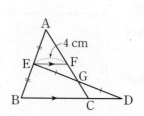

≫ 익힘교재 41쪽

답 ❶ $\overline{AD}$ ❷ $\overline{EC}$ ❸ $\overline{BD}$
   ❹ $\overline{MN}$ ❺ $\overline{BC}$

28 평행선 사이의 선분의 길이의 비

개념 알아보기 **1** 평행선 사이의 선분의 길이의 비

세 개 이상의 평행선이 다른 두 직선과 만날 때, 평행선 사이에 생기는 선분의 길이의 비는 같다.

➡ $l \,/\!/\, m \,/\!/\, n$이면

$$a : b = a' : b'$$

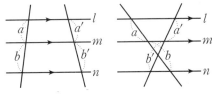

주의 $a : b = a' : b'$이지만 세 직선 l, m, n이 서로 평행하지 않을 수 있다.

예를 들어 오른쪽 그림에서 $2 : 4 = 3 : 6$이지만 세 직선 l, m, n은 서로 평행하지 않다.

참고 오른쪽 그림에서 $l \,/\!/\, m \,/\!/\, n \,/\!/\, p$일 때,

$$a : b : c = d : e : f$$

개념 자세히 보기 평행선 사이의 선분의 길이의 비

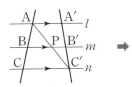

$l \,/\!/\, m \,/\!/\, n$일 때, $\overline{AC'}$과 직선 m의 교점을 P라 하자.

$\triangle ACC'$에서

$\overline{BP} \,/\!/\, \overline{CC'}$이므로

$\overline{AB} : \overline{BC} = \overline{AP} : \overline{PC'}$

$\triangle C'A'A$에서

$\overline{AA'} \,/\!/\, \overline{PB'}$이므로

$\overline{AP} : \overline{PC'} = \overline{A'B'} : \overline{B'C'}$

➡ 같다.

➡ $\overline{AB} : \overline{BC} = \overline{A'B'} : \overline{B'C'}$

≫ 익힘교재 36쪽

바른답 · 알찬풀이 36쪽

개념 확인하기 **1** 다음 그림에서 $l \,/\!/\, m \,/\!/\, n$일 때, $x : y$를 가장 간단한 자연수의 비로 나타내시오.

(1)

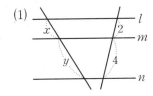

(2)

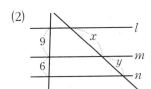

(3)

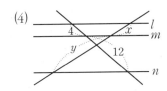

(4)

평행선 사이의 선분의 길이의 비

01 다음 그림에서 $l /\!/ m /\!/ n$일 때, x의 값을 구하시오.

(1)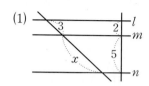

(2)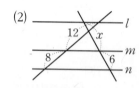

02 다음 그림에서 $l /\!/ m /\!/ n$일 때, x의 값을 구하시오.

(1)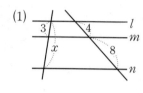

(2)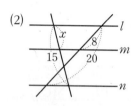

03 다음 그림에서 $l /\!/ m /\!/ n$일 때, x, y의 값을 각각 구하시오.

(1)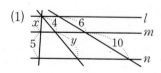

(2)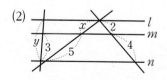

04 다음 그림에서 $l /\!/ m /\!/ n /\!/ p$일 때, x, y의 값을 각각 구하시오.

(1)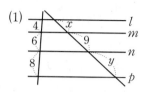

(2)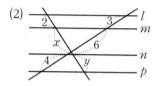

05 오른쪽 그림에서 $l /\!/ m /\!/ n /\!/ p$일 때, xy의 값을 구하시오.

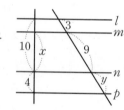

06 오른쪽 그림에서 $l /\!/ m /\!/ n$일 때, a, b의 값을 각각 구하시오.

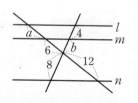

> **TIP** $p /\!/ q$이면 $x : x' = y : y'$임을 이용한다.

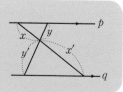

>> 익힘교재 42쪽

평행선 사이의 선분의 길이의 비의 응용

 1 사다리꼴에서 평행선 사이의 선분의 길이의 비

$\overline{AD} /\!/ \overline{BC}$인 사다리꼴 ABCD에서 $\overline{EF} /\!/ \overline{BC}$이고
$\overline{AD}=a$, $\overline{BC}=b$, $\overline{AE}=m$, $\overline{EB}=n$이면

$$\overline{EF}=\frac{an+bm}{m+n}$$

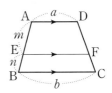

2 평행선 사이의 선분의 길이의 비의 응용

$\overline{AC}$와 $\overline{BD}$의 교점을 E라 할 때, $\overline{AB} /\!/ \overline{EF} /\!/ \overline{DC}$이고
$\overline{AB}=a$, $\overline{DC}=b$이면

(1) $\overline{EF}=\dfrac{ab}{a+b}$　　　　(2) $\overline{BF}:\overline{FC}=a:b$

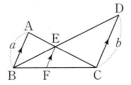

참고　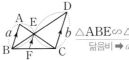 $\triangle ABE \backsim \triangle CDE$
　　닮음비 ➡ $a:b$

 $\triangle CEF \backsim \triangle CAB$
　　닮음비 ➡ $b:(a+b)$

 $\triangle BEF \backsim \triangle BDC$
　　닮음비 ➡ $a:(a+b)$

개념 자세히 보기　**사다리꼴에서 평행선 사이의 선분의 길이의 비**

$\overline{EF}$의 길이를 구하는 두 가지 방법을 알아보자.

[방법 1] 점 A를 지나고 $\overline{DC}$에 평행한 직선 긋기	[방법 2] 대각선 AC 긋기

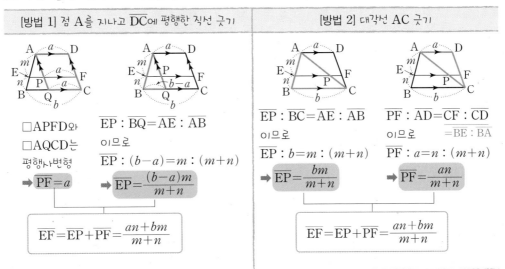

[방법 1]
□APFD와 □AQCD는 평행사변형
➡ $\overline{PF}=a$

$\overline{EP}:\overline{BQ}=\overline{AE}:\overline{AB}$
이므로
$\overline{EP}:(b-a)=m:(m+n)$
➡ $\overline{EP}=\dfrac{(b-a)m}{m+n}$

$$\overline{EF}=\overline{EP}+\overline{PF}=\frac{an+bm}{m+n}$$

[방법 2]
$\overline{EP}:\overline{BC}=\overline{AE}:\overline{AB}$
이므로
$\overline{EP}:b=m:(m+n)$
➡ $\overline{EP}=\dfrac{bm}{m+n}$

$\overline{PF}:\overline{AD}=\overline{CF}:\overline{CD}$
$=\overline{BE}:\overline{BA}$
이므로
$\overline{PF}:a=n:(m+n)$
➡ $\overline{PF}=\dfrac{an}{m+n}$

$$\overline{EF}=\overline{EP}+\overline{PF}=\frac{an+bm}{m+n}$$

≫ 익힘교재 36쪽

바른답·알찬풀이 37쪽

 1 오른쪽 그림과 같은 사다리꼴 ABCD에서 $\overline{AD} /\!/ \overline{EF} /\!/ \overline{BC}$일 때, 다음을 구하시오.

(1) $\overline{EG}$의 길이　　　(2) $\overline{GF}$의 길이　　　(3) $\overline{EF}$의 길이

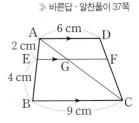

사다리꼴에서 평행선 사이의 선분의 길이의 비

01 오른쪽 그림과 같은 사다리꼴 ABCD에서 $\overline{AD} /\!/ \overline{EF} /\!/ \overline{BC}$, $\overline{AH} /\!/ \overline{DC}$일 때, 다음을 구하시오.

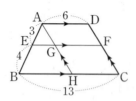

(1) $\overline{GF}$의 길이

(2) $\overline{EG}$의 길이

(3) $\overline{EF}$의 길이

02 오른쪽 그림과 같은 사다리꼴 ABCD에서 $\overline{AD} /\!/ \overline{EF} /\!/ \overline{BC}$일 때, x, y의 값을 각각 구하시오.

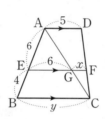

03 오른쪽 그림과 같이 $\overline{AD} /\!/ \overline{BC}$인 사다리꼴 ABCD에서 $\overline{EF}$는 두 대각선 AC, BD의 교점 O를 지나고 $\overline{BC}$에 평행할 때, 다음을 구하시오.

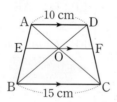

(1) $\overline{EO}$의 길이

(2) $\overline{OF}$의 길이

(3) $\overline{EF}$의 길이

> **TIP** △AOD∽△COB (AA 닮음)이므로
> $\overline{AO} : \overline{CO} = \overline{DO} : \overline{BO} = \overline{AD} : \overline{CB}$

평행선 사이의 선분의 길이의 비의 응용

04 오른쪽 그림에서 $\overline{AB} /\!/ \overline{EF} /\!/ \overline{DC}$일 때, 다음 물음에 답하시오.

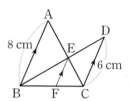

(1) $\overline{BE} : \overline{DE}$를 가장 간단한 자연수의 비로 나타내시오.

(2) $\overline{BF} : \overline{BC}$를 가장 간단한 자연수의 비로 나타내시오.

(3) $\overline{EF}$의 길이를 구하시오.

05 다음 그림에서 $\overline{AB} /\!/ \overline{EF} /\!/ \overline{DC}$일 때, x의 값을 구하시오.

(1)

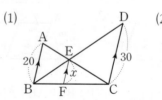

(2)

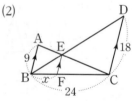

06 오른쪽 그림에서 $\overline{AB}$, $\overline{EF}$, $\overline{DC}$가 모두 $\overline{BC}$에 수직일 때, 다음을 구하시오.

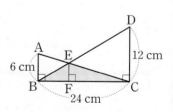

(1) $\overline{EF}$의 길이

(2) △EBC의 넓이

≫ 익힘교재 43쪽

개념 REVIEW

01 오른쪽 그림에서 $l /\!/ m /\!/ n$일 때, xy의 값을 구하시오.

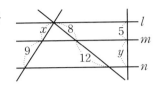

> 평행선 사이의 선분의 길이의 비

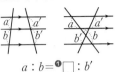

$$a : b = ❶\,\boxed{} : b'$$

02 오른쪽 그림에서 $l /\!/ m /\!/ n$일 때, x의 값은?

① 9   ② 10   ③ 11

④ 12   ⑤ 13

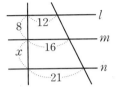

> 사다리꼴에서 평행선 사이의 선분의 길이의 비

· $\overline{AD}=\overline{GF}=\overline{HC}$
· $\triangle AEG \backsim ❷\,\boxed{}$

03 오른쪽 그림에서 $\overline{AB} /\!/ \overline{EF} /\!/ \overline{DC}$이고 $\overline{AB}=10$ cm, $\overline{CD}=15$ cm일 때, 다음 **보기** 중 옳은 것을 모두 고르시오.

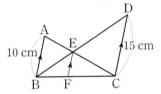

┤ 보기 ├
ㄱ. $\triangle ABC \backsim \triangle EFC$ ㄴ. $\triangle ABE \backsim \triangle CDE$
ㄷ. $\overline{BE} : \overline{BD} = 2 : 5$ ㄹ. $\overline{EF} = 8$ cm

> 평행선 사이의 선분의 길이의 비의 응용

· $\triangle ABE \backsim ❸\,\boxed{}$
· $\triangle ABC \backsim ❹\,\boxed{}$
· $\triangle BCD \backsim ❺\,\boxed{}$

UP
04 오른쪽 그림과 같은 사다리꼴 ABCD에서 $\overline{AD} /\!/ \overline{EF} /\!/ \overline{BC}$이고 $\overline{AE} : \overline{EB} = 2 : 1$이다. $\overline{AD}=12$ cm, $\overline{BC}=18$ cm일 때, $\overline{GH}$의 길이를 구하시오.

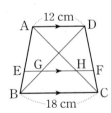

> 사다리꼴에서 평행선 사이의 선분의 길이의 비

사다리꼴 ABCD에서 $\overline{AD} /\!/ \overline{EF} /\!/ \overline{BC}$일 때, $\triangle ABC$에서 $\overline{EN}$, $\triangle ABD$에서 $\overline{EM}$의 길이를 구하여 $\overline{MN}$의 길이를 구한다.

04-1 오른쪽 그림과 같은 사다리꼴 ABCD에서 $\overline{AD} /\!/ \overline{EF} /\!/ \overline{BC}$이고 $\overline{AE}=3\overline{EB}$이다. $\overline{AD}=16$ cm, $\overline{BC}=20$ cm일 때, $\overline{GH}$의 길이를 구하시오.

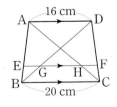

답 ❶ a' ❷ $\triangle ABH$ ❸ $\triangle CDE$
❹ $\triangle EFC$ ❺ $\triangle BFE$

익힘교재 44쪽

삼각형의 무게중심

삼각형의 무게중심

 1 삼각형의 중선

(1) **중선**: 삼각형에서 한 꼭짓점과 그 대변의 중점을 이은 선분

> 참고 삼각형에는 세 개의 중선이 있다.

(2) **삼각형의 중선의 성질**

삼각형의 한 중선은 그 삼각형의 넓이를 이등분한다.

➡ $\triangle ABM = \triangle ACM = \dfrac{1}{2}\triangle ABC$

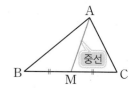

2 삼각형의 무게중심

(1) **삼각형의 무게중심**: 삼각형의 세 중선의 교점

(2) **삼각형의 무게중심의 성질**

삼각형의 무게중심은 세 중선의 길이를 각 꼭짓점으로부터 각각 2 : 1로 나눈다.

➡ 점 G가 $\triangle ABC$의 무게중심일 때,

$$\overline{AG} : \overline{GD} = \overline{BG} : \overline{GE} = \overline{CG} : \overline{GF} = 2 : 1$$

> 참고 ① 정삼각형의 무게중심, 외심, 내심은 모두 일치한다.
> ② 이등변삼각형의 무게중심, 외심, 내심은 모두 꼭지각의 이등분선 위에 있다.

개념 자세히 보기 **삼각형의 무게중심**

두 중선 BE, CF의 교점을 G
라 하면
$\overline{BC} /\!/ \overline{EF}$, $\overline{BC} : \overline{EF} = 2 : 1$
∴ $\overline{BG} : \overline{GE} = \overline{CG} : \overline{GF}$
    $= \overline{BC} : \overline{EF}$
    $= 2 : 1$

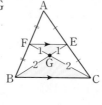

두 중선 AD, BE의 교점을 G′
이라 하면
$\overline{AB} /\!/ \overline{DE}$, $\overline{AB} : \overline{DE} = 2 : 1$
∴ $\overline{BG'} : \overline{G'E} = \overline{AG'} : \overline{G'D}$
    $= \overline{AB} : \overline{DE}$
    $= 2 : 1$

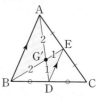

두 점 G와 G′은 모두 중선 BE를 2 : 1로 나누는 점이므로 일치한다.

➡ $\triangle ABC$의 세 중선은 한 점(무게중심)에서 만나고 무게중심은 세 중선의 길이를 각 꼭짓점으로부터 각각 2 : 1로 나눈다.

> ❯❯ 익힘교재 36쪽

⬥ 바른답 · 알찬풀이 38쪽

개념 확인하기 **1** 다음 그림에서 점 G가 $\triangle ABC$의 무게중심일 때, x의 값을 구하시오.

(1)

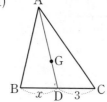

(2)

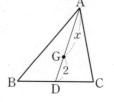

(3)

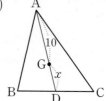

삼각형의 중선

01 오른쪽 그림과 같은 △ABC에서 점 D는 $\overline{AC}$의 중점이고, 점 E는 $\overline{BD}$의 중점이다. △BCE의 넓이가 4 cm²일 때, 다음을 구하시오.

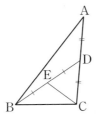

(1) △BCD의 넓이

(2) △ABC의 넓이

삼각형의 무게중심

02 다음 그림에서 점 G가 △ABC의 무게중심일 때, x, y의 값을 각각 구하시오.

(1)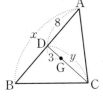

(2)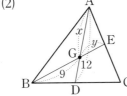

03 오른쪽 그림과 같이 ∠C=90°인 직각삼각형 ABC에서 점 G가 △ABC의 무게중심일 때, 다음을 구하시오.

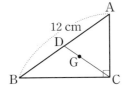

(1) $\overline{CD}$의 길이

(2) $\overline{CG}$의 길이

04 오른쪽 그림에서 점 G는 △ABC의 무게중심이고 점 G′은 △GBC의 무게중심일 때, 다음을 구하시오.

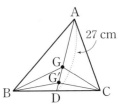

(1) $\overline{GD}$의 길이

(2) $\overline{GG'}$의 길이

05 오른쪽 그림에서 점 G가 △ABC의 무게중심이고 $\overline{BE} \parallel \overline{DF}$일 때, 다음을 구하시오.

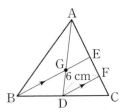

(1) $\overline{BE}$의 길이

(2) $\overline{GE}$의 길이

평행사변형에서 삼각형의 무게중심의 응용

06 오른쪽 그림과 같은 평행사변형 ABCD에서 두 대각선의 교점을 O, $\overline{BC}$, $\overline{CD}$의 중점을 각각 M, N이라 하자. $\overline{BD}$와 $\overline{AM}$, $\overline{AN}$의 교점을 각각 P, Q라 할 때, 다음을 구하시오.

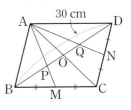

(1) $\overline{BP}$의 길이   (2) $\overline{QO}$의 길이

> **TIP** 평행사변형 ABCD에서 $\overline{AO}=\overline{CO}$, $\overline{BO}=\overline{DO}$이므로 점 P는 △ABC의 무게중심, 점 Q는 △ACD의 무게중심이다.

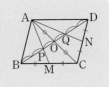

» 익힘교재 45쪽

삼각형의 무게중심과 넓이

개념 알아보기 **1 삼각형의 무게중심과 넓이**

점 G가 △ABC의 무게중심일 때,

(1) 삼각형의 세 중선에 의하여 삼각형의 넓이는 6등분된다.

➡ $\triangle GAF = \triangle GBF = \triangle GBD = \triangle GCD = \triangle GCE$

$= \triangle GAE = \dfrac{1}{6}\triangle ABC$

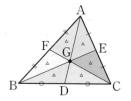

(2) 삼각형의 무게중심과 세 꼭짓점을 이어서 생기는 세 삼각형의 넓이는 모두 같다.

➡ $\triangle GAB = \triangle GBC = \triangle GCA = \dfrac{1}{3}\triangle ABC$

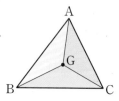

개념 자세히 보기 삼각형의 무게중심과 넓이

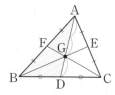 ➡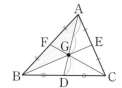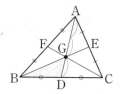

점 G가 △ABC의 무게중심이면
$\overline{BD} = \overline{CD}$이므로

$\triangle ABD = \dfrac{1}{2}\triangle ABC$

또, $\overline{AG} : \overline{GD} = 2 : 1$

$\triangle GAB = \dfrac{2}{3}\triangle ABD$

$= \dfrac{2}{3} \times \dfrac{1}{2}\triangle ABC$

$= \dfrac{1}{3}\triangle ABC$

$\triangle GBD = \dfrac{1}{3}\triangle ABD$

$= \dfrac{1}{3} \times \dfrac{1}{2}\triangle ABC$

$= \dfrac{1}{6}\triangle ABC$

>> 익힘교재 36쪽

바른답·알찬풀이 39쪽

개념 확인하기 **1** 다음 그림에서 점 G는 △ABC의 무게중심이고 △ABC의 넓이가 18 cm²일 때, 색칠한 부분의 넓이를 구하시오.

(1)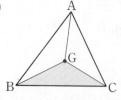

(2)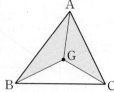

(3)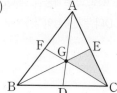

(4)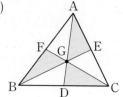

바른답·알찬풀이 39쪽

삼각형의 무게중심과 넓이

01 다음 그림에서 점 G는 △ABC의 무게중심이고 △ABC의 넓이가 24 cm²일 때, 색칠한 부분의 넓이를 구하시오.

(1)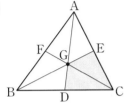

(2)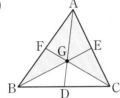

02 오른쪽 그림에서 점 G는 △ABC의 무게중심이고 △GBF 의 넓이가 7 cm²일 때, 다음을 구하시오.

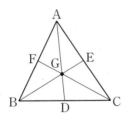

(1) △GCD의 넓이

(2) △GCA의 넓이

(3) △ABC의 넓이

03 오른쪽 그림에서 점 G는 △ABC의 무게중심이고 $\overline{BE}=\overline{EG}$이다. △ABC의 넓이 가 36 cm²일 때, △GED의 넓이 를 구하시오.

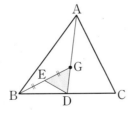

04 오른쪽 그림에서 두 점 G, G′ 은 각각 △ABC, △GBC의 무게중 심이고 △ABC의 넓이가 45 cm²일 때, 다음을 구하시오.

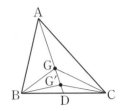

(1) △GBC의 넓이

(2) △GBG′의 넓이

평행사변형에서 삼각형의 무게중심과 넓이의 응용

05 오른쪽 그림과 같은 평행 사변형 ABCD에서 두 대각선 의 교점을 O, $\overline{BC}$, $\overline{CD}$의 중점 을 각각 M, N이라 하고 $\overline{BD}$와 $\overline{AM}$, $\overline{AN}$의 교점을 각각 P, Q라 하자. □ABCD의 넓이 가 60 cm²일 때, 다음을 구하시오.

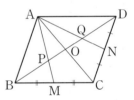

(1) △ABC의 넓이

(2) △APO의 넓이

(3) △APQ의 넓이

TIP 평행사변형 ABCD에서 $\overline{BC}$, $\overline{CD}$의 중점을 각각 M, N이라 할 때,

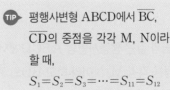
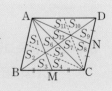

$S_1=S_2=S_3=\cdots=S_{11}=S_{12}$
$=\dfrac{1}{12}\square ABCD$

익힘교재 46쪽

개념 REVIEW

01 오른쪽 그림에서 점 G는 △ABC의 무게중심이고
$\overline{EF}=\overline{FC}$이다. $\overline{BG}=12$일 때, $\overline{DF}$의 길이를 구하시오.

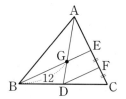

▶ 삼각형의 무게중심
삼각형의 무게중심은 세 중선의
길이를 각 꼭짓점으로부터 각각
❶☐ : 1로 나눈다.

02 오른쪽 그림과 같이 $\angle C=90°$인 직각삼각형 ABC
에서 점 G는 △ABC의 무게중심이고 $\overline{AC}=10$ cm,
$\overline{DC}=6$ cm일 때, △GAB의 넓이를 구하시오.

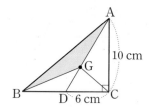

▶ 삼각형의 무게중심과 넓이
점 G가 △ABC의 무게중심일 때

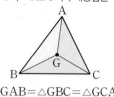

$\triangle GAB=\triangle GBC=\triangle GCA$
$=\dfrac{1}{❷☐}\triangle ABC$

03 오른쪽 그림에서 점 G가 △ABC의 무게중심일 때, 다음
보기 중 옳지 **않은** 것을 모두 고르시오.

┤ 보기 ├
ㄱ. $\overline{AG}=2\overline{GD}$　　　　ㄴ. $\triangle GAF\equiv\triangle GBF$

ㄷ. $\triangle GBD=\dfrac{1}{2}\triangle GCA$　　ㄹ. $\triangle ABD=2\triangle GDC$

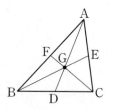

▶ 삼각형의 무게중심과 넓이
점 G가 △ABC의 무게중심일 때

$\triangle GAF=\triangle GBF=\triangle GBD$
$=\triangle GCD=\triangle GCE$
$=\triangle GAE$
$=\dfrac{1}{❸☐}\triangle ABC$

UP
04 오른쪽 그림과 같은 평행사변형 ABCD에서 $\overline{BC}$, $\overline{CD}$
의 중점을 각각 M, N이라 하고 $\overline{BD}$와 $\overline{AM}$, $\overline{AN}$의 교
점을 각각 P, Q라 하자. $\overline{BP}=6$ cm일 때, $\overline{PQ}$의 길이
를 구하시오.

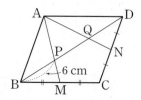

▶ 평행사변형에서 삼각형의 무게중
심의 응용
$\overline{AC}$를 그었을 때, 두 점 P, Q는
각각 △ABC, △ACD의 무게
중심임을 이용한다.

04-1 오른쪽 그림과 같은 평행사변형 ABCD에서 $\overline{BC}$,
$\overline{CD}$의 중점을 각각 M, N이라 하고 $\overline{BD}$와 $\overline{AM}$,
$\overline{AN}$의 교점을 각각 P, Q라 하자. $\overline{PQ}=7$ cm일 때,
$\overline{BD}$의 길이를 구하시오.

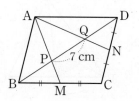

❯❯ 익힘교재 47쪽

답 ❶2 ❷3 ❸6

중단원 마무리 문제

01 오른쪽 그림에서 $\overline{BC}\,/\!/\,\overline{DE}\,/\!/\,\overline{GF}$일 때, xy의 값을 구하시오.

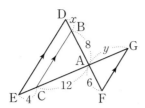

02 오른쪽 그림과 같은 △ABC에 대하여 다음 **보기** 중 옳은 것을 모두 고르시오.

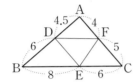

┤ 보기 ├

ㄱ. $\overline{DF}\,/\!/\,\overline{BC}$ ㄴ. $\overline{DE}\,/\!/\,\overline{AC}$

ㄷ. $\overline{FE}\,/\!/\,\overline{AB}$ ㄹ. $\angle ADF = \angle DBE$

03 오른쪽 그림과 같은 △ABC에서 $\overline{AD}$는 ∠A의 이등분선이고 $\overline{AB}=6$ cm, $\overline{BC}=7$ cm, $\overline{CA}=8$ cm일 때, $\overline{CD}$의 길이를 구하시오.

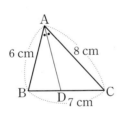

04 오른쪽 그림과 같은 △ABC에서 $\overline{AD}$는 ∠A의 외각의 이등분선이다. $\overline{AB}=5$ cm, $\overline{AC}=4$ cm일 때, △ABC와 △ACD의 넓이의 비는?

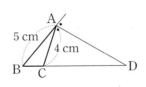

① 1 : 4   ② 1 : 5   ③ 2 : 5

④ 3 : 4   ⑤ 3 : 5

05 오른쪽 그림에서 네 점 M, N, P, Q는 각각 $\overline{AB}, \overline{AC}, \overline{DB}, \overline{DC}$의 중점이다. $\overline{PQ}=4$일 때, $x+y$의 값은?

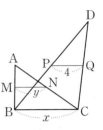

① 10   ② 11

③ 12   ④ 13

⑤ 14

서술형

06 오른쪽 그림에서 $\overline{AF}=\overline{FB}, \overline{BG}=\overline{GC}=\overline{CD}$이고 $\overline{FG}=14$일 때, $\overline{AE}$의 길이를 구하시오.

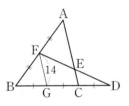

07 오른쪽 그림과 같이 $\overline{AD}\,/\!/\,\overline{BC}$인 등변사다리꼴 ABCD에서 각 변의 중점을 각각 E, F, G, H라 하자. □EFGH의 둘레의 길이가 24 cm일 때, $\overline{BD}$의 길이는?

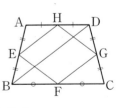

① 9 cm   ② 10 cm   ③ 11 cm

④ 12 cm   ⑤ 13 cm

신유형
08 오른쪽 그림과 같은 사다리꼴 모양의 사다리에서 $\overline{AD} /\!\!/ \overline{BC}$이고 $\overline{AM}=\overline{MB}$, $\overline{DN}=\overline{NC}$이다. 두 점 M, N을 연결하는 다리를 만들려고 할 때, 만들려고 하는 다리의 길이를 구하시오. (단, 사다리의 두께는 무시한다.)

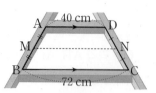

09 다음 그림에서 $l /\!\!/ m /\!\!/ n$일 때, $x+y$의 값은?

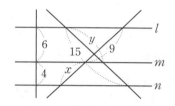

① 11   ② 12   ③ 13
④ 14   ⑤ 15

10 다음 그림에서 $l /\!\!/ m /\!\!/ n$일 때, x의 값은?

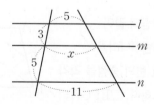

① 7   ② $\dfrac{29}{4}$ ③ $\dfrac{15}{2}$
④ $\dfrac{31}{4}$ ⑤ 8

11 오른쪽 그림과 같은 사다리꼴 ABCD에서 $\overline{AD} /\!\!/ \overline{EF} /\!\!/ \overline{BC}$이고 $\overline{AE}:\overline{EB}=3:2$이다. $\overline{AD}=5$ cm, $\overline{EF}=8$ cm일 때, $\overline{BC}$의 길이를 구하시오.

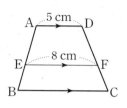

서술형
12 오른쪽 그림에서 $\overline{AB} /\!\!/ \overline{CD} /\!\!/ \overline{EF}$이고 $\overline{AB}=6$ cm, $\overline{AE}=9$ cm, $\overline{EF}=3$ cm일 때, x, y의 값을 각각 구하시오.

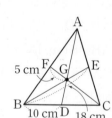

13 오른쪽 그림에서 점 G가 $\triangle ABC$의 무게중심이고 $\overline{BD}=10$ cm, $\overline{BE}=18$ cm, $\overline{FG}=5$ cm일 때, $\triangle GBC$의 둘레의 길이를 구하시오.

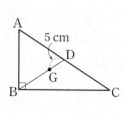

14 오른쪽 그림과 같이 $\angle B=90°$인 직각삼각형 ABC에서 점 G가 $\triangle ABC$의 무게중심이고 $\overline{GD}=5$ cm일 때, $\overline{AC}$의 길이를 구하시오.

15 오른쪽 그림과 같은 평행사변형 ABCD에서 $\overline{AB}$, $\overline{AD}$의 중점을 각각 M, N이라 하고 $\overline{BD}$와 $\overline{CM}$, $\overline{CN}$의 교점을 각각 P, Q라 하자. $\overline{MN}=18$ cm일 때, $\overline{PQ}$의 길이를 구하시오.

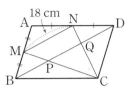

서술형

16 오른쪽 그림에서 점 G는 △ABC의 무게중심이고 △ABC의 넓이는 24 cm²일 때, △GED의 넓이를 구하시오.

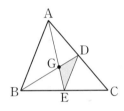

17 오른쪽 그림에서 점 G는 △ABC의 무게중심이고 $\overline{BD}=\overline{DG}$, $\overline{GE}=\overline{EC}$이다. △ABC의 넓이가 30 cm²일 때, 색칠한 부분의 넓이를 구하시오.

18 오른쪽 그림과 같은 평행사변형 ABCD에서 $\overline{BM}=\overline{MC}$이고 점 E는 $\overline{AM}$과 $\overline{BD}$의 교점이다. △EBM의 넓이가 6 cm²일 때, □ABCD의 넓이를 구하시오.

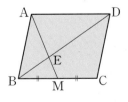

창의·융합 문제

다음 그림은 상우네 동네를 나타낸 지도이다. 백화점에서 우체국까지의 거리는 240 m, 우체국에서 경찰서까지의 거리는 400 m, 상우네 집에서 병원까지의 거리는 360 m이고 $l \parallel m \parallel n$일 때, 상우네 집에서 도서관까지의 거리를 구하시오. (단, 길의 폭과 건물의 크기는 무시한다.)

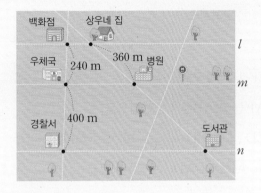

해결의 길잡이

1 병원에서 도서관까지의 거리를 x m라 할 때, $l \parallel m \parallel n$임을 이용하여 x의 값을 구하는 식을 세운다.

2 **1**에서 세운 식에서 x의 값을 구하여 병원에서 도서관까지의 거리를 구한다.

3 상우네 집에서 도서관까지의 거리를 구한다.

교과서 속 서술형 문제

① 오른쪽 그림에서 두 점 G, G′은 각각 △ABD, △ADC의 무게중심이다. $\overline{BD}=10$ cm, $\overline{DC}=8$ cm일 때, $\overline{GG'}$의 길이를 구하시오.

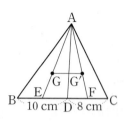

② 오른쪽 그림에서 두 점 G, G′은 각각 △ABD, △ADC의 무게중심이다. $\overline{BC}=24$ cm일 때, $\overline{GG'}$의 길이를 구하시오.

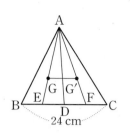

❶ $\overline{EF}$의 길이를 구하면?

$\overline{AE}$는 △ABD의 중선이므로

$\overline{ED}=\boxed{}\overline{BD}=\boxed{}\times10=\boxed{}$(cm)

또, $\overline{AF}$는 △ADC의 중선이므로

$\overline{DF}=\boxed{}\overline{DC}=\boxed{}\times8=\boxed{}$(cm)

∴ $\overline{EF}=\overline{ED}+\overline{DF}=\boxed{}$(cm)　　… 30 %

❶ $\overline{EF}$의 길이를 구하면?

❷ $\overline{EF}/\!/\overline{GG'}$임을 설명하면?

두 점 G, G′은 각각 △ABD, △ADC의 무게중심이므로 △AEF에서

$\overline{AE}:\overline{AG}=\overline{AF}:\overline{AG'}=\boxed{}:\boxed{}$

즉, 삼각형에서 평행선과 선분의 길이의 비에 의하여

$\overline{EF}\boxed{}\overline{GG'}$　　… 40 %

❷ $\overline{EF}/\!/\overline{GG'}$임을 설명하면?

❸ $\overline{GG'}$의 길이를 구하면?

△AEF에서 $\overline{EF}/\!/\overline{GG'}$이므로

$\overline{AE}:\overline{AG}=\boxed{}:\overline{GG'}$

$3:\boxed{}=\boxed{}:\overline{GG'}$

$3\overline{GG'}=\boxed{}$　　∴ $\overline{GG'}=\boxed{}$(cm)　　… 30 %

❸ $\overline{GG'}$의 길이를 구하면?

바른답·알찬풀이 42쪽

3 오른쪽 그림과 같은 △ABC에서 $\overline{BC} \parallel \overline{DE}$이고 $\overline{AF}$와 $\overline{DE}$의 교점을 G라 할 때, $x+y$의 값을 구하시오.

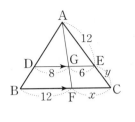

풀이 과정

답 _____

4 오른쪽 그림과 같은 평행사변형 ABCD에서 $\overline{AD}$ 위의 점 E에 대하여 $\overline{AC}$와 $\overline{BE}$의 교점을 F라 하자. $\overline{AF}=6$ cm, $\overline{BC}=15$ cm, $\overline{CF}=10$ cm일 때, $\overline{DE}$의 길이를 구하시오.

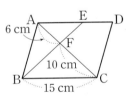

풀이 과정

답 _____

5 오른쪽 그림과 같은 △ABC에서 $\overline{BD}=\overline{DC}$, $\overline{AE}=\overline{EF}=\overline{FC}$이고 $\overline{BG}=9$ cm일 때, $\overline{GE}$의 길이를 구하시오.

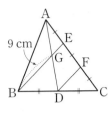

풀이 과정

답 _____

6 오른쪽 그림에서 점 G는 △ABC의 무게중심이고 $\overline{GH}=4$ cm일 때, $\overline{AD}$의 길이를 구하시오.

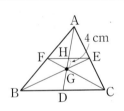

풀이 과정

답 _____

어떤 금이 되고 싶으세요?

금으로 만든 제품에서 14K, 18K, 24K는
'금 순도'를 나타내는 단위이자,
불에 담금질을 하는 횟수이기도 합니다.

금은 불에 담금질하는 연금 과정을 거쳐 순금이 되는데,
뜨거운 불에 많이 들어갈수록 금의 순도가 높습니다.

뜨거운 불 속에서 순도를 높이는 금처럼
어려운 문제를 피하지 말고, 이겨 내 보세요.
그 순간 우리는 황금처럼 반짝반짝 빛이 날 것입니다.

05

피타고라스 정리

배운내용 Check

1 다음은 어떤 자연수를 제곱하여 얻을 수 있는지 구하시오.

(1) 16   (2) 169

2 다음 **보기** 중 주어진 길이의 세 선분으로 삼각형을 만들 수 있는 것을 모두 고르시오.

| 보기 |

ㄱ. 1 cm, 3 cm, 4 cm   ㄴ. 2 cm, 4 cm, 5 cm
ㄷ. 3 cm, 5 cm, 9 cm   ㄹ. 6 cm, 6 cm, 8 cm

정답 **1** (1) 4 (2) 13
2 ㄴ, ㄹ

피타고라스 정리

1 피타고라스 정리

(1) 피타고라스 정리

직각삼각형에서 직각을 낀 두 변의 길이를 각각 a, b라 하고, 빗변의 길이를 c라 하면

직각의 대변 → $a^2+b^2=c^2$ — 직각삼각형에서 직각을 낀 두 변의 길이의 제곱의 합은 빗변의 길이의 제곱과 같다.

참고 피타고라스 정리는 직각삼각형에서만 성립한다.

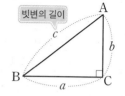

(2) 직각삼각형의 변의 길이

직각삼각형에서 두 변의 길이를 알면 피타고라스 정리를 이용하여 나머지 한 변의 길이를 구할 수 있다.

예 오른쪽 그림과 같이 ∠C=90°인 직각삼각형 ABC에서 피타고라스 정리에 의하여
$$3^2+4^2=x^2,\ x^2=25$$
이때 $5^2=25$이고 $x>0$이므로 $x=5$

주의 a, b, c는 변의 길이이므로 항상 양수이다.

개념 자세히 보기 | **직각삼각형의 변의 길이 구하기**

직각삼각형 ABC에서 직각을 낀 두 변의 길이를 각각 a, b라 하고, 빗변의 길이를 c라 하면

a, b의 값을 알 때	b, c의 값을 알 때	a, c의 값을 알 때
$c^2=a^2+b^2$으로 c의 값을 구한다.	$a^2=c^2-b^2$으로 a의 값을 구한다.	$b^2=c^2-a^2$으로 b의 값을 구한다.

>> 익힘교재 48쪽

바른답·알찬풀이 44쪽

개념 확인하기 | **1** 다음 그림과 같은 직각삼각형에서 x^2의 값을 구하시오.

(1)

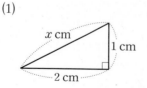

(2)

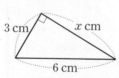

(3)

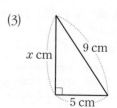

바른답·알찬풀이 44쪽

직각삼각형의 변의 길이

01 다음은 오른쪽 그림과 같은 직각삼각형 ABC에서 $\overline{AB}$의 길이를 구하는 과정이다. □ 안에 알맞은 수를 써넣으시오.

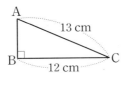

피타고라스 정리에 의하여
$\overline{AB}^2 + \boxed{}^2 = \boxed{}^2$이므로
$\overline{AB}^2 = \boxed{}^2 - \boxed{}^2 = \boxed{}$
이때 $5^2 = 25$이고 $\overline{AB} > 0$이므로 $\overline{AB} = \boxed{}$(cm)

02 다음 그림과 같은 직각삼각형에서 x의 값을 구하시오.

(1)

(2)

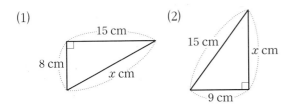

03 오른쪽 그림에서 $\overline{OA} = \overline{AB} = \overline{BC} = \overline{CD} = 1$일 때, 다음 □ 안에 알맞은 수를 써넣으시오.

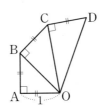

(1) △OAB에서
$\overline{OB}^2 = \overline{OA}^2 + \overline{AB}^2 = \boxed{}$

(2) △OBC에서 $\overline{OC}^2 = \overline{OB}^2 + \overline{BC}^2 = \boxed{}$

(3) △OCD에서 $\overline{OD}^2 = \overline{OC}^2 + \overline{CD}^2 = \boxed{}$

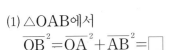

TIP △OAB, △OBC, △OCD가 모두 직각삼각형이므로 피타고라스 정리를 연속으로 이용한다.

삼각형, 사각형에서 피타고라스 정리 이용하기

04 오른쪽 그림과 같은 △ABC에서 $\overline{AD} \perp \overline{BC}$일 때, 다음을 구하시오.

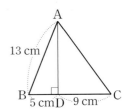

(1) $\overline{AD}$의 길이

(2) $\overline{AC}$의 길이

05 오른쪽 그림과 같이 $\angle C = 90°$인 직각삼각형 ABC에서 다음을 구하시오.

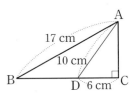

(1) $\overline{AC}$의 길이

(2) $\overline{BD}$의 길이

06 오른쪽 그림과 같은 사다리꼴 ABCD에서 $\angle C = \angle D = 90°$일 때, $\overline{DC}$의 길이를 구하시오.

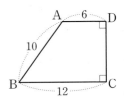

TIP 사다리꼴에서 수선을 그어 직각삼각형을 만든 다음 피타고라스 정리를 이용한다.

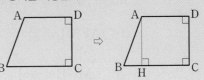

익힘교재 49쪽

33 피타고라스 정리의 설명 (1)

개념 알아보기 **1 피타고라스 정리의 설명 - 유클리드의 방법**

오른쪽 그림과 같이 직각삼각형 ABC의 각 변을 한 변으로 하는 세 정사각형 AFGB, BHIC, ACDE를 그리고, 꼭짓점 C에서 $\overline{AB}$에 내린 수선의 발을 L, 그 연장선과 $\overline{FG}$가 만나는 점을 M이라 하면

(1) □ACDE＝□AFML, □BHIC＝□LMGB

(2) □ACDE＋□BHIC＝□AFGB이므로
$$\overline{AC}^2+\overline{BC}^2=\overline{AB}^2$$

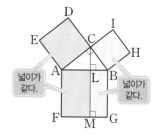

개념 자세히 보기 **피타고라스 정리의 설명 - 유클리드의 방법**

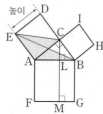 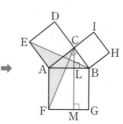 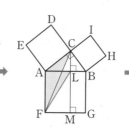 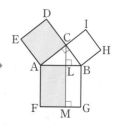

❶ $\overline{EA}$∥$\overline{DB}$이므로
△EAC＝△EAB

❷ △EAB≡△CAF
(SAS 합동)

❸ $\overline{AF}$∥$\overline{CM}$이므로
△CAF＝△LAF

❹ ❶~❸에 의하여
△EAC＝△LAF이므로
□ACDE＝□AFML
└▸□ACDE＝2△EAC
　　　　＝2△LAF
　　　　＝□AFML

같은 방법으로 하면
△BHC＝△BHA＝△BCG＝△BLG
이므로 □BHIC＝□LMGB

따라서 □ACDE＋□BHIC＝□AFML＋□LMGB＝□AFGB이므로
$$\overline{AC}^2+\overline{BC}^2=\overline{AB}^2$$

≫ 익힘교재 48쪽

📚 바른답·알찬풀이 44쪽

개념 확인하기 **1** 오른쪽 그림은 ∠C＝90°인 직각삼각형 ABC의 각 변을 한 변으로 하는 세 정사각형을 그린 것이다. □ACDE와 □BHIC의 넓이가 각각 16 cm², 9 cm²일 때, 다음을 구하시오.

(1) □AFML의 넓이

(2) □LMGB의 넓이

(3) □AFGB의 넓이

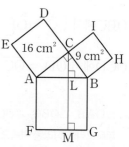

피타고라스 정리의 설명 - 유클리드의 방법

01 다음 그림은 ∠C=90°인 직각삼각형 ABC의 각 변을 한 변으로 하는 세 정사각형을 그린 것이다. 두 정사각형의 넓이가 주어졌을 때, 색칠한 정사각형의 넓이를 구하시오.

(1)　　　　　　　　　(2)

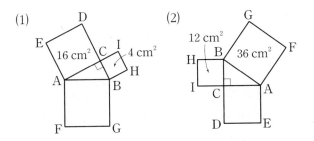

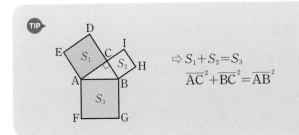

TIP

$$\Rightarrow S_1 + S_2 = S_3$$
$$\overline{AC}^2 + \overline{BC}^2 = \overline{AB}^2$$

02 다음 그림은 ∠C=90°인 직각삼각형 ABC의 각 변을 한 변으로 하는 세 정사각형을 그린 것이다. 색칠한 부분의 넓이를 구하시오.

(1)　　　　　　　　　(2)

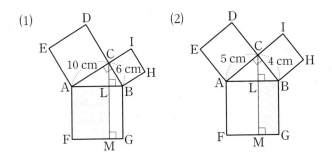

03 오른쪽 그림은 ∠C=90°인 직각삼각형 ABC의 각 변을 한 변으로 하는 세 정사각형을 그린 것이다. □AFGB와 □ACDE의 넓이가 각각 34 cm², 9 cm²일 때, $\overline{BC}$의 길이를 구하시오.

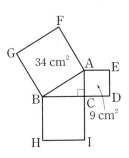

04 오른쪽 그림은 ∠C=90°인 직각삼각형 ABC의 각 변을 한 변으로 하는 세 정사각형을 그린 것이다. 꼭짓점 C에서 $\overline{AB}$, $\overline{FG}$에 내린 수선의 발을 각각 L, M이라 할 때, 다음 **보기** 중 △ABE와 넓이가 같은 삼각형을 모두 고르시오.

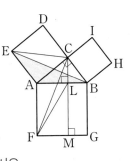

┤ 보기 ├

ㄱ. △ACE　　　ㄴ. △ABC　　　ㄷ. △AFC

ㄹ. △AFL　　　ㅁ. △ALC　　　ㅂ. △LFM

TIP

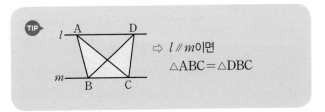

$\Rightarrow l /\!/ m$이면
△ABC=△DBC

05 오른쪽 그림은 ∠C=90°인 직각삼각형 ABC의 각 변을 한 변으로 하는 세 정사각형을 그린 것이다. 다음을 구하시오.

(1) $\overline{BC}$의 길이

(2) △BLG의 넓이

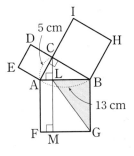

▶ 익힘교재 50쪽

피타고라스 정리의 설명 (2)

① 피타고라스 정리

개념 알아보기

1 피타고라스 정리의 설명 – 피타고라스의 방법

[그림 1]과 같이 직각삼각형 ABC에서 두 변 CA, CB를 연장하여 한 변의 길이가 $a+b$인 정사각형 CDEF를 만들면

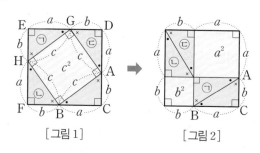

[그림 1]   [그림 2]

(1) $\triangle ABC \equiv \triangle GAD \equiv \triangle HGE$
$\equiv \triangle BHF$ (SAS 합동)

이므로 $\square AGHB$는 한 변의 길이가 c인 정사각형이다.

(2) [그림 1]의 직각삼각형 ㉠, ㉡, ㉢을 [그림 2]와 같이 옮겨 붙이면 한 변의 길이가 각각 a, b인 두 정사각형의 넓이의 합은 [그림 1]의 $\square AGHB$의 넓이와 같다.

➡ $a^2+b^2=c^2$
  [그림 2] [그림 1]

2 피타고라스 정리의 설명 – 직각삼각형의 닮음 이용

$\angle C=90°$인 직각삼각형 ABC에서 $\overline{AB} \perp \overline{CD}$일 때

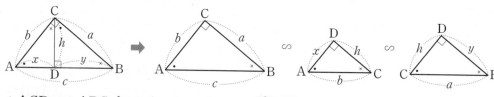

$\triangle ACD \backsim \triangle ABC$이므로 $b:c=x:b$ $\therefore b^2=cx$

$\triangle CBD \backsim \triangle ABC$이므로 $a:c=y:a$ $\therefore a^2=cy$

     두 식을 변끼리 더한다.

➡ $a^2+b^2=cy+cx=c(\underbrace{x+y}_{c})$

$\therefore a^2+b^2=c^2$

참고 ① $\triangle ACD \backsim \triangle CBD$이므로 $x:h=h:y$ $\therefore h^2=xy$

② $\triangle ABC$의 넓이는 $\frac{1}{2}ab=\frac{1}{2}ch$이므로 $ab=ch$

개념 자세히 보기 피타고라스 정리의 설명 – 피타고라스의 방법

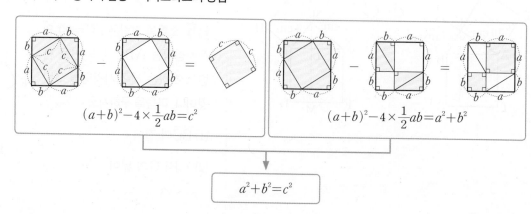

$(a+b)^2-4\times\frac{1}{2}ab=c^2$ $(a+b)^2-4\times\frac{1}{2}ab=a^2+b^2$

$a^2+b^2=c^2$

❯❯ 익힘교재 48쪽

피타고라스 정리의 설명 - 피타고라스의 방법

01 오른쪽 그림은 합동인 4개의 직각삼각형을 이용하여 정사각형 CDFH를 만든 것이다. $\overline{AC}=4$ cm, $\overline{BC}=3$ cm일 때, 다음을 구하시오.

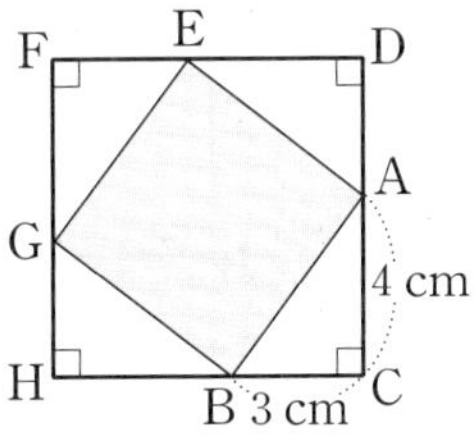

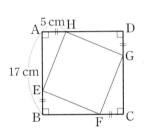

(1) $\overline{AB}$의 길이

(2) □AEGB의 넓이

02 오른쪽 그림과 같이 한 변의 길이가 17 cm인 정사각형 ABCD에서 $\overline{AH}=\overline{BE}=\overline{CF}=\overline{DG}=5$ cm일 때, 다음을 구하시오.

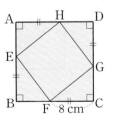

(1) $\overline{EH}$의 길이

(2) □EFGH의 둘레의 길이

03 오른쪽 그림과 같은 정사각형 ABCD에서 $\overline{CF}=\overline{DG}=\overline{AH}=\overline{BE}=8$ cm이고 □EFGH의 넓이가 100 cm²일 때, 다음을 구하시오.

(1) $\overline{FG}$의 길이

(2) $\overline{GC}$의 길이

(3) □ABCD의 넓이

피타고라스 정리의 설명 - 직각삼각형의 닮음 이용

04 오른쪽 그림과 같이 $\angle A=90°$인 직각삼각형 ABC에서 $\overline{BC}\perp\overline{AD}$일 때, 다음을 구하시오.

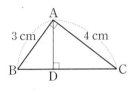

(1) $\overline{BC}$의 길이

(2) $\overline{BD}$의 길이

(3) $\overline{CD}$의 길이

> **TIP** 직각삼각형의 닮음의 응용
>
>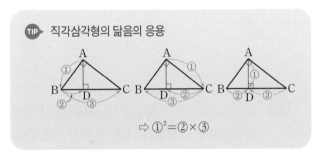
>
> ⇨ ①² = ② × ③

05 오른쪽 그림과 같이 $\angle B=90°$인 직각삼각형 ABC에서 $\overline{AC}\perp\overline{BD}$일 때, $\overline{AD}$의 길이를 구하시오.

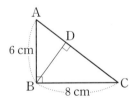

06 오른쪽 그림과 같이 $\angle A=90°$인 직각삼각형 ABC에서 $\overline{BC}\perp\overline{AD}$일 때, 다음을 구하시오.

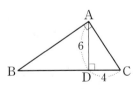

(1) $\overline{BD}$의 길이

(2) $\overline{AB}^2$의 값

익힘교재 51쪽

01 오른쪽 그림과 같이 ∠B=90°인 직각삼각형 ABC에서 $\overline{AB}=20$ cm, $\overline{AC}=25$ cm일 때, △ABC의 둘레의 길이를 구하시오.

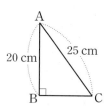

> 피타고라스 정리

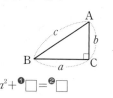

a^2+❶$\square$=❷$\square$

02 오른쪽 그림은 ∠C=90°인 직각삼각형 ABC의 각 변을 한 변으로 하는 세 정사각형을 그린 것이다. □ACDE와 □AFGB의 넓이가 각각 16 cm², 52 cm²일 때, △ABC의 넓이를 구하시오.

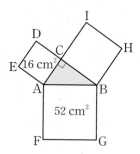

> 피타고라스 정리의 설명
> - 유클리드의 방법

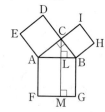

□ACDE+□BHIC
=❸$\square$

03 오른쪽 그림에서 두 직각삼각형 ABC와 CDE는 서로 합동이고, 세 점 B, C, D는 한 직선 위에 있다. 다음 물음에 답하시오.

(1) ∠ACE의 크기를 구하시오.

(2) △ACE의 넓이를 구하시오.

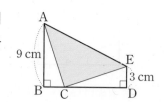

> 사각형에서 피타고라스 정리 이용하기

△ABC≡△CDE이므로 △ACE는 $\overline{AC}=$❹$\square$인 직각이등변삼각형이다.

UP
04 오른쪽 그림은 합동인 4개의 직각삼각형을 이용하여 정사각형 ABDE를 만든 것이다. $\overline{AE}=5$, $\overline{EH}=4$일 때, □CFGH의 둘레의 길이를 구하시오.

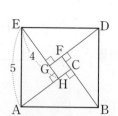

> 피타고라스 정리의 설명

△ABC≡△BDF≡△DEG
≡△EAH
이므로 □CFGH는 정사각형이다.

04-1 오른쪽 그림은 합동인 4개의 직각삼각형을 이용하여 정사각형 ABDE를 만든 것이다. $\overline{AB}=13$, $\overline{BF}=5$일 때, □CFGH의 넓이를 구하시오.

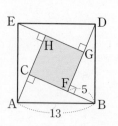

» 익힘교재 52쪽

답 ❶b^2 ❷c^2 ❸□AFGB
❹$\overline{CE}$

---

35 직각삼각형이 되는 조건

개념 **알아보기**

1 직각삼각형이 되는 조건

세 변의 길이가 각각 a, b, c인 △ABC에서

$$a^2+b^2=c^2$$

이면 △ABC는 빗변의 길이가 c인 직각삼각형이다.

즉, $a^2+b^2=c^2$이면 ∠C$=90°$이다.

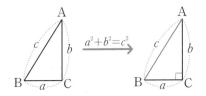

2 삼각형의 변의 길이와 각의 크기 사이의 관계

△ABC에서 $\overline{BC}=a$, $\overline{CA}=b$, $\overline{AB}=c$이고 c가 가장 긴 변의 길이일 때

(1) $c^2<a^2+b^2$이면 ∠C$<90°$ ➡ △ABC는 예각삼각형	(2) $c^2=a^2+b^2$이면 ∠C$=90°$ ➡ △ABC는 직각삼각형	(3) $c^2>a^2+b^2$이면 ∠C$>90°$ ➡ △ABC는 둔각삼각형

참고 △ABC에서 $\overline{BC}=a$, $\overline{CA}=b$, $\overline{AB}=c$일 때

① ∠C$<90°$이면 $c^2<a^2+b^2$　② ∠C$=90°$이면 $c^2=a^2+b^2$　③ ∠C$>90°$이면 $c^2>a^2+b^2$

개념 자세히 보기 **직각삼각형 찾기**

$(3, 4, 5)$ 　 $(5, 6, 7)$

가장 긴 변의 길이 찾기 ┄┄ 가장 긴 변의 길이: ⑤　가장 긴 변의 길이: ⑦

나머지 두 변의 길이의 제곱의 합과
가장 긴 변의 길이의 제곱의 크기 비교하기 ┄┄ $3^2+4^2=5^2$　$5^2+6^2\neq7^2$

같다. → 직각삼각형이다.　다르다. → 직각삼각형이 아니다. ┄┄ 직각삼각형이다.　직각삼각형이 아니다.

» 익힘교재 48쪽

바른답·알찬풀이 46쪽

 1 △ABC에서 $\overline{AB}=c$, $\overline{BC}=a$, $\overline{CA}=b$일 때, ☐ 안에 알맞은 것을 써넣으시오.

(1) $a^2+b^2=c^2$이면 △ABC는 ☐$=90°$인 직각삼각형이다.

(2) $b^2+c^2=a^2$이면 △ABC는 ☐$=90°$인 직각삼각형이다.

(3) $a^2+c^2=b^2$이면 △ABC는 ☐$=90°$인 직각삼각형이다.

2 피타고라스 정리의 성질 **123**

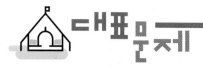

바른답·알찬풀이 46쪽

직각삼각형 찾기

01 오른쪽 그림과 같은 △ABC가 직각삼각형인지 아닌지 알아보려고 한다. 다음 □ 안에 알맞은 것을 써넣으시오.

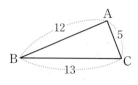

가장 긴 변의 길이: □
나머지 두 변의 길이: 5, □
⇨ $5^2 + $ □$^2 = $ □^{2}
⇨ △ABC는 □$=90°$인 직각삼각형이다.

02 세 변의 길이가 각각 다음과 같은 삼각형이 직각삼각형이면 ○표, 직각삼각형이 아니면 ×표를 하시오.

(1) 3 cm, 5 cm, 6 cm (　　　)

(2) 9 cm, 12 cm, 15 cm (　　　)

(3) 7 cm, 24 cm, 25 cm (　　　)

(4) 10 cm, 12 cm, 20 cm (　　　)

직각삼각형이 되도록 하는 변의 길이 구하기

03 다음 그림과 같은 △ABC가 $∠C=90°$인 직각삼각형이 되도록 하는 x의 값을 구하시오.

(1)
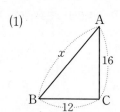

(2)
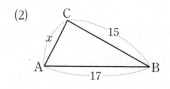

04 세 변의 길이가 각각 4, 5, x인 삼각형이 직각삼각형이 되도록 하는 x의 값에 대하여 x^2의 값을 구하려고 한다. 다음을 구하시오.

(1) 가장 긴 변의 길이가 5일 때, x^2의 값

(2) 가장 긴 변의 길이가 x일 때, x^2의 값

삼각형의 변의 길이와 각의 크기 사이의 관계

05 삼각형의 세 변의 길이가 각각 **보기**와 같을 때, 다음 삼각형이 되는 것을 모두 고르시오.

┤ 보기 ├
ㄱ. 6, 8, 10　　　　　ㄴ. 7, 9, 10
ㄷ. 9, 11, 14　　　　　ㄹ. 10, 11, 16

(1) 예각삼각형

(2) 직각삼각형

(3) 둔각삼각형

06 오른쪽 그림과 같은 △ABC에서 $90° < ∠C < 180°$일 때, x의 값이 될 수 있는 자연수를 모두 구하시오. (단, $x > 5$)

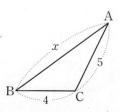

> **TIP** 삼각형의 세 변의 길이 사이의 관계에 의하여 삼각형의 변의 길이의 범위는 다음과 같다.
> (나머지 두 변의 길이의 차) < (한 변의 길이)
> 　　　　　< (나머지 두 변의 길이의 합)

익힘교재 53쪽

36 피타고라스 정리의 활용

1 피타고라스 정리를 이용한 직각삼각형의 성질

$\angle A = 90°$인 직각삼각형 ABC에서 두 점 D, E가 각각 $\overline{AB}$, $\overline{AC}$
위에 있을 때

$$\overline{DE}^2 + \overline{BC}^2 = \overline{BE}^2 + \overline{CD}^2$$

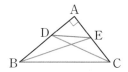

참고 $\overline{DE}^2 + \overline{BC}^2 = (\overline{AD}^2 + \overline{AE}^2) + (\overline{AB}^2 + \overline{AC}^2)$
　　　　　　 $= (\overline{AB}^2 + \overline{AE}^2) + (\overline{AC}^2 + \overline{AD}^2) = \overline{BE}^2 + \overline{CD}^2$

2 두 대각선이 직교하는 사각형의 성질

사각형 ABCD에서 두 대각선이 점 O에서 직교할 때
즉, $\overline{AC} \perp \overline{BD}$일 때

$$\overline{AB}^2 + \overline{CD}^2 = \overline{AD}^2 + \overline{BC}^2 \quad \leftarrow \text{두 대변의 길이의 제곱의 합이 서로 같다.}$$

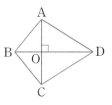

참고 $\overline{AB}^2 + \overline{CD}^2 = (\overline{AO}^2 + \overline{BO}^2) + (\overline{CO}^2 + \overline{DO}^2)$
　　　　　　 $= (\overline{AO}^2 + \overline{DO}^2) + (\overline{BO}^2 + \overline{CO}^2) = \overline{AD}^2 + \overline{BC}^2$

3 직각삼각형과 반원으로 이루어진 도형

(1) 직각삼각형 ABC의 세 변을 각각 지름
　　으로 하는 반원의 넓이를 S_1, S_2, S_3이라
　　할 때

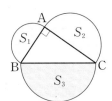

➡ $S_1 + S_2 = S_3$

(2) 직각삼각형 ABC의 세 변을 각각 지름
　　으로 하는 세 반원에서

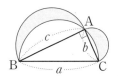

➡ (색칠한 부분의 넓이) $= \triangle ABC$
　　　　↳ 이것을 히포크라테스의
　　　　　원의 넓이라 한다. $= \dfrac{1}{2}bc$

개념 자세히 보기　　직각삼각형과 반원으로 이루어진 도형

(1)

$$S_1 + S_2 = \frac{1}{2} \times \pi \times \left(\frac{c}{2}\right)^2 + \frac{1}{2} \times \pi \times \left(\frac{b}{2}\right)^2$$
$$= \frac{1}{8}\pi(b^2 + c^2) = \frac{1}{8}\pi a^2 \leftarrow b^2 + c^2 = a^2$$
$$S_3 = \frac{1}{2} \times \pi \times \left(\frac{a}{2}\right)^2 = \frac{1}{8}\pi a^2$$
$$\therefore S_1 + S_2 = S_3$$

(2)

(색칠한 부분의 넓이) $= (S_1 + S_2) + \triangle ABC - S_3$
$S_1 + S_2 = S_3$　　$= S_3 + \triangle ABC - S_3$
　　　　　　　　　 $= \triangle ABC$

➡ 익힘교재 48쪽

대표문제

피타고라스 정리의 활용: 직각삼각형

01 오른쪽 그림과 같이 $\angle A = 90°$인 직각삼각형 ABC에서 $\overline{BE}^2 + \overline{CD}^2$의 값을 구하시오.

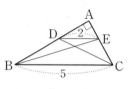

02 다음 그림과 같이 $\angle A = 90°$인 직각삼각형 ABC에서 x^2의 값을 구하시오.

(1)
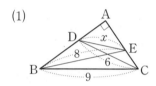

(2)
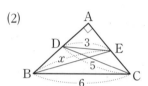

03 오른쪽 그림과 같이 $\angle C = 90°$인 직각삼각형 ABC에서 $\overline{AC} = 8, \overline{BC} = 6,$ $\overline{DE} = 4$일 때, $\overline{AE}^2 + \overline{BD}^2$의 값을 구하시오.

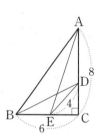

피타고라스 정리의 활용: 사각형

04 오른쪽 그림과 같은 사각형 ABCD에서 $\overline{AC} \perp \overline{BD}$일 때, $\overline{AB}^2 + \overline{CD}^2$의 값을 구하시오.

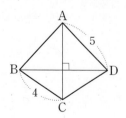

05 다음 그림과 같은 사각형 ABCD에서 $\overline{AC} \perp \overline{BD}$일 때, x^2의 값을 구하시오.

(1)
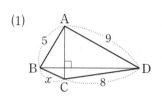

(2)
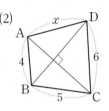

06 오른쪽 그림과 같이 직사각형 ABCD의 내부에 한 점 P가 있을 때, $\overline{AP}^2 + \overline{CP}^2$의 값을 구하시오.

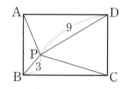

> **TIP** 피타고라스 정리를 이용한 직사각형의 성질
> 직사각형 ABCD의 내부의 임의의 점 P에 대하여
> $\overline{AP}^2 + \overline{CP}^2$
> $= (a^2 + c^2) + (b^2 + d^2)$
> $= (a^2 + d^2) + (b^2 + c^2)$
> $= \overline{BP}^2 + \overline{DP}^2$
>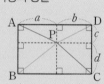

07 다음 그림과 같이 직사각형 ABCD의 내부에 한 점 P가 있을 때, x^2의 값을 구하시오.

(1)
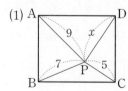

(2)
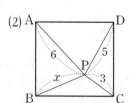

➼ 바른답·알찬풀이 47쪽

직각삼각형과 세 반원 사이의 관계

08 다음 그림은 $\angle A = 90°$인 직각삼각형 ABC의 세 변을 각각 지름으로 하는 세 반원을 그린 것이다. 색칠한 부분의 넓이를 구하시오.

(1)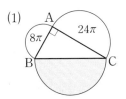

(2)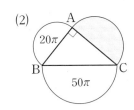

09 오른쪽 그림은 $\angle A = 90°$인 직각삼각형 ABC의 세 변을 각각 지름으로 하는 세 반원을 그린 것이다. 다음을 구하시오.

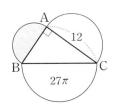

(1) $\overline{AC}$를 지름으로 하는 반원의 넓이

(2) 색칠한 부분의 넓이

10 오른쪽 그림과 같이 $\angle A = 90°$인 직각삼각형 ABC에서 각 변을 지름으로 하는 세 반원의 넓이를 각각 S_1, S_2, S_3이라 할 때, $S_1 + S_2 + S_3$의 값을 구하시오.

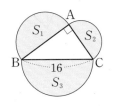

> **TIP** $S_1 + S_2$의 값은 $\overline{BC}$를 지름으로 하는 반원의 넓이 즉, S_3의 값과 같음을 이용한다.

히포크라테스의 원의 넓이

11 다음 그림은 $\angle A = 90°$인 직각삼각형 ABC의 세 변을 각각 지름으로 하는 세 반원을 그린 것이다. 색칠한 부분의 넓이를 구하시오.

(1)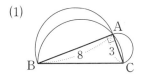

(2)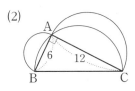

12 오른쪽 그림은 $\angle A = 90°$인 직각삼각형 ABC의 세 변을 각각 지름으로 하는 세 반원을 그린 것이다. 색칠한 부분의 넓이가 30 cm²일 때, $\overline{AB}$의 길이를 구하시오.

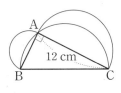

13 오른쪽 그림은 $\angle A = 90°$인 직각삼각형 ABC의 세 변을 각각 지름으로 하는 세 반원을 그린 것이다. 이때 색칠한 부분의 넓이를 구하시오.

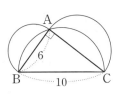

> **TIP** 직각삼각형 ABC에서 피타고라스 정리를 이용하여 $\overline{AC}$의 길이를 구한다.

➼ 익힘교재 54쪽

● 개념 REVIEW

01 세 변의 길이가 각각 다음과 같은 삼각형 중에서 직각삼각형인 것은?

① 5 cm, 7 cm, 8 cm
② 6 cm, 8 cm, 12 cm
③ 8 cm, 15 cm, 17 cm
④ 9 cm, 12 cm, 20 cm
⑤ 10 cm, 15 cm, 18 cm

▶ 직각삼각형이 되는 조건

세 변의 길이가 각각 a, b, c인 △ABC에서 $a^2+b^2=c^2$이면 △ABC는 빗변의 길이가 ❶☐ 인 직각삼각형이다.
⇨ $a^2+b^2=c^2$이면 ∠C=❷☐ °

02 $\overline{AB}=4$, $\overline{BC}=6$, $\overline{CA}=8$인 △ABC에 대하여 다음 중 옳은 것은?

① 예각삼각형이다.
② ∠A=90°인 직각삼각형이다.
③ ∠A>90°인 둔각삼각형이다.
④ ∠B=90°인 직각삼각형이다.
⑤ ∠B>90°인 둔각삼각형이다.

▶ 삼각형의 변의 길이와 각의 크기 사이의 관계

△ABC에서 세 변의 길이가 각 각 a, b, c이고 c가 가장 긴 변의 길이일 때
• $c^2$❸☐ a^2+b^2이면 예각삼각형
• $c^2=a^2+b^2$이면 직각삼각형
• $c^2$❹☐ a^2+b^2이면 둔각삼각형

03 오른쪽 그림과 같이 ∠A=90°인 직각삼각형 ABC에서 두 점 D, E는 각각 $\overline{AB}$, $\overline{AC}$의 중점이고 $\overline{BC}=8$일 때, $\overline{BE}^2+\overline{CD}^2$의 값을 구하시오.

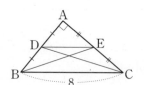

▶ 피타고라스 정리의 활용; 직각삼각형

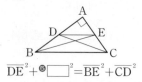

$\overline{DE}^2+$❺$\overline{☐}^2=\overline{BE}^2+\overline{CD}^2$

04 오른쪽 그림과 같은 □ABCD에서 $\overline{AC}\perp\overline{BD}$이고 $\overline{AB}=5$ cm, $\overline{BC}=10$ cm, $\overline{CD}=14$ cm일 때, $\overline{AD}$의 길이를 구하시오.

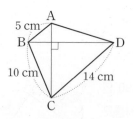

▶ 피타고라스 정리의 활용; 두 대각 선이 직교하는 사각형

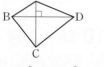

$\overline{AB}^2+\overline{CD}^2=$❻$\overline{☐}^2+\overline{BC}^2$

05 오른쪽 그림과 같이 직사각형 ABCD의 내부에 한 점 P가 있다. $\overline{AP}=6$, $\overline{BP}=8$일 때, $\overline{CP}^2-\overline{DP}^2$의 값을 구하시오.

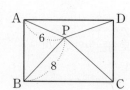

▶ 피타고라스 정리를 이용한 직사 각형의 성질

$\overline{AP}^2+\overline{CP}^2=\overline{BP}^2+\overline{DP}^2$

답 ❶ c ❷ 90 ❸ <
❹ > ❺ $\overline{BC}$ ❻ $\overline{AD}$

● 개념 REVIEW

06 다음은 직육면체의 꼭짓점 A에서 출발하여 겉면을 따라 $\overline{BC}$를 지나 꼭짓점 G에 이르는 최단 거리를 구하는 과정이다. ㈎ ~ ㈒에 알맞은 수를 구하시오.

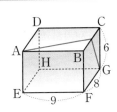 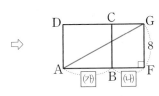

구하는 최단 거리는 전개도에서 $\overline{AG}$의 길이와 같다.

직각삼각형 AFG에서 $\boxed{㈐}^2 + 8^2 = \overline{AG}^2$, $\overline{AG}^2 = \boxed{㈑}$

이때 $\overline{AG} > 0$이므로 $\overline{AG} = \boxed{㈒}$

입체도형에서의 최단 거리
❶ 선이 지나는 부분의 전개도를 그린다.
❷ 선이 지나는 시작점과 끝점을 선분으로 잇는다.
❸ 피타고라스 정리를 이용하여 선분의 길이를 구한다.

07 오른쪽 그림은 ∠A=90°인 직각삼각형 ABC에서 $\overline{AB}$, $\overline{AC}$를 각각 지름으로 하는 두 반원을 그린 것이다. $\overline{BC}$=10 cm일 때, 색칠한 부분의 넓이를 구하시오.

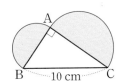

직각삼각형의 세 반원 사이의 관계

$\Rightarrow S_1 + S_2 = ^❶\square$

🆙 08 오른쪽 그림은 ∠A=90°인 직각삼각형 ABC의 세 변을 각각 지름으로 하는 세 반원을 그린 것이다. $\overline{AD} \perp \overline{BC}$이고 $\overline{BD}$=4 cm, $\overline{DC}$=9 cm일 때, 다음 물음에 답하시오.

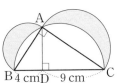

(1) $\overline{AD}$의 길이를 구하시오.

(2) 색칠한 부분의 넓이를 구하시오.

히포크라테스의 원의 넓이

색칠한 부분의 넓이는 △ABC의 넓이와 같다.
$\Rightarrow S_1 + S_2 = △ABC$

08-1 오른쪽 그림은 ∠A=90°인 직각삼각형 ABC의 세 변을 각각 지름으로 하는 세 반원을 그린 것이다.
$\overline{AD} \perp \overline{BC}$이고 색칠한 두 부분의 넓이가 각각 100, 50일 때, $\overline{AD}$의 길이를 구하시오.

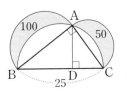

❯❯ 익힘교재 55쪽

답 ❶ S_3

01 오른쪽 그림과 같이 $\angle B=90°$, $\overline{AB}=\overline{BC}=4$ cm인 직각이등변삼각형 ABC에서 x^2의 값은?

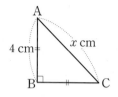

① 18　　　② 32
③ 48　　　④ 50
⑤ 72

05 오른쪽 그림은 $\angle C=90°$인 직각삼각형 ABC의 각 변을 한 변으로 하는 세 정사각형을 그린 것이다. $\overline{AB}=9$ cm, $\overline{BC}=5$ cm일 때, 색칠한 부분의 넓이를 구하시오.

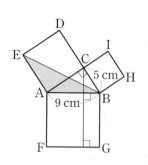

02 오른쪽 그림과 같은 직사각형 ABCD에서 $\overline{AB}=5$ cm, $\overline{AC}=13$ cm일 때, $\overline{AD}$의 길이를 구하시오.

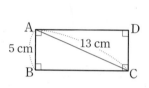

06 오른쪽 그림과 같은 정사각형 ABCD에서 $\overline{AE}=\overline{BF}=\overline{CG}=\overline{DH}=3$ cm이고 □EFGH의 넓이가 25 cm^{2}일 때, $\overline{AH}$의 길이를 구하시오.

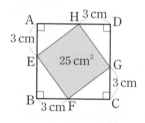

03 오른쪽 그림에서 $x+y$의 값을 구하시오.

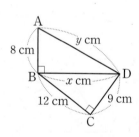

07 오른쪽 그림과 같이 $\overline{AB}=6$ cm, $\overline{AD}=8$ cm인 직사각형 ABCD의 꼭짓점 A에서 대각선 BD에 내린 수선의 발을 H라 할 때, $\overline{AH}$의 길이를 구하시오.

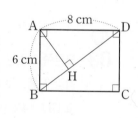

신유형
04 오른쪽 그림은 두 직각삼각형 ABC, EFD의 각 변을 한 변으로 하는 정사각형을 이용하여 피타고라스 나무를 그린 것이다. $\overline{AB}=3$ cm, $\overline{AC}=2$ cm일 때, 색칠한 부분의 넓이를 구하시오.

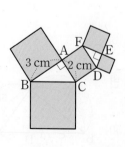

08 길이가 각각 7 cm, 24 cm, x cm인 3개의 막대를 이용하여 직각삼각형을 만들려고 할 때, 가능한 x^2의 값을 모두 고르면? (정답 2개)

① 500　　　② 527　　　③ 576
④ 600　　　⑤ 625

05 피타고라스 정리

09 오른쪽 그림과 같은 △ABC
에서 ∠A<90°가 되도록 하는 자
연수 x는 모두 몇 개인지 구하시오.
(단, $x>9$)

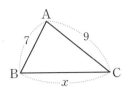

10 오른쪽 그림과 같이
∠A=90°인 직각삼각형 ABC에
서 $\overline{AD}=\overline{AE}=3$, $\overline{BC}=10$일 때,
$\overline{BE}^2+\overline{CD}^2$의 값을 구하시오.

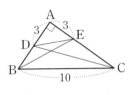

UP
11 오른쪽 그림과 같이 밑면의 반지름
의 길이가 5 cm, 모선의 길이가 13 cm
인 원뿔의 부피를 구하시오.

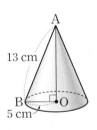

12 오른쪽 그림은 ∠A=90°인
직각삼각형 ABC의 세 변을 각각
지름으로 하는 세 반원을 그린 것이
다. $\overline{BC}=17$ cm, $\overline{AC}=8$ cm일
때, 색칠한 부분의 넓이를 구하시오.

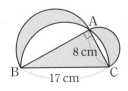

창의·융합 문제

다음 그림은 어느 리조트의 단면도를 나타낸 것이다. 객
실동은 직각삼각형 모양이고 주차장, 워터파크, 바비큐장
은 직각삼각형의 세 변을 각각 지름으로 하는 반원 모양
이다. 이때 주차장, 워터파크, 바비큐장의 넓이의 비를 가
장 간단한 자연수의 비로 나타내시오.

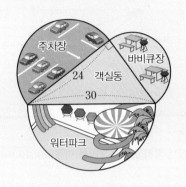

해결의 길잡이

❶ 주차장의 넓이를 구한다.

❷ 워터파크의 넓이를 구한다.

❸ 주차장의 넓이와 워터파크의 넓이를 이용하여 바비큐장의
넓이를 구한다.

❹ 주차장, 워터파크, 바비큐장의 넓이의 비를 가장 간단한 자연
수의 비로 나타낸다.

교과서 속

서술형 문제

1 다음 그림과 같이 $\overline{AB}=9\,cm$, $\overline{BC}=15\,cm$인 직사각형 모양의 종이 ABCD를 $\overline{AP}$를 접는 선으로 하여 꼭짓점 D가 변 BC 위의 점 Q에 오도록 접었을 때, $\overline{PQ}$의 길이를 구하시오.

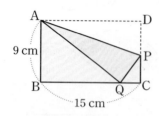

9 cm

15 cm

2 다음 그림과 같이 $\overline{AD}=17\,cm$, $\overline{DC}=8\,cm$인 직사각형 모양의 종이 ABCD를 $\overline{DP}$를 접는 선으로 하여 꼭짓점 A가 변 BC 위의 점 Q에 오도록 접었을 때, $\overline{PQ}$의 길이를 구하시오.

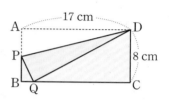

17 cm

8 cm

❶ △ABQ에서 피타고라스 정리를 이용하여 $\overline{BQ}$의 길이를 구하면?

$\overline{AQ}=\overline{AD}=\boxed{}\,cm$이므로

△ABQ에서 $\overline{BQ}^2+\boxed{}^2=\boxed{}^2$, $\overline{BQ}^2=\boxed{}$

이때 $\overline{BQ}>0$이므로 $\overline{BQ}=\boxed{}\,(cm)$ ··· 40 %

❶ △DQC에서 피타고라스 정리를 이용하여 $\overline{QC}$의 길이를 구하면?

❷ $\overline{CQ}$의 길이는?

$\overline{CQ}=\overline{BC}-\overline{BQ}=15-\boxed{}=\boxed{}\,(cm)$ ··· 10 %

❷ $\overline{BQ}$의 길이는?

❸ △ABQ와 서로 닮은 삼각형을 찾으면?

△ABQ와 $\boxed{}$에서

$\angle B=\angle C=\boxed{}°$

$\angle BAQ=90°-\angle AQB=\boxed{}$

∴ △ABQ∽$\boxed{}$ (AA 닮음) ··· 20 %

❸ △DQC와 서로 닮은 삼각형을 찾으면?

❹ $\overline{PQ}$의 길이는?

$\overline{AB}:\boxed{}=\boxed{}:\overline{QP}$이므로

$9:\boxed{}=\boxed{}:\overline{QP}$

∴ $\overline{PQ}=\boxed{}\,(cm)$ ··· 30 %

❹ $\overline{PQ}$의 길이는?

3 다음 그림과 같이 넓이가 16 cm²인 정사각형 ABCD와 넓이가 144 cm²인 정사각형 GCEF를 세 점 B, C, E가 한 직선 위에 있도록 이어 붙였을 때, $\overline{BF}$의 길이를 구하시오.

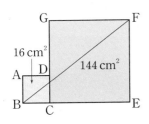

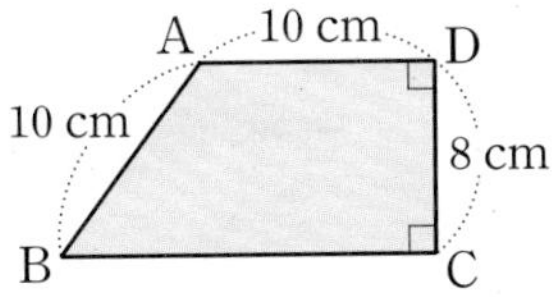

풀이 과정

답 _____

5 오른쪽 그림과 같은 □ABCD에서 $\overline{AC} \perp \overline{BD}$ 이고 $\overline{OA} = 4$, $\overline{OD} = 3$, $\overline{BC} = 9$일 때, $\overline{AB}^2 + \overline{CD}^2$ 의 값을 구하시오.

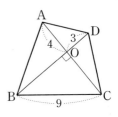

풀이 과정

답 _____

4 오른쪽 그림과 같은 사다리꼴 ABCD에서 ∠C=∠D=90°, $\overline{AB} = \overline{AD} = 10$ cm, $\overline{CD} = 8$ cm일 때, □ABCD의 넓이를 구하시오.

풀이 과정

답 _____

6 오른쪽 그림과 같이 ∠A=90°인 직각삼각형 ABC에서 점 G는 △ABC의 무게중심이다. $\overline{AB} = 15$ cm, $\overline{AC} = 8$ cm일 때, $\overline{AG}$의 길이를 구하시오.

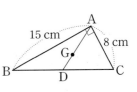

풀이 과정

답 _____

06

경우의 수

배운내용 Check

1 다음을 구하시오.

(1) 한 개의 주사위를 한 번 던질 때, 나올 수 있는 눈의 수

(2) 가위바위보를 한 번 할 때, 한 사람이 낼 수 있는 경우의 수

2 20 이하의 자연수 중에서 2의 배수 또는 5의 배수의 개수를 구하시오.

정답 **1** (1) 6 (2) 3
2 12

사건과 경우의 수

1 사건과 경우의 수

(1) **사건**: 동일한 조건에서 반복할 수 있는 실험이나 관찰에 의하여 나타나는 결과

(2) **경우의 수**: 사건이 일어나는 모든 가짓수

실험·관찰	사건	경우	경우의 수
주사위 한 개를 던진다.	홀수의 눈이 나온다.	• ∴ ⁙ 1 3 5	3

주의 경우의 수를 구할 때는 모든 경우를 중복되지 않게 빠짐없이 구해야 한다.

개념 **자세히 보기** **사건과 경우의 수**

동전이나 주사위를 던질 때, 사건과 경우의 수를 구해 보자.

실험·관찰	사건	경우	경우의 수
동전 한 개를 던진다.	앞면이 나온다.	앞	1
	뒷면이 나온다.	뒤	1
주사위 한 개를 던진다.	짝수의 눈이 나온다.	∶ ∷ ⁞ 2 4 6	3
	5의 약수의 눈이 나온다.	• ∴ 1 5	2

» 익힘교재 56쪽

1 오른쪽 그림과 같이 1부터 10까지의 자연수가 각각 하나씩 적힌 10장의 카드가 있다. 이 중에서 한 장의 카드를 뽑을 때, 다음 사건이 일어나는 경우의 수를 구하시오.

» 바른답·알찬풀이 51쪽

1	2	3	4	5
6	7	8	9	10

(1) 홀수가 적힌 카드가 나온다.

(2) 7 이하의 수가 적힌 카드가 나온다.

(3) 3의 배수가 적힌 카드가 나온다.

경우의 수; 동전, 주사위 던지기

01 한 개의 주사위를 한 번 던질 때, 다음을 구하시오.

(1) 4 이상의 눈이 나오는 경우의 수

(2) 6의 약수의 눈이 나오는 경우의 수

(3) 소수의 눈이 나오는 경우의 수

02 한 개의 동전을 두 번 던질 때, 다음을 구하시오.

(1) 모두 앞면이 나오는 경우의 수

(2) 뒷면이 한 번 나오는 경우의 수

03 서로 다른 두 개의 주사위를 동시에 던질 때, 다음을 구하시오.

(1) 나오는 눈의 수가 서로 같은 경우의 수

(2) 나오는 눈의 수의 합이 8인 경우의 수

> TIP 두 주사위 A, B를 던져서 나오는 눈의 수를 각각 a, b라 할 때, 사건을 만족하는 순서쌍 (a, b)의 수를 구한다.

돈을 지불하는 방법의 수

04 윤수가 100원짜리 동전 3개, 50원짜리 동전 4개를 가지고 있다. 가게에서 300원짜리 초콜릿을 한 개 살 때, 지불하는 모든 방법의 수를 구하려고 한다. 다음 물음에 답하시오.

(1) 표를 완성하시오.

100원(개)	3		
50원(개)	0		
금액(원)	300	300	300

(2) 초콜릿의 값을 지불하는 모든 방법의 수를 구하시오.

05 동현이가 문구점에서 500원짜리 볼펜 한 자루를 사려고 한다. 100원짜리 동전 5개, 50원짜리 동전 4개, 10원짜리 동전 5개를 가지고 있을 때, 다음을 구하시오.

(1) 볼펜의 값을 지불하는 모든 방법의 수

(2) 10원짜리, 50원짜리, 100원짜리 동전을 각각 한 개 이상 사용하여 볼펜의 값을 지불하는 모든 방법의 수

> TIP 액수가 큰 동전의 개수부터 정하여 모든 경우를 중복되지 않게 빠짐없이 구한다.

▶▶ 익힘교재 57쪽

사건 A 또는 사건 B가 일어나는 경우의 수

개념 알아보기 **1 사건 A 또는 사건 B가 일어나는 경우의 수**

동시에 일어나지 않는 두 사건 A와 B에 대하여 사건 A가
일어나는 경우의 수가 m이고, 사건 B가 일어나는 경우의
수가 n일 때,

(사건 A 또는 사건 B가 일어나는 경우의 수)
$=m+n$ ← 각 사건이 일어나는 경우의 수를 더한다.

참고 ① 두 사건 A와 B가 동시에 일어나지 않는다는 것은 사건 A가 일어나면 사건 B가 일어나지 않고, 사건 B가 일
어나면 사건 A가 일어나지 않는다는 뜻이다.
② 일반적으로 동시에 일어나지 않는 두 사건에 대하여 '또는', '~이거나'와 같은 표현이 있으면 두 사건이 일어나
는 경우의 수를 각각 구하여 더한다.

개념 자세히 보기 **사건 A 또는 사건 B가 일어나는 경우의 수**

한 개의 주사위를 한 번 던질 때, 3 미만 또는 4 이상의 눈이 나오는 경우의 수를 구해 보자.

사건	경우	경우의 수
3 미만의 눈이 나온다.	1 2	2 ⎤ 동시에 일어나지 3 ⎦ 않는다.
4 이상의 눈이 나온다.	4 5 6	
3 미만 또는 4 이상의 눈이 나온다.	1 2 4 5 6	5

➡ | 3 미만 또는 4 이상의
눈이 나오는 경우의 수 | = | 3 미만의 눈이 나오는
경우의 수 | + | 4 이상의 눈이 나오는
경우의 수 |

≫ 익힘교재 56쪽

바른답 · 알찬풀이 51쪽

개념 확인하기 **1** 주머니 속에 1부터 8까지의 자연수가 각각 하나씩 적힌 8개의 공이 들어 있다. 이 중
에서 한 개의 공을 꺼낼 때, 다음을 구하시오.

(1) 3의 배수가 적힌 공이 나오는 경우의 수

(2) 4의 배수가 적힌 공이 나오는 경우의 수

(3) 3의 배수 또는 4의 배수가 적힌 공이 나오는 경우의 수

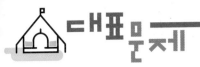

바른답·알찬풀이 51쪽

사건 A 또는 사건 B가 일어나는 경우의 수 ; 숫자 뽑기, 주사위 던지기

01 1부터 10까지의 자연수가 각각 하나씩 적힌 10장의 카드 중에서 한 장을 뽑을 때, 다음을 구하시오.

(1) 소수가 적힌 카드가 나오는 경우의 수

(2) 8 이상의 수가 적힌 카드가 나오는 경우의 수

(3) 소수 또는 8 이상의 수가 적힌 카드가 나오는 경우의 수

02 각 면에 1부터 12까지의 자연수가 각각 하나씩 적힌 정십이면체 모양의 주사위가 있다. 이 주사위를 한 번 던져서 윗면에 적혀 있는 수를 읽을 때, 9의 약수 또는 5의 배수가 나오는 경우의 수를 구하시오.

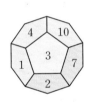

03 서로 다른 두 개의 주사위를 동시에 던질 때, 다음을 구하시오.

(1) 나오는 눈의 수의 합이 6인 경우의 수

(2) 나오는 눈의 수의 합이 9인 경우의 수

(3) 나오는 눈의 수의 합이 6 또는 9인 경우의 수

> **TIP** (두 수의 합이 A 또는 B인 경우의 수)
> =(두 수의 합이 A인 경우의 수)
> +(두 수의 합이 B인 경우의 수)

사건 A 또는 사건 B가 일어나는 경우의 수 ; 교통수단, 물건 선택하기

04 서울에서 광주까지 가는 교통편으로 고속버스는 일반, 우등의 2가지가 있고, 기차는 KTX, 새마을호, 무궁화호의 3가지가 있다. 서울에서 광주까지 갈 때, 다음을 구하시오.

(1) 고속버스를 이용하여 가는 경우의 수

(2) 기차를 이용하여 가는 경우의 수

(3) 고속버스 또는 기차를 이용하여 가는 경우의 수

> **TIP** 교통수단(또는 물건)을 한 가지 선택하는 경우
> ⇨ 교통수단(또는 물건)은 동시에 두 가지를 선택할 수 없으므로 각 사건이 일어나는 경우의 수를 구한 후 더한다.

05 어느 꽃집에 장미 3종류, 튤립 5종류, 국화 2종류가 있다. 이 꽃집에서 장미 또는 튤립 중 한 가지를 사는 경우의 수를 구하시오.

06 다음 표는 지윤이네 반 전체 학생들의 취미를 한 가지씩 조사하여 나타낸 것이다. 지윤이네 반 학생 중에서 한 명을 선택할 때, 취미가 운동 또는 영화 감상인 경우의 수를 구하시오.

취미	독서	운동	음악 감상	영화 감상
학생 수(명)	5	3	11	7

익힘교재 58쪽

두 사건 A와 B가 동시에 일어나는 경우의 수

개념 알아보기

1 두 사건 A와 B가 동시에 일어나는 경우의 수

사건 A가 일어나는 경우의 수가 m이고, 그 각각에 대하여
사건 B가 일어나는 경우의 수가 n일 때,

(두 사건 A와 B가 동시에 일어나는 경우의 수)

$=m \times n$ ← 각 사건이 일어나는 경우의 수를 곱한다.

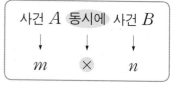

참고 ① 두 사건 A와 B가 동시에 일어난다는 것은 두 사건 A와 B가 같은 시간에 일어나는 것만을 뜻하는 것이 아니
라 사건 A가 일어나는 각 경우에 대하여 사건 B가 일어난다는 뜻이다.

② 일반적으로 '동시에', '그리고', '~와', '~하고 나서'와 같은 표현이 있으면 두 사건이 일어나는 경우의 수를 각
각 구하여 곱한다.

개념 자세히 보기

두 사건 A와 B가 동시에 일어나는 경우의 수

꽃병 2종류, 꽃 3종류가 있을 때, 꽃병과 꽃을 각각 하나씩 선택하는 경우의 수를 구해 보자.

사건	경우	경우의 수
꽃병을 하나 선택한다.		2 ┐ 각 꽃병에 꽃을 하나씩 짝 지을 수 있다.
꽃을 하나 선택한다.		⊗ 3 ┘
꽃병과 꽃을 각각 하나씩 선택한다.		↓ 6

→ 꽃병과 꽃을 각각 하나씩 선택하는 경우의 수 = 꽃병을 하나 선택하는 경우의 수 × 꽃을 하나 선택하는 경우의 수

>> 익힘교재 56쪽

개념 확인하기

🔆 바른답·알찬풀이 52쪽

1 오른쪽 그림과 같이 빵 5종류와 우유 4종류가 있을 때, 다음을
구하시오.

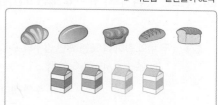

(1) 빵을 1개 선택하는 경우의 수

(2) 우유를 1개 선택하는 경우의 수

(3) 빵과 우유를 각각 1개씩 선택하는 경우의 수

두 사건 A와 B가 동시에 일어나는 경우의 수
; 동전, 주사위 던지기

01 동전 1개와 주사위 1개를 동시에 던질 때, 다음을 구하시오.

(1) 일어나는 모든 경우의 수

(2) 동전은 앞면이 나오고, 주사위는 홀수의 눈이 나오는 경우의 수

02 서로 다른 두 개의 주사위 A, B를 동시에 던질 때, 다음을 구하시오.

(1) 일어나는 모든 경우의 수

(2) 주사위 A는 4의 약수의 눈이 나오고, 주사위 B는 소수의 눈이 나오는 경우의 수

03 서로 다른 동전 2개와 주사위 1개를 동시에 던질 때, 동전은 서로 같은 면이 나오고, 주사위는 2의 배수의 눈이 나오는 경우의 수를 구하시오.

두 사건 A와 B가 동시에 일어나는 경우의 수
; 물건 선택하기

04 어느 가구점에 책상 2종류와 의자 5종류가 있다. 책상과 의자를 한 쌍으로 하여 사는 경우의 수를 구하시오.

05 오른쪽 그림과 같은 메뉴판이 있는 전통찻집에서 떡과 전통차를 각각 한 가지씩 주문하려고 한다. 주문하는 경우의 수를 구하시오.

떡	전통차
찹쌀떡	수정과
인절미	매실차
송편	

두 사건 A와 B가 동시에 일어나는 경우의 수
; 경로 선택하기

06 다음 그림과 같이 A, B, C 세 지점 사이를 연결하는 길이 있다. 이때 A 지점에서 C 지점까지 가는 모든 경우의 수를 구하시오. (단, 같은 지점을 두 번 이상 지나지 않는다.)

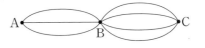

> **TIP** (A 지점에서 C 지점까지 가는 모든 경우의 수)
> = (A 지점에서 B 지점까지 가는 경우의 수)
> × (B 지점에서 C 지점까지 가는 경우의 수)

07 어떤 놀이 공원에는 출입구가 5개 있다. 이 놀이 공원에 들어갔다가 나올 때, 서로 다른 출입구를 이용하는 경우의 수를 구하시오.

익힘교재 59쪽

바른답·알찬풀이 53쪽

01 한 개의 동전을 세 번 던질 때, 앞면이 한 번만 나오는 경우의 수를 구하시오.

02 따뜻한 음료수 4종류, 차가운 음료수 5종류를 판매하는 자동판매기에서 따뜻한 음료수 또는 차가운 음료수 중 한 가지를 선택하는 경우의 수를 구하시오.

03 3개의 자음 ㄱ, ㄴ, ㄷ과 4개의 모음 ㅏ, ㅓ, ㅗ, ㅜ가 있다. 이때 자음과 모음을 각각 1개씩 골라 만들 수 있는 글자의 수를 구하시오.

UP
04 다음 그림과 같이 집, 서점, 학교 사이를 연결하는 길이 있다. 이때 집에서 학교까지 가는 모든 경우의 수를 구하시오. (단, 같은 지점을 두 번 이상 지나지 않는다.)

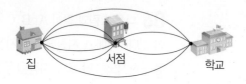

04-1 다음 그림과 같이 동물원에 원숭이, 사자, 낙타, 기린 우리 사이를 연결하는 길이 있다. 이때 원숭이 우리에서 낙타 우리까지 가는 모든 경우의 수를 구하시오.
(단, 같은 우리를 두 번 이상 지나지 않는다.)

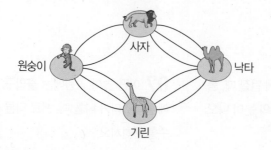

● 개념 REVIEW

▶ 경우의 수
❶□□이 일어나는 모든 가짓수를 경우의 수라 한다.

▶ 사건 A 또는 사건 B가 일어나는 경우의 수
사건 A가 일어나는 경우의 수가 m, 사건 B가 일어나는 경우의 수가 n일 때,
(사건 A 또는 사건 B가 일어나는 경우의 수)
$=m$❷□n

▶ 두 사건 A와 B가 동시에 일어나는 경우의 수
사건 A가 일어나는 경우의 수가 m, 그 각각에 대하여 사건 B가 일어나는 경우의 수가 n일 때,
(두 사건 A와 B가 동시에 일어나는 경우의 수)
$=m$❸□n

▶ 경우의 수의 합과 곱
• '동시에' ⇨ 집에서 서점을 거쳐 학교까지 가는 경우의 수
• '또는' ⇨ 집에서 서점을 거치거나 거치지 않고 학교까지 가는 경우의 수

▶▶ 익힘교재 60쪽

답 ❶ 사건 ❷ + ❸ ×

40 한 줄로 세우는 경우의 수

1 한 줄로 세우는 경우의 수

(1) n명을 한 줄로 세우는 경우의 수: $n \times (n-1) \times (n-2) \times \cdots \times 2 \times 1$

(2) n명 중에서 2명을 뽑아 한 줄로 세우는 경우의 수: $n \times (n-1)$

(3) n명 중에서 3명을 뽑아 한 줄로 세우는 경우의 수: $n \times (n-1) \times (n-2)$

└─ n명 중에서 1명을 뽑는 경우의 수

└─ 1명을 뽑고 남은 $(n-1)$명 중에서 1명을 뽑는 경우의 수

└─ 2명을 뽑고 남은 $(n-2)$명 중에서 1명을 뽑는 경우의 수

(참고) n명 중에서 r명을 뽑아 한 줄로 세우는 경우의 수는

$n \times (n-1) \times (n-2) \times \cdots \times (n-r+1)$ (단, $n \geq r$)

└→ n부터 1씩 작아지는 수를 차례대로 r개 곱한다.

2 한 줄로 세울 때, 이웃하여 세우는 경우의 수

한 줄로 세울 때, 이웃하여 세우는 경우의 수는 다음과 같이 구한다.

한 줄로 세울 때, 이웃하여 세우는 경우의 수	=	이웃하는 것을 하나로 묶어서 한 줄로 세우는 경우의 수	×	묶음 안에서 자리를 바꾸는 경우의 수

(참고) 묶음 안에서 자리를 바꾸는 경우의 수는 묶음 안에서 한 줄로 세우는 경우의 수와 같다.

개념 자세히 보기

• **한 줄로 세우는 경우의 수**

4명 중에서 4명, 3명, 2명을 뽑아 한 줄로 세우는 경우의 수를 각각 구해 보자.

한 번 뽑히면 다음 순서에서 제외한다. →

자리	첫 번째	두 번째	세 번째	네 번째
각 자리의 경우의 수	4명 중에서 1명을 뽑는 경우의 수는 4	남은 3명 중에서 1명을 뽑는 경우의 수는 3	남은 2명 중에서 1명을 뽑는 경우의 수는 2	남은 1명 중에서 1명을 뽑는 경우의 수는 1

(1) 4명을 한 줄로 세우는 경우의 수 ➡ $\underline{4 \times 3 \times 2 \times 1} = 24$
└→ 4개

(2) 4명 중에서 3명을 뽑아 한 줄로 세우는 경우의 수 ➡ $\underline{4 \times 3 \times 2} = 24$
└→ 3개

(3) 4명 중에서 2명을 뽑아 한 줄로 세우는 경우의 수 ➡ $\underline{4 \times 3} = 12$
└→ 2개

• **한 줄로 세울 때, 이웃하여 세우는 경우의 수**

A, B, C, D 4명을 한 줄로 세울 때, A, B를 이웃하여 세우는 경우의 수를 구해 보자.

❶ A, B를 한 묶음으로 보고 A, B, C, D 3명을 한 줄로 세우는 경우의 수	❷ 묶음 안에서 A, B가 자리를 바꾸는 경우의 수	❸ 4명을 한 줄로 세울 때, A, B를 이웃하여 세우는 경우의 수
A, B, C, D ┆ C, A, B, D ┆ C, D, A, B A, B, D, C ┆ D, A, B, C ┆ D, C, A, B ➡ $3 \times 2 \times 1 = 6$	A, B B, A ➡ $2 \times 1 = 2$	❶의 각각에 대하여 ❷가 모두 가능하므로 ➡ $6 \times 2 = 12$

» 익힘교재 56쪽

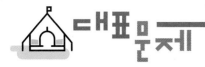

한 줄로 세우는 경우의 수

01 빨강, 분홍, 노랑, 초록, 파랑, 보라의 6개의 깃발이 있을 때, 다음을 구하시오.

빨강　분홍　노랑　초록　파랑　보라

(1) 6개의 깃발을 한 줄로 나열하는 경우의 수

(2) 6개의 깃발 중에서 2개를 골라 한 줄로 나열하는 경우의 수

(3) 6개의 깃발 중에서 3개를 골라 한 줄로 나열하는 경우의 수

02 4개의 알파벳 S, T, A, R를 한 줄로 나열하는 경우의 수를 구하시오.

03 서로 다른 종류의 6개의 쿠키 중에서 2개를 골라 승우와 은주에게 각각 한 개씩 주는 경우의 수를 구하시오.

04 라디오에서 서로 다른 7곡의 신청곡 중에서 3곡을 골라 방송하는 순서를 정하는 경우의 수를 구하시오.

특정한 자리를 고정하고 한 줄로 세우는 경우의 수

05 A, B, C, D, E 5명을 한 줄로 세울 때, 다음을 구하시오.

(1) A가 맨 앞에 서는 경우의 수

(2) A, B가 양 끝에 서는 경우의 수

> **TIP** n명을 한 줄로 세울 때, 특정한 한 사람의 자리를 고정하는 경우의 수는 자리가 정해진 한 사람을 제외한 나머지 $(n-1)$명을 한 줄로 세우는 경우의 수와 같다.

한 줄로 세울 때, 이웃하여 세우는 경우의 수

06 다음은 남학생 2명과 여학생 3명을 한 줄로 세울 때, 남학생끼리 이웃하여 서는 경우의 수를 구하는 과정이다. □ 안에 알맞은 수를 써넣으시오.

남학생 2명을 한 묶음으로 생각하고 4명을 한 줄로 세우는 경우의 수는 □이다.
이때 묶음 안에서 남학생 2명이 자리를 바꾸는 경우의 수는 □이므로 구하는 경우의 수는
□×□=□

07 A, B, C, D, E, F 6명을 한 줄로 세울 때, 다음을 구하시오.

(1) A, B가 이웃하여 서는 경우의 수

(2) A, B, C가 이웃하여 서는 경우의 수

≫ 익힘교재 61쪽

자연수의 개수

개념 알아보기

1 자연수의 개수

(1) 0이 포함되지 않은 경우

0이 아닌 서로 다른 한 자리 숫자가 각각 하나씩 적힌 n장의 카드 중에서

① 서로 다른 2장을 뽑아 만들 수 있는 두 자리 자연수의 개수: $n \times (n-1)$

    n장 중에서 1장을 뽑는 경우의 수 ⌐   ⌐1장을 뽑고 남은 $(n-1)$장 중에서 1장을 뽑는 경우의 수

② 서로 다른 3장을 뽑아 만들 수 있는 세 자리 자연수의 개수: $n \times (n-1) \times (n-2)$

> 참고 0을 포함하지 않은 n개의 숫자로 만들 수 있는 자연수의 개수는 n명을 한 줄로 세우는 경우의 수와 같다.

(2) 0이 포함된 경우

0을 포함한 서로 다른 한 자리 숫자가 각각 하나씩 적힌 n장의 카드 중에서

① 서로 다른 2장을 뽑아 만들 수 있는 두 자리 자연수의 개수: $(n-1) \times (n-1)$

    0을 제외한 $(n-1)$장 중에서 ⌐   1장을 뽑는 경우의 수   ⌐1장을 뽑고 남은 $(n-1)$장 중에서 1장을 뽑는 경우의 수

② 서로 다른 3장을 뽑아 만들 수 있는 세 자리 자연수의 개수

    : $(n-1) \times (n-1) \times (n-2)$

> 주의 n개의 숫자 중에 0이 포함된 경우 맨 앞자리에는 0이 올 수 없으므로 맨 앞자리에 올 수 있는 숫자는 $(n-1)$개이다.

개념 자세히 보기

두 자리 자연수 만들기

(1) 1, 2, 3이 각각 하나씩 적힌 3장의 카드 중에서 2장을 뽑아 만들 수 있는 두 자리 자연수의 개수

십의 자리	일의 자리
모든 숫자가 올 수 있으므로 1, 2, 3의 3개	십의 자리에 온 숫자를 제외한 2개
3 ×	2 = 6

(2) 0, 1, 2가 각각 하나씩 적힌 3장의 카드 중에서 2장을 뽑아 만들 수 있는 두 자리 자연수의 개수

십의 자리	일의 자리
0을 제외한 1, 2의 2개	십의 자리에 온 숫자를 제외한 2개
2 ×	2 = 4

>> 익힘교재 56쪽

🖎 바른답·알찬풀이 54쪽

개념 확인하기

 1 1, 2, 3, 4가 각각 하나씩 적힌 4장의 카드가 있을 때, 다음을 구하시오.

    (1) 서로 다른 2장을 뽑아 만들 수 있는 두 자리 자연수의 개수

    (2) 서로 다른 3장을 뽑아 만들 수 있는 세 자리 자연수의 개수

2 0, 1, 2, 3이 각각 하나씩 적힌 4장의 카드가 있을 때, 다음을 구하시오.

    (1) 서로 다른 2장을 뽑아 만들 수 있는 두 자리 자연수의 개수

    (2) 서로 다른 3장을 뽑아 만들 수 있는 세 자리 자연수의 개수

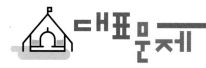

자연수의 개수; 0이 포함되지 않은 경우

01 1부터 6까지의 6개의 자연수를 사용하여 자연수를 만들려고 한다. 같은 숫자를 여러 번 사용해도 된다고 할 때, 다음을 구하시오.

(1) 만들 수 있는 두 자리 자연수의 개수

(2) 만들 수 있는 세 자리 자연수의 개수

02 1, 2, 3, 4, 5가 각각 하나씩 적힌 5장의 카드 중에서 서로 다른 2장을 뽑아 두 자리 자연수를 만들 때, 다음을 구하시오.

(1) 홀수의 개수

> 홀수이려면 일의 자리의 숫자가 1 또는 3 또는 5이어야 한다.
> (i) 일의 자리의 숫자가 1인 홀수는
>   21, ☐, 41, ☐의 4개
> (ii) 일의 자리의 숫자가 3인 홀수는
>   13, ☐☐☐☐☐의 ☐개
> (iii) 일의 자리의 숫자가 5인 홀수는
>   ☐☐☐☐☐☐의 ☐개
> 이상에서 구하는 홀수의 개수는
> 4+☐+☐=☐

(2) 30보다 큰 자연수의 개수

> **TIP** (1) 홀수 ⇨ 일의 자리의 숫자가 홀수
> (2) 30보다 큰 자연수
>   ⇨ 십의 자리의 숫자가 3 또는 4 또는 5

03 1, 2, 3, 4가 각각 하나씩 적힌 4장의 카드 중에서 서로 다른 3장을 뽑아 세 자리 자연수를 만들 때, 짝수의 개수를 구하시오.

자연수의 개수; 0이 포함된 경우

04 0부터 5까지의 6개의 숫자를 사용하여 자연수를 만들려고 한다. 같은 숫자를 여러 번 사용해도 된다고 할 때, 다음을 구하시오.

(1) 만들 수 있는 두 자리 자연수의 개수

(2) 만들 수 있는 세 자리 자연수의 개수

05 0, 1, 2, 3이 각각 하나씩 적힌 4장의 카드 중에서 서로 다른 2장을 뽑아 두 자리 자연수를 만들 때, 다음을 구하시오.

(1) 짝수의 개수

> 짝수이려면 일의 자리의 숫자가 0 또는 2이어야 한다.
> (i) 일의 자리의 숫자가 0인 짝수는
>   10, ☐, 30의 3개
> (ii) 일의 자리의 숫자가 2인 짝수는
>   ☐☐☐☐☐☐의 ☐개
> (i), (ii)에서 구하는 짝수의 개수는
> ☐+☐=☐

(2) 30보다 작은 자연수의 개수

> **TIP** (1) 짝수 ⇨ 일의 자리의 숫자가 0 또는 짝수
> (2) 30보다 작은 자연수 ⇨ 십의 자리의 숫자가 1 또는 2

06 0, 1, 2, 3, 4, 5가 각각 하나씩 적힌 6장의 카드 중에서 서로 다른 2장을 뽑아 만들 수 있는 두 자리 자연수 중 홀수의 개수를 구하시오.

>> 익힘교재 62쪽

42 대표를 뽑는 경우의 수

개념 알아보기 **1 대표를 뽑는 경우의 수**

(1) **자격이 다른 대표를 뽑는 경우** ← 뽑는 순서와 관계가 있으므로 한 줄로 세우는 경우의 수와 같다.

n명 중에서 자격이 다른 대표 2명을 뽑는 경우의 수는 $n \times (n-1)$

(2) **자격이 같은 대표를 뽑는 경우** ← 뽑는 순서와 관계가 없으므로 중복되는 경우의 수로 나누어 준다.

n명 중에서 자격이 같은 대표 2명을 뽑는 경우의 수는 $\dfrac{n \times (n-1)}{2}$

참고 n명 중에서 대표 3명을 뽑는 경우의 수는 다음과 같다.

① 자격이 다른 경우 ➡ $n \times (n-1) \times (n-2)$

② 자격이 같은 경우 ➡ $\dfrac{n \times (n-1) \times (n-2)}{3 \times 2 \times 1}$

(A, B, C), (A, C, B), (B, A, C), (B, C, A), (C, A, B), (C, B, A)
는 모두 같은 경우이므로 중복되는 경우의 수 $3 \times 2 \times 1$로 나누어 준다.

개념 자세히 보기 | **대표를 뽑는 경우의 수**

자격이 다른 대표 ↗　　　　자격이 같은 대표 ↗

A, B, C 3명 중에서 회장 1명, 부회장 1명을 뽑는 경우의 수와 임원 2명을 뽑는 경우의 수를 각각 구해 보자.

(회장, 부회장)의 순서쌍의 수	(임원, 임원)의 순서쌍의 수
A, B의 순서가 바뀌면 결과가 달라진다. (Ⓐ, Ⓑ), (Ⓑ, Ⓐ)	(Ⓐ, Ⓑ) A, B의 순서가 바뀌어도 결과가 달라지지 않는다.
(Ⓐ, Ⓒ), (Ⓒ, Ⓐ)	(Ⓐ, Ⓒ)
(Ⓑ, Ⓒ), (Ⓒ, Ⓑ)	(Ⓑ, Ⓒ)
3명 중에서 2명을 뽑아 한 줄로 세우는 경우의 수와 같으므로 $3 \times 2 = 6$ ⋯⋯ ㉠	$(A, B) = (B, A)$이므로 ㉠의 경우의 수를 2로 나누면 $\dfrac{3 \times 2}{2} = 3$

» 익힘교재 56쪽

⬛ 바른답 · 알찬풀이 55쪽

개념 확인하기 | **1** A, B, C, D 4명 중에서 대표를 뽑을 때, 다음을 구하시오.

(1) 회장 1명, 부회장 1명을 뽑는 경우의 수

(2) 대의원 2명을 뽑는 경우의 수

(3) A를 포함하지 않고 대의원 2명을 뽑는 경우의 수

A　　B　　C　　D

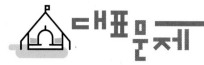

대표를 뽑는 경우의 수; 자격이 다른 경우

01 어느 연극 동아리에 9명의 학생이 있다. 이 중에서 주연 1명, 조연 1명을 뽑는 경우의 수를 구하시오.

> **TIP** n명 중에서 자격이 다른 대표 r명을 뽑는 경우의 수
> ⇨ n명 중에서 r명을 뽑아 한 줄로 세우는 경우의 수와 같다.

02 A, B, C, D, E 5명 중에서 대표를 뽑을 때, 다음을 구하시오.

(1) 반장, 부반장을 각각 1명씩 뽑는 경우의 수

(2) 반장, 부반장, 체육부장을 각각 1명씩 뽑는 경우의 수

(3) 반장, 부반장, 체육부장을 각각 1명씩 뽑을 때, A가 반장이 되는 경우의 수

03 여학생 5명과 남학생 4명 중에서 대표를 뽑을 때, 다음을 구하시오.

(1) 여학생 중에서 회장 1명을 뽑는 경우의 수

(2) 남학생 중에서 부회장, 총무를 각각 1명씩 뽑는 경우의 수

(3) 여학생 중에서 회장 1명, 남학생 중에서 부회장 1명과 총무 1명을 뽑는 경우의 수

대표를 뽑는 경우의 수; 자격이 같은 경우

04 어느 미술 대회에 출품된 7개의 작품 중에서 최우수상 2개를 뽑는 경우의 수를 구하시오.

> **TIP** n명 중에서 자격이 같은 대표 r명을 뽑는 경우의 수
> ⇨ 자격이 다른 대표 r명을 뽑는 경우의 수를 중복되는 경우의 수로 나누어 준다.

05 A, B, C, D, E 5명 중에서 대표를 뽑을 때, 다음을 구하시오.

(1) 대표 2명을 뽑는 경우의 수

(2) 대표 2명을 뽑을 때, B가 뽑히지 않는 경우의 수

(3) 대표 3명을 뽑는 경우의 수

06 어느 토론회에 참석한 6명의 학생이 한 사람도 빠짐없이 서로 한 번씩 악수를 할 때, 6명이 악수하는 횟수를 구하시오.

> **TIP** 악수하는 횟수는 자격이 같은 대표 2명을 뽑는 경우의 수와 같다.

▶ 익힘교재 63쪽

● 개념 REVIEW

01 유라, 혜리, 소진, 민아 4명의 학생이 애국가의 1절, 2절, 3절, 4절을 각각 부르려고 할 때, 민아가 4절을 부르는 경우의 수는?

① 4   ② 6   ③ 8

④ 10   ⑤ 12

> **한 줄로 세우는 경우의 수**
> • n명을 한 줄로 세우는 경우의 수
> ⇨ ❶ □ $\times (n-1) \times \cdots \times 2 \times 1$
> • 특정한 사람의 자리를 고정하는 경우 자리가 정해진 사람을 제외한 나머지를 한 줄로 세우는 경우의 수를 구한다.

02 초등학생 2명과 중학생 4명이 한 줄로 설 때, 초등학생은 초등학생끼리, 중학생은 중학생끼리 이웃하여 서는 경우의 수를 구하시오.

> **한 줄로 세울 때, 이웃하여 세우는 경우의 수**
> ❶ 이웃하는 것을 한 묶음으로 보고 한 줄로 세우는 경우의 수를 구한다.
> ❷ 묶음 안에서 자리를 바꾸는 경우의 수를 구한다.
> ❸ ❶과 ❷의 경우의 수를 곱한다.

03 오른쪽 그림과 같이 A, B, C 세 부분으로 나누어진 깃발에 빨강, 노랑, 파랑의 3가지 색을 한 번씩만 사용하여 칠하려고 한다. 색을 칠하는 경우의 수를 구하시오.

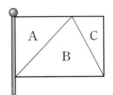

> **색칠하는 경우의 수**
> ❶ 한 영역에 색을 칠하는 경우의 수를 구한 다음 이웃한 영역에 색을 칠하는 경우의 수를 구한다.
> ❷ 각 영역에 색을 칠하는 경우의 수를 구하여 모두 곱한다.

04 1부터 5까지의 자연수가 각각 하나씩 적힌 5장의 카드 중에서 서로 다른 2장을 뽑아 두 자리 자연수를 만들 때, 25보다 작은 자연수의 개수를 구하시오.

> **자연수의 개수**
> ; 0이 포함되지 않은 경우

05 상자 속에 0부터 9까지의 숫자가 각각 하나씩 적힌 10개의 공이 들어 있다. 이 상자에서 서로 다른 2개의 공을 꺼내어 만들 수 있는 두 자리 자연수의 개수는?

① 81   ② 90   ③ 99

④ 100   ⑤ 110

> **자연수의 개수**
> ; 0이 포함된 경우
> n개의 숫자 중에 0이 포함된 경우 맨 앞자리에는 ❷ □ 이 올 수 없다.

답 ❶ n ❷ 0

● 개념 REVIEW

06 어느 중학교에서 환경 미화 심사를 하는데 10개의 반 중에서 1등, 2등, 3등을 각각 한 반씩 뽑는 경우의 수를 구하시오.

> **자격이 다른 대표를 뽑는 경우의 수**
> n명 중에서
> • 자격이 다른 대표 2명을 뽑는 경우의 수
> $\Rightarrow$ ❶□$\times (n-1)$
> • 자격이 다른 대표 3명을 뽑는 경우의 수
> $\Rightarrow n \times ($❷□$) \times (n-2)$

7 5명의 탁구 선수 중에서 학교 대표로 대회에 나갈 복식조 2명을 뽑는 경우의 수는?

① 8　　　　② 10　　　　③ 15

④ 20　　　　⑤ 25

> **자격이 같은 대표를 뽑는 경우의 수**
> n명 중에서 자격이 같은 대표 2명을 뽑는 경우의 수
> $\Rightarrow \dfrac{n \times (n-1)}{❸□}$

08 민주를 포함한 10명의 학생 중에서 임원 3명을 뽑을 때, 민주가 반드시 뽑히는 경우의 수는?

① 9　　　　② 18　　　　③ 36

④ 54　　　　⑤ 72

> **특정한 사람을 포함하여 대표를 뽑는 경우의 수**
> 특정한 사람을 먼저 뽑고 난 후 나머지 인원에서 필요한 수만큼 대표를 더 뽑는다.

UP
09 0, 1, 2, 3, 4, 5가 각각 하나씩 적힌 6장의 카드 중에서 서로 다른 3장을 뽑아 만들 수 있는 세 자리 자연수 중 5의 배수의 개수를 구하시오.

> **자연수의 개수**
> **; 0이 포함된 경우**
> 5의 배수이려면 일의 자리의 숫자가 0 또는 5이어야 한다. 단, 일의 자리의 숫자가 5인 자연수의 맨 앞자리에는 0이 올 수 없음을 이용한다.

09-1 0, 1, 2, 3, 4가 각각 하나씩 적힌 5장의 카드 중에서 서로 다른 3장을 뽑아 만들 수 있는 세 자리 자연수 중 2의 배수의 개수를 구하시오.

≫ 익힘교재 64쪽

답 ❶ n　❷ $n-1$　❸ 2

01 1부터 20까지의 자연수가 각각 하나씩 적힌 20장의 카드 중에서 한 장을 뽑을 때, 소수가 적힌 카드가 나오는 경우의 수는?

① 7   ② 8   ③ 9
④ 10   ⑤ 11

02 50원짜리, 100원짜리, 500원짜리 동전이 각각 5개씩 있다. 이 동전으로 1600원짜리 물건의 값을 지불하는 모든 방법의 수는?

① 4   ② 5   ③ 6
④ 7   ⑤ 8

03 서로 다른 두 개의 주사위를 동시에 던질 때 나오는 눈의 수를 각각 x, y라 할 때, $2x+y=6$을 만족하는 경우의 수를 구하시오.

04 다음 표는 서울에서 제주까지 가는 배와 비행기의 출발 시각을 나타낸 것이다. 서울에서 제주까지 가는데 오전 9시 이전에 출발하려고 할 때, 배 또는 비행기를 이용하는 경우의 수를 구하시오.

배	비행기
06 : 20	06 : 45
07 : 10	07 : 30
08 : 00	08 : 15
08 : 50	09 : 05
09 : 40	10 : 10
10 : 30	11 : 00

05 한 개의 주사위를 두 번 던질 때, 나오는 눈의 수의 차가 3 또는 5인 경우의 수는?

① 7   ② 8   ③ 9
④ 10   ⑤ 11

06 상자 속에 1부터 12까지의 자연수가 각각 하나씩 적힌 12개의 공이 들어 있다. 이 상자에서 한 개의 공을 꺼낼 때, 2의 배수 또는 3의 배수가 적힌 공이 나오는 경우의 수를 구하시오.

07 다음 **보기** 중 옳은 것을 모두 고른 것은?

┌ 보기 ┐
ㄱ. 서로 다른 두 개의 동전을 동시에 던질 때 일어나는 모든 경우의 수는 4이다.
ㄴ. 한 개의 주사위를 두 번 던질 때 일어나는 모든 경우의 수는 36이다.
ㄷ. 동전 2개와 주사위 1개를 동시에 던질 때 일어나는 모든 경우의 수는 22이다.

① ㄱ   ② ㄴ   ③ ㄷ
④ ㄱ, ㄴ   ⑤ ㄴ, ㄷ

08 오른쪽 그림은 어느 공연장의 평면도이다. 카페에서 나와서 공연장으로 들어가는 경우의 수를 구하시오.(단, 같은 문을 두 번 이상 지나지 않는다.)

UP
09 오른쪽 그림과 같은 직사각형 모양의 길이 있다. A 지점에서 B 지점을 거쳐 C 지점까지 가려고 할 때, 최단 거리로 가는 경우의 수는?

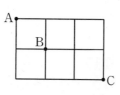

① 2   ② 4   ③ 6
④ 8   ⑤ 10

10 6곡의 노래 중에서 4곡을 선택하여 재생하는 순서를 정하는 경우의 수를 구하시오.

11 오른쪽 그림에서 A, B, C, D의 네 부분을 빨강, 파랑, 노랑, 초록의 4가지 색을 사용하여 칠하려고 한다. 같은 색을 여러 번 사용할 수 있으나 이웃한 부분에는 서로 다른 색을 칠하려고 할 때, 색을 칠하는 경우의 수는?

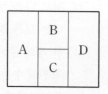

① 8   ② 24   ③ 32
④ 48   ⑤ 72

12 시집, 소설책, 위인전, 수필집 4권의 책을 책꽂이에 한 줄로 꽂을 때, 시집과 위인전을 이웃하게 꽂는 경우의 수를 구하시오.

13 1부터 8까지의 8개의 자연수를 사용하여 두 자리 자연수를 만들려고 한다. 같은 숫자를 여러 번 사용해도 된다고 할 때, 만들 수 있는 두 자리 자연수의 개수를 구하시오.

14 0, 1, 2, 4, 5가 각각 하나씩 적힌 5장의 카드 중에서 서로 다른 3장을 뽑아 세 자리 자연수를 만들 때, 250보다 큰 자연수의 개수는?

① 25   ② 26   ③ 27
④ 28   ⑤ 29

15 어느 요리 동호회 학생들이 요리 경연 대회에 참가하려고 한다. 11명의 학생 중에서 한식 부문, 중식 부문, 일식 부문에 참가할 학생을 각각 1명씩 뽑는 경우의 수를 구하시오.

16 딸기를 포함한 7가지의 과일 중에서 3가지를 선택하여 주스를 만들려고 한다. 이때 딸기를 반드시 선택하는 경우의 수는?

① 15   ② 18   ③ 21

④ 25   ⑤ 30

17 어느 농구 대회에서 8개의 농구팀이 각각 서로 한 번씩 경기를 하도록 대진표를 만들 때, 모두 몇 번의 경기를 하게 되는지 구하시오.

UP
18 주머니 속에 1부터 9까지의 자연수가 각각 하나씩 적힌 9개의 구슬이 들어 있다. 이 주머니에서 서로 다른 2개의 구슬을 동시에 뽑아 구슬에 적힌 두 수를 곱했을 때, 홀수가 되는 경우의 수를 구하시오.

19 오른쪽 그림과 같이 한 원 위에 서로 다른 4개의 점 A, B, C, D가 있다. 이 중에서 두 점을 연결하여 만들 수 있는 선분의 개수를 구하시오.

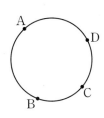

창의·융합 문제

오른쪽 그림과 같이 세 자리 자연수로 된 비밀번호를 누르면 열리는 자물쇠가 있다. 1부터 6까지의 6개의 자연수 중에서 서로 다른 3개를 뽑아 세 자리 비밀번호를 만들려고 한다. 이때 만들 수 있는 비밀번호 중 짝수의 개수를 구하시오.

해결의 길잡이

1 짝수가 되는 조건을 구한다.

2 **1**에서 구한 조건을 만족하는 짝수의 개수를 각각 구한다.

3 만들 수 있는 비밀번호 중 짝수의 개수를 구한다.

서술형 문제

1 1, 2, 3, 4가 각각 하나씩 적힌 4장의 카드 중에서 서로 다른 2장을 뽑아 두 자리 자연수를 만들 때, 22 이상인 자연수의 개수를 구하시오.

2 1, 2, 3, 4, 5가 각각 하나씩 적힌 5장의 카드 중에서 서로 다른 2장을 뽑아 두 자리 자연수를 만들 때, 35 이하인 자연수의 개수를 구하시오.

❶ 22 이상인 자연수의 조건은?

십의 자리의 숫자가 2이고 일의 자리의 숫자가 ☐ 이상이거나, 십의 자리의 숫자가 ☐ 또는 4이어야 한다. ⋯ 20 %

❶ 35 이하인 자연수의 조건은?

❷ ❶에서 구한 조건을 만족하는 22 이상인 자연수의 개수를 각각 구하면?

(ⅰ) 십의 자리의 숫자가 2인 자연수는
☐, 24의 2개

(ⅱ) 십의 자리의 숫자가 ☐인 자연수는
31, ☐의 ☐개

(ⅲ) 십의 자리의 숫자가 4인 자연수는
☐의 ☐개 ⋯ 50 %

❷ ❶에서 구한 조건을 만족하는 35 이하인 자연수의 개수를 각각 구하면?

❸ 22 이상인 자연수의 개수는?

따라서 22 이상인 자연수의 개수는
☐+☐+☐=☐ ⋯ 30 %

❸ 35 이하인 자연수의 개수는?

바른답·알찬풀이 58쪽

3 A, B, C 세 사람이 가위바위보를 한 번 할 때, 비기는 경우의 수를 구하시오.

풀이 과정

답 ______

4 서로 다른 동전 2개와 주사위 1개를 동시에 던질 때, 동전은 앞면이 한 개만 나오고 주사위는 4의 약수의 눈이 나오는 경우의 수를 구하시오.

풀이 과정

답 ______

5 8 이하의 소수가 하나씩 적힌 카드가 각각 한 장씩 있다. 이 카드를 한 번씩 모두 사용하여 암호를 만들 때, 만들 수 있는 암호의 가짓수를 구하시오.

풀이 과정

답 ______

6 봉사 활동 신청자 6명 중에서 박물관 안내 도우미 1명, 우체국 청소 당번 2명을 뽑는 경우의 수를 구하시오.

풀이 과정

답 ______

본능적 오지랖

글 / 그림 우쿠쥐

07

확률과 그 계산

배운내용 Check

1 오른쪽 그래프는 지훈이네 반 학생
50명을 대상으로 가장 좋아하는 구
기 종목을 조사하여 나타낸 것이다.
야구를 가장 좋아하는 학생의 비율
을 구하시오.

정답 **1** $\dfrac{3}{10}$

43 확률의 뜻

개념 알아보기 **1 확률의 뜻**

(1) **확률**: 동일한 조건에서 이루어지는 많은 횟수의 실험이나 관찰에서 어떤 사건이 일어나는 상대도수가 일정한 값에 가까워질 때, 이 일정한 값을 그 사건이 일어날 **확률**이라 한다.

(2) **사건 A가 일어날 확률**: 어떤 실험이나 관찰에서 일어나는 모든 경우의 수가 n이고 각 경우가 일어날 가능성이 모두 같을 때, 사건 A가 일어나는 경우의 수가 a이면 사건 A가 일어날 확률 p는 다음과 같다.

$$p = \frac{(\text{사건 } A\text{가 일어나는 경우의 수})}{(\text{일어나는 모든 경우의 수})} = \frac{a}{n}$$

(참고) ① 확률은 확률을 뜻하는 영어 probability의 첫 글자 p로 나타낸다.
② 확률은 보통 분수, 소수, 백분율(%) 등으로 나타낸다.

개념 자세히 보기 **사건 A가 일어날 확률**

1부터 5까지의 자연수가 각각 적힌 5개의 구슬이 들어 있는 주머니에서 한 개의 구슬을 꺼낼 때, 홀수가 적힌 구슬이 나올 확률을 구해 보자.

일어나는 모든 경우의 수	①, ②, ③, ④, ⑤의 5
홀수가 적힌 구슬이 나오는 경우의 수	①, ③, ⑤의 3
홀수가 적힌 구슬이 나올 확률	$\dfrac{(\text{홀수가 적힌 구슬이 나오는 경우의 수})}{(\text{일어나는 모든 경우의 수})} = \dfrac{3}{5}$

» 익힘교재 65쪽

» 바른답·알찬풀이 60쪽

개념 확인하기 **1** 한 개의 주사위를 한 번 던질 때, 다음을 구하시오.

(1) 일어나는 모든 경우의 수

(2) 6의 약수의 눈이 나오는 경우의 수

(3) 6의 약수의 눈이 나올 확률

2 8개의 제비 중에서 당첨 제비가 2개 있다. 한 개의 제비를 뽑을 때, 당첨 제비를 뽑을 확률을 구하시오.

확률의 뜻

01 1부터 10까지의 자연수가 각각 하나씩 적힌 10장의 카드 중에서 한 장을 뽑을 때, 다음을 구하시오.

(1) 4보다 큰 수가 적힌 카드가 나올 확률

(2) 3의 배수가 적힌 카드가 나올 확률

(3) 소수가 적힌 카드가 나올 확률

02 서로 다른 두 개의 동전을 동시에 던질 때, 다음을 구하시오.

(1) 앞면이 한 개만 나올 확률

(2) 모두 앞면이 나올 확률

(3) 서로 같은 면이 나올 확률

03 서로 다른 두 개의 주사위를 동시에 던질 때, 다음을 구하시오.

(1) 나오는 눈의 수가 서로 같을 확률

(2) 나오는 눈의 수의 합이 5일 확률

04 6개의 문자 N, U, M, B, E, R를 한 줄로 나열할 때, 다음을 구하시오.

(1) N이 맨 앞에 오는 경우의 수

(2) N이 맨 앞에 올 확률

도형에서의 확률

05 다음 그림과 같이 넓이가 같은 도형들로 이루어진 과녁에 화살을 한 번 쏠 때, 색칠한 부분을 맞힐 확률을 구하시오. (단, 화살은 과녁을 벗어나지 않고 경계선에 맞지 않는다.)

(1)    (2)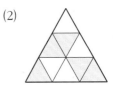

TIP $(도형에서의 확률) = \dfrac{(해당하는 \ 부분의 \ 넓이)}{(도형의 \ 전체 \ 넓이)}$

06 오른쪽 그림과 같이 8등분한 원판에 1부터 8까지의 자연수가 각각 하나씩 적혀 있다. 원판을 한 번 돌린 후 멈추었을 때, 바늘이 4의 배수가 적힌 부분을 가리킬 확률을 구하시오. (단, 바늘이 경계선을 가리키는 경우는 없다.)

▶▶ 익힘교재 66쪽

확률의 성질

개념 알아보기 **1 확률의 기본 성질**

(1) 어떤 사건이 일어날 확률을 p라 하면 $0 \leq p \leq 1$이다.

(2) 절대로 일어나지 않는 사건의 확률은 0이다.

(3) 반드시 일어나는 사건의 확률은 1이다.

참고 일어나는 모든 경우의 수가 n이고, 사건 A가 일어나는 경우의 수가 a이면 $0 \leq a \leq n$이므로

$$\frac{0}{n} \leq \frac{a}{n} \leq \frac{n}{n}, \ 0 \leq \frac{a}{n} \leq 1 \quad \therefore 0 \leq p \leq 1$$

2 어떤 사건이 일어나지 않을 확률

사건 A가 일어날 확률이 p일 때

$$(사건 A가 일어나지 않을 확률) = 1 - p$$

참고 ① 사건 A가 일어날 확률을 p, 일어나지 않을 확률을 q라 하면 $p + q = 1$

② 일반적으로 '적어도 ~일 확률', '~가 아닐 확률', '~하지 못할 확률'과 같이 표현이 있으면 어떤 사건이 일어나지 않을 확률을 이용한다.

개념 자세히 보기 **확률의 기본 성질**

1부터 6까지의 자연수가 각각 하나씩 적힌 6장의 카드 중에서 한 장을 뽑을 때, 다음 확률을 구해 보자.

7이 적힌 카드가 나올 확률	7이 적힌 카드는 없으므로 $\frac{0}{6} = 0$ ← 절대로 일어나지 않으므로 0
짝수가 적힌 카드가 나올 확률	$\boxed{2}\ \boxed{4}\ \boxed{6}$ 의 3개이므로 $\frac{3}{6} = \frac{1}{2}$ ← $1 -$ (홀수가 적힌 카드가 나올 확률)
홀수가 적힌 카드가 나올 확률	$\boxed{1}\ \boxed{3}\ \boxed{5}$ 의 3개이므로 $\frac{3}{6} = \frac{1}{2}$ ← $1 -$ (짝수가 적힌 카드가 나올 확률)
10 이하의 수가 적힌 카드가 나올 확률	모든 수가 10 이하이므로 $\frac{6}{6} = 1$ ← 반드시 일어나므로 1

➡ 확률이 클수록 그 사건이 일어날 가능성은 크고, 확률이 작을수록 그 사건이 일어날 가능성은 작다.

>> 익힘교재 65쪽

※ 바른답·알찬풀이 61쪽

개념 확인하기 **1** 오른쪽 그림과 같이 주머니 속에 빨간 공 3개, 노란 공 2개가 들어 있다. 이 주머니에서 한 개의 공을 꺼낼 때, 다음을 구하시오.

(1) 빨간 공이 나올 확률

(2) 노란 공이 나올 확률

(3) 빨간 공 또는 노란 공이 나올 확률

(4) 파란 공이 나올 확률

확률의 기본 성질

01 상자 속에 15개의 제비 중에서 당첨 제비의 개수가 다음과 같이 들어 있다. 이 상자에서 한 개의 제비를 뽑을 때, 당첨 제비를 뽑을 확률을 구하시오.

(1) 5

(2) 0

(3) 15

02 상자 속에 단팥 호빵 4개, 야채 호빵 5개가 들어 있다. 이 상자에서 한 개의 호빵을 꺼낼 때, 다음을 구하시오.

(1) 단팥 호빵이 나올 확률

(2) 야채 호빵이 나올 확률

(3) 단팥 호빵 또는 야채 호빵이 나올 확률

(4) 피자 호빵이 나올 확률

03 1부터 9까지의 자연수가 각각 하나씩 적힌 9장의 카드 중에서 한 장을 뽑을 때, 다음을 구하시오.

(1) 짝수가 적힌 카드가 나올 확률

(2) 한 자리 자연수가 적힌 카드가 나올 확률

(3) 10의 배수가 적힌 카드가 나올 확률

04 한 개의 주사위를 한 번 던질 때, 다음을 구하시오.

(1) 4의 약수의 눈이 나올 확률

(2) 7의 눈이 나올 확률

(3) 6 이하의 눈이 나올 확률

05 1, 2, 3이 각각 적힌 3장의 카드 중에서 서로 다른 2장을 뽑아 두 자리 자연수를 만들 때, 다음을 구하시오.

(1) 5의 배수인 자연수를 만들 확률

(2) 40 이하의 자연수를 만들 확률

06 다음 **보기**의 확률 중 나머지 넷과 <u>다른</u> 하나를 고르시오.

┤ 보기 ├
ㄱ. 사과만 들어 있는 봉지에서 귤을 꺼낼 확률
ㄴ. 두 자리 자연수 중에서 100의 배수를 선택할 확률
ㄷ. 서로 다른 동전 4개를 동시에 던질 때, 모두 뒷면이 나올 확률
ㄹ. A, B, C 세 사람 중에서 대표 한 명을 뽑을 때, D가 뽑힐 확률

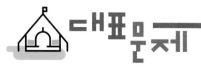

어떤 사건이 일어나지 않을 확률

07 시연이가 어느 시험에 합격할 확률이 $\frac{1}{3}$일 때, 이 시험에 합격하지 못할 확률을 구하시오.

08 상자 속에 사과 맛 사탕 3개, 포도 맛 사탕 4개, 딸기 맛 사탕 5개가 들어 있다. 이 상자에서 한 개의 사탕을 꺼낼 때, 다음을 구하시오.

(1) 꺼낸 사탕이 사과 맛 사탕일 확률

(2) 꺼낸 사탕이 사과 맛 사탕이 아닐 확률

09 상자 속에 1부터 10까지의 자연수가 각각 하나씩 적힌 10개의 공이 들어 있다. 이 상자에서 한 개의 공을 꺼낼 때, 다음을 구하시오.

(1) 공에 적힌 수가 소수일 확률

(2) 공에 적힌 수가 소수가 아닐 확률

10 서로 다른 두 개의 주사위를 동시에 던질 때, 나오는 눈의 수가 서로 다를 확률을 구하시오.

> **TIP** (나오는 눈의 수가 서로 다를 확률)
> =1−(나오는 눈의 수가 서로 같을 확률)

적어도 ~일 확률

11 서로 다른 두 개의 동전을 동시에 던질 때, 다음을 구하시오.

(1) 모두 뒷면이 나올 확률

(2) 적어도 한 개는 앞면이 나올 확률

> **TIP** (적어도 하나는 ~일 확률)
> =1−(모두 ~가 아닐 확률)

12 서로 다른 두 개의 주사위를 동시에 던질 때, 다음을 구하시오.

(1) 모두 짝수의 눈이 나올 확률

(2) 적어도 한 개는 홀수의 눈이 나올 확률

13 남학생 4명, 여학생 2명 중에서 대표 2명을 뽑을 때, 적어도 한 명은 남학생이 뽑힐 확률을 구하시오.

> **TIP** (적어도 한 명은 남학생이 뽑힐 확률)
> =1−(모두 여학생이 뽑힐 확률)

익힘교재 67쪽

01 서로 다른 두 개의 주사위를 동시에 던질 때, 나오는 눈의 수의 차가 2일 확률을 구하시오.

02 다음 **보기** 중 확률이 0인 것을 모두 고르시오.

┌ 보기 ├─────────────────────────
ㄱ. 어느 여학교의 학생 중에서 1명을 뽑을 때, 남학생이 뽑힐 확률

ㄴ. 두 사람이 가위바위보를 할 때, 비길 확률

ㄷ. 한 개의 동전을 던질 때, 앞면과 뒷면이 동시에 나올 확률

ㄹ. 한 개의 주사위를 던질 때, 1 이상의 눈이 나올 확률
└─────────────────────────────

03 A 중학교 배구부와 B중학교 배구부의 배구 경기에서 A 중학교가 이길 확률이 $\dfrac{3}{5}$일 때, B 중학교가 이길 확률은? (단, 무승부는 없다.)

① $\dfrac{3}{10}$ ② $\dfrac{2}{5}$ ③ $\dfrac{1}{2}$

④ $\dfrac{3}{5}$ ⑤ $\dfrac{7}{10}$

04 ○, ×로 정답을 표시하는 문제가 3문제 있다. 정답을 몰라서 임의로 답을 골라 쓸 때, 3문제 중에서 적어도 한 문제는 맞힐 확률을 구하시오.

04-1 ○, △, ×로 정답을 표시하는 문제가 3문제 있다. 정답을 몰라서 임의로 답을 골라 쓸 때, 3문제 중에서 적어도 한 문제는 맞힐 확률을 구하시오.

▶▶ 익힘교재 68쪽

● 개념 REVIEW

▶ 확률의 뜻
모든 경우의 수가 n, 사건 A가 일어나는 경우의 수가 a이면 사건 A가 일어날 확률은 $\dfrac{❶\square}{❷\square}$

▶ 확률의 기본 성질
① 어떤 사건이 일어날 확률을 p라 하면
   ❸$\square \le p \le$❹$\square$
② 절대로 일어나지 않는 사건의 확률은 ❺$\square$이다.
③ 반드시 일어나는 사건의 확률은 ❻$\square$이다.

▶ 어떤 사건이 일어나지 않을 확률
사건 A가 일어날 확률을 p라 하면
(사건 A가 일어나지 않을 확률)
$=$❼$\square$

▶ 적어도 ~일 확률
적어도 ~일 확률, ~가 아닐 확률, ~하지 않을 확률
⇨ 어떤 사건이 일어나지 않을 확률을 이용한다.

답 ❶ a ❷ n ❸ 0 ❹ 1
❺ 0 ❻ 1 ❼ $1-p$

사건 A 또는 사건 B가 일어날 확률

개념 알아보기 **1** 사건 A 또는 사건 B가 일어날 확률; 확률의 덧셈

동시에 일어나지 않는 두 사건 A와 B에 대하여 사건 A가
일어날 확률을 p, 사건 B가 일어날 확률을 q라 할 때,

(사건 A 또는 사건 B가 일어날 확률)$= p + q$

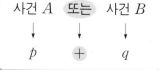

참고 ① 두 사건 A와 B가 동시에 일어나지 않는다는 것은 사건 A가 일어
나면 사건 B가 일어나지 않고, 사건 B가 일어나면 사건 A가 일어나지 않는다는 뜻이다.

② 일반적으로 동시에 일어나지 않는 두 사건에 대하여 '또는', '~이거나'와 같은 표현이 있으면 두 사건이 일어
날 확률을 각각 구하여 더한다.

개념 자세히 보기 사건 A 또는 사건 B가 일어날 확률

한 개의 주사위를 던질 때, 3 미만 또는 4 이상의 눈이 나올 확률을 구해 보자.

사건	경우	확률
3 미만의 눈이 나온다.	1 2	$\dfrac{2}{6}=\dfrac{1}{3}$ ⎫ 동시에 일어나지 않는다.
4 이상의 눈이 나온다.	4 5 6	$\dfrac{3}{6}=\dfrac{1}{2}$ ⎭
3 미만 또는 4 이상의 눈이 나온다.	1 2 4 5 6	$\dfrac{5}{6}$

➡ ┌ 3 미만 또는 4 이상의 눈이 나올 확률 ┐ = ┌ 3 미만의 눈이 나올 확률 ┐ + ┌ 4 이상의 눈이 나올 확률 ┐

≫ 익힘교재 65쪽

⁑ 바른답·알찬풀이 63쪽

개념 확인하기 **1** 오른쪽 그림과 같이 1부터 10까지의 자연수가 각각 하나씩 적힌 10장
의 카드가 있다. 이 중에서 한 장의 카드를 뽑을 때, 다음을 구하시오.

(1) 2 이하의 수가 적힌 카드가 나올 확률

(2) 3의 배수가 적힌 카드가 나올 확률

(3) 2 이하의 수 또는 3의 배수가 적힌 카드가 나올 확률

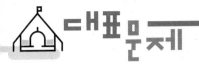

사건 A 또는 사건 B가 일어날 확률

01 주머니 속에 흰 공 4개, 검은 공 5개, 파란 공 2개가 들어 있다. 이 주머니에서 한 개의 공을 꺼낼 때, 다음을 구하시오.

(1) 흰 공이 나올 확률

(2) 검은 공이 나올 확률

(3) 흰 공 또는 검은 공이 나올 확률

02 상자 속에 1부터 15까지의 자연수가 각각 하나씩 적힌 15개의 구슬이 들어 있다. 이 상자에서 한 개의 구슬을 꺼낼 때, 다음을 구하시오.

(1) 4의 배수가 적힌 구슬이 나올 확률

(2) 소수가 적힌 구슬이 나올 확률

(3) 4의 배수 또는 소수가 적힌 구슬이 나올 확률

03 서로 다른 두 개의 주사위를 동시에 던질 때, 다음을 구하시오.

(1) 나오는 눈의 수의 합이 3일 확률

(2) 나오는 눈의 수의 합이 10일 확률

(3) 나오는 눈의 수의 합이 3 또는 10일 확률

04 A, B 두 사람이 가위바위보를 한 번 할 때, 다음을 구하시오.

(1) 두 사람이 비길 확률

(2) B가 이길 확률

(3) 두 사람이 비기거나 B가 이길 확률

05 오른쪽 표는 어느 중학교 학생들이 한 달 동안 관람한 영화 수를 조사하여 나타낸 것이다. 조사한 학생 중에서 한 명을 선택할 때, 그 학생이 영화를 2편 또는 3편 관람했을 확률을 기약분수로 나타내시오.

영화 수(편)	학생 수(명)
0	10
1	35
2	26
3	11
4	18
합계	100

06 A, B, C, D, E 5명을 한 줄로 세울 때, A 또는 B가 맨 앞에 설 확률을 구하시오.

> **TIP** (A 또는 B가 맨 앞에 설 확률)
> =(A가 맨 앞에 설 확률)+(B가 맨 앞에 설 확률)

➤➤ 익힘교재 69쪽

46 두 사건 A와 B가 동시에 일어날 확률

개념 알아보기 **1 두 사건 A와 B가 동시에 일어날 확률; 확률의 곱셈**

서로 영향을 미치지 않는 두 사건 A와 B에 대하여 사건 A가 일어날 확률을 p, 사건 B가 일어날 확률을 q라 할 때,
(두 사건 A와 B가 동시에 일어날 확률)
$=p \times q$

참고 ① 두 사건 A와 B가 동시에 일어난다는 것은 두 사건 A와 B가 같은 시간에 일어나는 것만을 뜻하는 것이 아니라 사건 A가 일어나는 각 경우에 대하여 사건 B가 일어난다는 뜻이다.
② 일반적으로 서로 영향을 미치지 않는 두 사건에 대하여 '동시에', '그리고', '~와', '~하고 나서'와 같은 표현이 있으면 두 사건이 일어날 확률을 각각 구하여 곱한다.

개념 자세히 보기 **두 사건 A와 B가 동시에 일어날 확률**

동전 1개와 주사위 1개를 동시에 던질 때, 동전은 앞면이 나오고 주사위는 짝수의 눈이 나올 확률을 구해 보자.

사건	경우	확률
동전은 앞면이 나온다.		$\dfrac{1}{2}$
주사위는 짝수의 눈이 나온다.	2 4 6	$\dfrac{3}{6}=\dfrac{1}{2}$
동전은 앞면이 나오고 주사위는 짝수의 눈이 나온다.		$\dfrac{3}{12}=\dfrac{1}{4}$

⊗ 서로 영향을 미치지 않는다.

└→ (모든 경우의 수) $=2 \times 6 = 12$

➡ | 동전은 앞면이 나오고 주사위는 짝수의 눈이 나올 확률 | = | 동전은 앞면이 나올 확률 | × | 주사위는 짝수의 눈이 나올 확률 |

》 익힘교재 65쪽

✎ 바른답·알찬풀이 64쪽

개념 확인하기 **1** 서로 다른 두 개의 주사위 A, B를 동시에 던질 때, 다음을 구하시오.

(1) 주사위 A에서 홀수의 눈이 나올 확률

(2) 주사위 B에서 3 미만의 눈이 나올 확률

(3) 주사위 A는 홀수의 눈이 나오고 주사위 B는 3 미만의 눈이 나올 확률

A   B

두 사건 _A_와 _B_가 동시에 일어날 확률 (1)

01 서로 다른 동전 2개와 주사위 1개를 동시에 던질 때, 다음을 구하시오.

(1) 동전은 서로 다른 면이 나올 확률

(2) 주사위는 5 이상의 눈이 나올 확률

(3) 동전은 서로 다른 면이 나오고 주사위는 5 이상의 눈이 나올 확률

02 아래 그림과 같이 주머니 A에는 흰 바둑돌 2개, 검은 바둑돌 3개가 들어 있고, 주머니 B에는 흰 바둑돌 4개, 검은 바둑돌 1개가 들어 있다. 두 주머니 A, B에서 각각 바둑돌을 한 개씩 꺼낼 때, 다음을 구하시오.

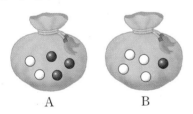

A   B

(1) 주머니 A에서 흰 바둑돌이 나오고, 주머니 B에서 검은 바둑돌이 나올 확률

(2) 주머니 A에서 검은 바둑돌이 나오고, 주머니 B에서 흰 바둑돌이 나올 확률

(3) 두 주머니 A, B에서 모두 검은 바둑돌이 나올 확률

03 오른쪽 그림과 같이 10등분한 원판에 1부터 10까지의 자연수가 각각 하나씩 적혀 있다. 원판을 두 번 돌린 후 멈추었을 때, 바늘이 첫 번째에는 10의 약수, 두 번째에는 9의 약수가 적힌 부분을 가리킬 확률을 구하시오. (단, 바늘이 경계선을 가리키는 경우는 없다.)

두 사건 _A_와 _B_가 동시에 일어날 확률 (2)

04 어느 시험에서 하은이가 합격할 확률이 $\frac{3}{4}$, 민우가 합격할 확률이 $\frac{4}{5}$일 때, 다음을 구하시오.

(1) 하은이는 합격하고, 민우는 합격하지 못할 확률

(2) 하은이는 합격하지 못하고, 민우는 합격할 확률

(3) 두 사람 중에서 한 사람만 합격할 확률

> **TIP** (두 사람 중에서 한 사람만 합격할 확률)
> =(하은이만 합격할 확률)+(민우만 합격할 확률)

05 두 공장 A, B에서 만든 제품이 불량품일 확률이 각각 $\frac{1}{8}$, $\frac{1}{10}$이라 한다. 두 공장에서 만든 제품을 각각 하나씩 뽑을 때, 두 제품 모두 불량품이 아닐 확률을 구하시오.

익힘교재 70쪽

 47

연속하여 꺼내는 경우의 확률

개념 알아보기 **1 연속하여 꺼내는 경우의 확률**

(1) **꺼낸 것을 다시 넣고 연속하여 꺼내는 경우의 확률**

처음에 꺼낸 것을 다시 꺼낼 수 있으므로 처음과 나중의 조건이 같다.

➡ (처음에 사건 A가 일어날 확률) = (나중에 사건 A가 일어날 확률)

(2) **꺼낸 것을 다시 넣지 않고 연속하여 꺼내는 경우의 확률**

처음에 꺼낸 것을 다시 꺼낼 수 없으므로 처음과 나중의 조건이 다르다.

➡ (처음에 사건 A가 일어날 확률) ≠ (나중에 사건 A가 일어날 확률)

참고 연속하여 꺼내는 경우의 확률은 두 사건이 동시에 일어나므로 두 사건이 일어날 확률을 각각 구하여 곱한다.

개념 자세히 보기 **연속하여 꺼내는 경우의 확률**

빨간 공 3개, 파란 공 2개가 들어 있는 주머니에서 연속하여 공을 한 개씩 두 번 꺼낼 때, 다음의 각 경우에 두 번 모두 파란 공을 꺼낼 확률을 구해 보자.

꺼낸 공을 다시 넣고 꺼내는 경우	꺼낸 공을 다시 넣지 않고 꺼내는 경우
첫 번째 두 번째 조건이 같다.	첫 번째 두 번째 조건이 다르다.
(첫 번째에 파란 공을 꺼낼 확률) = $\dfrac{2}{5}$ (두 번째에 파란 공을 꺼낼 확률) = $\dfrac{2}{5}$ 같다. ➡ (두 번 모두 파란 공을 꺼낼 확률) $= \dfrac{2}{5} \times \dfrac{2}{5} = \dfrac{4}{25}$	(첫 번째에 파란 공을 꺼낼 확률) = $\dfrac{2}{5}$ (두 번째에 파란 공을 꺼낼 확률) = $\dfrac{1}{4}$ 다르다. 파란 공 1개, 전체 공 4개 ➡ (두 번 모두 파란 공을 꺼낼 확률) $= \dfrac{2}{5} \times \dfrac{1}{4} = \dfrac{1}{10}$

≫ 익힘교재 65쪽

↪ 바른답 · 알찬풀이 64쪽

개념 확인하기 **1** 상자 속에 20개의 제비 중에서 5개의 당첨 제비가 들어 있다. 다음과 같이 연속하여 제비를 한 개씩 두 번 꺼낼 때, 두 번 모두 당첨 제비를 꺼낼 확률을 구하시오.

(1) 첫 번째에 꺼낸 제비를 다시 넣을 때

(2) 첫 번째에 꺼낸 제비를 다시 넣지 않을 때

연속하여 꺼내는 경우의 확률; 꺼낸 것을 다시 넣는 경우

01 주머니 속에 흰 공 4개, 검은 공 5개가 들어 있다. 이 주머니에서 공을 한 개 꺼내어 색을 확인한 후 다시 넣고 또 한 개를 꺼낼 때, 다음을 구하시오.

(1) 두 번 모두 흰 공을 꺼낼 확률

(2) 두 번 모두 검은 공을 꺼낼 확률

02 상자 속에 1부터 10까지의 자연수가 각각 하나씩 적힌 10장의 카드가 들어 있다. 이 상자에서 카드를 한 장 뽑아 숫자를 확인한 후 다시 넣고 또 한 장을 뽑을 때, 첫 번째에는 4의 약수, 두 번째에는 4의 배수가 적힌 카드를 뽑을 확률을 구하시오.

03 상자 속에 10개의 제비 중에서 2개의 당첨 제비가 들어 있다. 이 상자에서 A가 제비 한 개를 뽑아 확인한 후 다시 넣고 B가 제비 한 개를 뽑을 때, 다음을 구하시오.

(1) A, B 모두 당첨 제비를 뽑을 확률

(2) A는 당첨 제비를 뽑고, B는 당첨 제비를 뽑지 못할 확률

(3) A가 당첨 제비를 뽑을 확률

> **TIP** (A가 당첨 제비를 뽑을 확률)
> =(A, B 모두 당첨 제비를 뽑을 확률)
> +(A만 당첨 제비를 뽑을 확률)

연속하여 꺼내는 경우의 확률; 꺼낸 것을 다시 넣지 않는 경우

04 상자 속에 포도 맛 사탕 6개, 레몬 맛 사탕 5개가 들어 있다. 이 상자에서 연속하여 사탕을 한 개씩 두 번 꺼낼 때, 다음을 구하시오. (단, 꺼낸 사탕은 다시 넣지 않는다.)

(1) 두 번 모두 포도 맛 사탕을 꺼낼 확률

(2) 두 번 모두 레몬 맛 사탕을 꺼낼 확률

05 주머니 속에 노란 구슬 4개, 빨간 구슬 6개가 들어 있다. 이 주머니에서 연속하여 구슬을 한 개씩 두 번 꺼낼 때, 다음을 구하시오. (단, 꺼낸 구슬은 다시 넣지 않는다.)

(1) 두 번 모두 노란 구슬을 꺼낼 확률

(2) 두 번 모두 빨간 구슬을 꺼낼 확률

(3) 두 번 모두 같은 색의 구슬을 꺼낼 확률

06 6장의 카드 중에서 '행운'이라고 적힌 2장의 카드가 들어 있다. 민수와 은석이가 차례대로 카드를 한 장씩 뽑아서 가질 때, 적어도 한 사람은 행운 카드를 뽑을 확률을 구하시오. (단, 꺼낸 카드는 다시 넣지 않는다.)

> **TIP** (적어도 한 사람은 행운 카드를 뽑을 확률)
> =1−(두 사람 모두 행운 카드를 뽑지 못할 확률)

익힘교재 71쪽

2 확률의 계산 **169**

01 다음 표는 은찬이네 반 전체 학생들의 혈액형을 조사하여 나타낸 것이다. 은찬이네 반 학생 중에서 한 명을 선택했을 때, 혈액형이 A형 또는 AB형인 학생을 선택할 확률을 구하시오.

혈액형	A	B	O	AB
학생 수(명)	11	12	9	4

● 개념 REVIEW

▶ 사건 A 또는 사건 B가 일어날 확률
동시에 일어나지 않는 두 사건 A, B에 대하여 두 사건 A, B가 일어날 확률을 각각 p, q라 할 때
(사건 A 또는 사건 B가 일어날 확률)
$= p$ ❶ □ q

02 1, 2, 3, 4, 5가 각각 하나씩 적힌 5장의 카드 중에서 서로 다른 2장을 뽑아 두 자리 자연수를 만들 때, 그 수가 짝수 또는 5의 배수일 확률은?

① $\dfrac{3}{10}$ ② $\dfrac{2}{5}$ ③ $\dfrac{1}{2}$

④ $\dfrac{11}{20}$ ⑤ $\dfrac{3}{5}$

▶ 사건 A 또는 사건 B가 일어날 확률

03 어느 야구 선수가 한 번의 타석에서 안타를 칠 확률은 0.3이다. 이 선수가 두 번의 타석에서 모두 안타를 칠 확률은?

① $\dfrac{3}{100}$ ② $\dfrac{3}{50}$ ③ $\dfrac{9}{100}$

④ $\dfrac{3}{25}$ ⑤ $\dfrac{9}{25}$

▶ 두 사건 A와 B가 동시에 일어날 확률
서로 영향을 미치지 않는 두 사건 A와 B에 대하여 두 사건 A, B가 일어날 확률을 각각 p, q라 할 때
(두 사건 A와 B가 동시에 일어날 확률)
$= p$ ❷ □ q

04 어느 지역의 일기예보에서 이번 주 토요일에 비가 올 확률이 20 %, 일요일에 비가 올 확률이 30 %라 한다. 이번 주 토요일과 일요일에 모두 비가 올 확률을 구하시오.

▶ 두 사건 A와 B가 동시에 일어날 확률

05 날아가는 목표물을 맞힐 확률이 각각 $\dfrac{3}{5}$, $\dfrac{2}{3}$인 두 사격 선수 A, B가 한 번씩 사격할 때, 두 선수 모두 목표물을 맞히지 못할 확률을 구하시오.

▶ 두 사건 A와 B가 동시에 일어날 확률

답 ❶ + ❷ ×

06 축구 경기에서 선재가 골을 넣을 확률이 $\dfrac{2}{3}$라 한다. 두 번의 경기를 할 때, 선재가 적어도 한 번은 골을 넣을 확률은?

① $\dfrac{1}{9}$　　　② $\dfrac{1}{3}$　　　③ $\dfrac{4}{9}$

④ $\dfrac{2}{3}$　　　⑤ $\dfrac{8}{9}$

● 개념 REVIEW

▶ 두 사건 A, B 중 적어도 하나가 일어날 확률

서로 영향을 미치지 않는 두 사건 A, B에 대하여 두 사건 A, B 중 적어도 하나가 일어날 확률
⇨ ❶□ − (두 사건 A, B가 모두 일어나지 않을 확률)

07 A, B, C, D, E의 문자가 각각 하나씩 적힌 5장의 카드가 있다. 이 중에서 한 장을 뽑아 문자를 확인한 후 다시 넣고 또 한 장을 뽑을 때, 두 번 모두 같은 문자가 나올 확률을 구하시오.

▶ 연속하여 꺼내는 경우의 확률
; 꺼낸 것을 다시 넣는 경우

처음에 꺼낼 때 전체 개수가 n이면 두 번째 꺼낼 때 전체 개수는 ❷□이다.

08 1부터 20까지의 자연수가 각각 하나씩 적힌 20장의 카드 중에서 연속하여 카드를 한 장씩 두 번 뽑을 때, 두 번 모두 짝수가 적힌 카드가 나올 확률을 구하시오.

(단, 뽑은 카드는 다시 넣지 않는다.)

▶ 연속하여 꺼내는 경우의 확률
; 꺼낸 것을 다시 넣지 않는 경우

처음에 꺼낼 때 전체 개수가 n이면 두 번째 꺼낼 때 전체 개수는 ❸□이다.

UP
09 주머니 A에는 흰 공 3개, 파란 공 4개가 들어 있고, 주머니 B에는 흰 공 2개, 파란 공 7개가 들어 있다. 두 주머니 A, B에서 각각 공을 한 개씩 꺼낼 때, 두 공이 서로 같은 색일 확률을 구하시오.

▶ 확률의 덧셈과 곱셈

(두 공이 서로 같은 색일 확률)
=(A에서 흰 공, B에서 흰 공이 나올 확률)
　+(A에서 파란 공, B에서 파란 공이 나올 확률)

09-1 주머니 A에는 검은 구슬 2개, 빨간 구슬 5개가 들어 있고, 주머니 B에는 검은 구슬 5개, 빨간 구슬 3개가 들어 있다. 두 주머니 A, B에서 각각 구슬을 한 개씩 꺼낼 때, 두 구슬이 서로 다른 색일 확률을 구하시오.

▷ 익힘교재 72쪽

답 ❶ 1 ❷ n ❸ $n-1$

01 COMPUTER의 알파벳이 각각 하나씩 적힌 8장의 카드 중에서 한 장을 뽑을 때, 모음이 적힌 카드를 뽑을 확률을 구하시오.

02 0, 1, 2, 3, 4가 각각 하나씩 적힌 5장의 카드 중에서 2장을 뽑아 두 자리 자연수를 만들 때, 그 수가 23보다 작을 확률은?

① $\dfrac{1}{5}$ ② $\dfrac{6}{25}$ ③ $\dfrac{3}{10}$
④ $\dfrac{5}{16}$ ⑤ $\dfrac{3}{8}$

서술형
03 남학생 5명, 여학생 4명 중에서 회장 1명, 부회장 1명을 뽑을 때, 회장, 부회장으로 모두 여학생이 뽑힐 확률을 구하시오.

04 주머니 속에 빨간 공 6개, 노란 공 7개, 파란 공 x개가 들어 있다. 이 주머니에서 한 개의 공을 꺼낼 때, 꺼낸 공이 빨간 공일 확률은 $\dfrac{3}{10}$이다. 이때 x의 값은?

① 3 ② 4 ③ 5
④ 6 ⑤ 7

05 서로 다른 두 개의 주사위 A, B를 동시에 던질 때, 주사위 A에서 나오는 눈의 수를 x, 주사위 B에서 나오는 눈의 수를 y라 하자. 이때 방정식 $3x-y=2$를 만족할 확률은?

① $\dfrac{1}{18}$ ② $\dfrac{1}{12}$ ③ $\dfrac{1}{9}$
④ $\dfrac{5}{36}$ ⑤ $\dfrac{1}{6}$

06 사건 A가 일어날 확률을 p라 할 때, 다음 중 옳지 <u>않은</u> 것은?

① $p=\dfrac{(사건 \ A가 \ 일어나는 \ 경우의 \ 수)}{(일어나는 \ 모든 \ 경우의 \ 수)}$

② $0 \leq p \leq 1$

③ $p=1$이면 사건 A는 반드시 일어난다.

④ 사건 A가 절대로 일어나지 않으면 $p<0$이다.

⑤ 사건 A가 일어나지 않을 확률은 $1-p$이다.

07 서로 다른 두 개의 주사위를 동시에 던질 때, 나오는 눈의 수의 합이 10 이하일 확률을 구하시오.

08 지수를 포함한 7명의 후보 중에서 대표 2명을 뽑을 때, 지수가 뽑히지 않을 확률을 구하시오.

09 다음 그림은 어느 해의 9월 달력이다. 이 달력에서 하루를 선택할 때, 화요일 또는 목요일일 확률을 구하시오.

9월

일	월	화	수	목	금	토
			1	2	3	4
5	6	7	8	9	10	11
12	13	14	15	16	17	18
19	20	21	22	23	24	25
26	27	28	29	30		

10 서로 다른 세 개의 동전을 동시에 던질 때, 앞면이 2개 이상 나올 확률은?

① $\dfrac{1}{8}$ ② $\dfrac{1}{4}$ ③ $\dfrac{3}{8}$

④ $\dfrac{1}{2}$ ⑤ $\dfrac{5}{8}$

11 오른쪽 그림과 같이 정사각형을 16등분한 과녁에 화살을 두 번 쏠 때, 두 번 모두 색칠한 부분을 맞힐 확률을 구하시오. (단, 화살은 과녁을 벗어나지 않고 경계선에 맞지 않는다.)

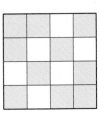

12 어느 야구 시합에서 A 팀이 1차전에서 이길 확률은 30 %, 2차전에서 이길 확률은 60 %라 할 때, A 팀이 1차전에서는 이기고 2차전에서는 질 확률은? (단, 무승부는 없다.)

① $\dfrac{2}{25}$ ② $\dfrac{3}{25}$ ③ $\dfrac{3}{20}$

④ $\dfrac{1}{5}$ ⑤ $\dfrac{1}{4}$

13 오른쪽 그림과 같은 전기 회로에서 두 스위치 A, B가 닫힐 확률이 각각 $\dfrac{1}{3}$, $\dfrac{3}{4}$일 때, 전구에 불이 켜지지 않을 확률을 구하시오.

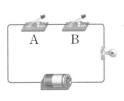

UP
14 클레이 사격에서 두 사격 선수 A, B가 목표물을 맞힐 확률은 각각 $\dfrac{2}{5}$, $\dfrac{2}{3}$이다. A, B가 어떤 목표물을 향해 동시에 한 발씩 쏘았을 때, 그 목표물을 맞힐 확률을 구하시오.

서술형
15 연재가 A 문제를 맞힐 확률이 $\dfrac{3}{4}$, B 문제를 맞힐 확률이 $\dfrac{3}{5}$일 때, A, B 두 문제 중 한 문제만 맞힐 확률을 구하시오.

중단원 **마무리 문제**

16 통 안에 금색 클립 5개, 은색 클립 2개가 들어 있다. 이 통에서 클립 한 개를 꺼내어 색을 확인한 후 다시 넣고 또 한 개를 꺼낼 때, 적어도 하나는 금색 클립을 꺼낼 확률을 구하시오.

17 주머니 속에 빨간 구슬 3개, 파란 구슬 7개가 들어 있다. 이 주머니에서 구슬 한 개를 꺼내어 색을 확인한 후 다시 넣고 또 한 개를 꺼낼 때, 서로 다른 색의 구슬이 나올 확률은?

① $\dfrac{3}{50}$　　② $\dfrac{7}{100}$　　③ $\dfrac{1}{10}$

④ $\dfrac{21}{100}$　　⑤ $\dfrac{21}{50}$

서술형
18 솜사탕을 만드는 기계 안에 분홍색 솜사탕 2개, 하늘색 솜사탕 4개가 들어 있다. 이 기계에서 차례대로 2개를 꺼내어 손님에게 줄 때, 2개 모두 하늘색 솜사탕일 확률을 구하시오. (단, 꺼낸 솜사탕은 다시 넣지 않는다.)

19 상자 속에 들어 있는 50개의 제품 중에서 불량품이 15개 섞여 있다. 이 상자에서 연속하여 제품을 한 개씩 두 번 꺼낼 때, 첫 번째에만 불량품이 나올 확률을 구하시오.
(단, 꺼낸 제품은 다시 넣지 않는다.)

창의·융합 문제

토너먼트는 경기에서 이긴 팀끼리 계속해서 겨루어 우승을 가리는 게임 진행 방식으로, 다음 그림은 어느 탁구 대회의 대진표이다. 각 선수가 경기에서 이길 확률이 $\dfrac{1}{2}$일 때, 은별이와 민상이가 결승전에서 만날 확률을 구하시오. (단, 무승부는 없다.)

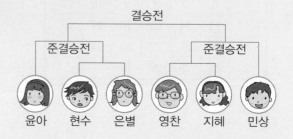

해결의 길잡이

1 은별이가 결승전에 올라갈 확률을 구한다.

2 민상이가 결승전에 올라갈 확률을 구한다.

3 은별이와 민상이가 결승전에서 만날 확률을 구한다.

1 서로 다른 두 개의 주사위를 동시에 던질 때, 나오는 눈의 수의 곱이 짝수일 확률을 구하시오.

2 2부터 6까지의 자연수가 각각 하나씩 적힌 5장의 카드 중에서 한 장을 뽑아 숫자를 확인한 후 다시 넣고 또 한 장을 뽑아 숫자를 확인할 때, 나오는 두 수의 곱이 짝수일 확률을 구하시오.

❶ 두 수의 곱이 짝수가 되는 경우와 홀수가 되는 경우를 생각해 보면?

짝수: (짝수) × (짝수), (짝수) × (⬚),
  (홀수) × (⬚)

홀수: (홀수) × (⬚)

❶ 두 수의 곱이 짝수가 되는 경우와 홀수가 되는 경우를 생각해 보면?

❷ 나오는 눈의 수의 곱이 홀수일 확률을 구하면?

두 눈의 수의 곱이 홀수이려면 두 눈의 수가 모두 홀수이어야 하므로

(두 눈의 수의 곱이 홀수일 확률)

$= \dfrac{1}{2} \times \boxed{} = \boxed{}$ … 50 %

❷ 두 수의 곱이 홀수일 확률을 구하면?

❸ ❷를 이용하여 나오는 눈의 수의 곱이 짝수일 확률을 구하면?

(두 눈의 수의 곱이 짝수일 확률)

$=1-$ (두 눈의 수의 곱이 홀수일 확률)

$=1- \boxed{} = \boxed{}$ … 50 %

❸ ❷를 이용하여 두 수의 곱이 짝수일 확률을 구하면?

↳ 바른답·알찬풀이 69쪽

3 서로 다른 세 개의 동전을 동시에 던질 때, 하나만 뒷면이 나올 확률을 구하시오.

✐ 풀이 과정

답 _____

4 한 개의 주사위를 두 번 던질 때, 첫 번째에 나오는 눈의 수를 a, 두 번째에 나오는 눈의 수를 b라 하자. 이때 직선 $ax-by=2$가 점 $(1, 2)$를 지날 확률을 구하시오.

✐ 풀이 과정

답 _____

5 각 면에 1부터 4까지의 자연수가 각각 하나씩 적힌 정사면체 A와 각 면에 1부터 20까지의 자연수가 각각 하나씩 적힌 정이십면체 B를 동시에 던질 때, 바닥에 오는 면에 적힌 수가 A는 4의 약수, B는 소수일 확률을 구하시오.

✐ 풀이 과정

답 _____

6 어느 지역의 비가 온 날의 다음 날에 비가 오지 않을 확률은 $\frac{1}{3}$이고, 비가 오지 않은 날의 다음 날에 비가 올 확률은 $\frac{1}{6}$이라 한다. 월요일에 비가 왔을 때, 같은 주 수요일에도 비가 올 확률을 구하시오.

✐ 풀이 과정

답 _____

수능 국어에서 자신감을 갖는 방법?
깨독으로 시작하자!

고등 내신과 수능 국어에서 1등급이 되는 비결 -
중등에서 미리 깨운 독해력, 어휘력으로 승부하자!

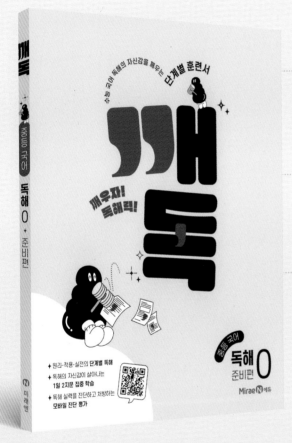

단계별 훈련
독해 원리 → 적용 문제 → 실전 문제로
단계별 독해 훈련

교과·수능 연계
중학교 교과서와 수능 연계 지문으로
수준별 독해 훈련

독해력 진단
모바일 진단 평가를 통한
개인별 독해 전략 처방

| 추천 대상 |

• 중등 학습의 기본이 되는 문해력을 기르고 싶은 초등 5~6학년
• 중등 전 교과 연계 지문을 바탕으로 독해의 기본기를 습득하고 싶은 중학생
• 고등 국어의 내신과 수능에서 1등급을 목표로 훈련하고 싶은 중학생

중등 국어 교과 필수 개념 및 어휘를 '종합편'으로,
수능 국어 기초 어휘를 '수능편'으로 대비하자.

수능 국어 독해의 자신감을 깨우는
단계별 독해 훈련서

깨독 시리즈 (전6책)

[독해] 0_준비편, 1_기본편, 2_실력편, 3_수능편
[어휘] 1_종합편, 2_수능편

독해의 시작은
어휘력에서!

중등 도서안내

개념 잡고 성적 올리는 필수 개념서

올리드

익힘교재편 중등 **수학 2**(하)

Mirae **N** 에듀

올리드 100점 전략

1 교과서 개념을 알차게 정리한 **47개의 개념 꽉 잡기**

2 개념별 대표 문제부터 실전 문제까지 **체계적인 유형 학습으로 문제 싹 잡기**

3 핵심 문제부터 기출 문제까지 **완벽한 반복 학습으로 시험 확 잡기**

4 문제별 특성에 맞춘 **자세하고 친절한 풀이로 오답 꼭 잡기**

개념교재편

익힘교재편

바른답·알찬풀이

익힘 교재편

중등 수학 2(하)

❶ 이등변삼각형

01 이등변삼각형의 뜻과 성질

(1) 이등변삼각형: 두 ①[   ]의 길이가 같은 삼각형

(2) 이등변삼각형의 성질

      ┌→ 밑변의 양 끝 각

  ① 두 ②[   ]의 크기는 같다.

  ② ③[   ]의 이등분선은 밑변을 수직이

      └→ 길이가 같은 두 변이 이루는 각

    등분한다.

02 이등변삼각형이 되는 조건

두 내각의 크기가 같은 삼각형은 이등변삼각형이다.

❷ 직각삼각형의 합동 조건

01 직각삼각형의 합동 조건

두 직각삼각형은 다음 각 경우에 서로 합동이다.

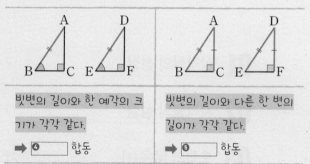

빗변의 길이와 한 예각의 크기가 각각 같다.	빗변의 길이와 다른 한 변의 길이가 각각 같다.
➡ ④[ ] 합동	➡ ⑤[ ] 합동

02 각의 이등분선의 성질

(1) 각의 이등분선 위의 한 점에서 그 각을 이루는 두 변까지의 거리는 같다.

(2) 각을 이루는 두 변에서 같은 거리에 있는 점은 그 각의 이등분선 위에 있다.

❸ 삼각형의 외심과 내심

01 삼각형의 외심

(1) 외접원과 외심: 한 삼각형의 세 꼭짓점이 원 O 위에 있을 때, 원 O는 이 삼각형에 ⑥[   ]한다고 한다. 이때 원 O를 삼각형의 외접원, 외접원의 중심 O를 삼각형의 ⑦[   ]이라 한다.

(2) 삼각형의 외심의 성질

  ① 삼각형의 세 변의 수직이등분선은 한 점(외심)에서 만난다.

  ② 삼각형의 외심에서 세 ⑧[   ]에 이르는 거리는 같다.

(3) 삼각형의 외심의 위치

  ① 예각삼각형: 삼각형의 내부

  ② 직각삼각형: 빗변의 중점 ──→ (외접원의 반지름의 길이)

                           $= \frac{1}{2} \times$ (빗변의 길이)

  ③ 둔각삼각형: 삼각형의 외부

02 삼각형의 외심의 응용

점 O가 △ABC의 외심일 때

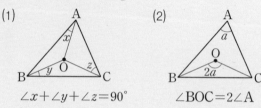

(1) $\angle x + \angle y + \angle z = 90°$

(2) $\angle BOC = 2\angle A$

03 삼각형의 내심

(1) 내접원과 내심: 한 삼각형의 세 변이 원 I에 접할 때, 원 I는 이 삼각형에 ⑨[   ]한다고 한다. 이때 원 I를 삼각형의 내접원, 내접원의 중심 I를 삼각형의 ⑩[   ]이라 한다.

(2) 삼각형의 내심의 성질

  ① 삼각형의 세 내각의 이등분선은 한 점(내심)에서 만난다.

  ② 삼각형의 내심에서 세 ⑪[   ]에 이르는 거리는 같다.

04 삼각형의 내심의 응용

(1) 점 I가 △ABC의 내심일 때

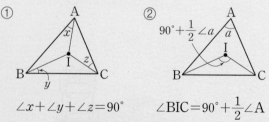

$\angle x + \angle y + \angle z = 90°$　　$\angle BIC = 90° + \frac{1}{2}\angle A$

(2) △ABC의 세 변의 길이가 각각 a, b, c이고 내접원 I의 반지름의 길이를 r라 할 때,

$$\triangle ABC = \frac{1}{2}r(a+b+c)$$

               └→ △ABC의 둘레의 길이

01 다음 그림과 같이 $\overline{AB}=\overline{AC}$인 이등변삼각형 ABC에서 $\angle x$의 크기를 구하시오.

(1)

답 _____

(2)
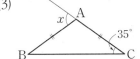

답 _____

(3)

답 _____

02 다음 그림과 같이 $\overline{AB}=\overline{AC}$인 이등변삼각형 ABC에서 x의 값을 구하시오.

(1)
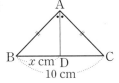

답 _____

(2)
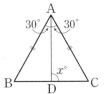

답 _____

(3)
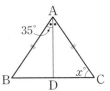

답 _____

03 오른쪽 그림과 같은 이등변삼각형 ABC에서 $\angle B$는 꼭지각이고 $\triangle ABC$의 둘레의 길이가 35 cm일 때, $\overline{AB}$의 길이를 구하시오.

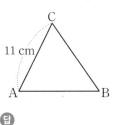

답 _____

04 오른쪽 그림과 같은 $\triangle ABC$에서 $\overline{AD}=\overline{BD}=\overline{CD}$이고 $\angle B=30°$일 때, 다음을 구하시오.

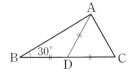

(1) $\angle ADC$의 크기

답 _____

(2) $\angle C$의 크기

답 _____

05 오른쪽 그림과 같이 $\overline{AB}=\overline{AC}$인 이등변삼각형 ABC에서 $\angle BCD=\angle DCA$이고 $\angle B=70°$일 때, 다음을 구하시오.

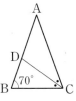

(1) $\angle DCB$의 크기

답 _____

(2) $\angle ADC$의 크기

답 _____

01 다음 그림과 같은 △ABC에서 x의 값을 구하시오.

(1)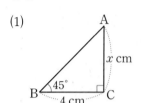

답 _____

(2)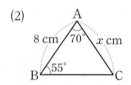

답 _____

(3)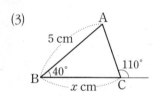

답 _____

02 오른쪽 그림과 같이 ∠B=90°인 직각삼각형 ABC에서 다음을 구하시오.

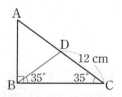

(1) $\overline{BD}$의 길이

답 _____

(2) ∠A의 크기

답 _____

(3) $\overline{AD}$의 길이

답 _____

03 오른쪽 그림과 같은 △ABC에서 ∠B=∠C, $\overline{AD}\perp\overline{BC}$이다. $\overline{BC}=8$ cm일 때, $\overline{BD}$의 길이를 구하시오.

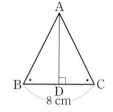

답 _____

04 다음은 오른쪽 그림과 같이 $\overline{AB}=\overline{AC}$인 이등변삼각형 ABC에서 ∠B와 ∠C의 이등분선의 교점을 D라 할 때, △DBC가 이등변삼각형임을 설명하는 과정이다. ☐ 안에 알맞은 것을 써넣으시오.

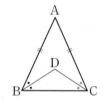

△ABC에서 ∠ABC=☐ 이므로

∠DBC=☐∠ABC=$\frac{1}{2}$☐=☐

따라서 △DBC는 $\overline{DB}=$☐인 이등변삼각형이다.

05 직사각형 모양의 종이를 다음 그림과 같이 접었을 때, x의 값을 구하시오.

(1)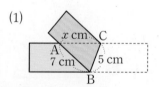

답 _____

(2)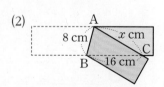

답 _____

01 오른쪽 그림과 같이 $\overline{AB}=\overline{AC}$인 이등변삼각형 ABC에서 ∠$x$의 크기를 구하시오.

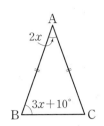

02 오른쪽 그림에서 $\overline{AB}=\overline{AC}=\overline{CD}$이고 ∠B=25°일 때, ∠$x$의 크기는?

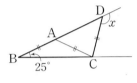

① 100° ② 110° ③ 120°
④ 130° ⑤ 140°

03 오른쪽 그림과 같이 $\overline{AB}=\overline{BC}$인 이등변삼각형 ABC에서 $\overline{BD}$가 ∠B의 이등분선이고 ∠ABC=60°, $\overline{AB}$=8 cm일 때, $\overline{AD}$의 길이를 구하시오.

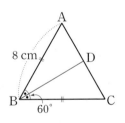

04 오른쪽 그림과 같이 $\overline{AB}=\overline{AC}$인 이등변삼각형 ABC에서 ∠A의 이등분선과 $\overline{BC}$의 교점을 D라 하자.
∠B=45°, $\overline{BD}$=6 cm일 때, $x+y$의 값을 구하시오.

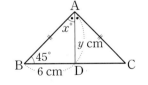

05 오른쪽 그림과 같이 $\overline{AB}=\overline{AC}$인 이등변삼각형 ABC에서 $\overline{BD}$는 ∠B의 이등분선이고 ∠C=72°, $\overline{BC}$=8 cm일 때, $\overline{AD}$의 길이를 구하시오.

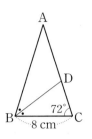

06 직사각형 모양의 종이를 오른쪽 그림과 같이 접었다. $\overline{EG}$=4 cm, $\overline{EF}$=5 cm일 때, △EGF의 둘레의 길이를 구하시오.

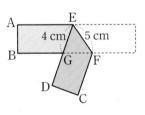

07 오른쪽 그림과 같이 $\overline{AB}=\overline{AC}$인 이등변삼각형 ABC에서 ∠C의 이등분선과 ∠B의 외각의 이등분선의 교점을 D라 하자. ∠A=56°일 때, ∠x의 크기는?

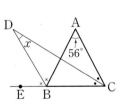

① 24° ② 26° ③ 28°
④ 30° ⑤ 32°

익힘문제 개념 03 직각삼각형의 합동 조건; RHA 합동

❷ 직각삼각형의 합동 조건

바른답·알찬풀이 72쪽

01 다음은 두 직각삼각형 ABC와 DEF가 서로 합동임을 설명하는 과정이다. □ 안에 알맞은 것을 써넣으시오.

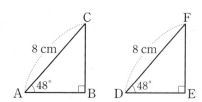

> △ABC와 △DEF에서
> ∠B=∠E=□°,
> □=$\overline{DF}$=8 cm,
> ∠A=□=48°
> ∴ □≡△DEF (□ 합동)

02 다음 **보기**의 직각삼각형 중 오른쪽 그림과 같은 직각삼각형과 서로 합동인 것을 모두 고르시오.

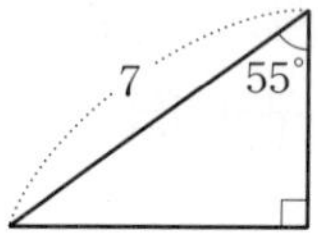

보기

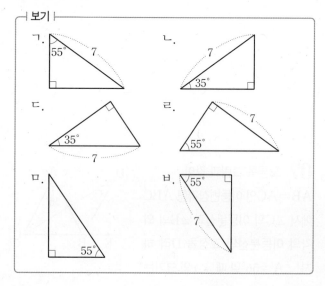

답 ______

03 오른쪽 그림과 같이 ∠C=90°, $\overline{AC}=\overline{BC}$인 직각이등변삼각형 ABC의 꼭짓점 A, B에서 꼭짓점 C를 지나는 직선 l에 내린 수선의 발을 각각 D, E라 할 때, 다음 물음에 답하시오.

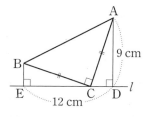

(1) △ACD와 △CBE가 서로 합동임을 설명하는 과정이다. □ 안에 알맞은 것을 써넣으시오.

> △ACD와 △CBE에서
> ∠D=∠E=□°,
> $\overline{AC}$=□,
> ∠ACD+∠BCE=□°이고
> ∠CBE+∠BCE=90°이므로
> ∠ACD=□
> ∴ △ACD≡□ (□ 합동)

(2) $\overline{BE}$의 길이를 구하시오. 답 ______

04 오른쪽 그림과 같이 ∠C=90°인 직각삼각형 ABC에서 ∠ABD=∠CBD이고 $\overline{AB}\perp\overline{DE}$이다. $\overline{AB}$=7 cm, $\overline{BC}$=5 cm일 때, 다음 물음에 답하시오.

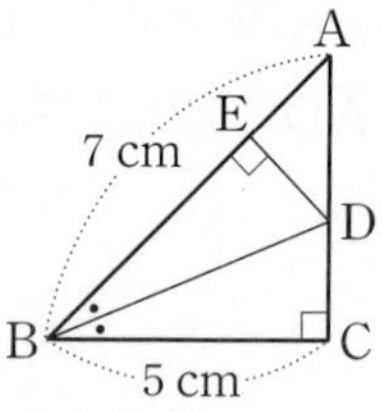

(1) △BDE와 서로 합동인 삼각형을 찾아 기호 ≡를 사용하여 나타내시오. 답 ______

(2) $\overline{AE}$의 길이를 구하시오.

답 ______

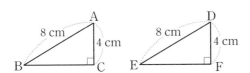
01 다음은 두 직각삼각형 ABC와 DEF가 서로 합동임을 설명하는 과정이다. ☐ 안에 알맞은 것을 써넣으시오.

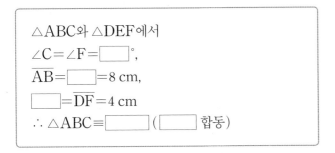

△ABC와 △DEF에서

∠C=∠F=☐°,

$\overline{AB}$=☐=8 cm,

☐=$\overline{DF}$=4 cm

∴ △ABC≡☐ (☐ 합동)

02 다음 **보기**의 직각삼각형 중 오른쪽 그림과 같은 직각삼각형과 서로 합동인 것을 모두 고르시오.

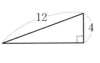

┤ 보기 ├

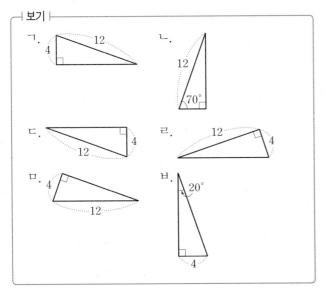

답 _____

03 오른쪽 그림과 같이 ∠B=90°인 직각삼각형 ABC에서 $\overline{CB}=\overline{CE}$, $\overline{AC}\perp\overline{DE}$일 때, 다음 물음에 답하시오.

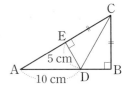

(1) △CBD와 △CED가 서로 합동임을 설명하는 과정이다. ☐ 안에 알맞은 것을 써넣으시오.

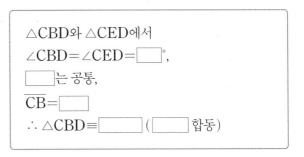

△CBD와 △CED에서

∠CBD=∠CED=☐°,

☐는 공통,

$\overline{CB}$=☐

∴ △CBD≡☐ (☐ 합동)

(2) $\overline{AB}$의 길이를 구하시오. 답 _____

04 오른쪽 그림과 같은 △ABC에서 $\overline{BC}$의 중점을 D라 하고, 점 D에서 $\overline{AB}$, $\overline{AC}$에 내린 수선의 발을 각각 E, F라 하자. $\overline{DE}=\overline{DF}$이고 ∠B=40°일 때, 다음 물음에 답하시오.

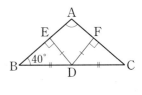

(1) △BDE와 서로 합동인 삼각형을 찾아 기호 ≡를 사용하여 나타내시오. 답 _____

(2) ∠A의 크기를 구하시오.

답 _____

01 다음은 각의 이등분선 위의 한 점에서 그 각을 이루는 두 변까지의 거리는 같음을 설명하는 과정이다. ☐ 안에 알맞은 것을 써넣으시오.

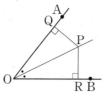

점 P가 ∠AOB의 이등분선 위의 점일 때, 점 P에서 $\overrightarrow{OA}$, $\overrightarrow{OB}$에 내린 수선의 발을 각각 Q, R라 하자.
△OPQ와 △OPR에서
☐ = ∠ORP = 90°,
$\overline{OP}$는 공통,
∠POQ = ☐
∴ △OPQ ≡ △OPR (☐ 합동)
따라서 $\overline{PQ} = \overline{PR}$이므로 점 P에서 $\overrightarrow{OA}$, $\overrightarrow{OB}$까지의 거리는 같다.

02 다음 그림에서 x의 값을 구하시오.

(1)
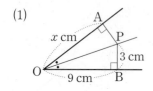

답 _____

(2)
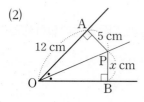

답 _____

(3)
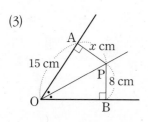

답 _____

03 다음 그림에서 ∠x의 크기를 구하시오.

(1)
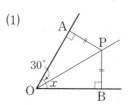

답 _____

(2)
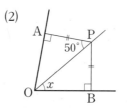

답 _____

04 오른쪽 그림과 같이 점 P가 $\overrightarrow{OA}$, $\overrightarrow{OB}$로부터 같은 거리에 있을 때, 다음 보기 중 옳지 않은 것을 모두 고르시오.

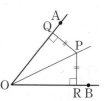

┤ 보기 ├
ㄱ. $\overline{OQ} = \overline{OR}$　　　　ㄴ. $\overline{OP} = 2\overline{PQ}$
ㄷ. ∠OPQ = ∠OPR　　　ㄹ. ∠POQ = ∠POR

답 _____

05 오른쪽 그림과 같이 ∠C = 90°인 직각삼각형 ABC에서 $\overline{AD}$는 ∠A의 이등분선이고 $\overline{AB} \perp \overline{DE}$이다. △ABD의 넓이가 104 cm²일 때, 다음을 구하시오.

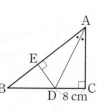

(1) $\overline{DE}$의 길이　　　답 _____

(2) $\overline{AB}$의 길이　　　답 _____

01 다음 중 오른쪽 그림과 같은 두 직각삼각형 ABC, DEF가 서로 합동이라 할 수 <u>없는</u> 것은?

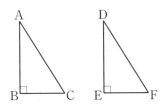

① $\overline{AC}=\overline{DF}$, $\overline{BC}=\overline{EF}$
② $\overline{AB}=\overline{DE}$, $\overline{BC}=\overline{EF}$
③ $\angle A=\angle D$, $\overline{AB}=\overline{DE}$
④ $\angle C=\angle F$, $\overline{AC}=\overline{DF}$
⑤ $\angle A=\angle D$, $\angle C=\angle F$

02 오른쪽 그림과 같이 선분 AB의 중점 P를 지나는 직선 l이 있다. 선분의 양 끝 점 A, B에서 직선 l에 내린 수선의 발을 각각 C, D라 하자. $\overline{AC}=4$ cm, $\overline{CP}=6$ cm일 때, $\overline{PD}$의 길이를 구하시오.

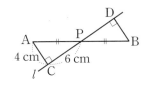

03 오른쪽 그림과 같이 $\angle C=90°$, $\overline{AC}=\overline{BC}$인 직각이등변삼각형 ABC의 꼭짓점 A, B에서 꼭짓점 C를 지나는 직선에 내린 수선의 발을 각각 D, E라 하자. $\overline{AD}=5$ cm, $\overline{BE}=8$ cm일 때, $\overline{DE}$의 길이는?

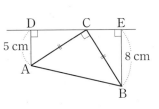

① 11 cm ② 12 cm ③ 13 cm
④ 14 cm ⑤ 15 cm

04 오른쪽 그림과 같이 $\angle XOY$의 이등분선 위의 한 점 P에서 $\overrightarrow{OX}$, $\overrightarrow{OY}$에 내린 수선의 발을 각각 A, B라 할 때, 사각형 AOBP의 둘레의 길이를 구하시오.

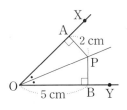

05 오른쪽 그림과 같이 $\angle C=90°$인 직각삼각형 ABC에서 $\overline{AB}\perp\overline{ED}$, $\overline{AD}=\overline{DE}=\overline{CE}$일 때, $\angle ABE$의 크기를 구하시오.

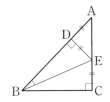

06 오른쪽 그림과 같은 △ABC에서 $\overline{AB}\perp\overline{DE}$, $\overline{AC}\perp\overline{DF}$이고 $\overline{DE}=\overline{DF}$이다. $\angle BAC=50°$일 때, $\angle x$의 크기를 구하시오.

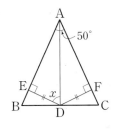

07 오른쪽 그림과 같이 $\angle C=90°$인 직각삼각형 ABC에서 $\angle A$의 이등분선이 $\overline{BC}$와 만나는 점을 D라 하자. $\overline{AB}\perp\overline{DE}$이고 $\overline{AB}=15$ cm, $\overline{BC}=12$ cm, $\overline{CA}=9$ cm일 때, △ADC의 넓이를 구하시오.

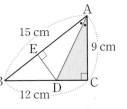

01 오른쪽 그림에서 점 O가 △ABC의 외심일 때, 다음 중 옳은 것은 ○표, 옳지 않은 것은 ×표를 하시오.

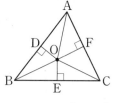

(1) $\overline{OA}=\overline{OC}$ (   )

(2) $\overline{BD}=\overline{BE}$ (   )

(3) $\overline{OD}=\overline{OE}$ (   )

(4) $\angle OBE=\angle OCE$ (   )

(5) $\triangle OAD\equiv\triangle OBD$ (   )

02 다음 그림에서 점 O가 △ABC의 외심일 때, x의 값을 구하시오.

(1)

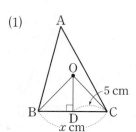

답 _____

(2)

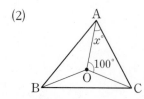

답 _____

(3)

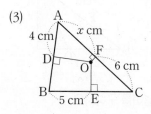

답 _____

03 다음 그림에서 점 O가 직각삼각형 ABC의 외심일 때, x의 값을 구하시오.

(1)

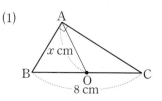

답 _____

(2)

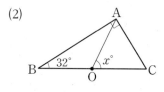

답 _____

(3)

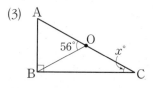

답 _____

04 오른쪽 그림에서 점 O는 $\angle C=90°$인 직각삼각형 ABC의 외심이다. $\overline{AB}=13$ cm, $\overline{BC}=5$ cm, $\overline{CA}=12$ cm일 때, 다음을 구하시오.

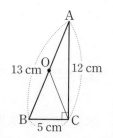

(1) △ABC의 외접원의 반지름의 길이

답 _____

(2) △ABC의 외접원의 둘레의 길이

답 _____

01 다음 그림에서 점 O가 △ABC의 외심일 때, ∠x의 크기를 구하시오.

(1)
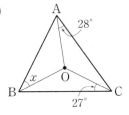

답 _____

(2)
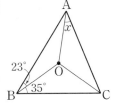

답 _____

(3)
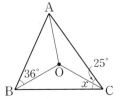

답 _____

02 오른쪽 그림에서 점 O는 △ABC의 외심이다. ∠OBC＝40°, ∠OCA＝24°일 때, ∠A의 크기를 구하시오.

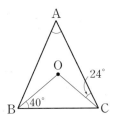

답 _____

03 다음 그림에서 점 O가 △ABC의 외심일 때, ∠x의 크기를 구하시오.

(1)
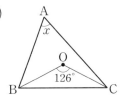

답 _____

(2)
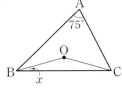

답 _____

(3)
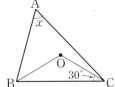

답 _____

04 오른쪽 그림에서 점 O는 △ABC의 외심이다. ∠OAB＝30°, ∠OCA＝25°일 때, 다음을 구하시오.

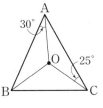

(1) ∠OBC의 크기

답 _____

(2) ∠BOC의 크기

답 _____

01 다음 그림에서 $\overrightarrow{PA}$가 원 O의 접선일 때, $\angle x$의 크기를 구하시오.

(1)

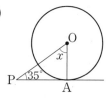

답 _____

(2)

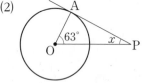

답 _____

02 오른쪽 그림에서 점 I가 △ABC의 내심일 때, 다음 중 옳은 것은 ○표, 옳지 않은 것은 ×표를 하시오.

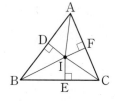

(1) $\angle IAD = \angle IAF$　　　　　(　)

(2) $\angle IBE = \angle ICE$　　　　　(　)

(3) $\overline{IE} = \overline{IF}$　　　　　　(　)

(4) $\overline{IA} = \overline{IC}$　　　　　　(　)

(5) $\triangle IBD \equiv \triangle IBE$　　　　(　)

03 다음 그림에서 점 I가 △ABC의 내심일 때, $\angle x$의 크기를 구하시오.

(1)

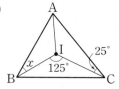

답 _____

(2)

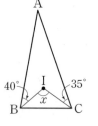

답 _____

04 다음 그림에서 점 I가 △ABC의 내심일 때, x의 값을 구하시오.

(1)

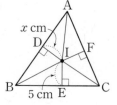

답 _____

(2)

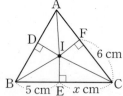

답 _____

05 오른쪽 그림에서 점 I가 △ABC의 내심일 때, $\angle x$의 크기를 구하시오.

답 _____

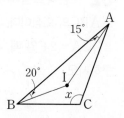

01 다음 그림에서 점 I가 △ABC의 내심일 때, ∠x의 크기를 구하시오.

(1)

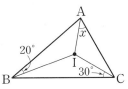

답 _____

(2)

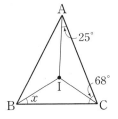

답 _____

02 오른쪽 그림에서 점 I가 △ABC의 내심일 때, ∠x의 크기를 구하시오.

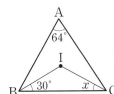

답 _____

03 다음 그림에서 점 I가 △ABC의 내심일 때, ∠x의 크기를 구하시오.

(1)

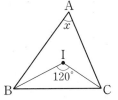

답 _____

(2)

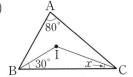

답 _____

04 오른쪽 그림에서 점 I는 △ABC의 내심이다. 내접원 I의 반지름의 길이가 4 cm이고 △ABC의 넓이가 100 cm²일 때, △ABC의 둘레의 길이를 구하시오.

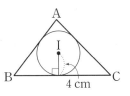

답 _____

05 오른쪽 그림에서 점 I가 직각삼각형 ABC의 내심일 때, 내접원 I의 반지름의 길이를 구하시오.

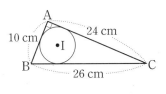

답 _____

06 다음 그림에서 점 I는 △ABC의 내심이고 세 점 D, E, F는 각각 내접원과 $\overline{AB}$, $\overline{BC}$, $\overline{CA}$의 접점일 때, x의 값을 구하시오.

(1)

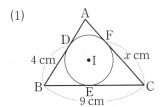

답 _____

(2)

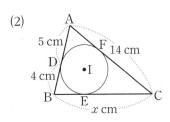

답 _____

01 오른쪽 그림에서 점 O가 △ABC의 외심일 때, 다음 중 △OAD와 넓이가 항상 같은 삼각형은?

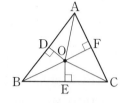

① △OBD   ② △OBE   ③ △OCE
④ △OCF   ⑤ △OAF

02 오른쪽 그림에서 점 O는 ∠C=90°인 직각삼각형 ABC의 외심이다. $\overline{AC}$=8 cm, $\overline{BC}$=6 cm일 때, △OCA의 넓이를 구하시오.

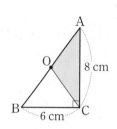

03 오른쪽 그림에서 점 O는 △ABC의 외심이다. ∠OBA=30°, ∠OAC=20°일 때, ∠x의 크기는?

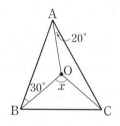

① 100°   ② 110°
③ 120°   ④ 130°
⑤ 140°

04 오른쪽 그림에서 점 I는 △ABC의 내심이다. ∠A=50°, ∠ICA=34°일 때, ∠x의 크기를 구하시오.

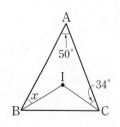

05 오른쪽 그림에서 두 점 O, I는 각각 △ABC의 외심과 내심이다. ∠A=32°일 때, ∠y−∠x의 크기를 구하시오.

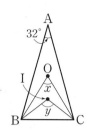

06 오른쪽 그림에서 점 I는 △ABC의 내심이고 $\overline{DE}$∥$\overline{BC}$ 일 때, △ADE의 둘레의 길이를 구하시오.

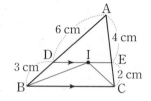

07 다음 그림에서 점 I는 ∠C=90°인 직각삼각형 ABC의 내심이다. $\overline{AB}$=25 cm, $\overline{BC}$=24 cm, $\overline{CA}$=7 cm일 때, 내접원 I의 넓이를 구하시오.

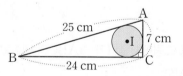

08 오른쪽 그림에서 점 I는 △ABC의 내심이고 세 점 D, E, F는 각각 내접원과 $\overline{AB}$, $\overline{BC}$, $\overline{CA}$의 접점이다. $\overline{AB}$=8 cm, $\overline{BC}$=11 cm, $\overline{CA}$=13 cm일 때, $\overline{AD}$의 길이를 구하시오.

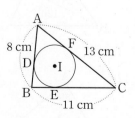

02 사각형의 성질

📖 바른답·알찬풀이 76쪽

❶ 평행사변형

01 평행사변형의 뜻과 성질

(1) 사각형 ABCD를 기호로 ❶ [   ]와 같이 나타낸다.

(2) 평행사변형: 마주 보는 두 쌍의 ❷ [ ]이 서로 평행한 사각형

(3) 평행사변형의 성질

　① 두 쌍의 대변의 길이는 각각 같다.

　② 두 쌍의 ❸ [ ]의 크기는 각각 같다.

　③ 두 대각선은 서로를 이등분한다.

02 평행사변형이 되는 조건

(1) 두 쌍의 대변이 각각 평행하다. → 평행사변형의 뜻

(2) 두 쌍의 대변의 길이가 각각 같다.

(3) 두 쌍의 대각의 크기가 각각 같다. ⎬ 평행사변형의 성질

(4) 두 대각선이 서로를 이등분한다.

(5) 한 쌍의 대변이 ❹ [ ]하고, 그 길이가 같다.

03 평행사변형과 넓이

(1) $\triangle ABC = \triangle BCD = \triangle CDA$
　$= \triangle DAB$
　$= \dfrac{1}{2}\square ABCD$

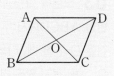

(2) $\triangle ABO = \triangle BCO = \triangle CDO = \triangle DAO = \dfrac{1}{❺}\square ABCD$

(3) $\triangle PAB + \triangle PCD$
　$= \triangle PDA + \triangle PBC$
　$= \dfrac{1}{2}\square ABCD$

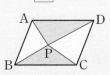

❷ 여러 가지 사각형

01 여러 가지 사각형의 뜻

(1) ❻ [   ]: 네 내각의 크기가 90°로 모두 같은 사각형

(2) ❼ [   ]: 네 변의 길이가 모두 같은 사각형

(3) ❽ [   ]: 네 변의 길이가 모두 같고, 네 내각의 크기가 90°로 모두 같은 사각형 → 정사각형은 직사각형이면서 마름모이다.

(4) ❾ [   ]: 아랫변의 양 끝 각의 크기가 같은 사다리꼴

02 여러 가지 사각형의 성질

(1) 직사각형: 두 대각선은 길이가 같고, 서로를 이등분한다.

(2) 마름모: 두 대각선은 서로를 ❿ [   ]한다.

(3) 정사각형: 두 대각선은 길이가 같고, 서로를 수직이등분한다.

(4) 등변사다리꼴

　① 평행하지 않은 한 쌍의 대변의 길이가 같다.

　② 두 대각선의 길이가 같다.

03 여러 가지 사각형 사이의 관계

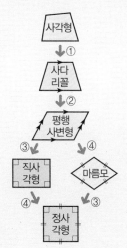

① 한 쌍의 대변이 평행하다.

② 다른 한 쌍의 대변이 평행하다.

③ 한 내각이 직각이거나 두 대각선의 길이가 같다.

④ 이웃하는 두 변의 길이가 같거나 두 대각선이 서로 수직이다.

❸ 평행선과 넓이

01 평행선과 삼각형의 넓이

(1)
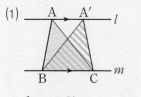
$l /\!/ m$이면
$\triangle ABC = \triangle A'BC$

(2)
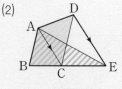
$\overline{AC} /\!/ \overline{DE}$이면
↳ $\triangle ACD = \triangle ACE$
$\square ABCD = \triangle ABE$

02 높이가 같은 두 삼각형의 넓이의 비

$\overline{BC} : \overline{CD} = m : n$이면

$\triangle ABC : \triangle ACD = $ ⓫ [ ] $:$ ⓬ [ ]

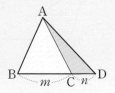

01 다음 그림과 같은 평행사변형 ABCD에서 x, y의 값을 각각 구하시오. (단, 점 O는 두 대각선의 교점이다.)

(1)
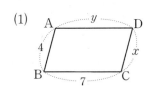

답 _____

(2)
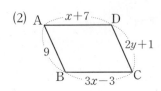

답 _____

(3)
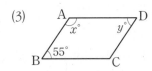

답 _____

(4)
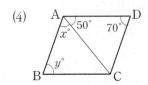

답 _____

(5)
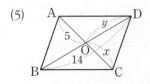

답 _____

(6)
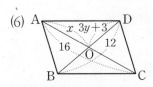

답 _____

02 다음 그림과 같은 평행사변형 ABCD에서 $\angle x$, $\angle y$의 크기를 각각 구하시오. (단, 점 O는 두 대각선의 교점이다.)

(1)
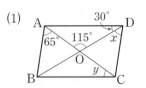

답 _____

(2)
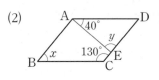

답 _____

03 오른쪽 그림과 같은 평행사변형 ABCD에서 두 대각선의 교점을 O라 할 때, 다음 중 옳은 것은 ○표, 옳지 않은 것은 ×표를 하시오.

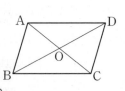

(1) $\overline{AD} = \overline{BC}$ ( )

(2) $\overline{OB} = \overline{OC}$ ( )

(3) $\angle BAD = \angle BCD$ ( )

(4) $\angle ABD = \angle BDC$ ( )

(5) $\triangle AOD \equiv \triangle COB$ ( )

바른답·알찬풀이 76쪽

개념 11 평행사변형이 되는 조건

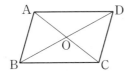

01 오른쪽 그림과 같은 □ABCD에서 두 대각선의 교점을 O라 하자. □ABCD가 평행사변형이 되기 위한 조건을 □ 안에 써넣으시오.

(1) $\overline{AB}$ // □, $\overline{AD}$ // □

(2) $\overline{AB}$=□, $\overline{AD}$=□

(3) ∠BAD=□, ∠ABC=□

(4) $\overline{OA}$=□, $\overline{OB}$=□

(5) $\overline{AB}$ // □, $\overline{AB}$=□

02 다음은 두 쌍의 대각의 크기가 각각 같은 사각형은 평행사변형임을 설명하는 과정이다. □ 안에 알맞은 것을 써넣으시오.

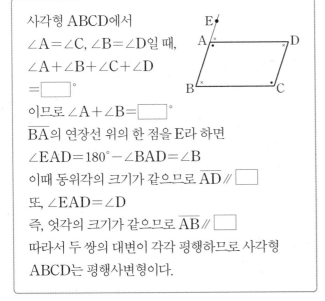

> 사각형 ABCD에서
> ∠A=∠C, ∠B=∠D일 때,
> ∠A+∠B+∠C+∠D
> =□°
> 이므로 ∠A+∠B=□°
> $\overline{BA}$의 연장선 위의 한 점을 E라 하면
> ∠EAD=180°−∠BAD=∠B
> 이때 동위각의 크기가 같으므로 $\overline{AD}$ // □
> 또, ∠EAD=∠D
> 즉, 엇각의 크기가 같으므로 $\overline{AB}$ // □
> 따라서 두 쌍의 대변이 각각 평행하므로 사각형 ABCD는 평행사변형이다.

03 다음 그림과 같은 □ABCD가 평행사변형이 되도록 하는 x, y의 값을 각각 구하시오.

(단, 점 O는 두 대각선의 교점이다.)

(1)

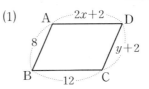

답 ____________

(2)

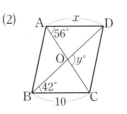

답 ____________

(3)

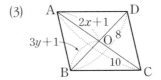

답 ____________

04 다음은 평행사변형 ABCD의 대각선 AC 위에 $\overline{OE}$=$\overline{OF}$가 되도록 두 점 E, F를 각각 잡을 때, □EBFD가 평행사변형임을 설명하는 과정이다. □ 안에 알맞은 것을 써넣으시오. (단, 점 O는 두 대각선의 교점이다.)

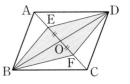

> □EBFD에서
> $\overline{OE}$=□ ······ ㉠
> □ABCD는 평행사변형이므로
> $\overline{OB}$=□ ······ ㉡
> ㉠, ㉡에서 두 □이 서로를 이등분하므로
> □EBFD는 평행사변형이다.

01 다음 그림과 같은 평행사변형 ABCD에서 두 대각선의 교점을 O라 하자. □ABCD의 넓이가 32 cm²일 때, 색칠한 부분의 넓이를 구하시오.

(1)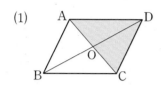

답 _____

(2)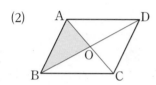

답 _____

(3)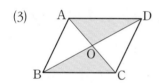

답 _____

02 오른쪽 그림과 같은 평행사변형 ABCD에서 두 대각선의 교점을 O라 하자. △AOD의 넓이가 6 cm²일 때, 다음을 구하시오.

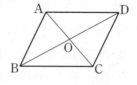

(1) △COD의 넓이 답 _____

(2) △BCD의 넓이 답 _____

(3) □ABCD의 넓이 답 _____

03 아래 그림과 같은 평행사변형 ABCD의 내부의 한 점 P에 대하여 다음 물음에 답하시오.

(1) △PAB의 넓이가 8 cm², △PCD의 넓이가 9 cm², △PDA의 넓이가 6 cm²일 때, △PBC의 넓이를 구하시오.

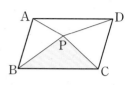

답 _____

(2) □ABCD의 넓이가 48 cm²일 때, △PAB와 △PCD의 넓이의 합을 구하시오.

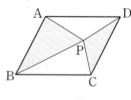

답 _____

(3) □ABCD의 넓이가 40 cm², △PBC의 넓이가 11 cm²일 때, △PDA의 넓이를 구하시오.

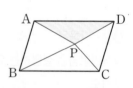

답 _____

04 오른쪽 그림과 같은 평행사변형 ABCD의 내부의 한 점 P에 대하여 △PAB의 넓이가 8 cm², △PCD의 넓이가 10 cm²일 때, □ABCD의 넓이를 구하시오.

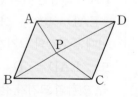

답 _____

01 오른쪽 그림과 같은 평행사변형 ABCD에서 두 대각선의 교점을 O라 하자. ∠DAC=42°, ∠DBC=23°일 때, ∠x의 크기를 구하시오.

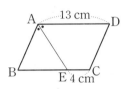

02 오른쪽 그림과 같은 평행사변형 ABCD에서 $\overline{AE}$는 ∠A의 이등분선이다. $\overline{AD}$=13 cm, $\overline{EC}$=4 cm일 때, $\overline{AB}$의 길이를 구하시오.

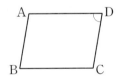

03 오른쪽 그림과 같은 평행사변형 ABCD에서 ∠A : ∠B=5 : 4일 때, ∠D의 크기를 구하시오.

04 □ABCD에서 $\overline{AD}$=14, $\overline{CD}$=10, ∠CAD=35°일 때, 다음 **보기** 중 □ABCD가 평행사변형이 되기 위해 필요한 조건을 모두 고르시오.

┤ 보기 ├
ㄱ. $\overline{AB}$=14, $\overline{BC}$=10
ㄴ. ∠ACB=35°, $\overline{BC}$=14
ㄷ. ∠BAC=35°, $\overline{AB}$=10

05 오른쪽 그림과 같은 평행사변형 ABCD에서 두 대각선의 교점을 O라 하고 $\overline{OA}$, $\overline{OB}$, $\overline{OC}$, $\overline{OD}$의 중점을 각각 P, Q, R, S라 할 때, 다음 중 □PQRS가 평행사변형이 되는 조건으로 가장 알맞은 것은?

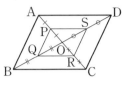

① 두 쌍의 대변이 각각 평행하다.
② 두 쌍의 대변의 길이가 각각 같다.
③ 두 쌍의 대각의 크기가 각각 같다.
④ 한 쌍의 대변이 평행하고, 그 길이가 같다.
⑤ 두 대각선이 서로를 이등분한다.

06 오른쪽 그림과 같은 평행사변형 ABCD에서 두 대각선의 교점을 O라 하자. △ABC의 넓이가 16 cm²일 때, △DBC의 넓이를 구하시오.

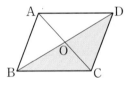

07 오른쪽 그림과 같은 평행사변형 ABCD의 내부의 한 점 P에 대하여 △PAB : △PCD=3 : 1이다. □ABCD의 넓이가 72 cm²일 때, △PAB의 넓이를 구하시오.

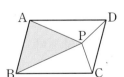

01 오른쪽 그림과 같은 직사각형 ABCD에서 두 대각선의 교점을 O라 할 때, 다음 중 옳은 것은 ○표, 옳지 않은 것은 ×표를 하시오.

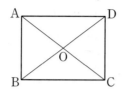

(1) $\overline{AD} /\!/ \overline{BC}$ ( )

(2) $\angle A = \angle B$ ( )

(3) $\overline{DC} = \overline{OD}$ ( )

(4) $\overline{OA} = \overline{OB}$ ( )

(5) $\angle ABD = \angle ADB$ ( )

02 오른쪽 그림과 같은 직사각형 ABCD에서 두 대각선의 교점을 O라 할 때, 다음을 구하시오.

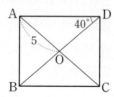

(1) $\angle ABD$의 크기 답 _____

(2) $\overline{OD}$의 길이 답 _____

(3) $\overline{AC}$의 길이 답 _____

(4) $\angle OAD$의 크기 답 _____

03 다음 그림과 같은 직사각형 ABCD에서 두 대각선의 교점을 O라 할 때, x의 값을 구하시오.

(1)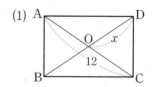

답 _____

(2)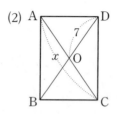

답 _____

(3)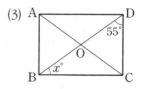

답 _____

(4)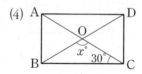

답 _____

04 오른쪽 그림과 같은 직사각형 ABCD에서 두 대각선의 교점을 O라 할 때, x의 값을 구하시오.

답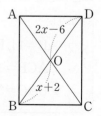

01 오른쪽 그림과 같은 마름모 ABCD에서 두 대각선의 교점을 O라 할 때, 다음 중 옳은 것은 ○표, 옳지 않은 것은 ×표를 하시오.

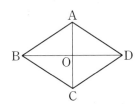

(1) $\overline{AB}=\overline{BC}$ ( )

(2) $\overline{OA}=\overline{OD}$ ( )

(3) $\angle ABO=\angle CBO$ ( )

(4) $\overline{AC}=\overline{BD}$ ( )

(5) $\overline{AC}\perp\overline{BD}$ ( )

02 오른쪽 그림과 같은 마름모 ABCD에서 두 대각선의 교점을 O라 할 때, 다음을 구하시오.

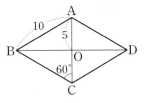

(1) $\overline{AD}$의 길이 답 _____

(2) $\overline{OC}$의 길이 답 _____

(3) $\angle BOC$의 크기 답 _____

(4) $\angle OBC$의 크기 답 _____

03 다음 그림과 같은 마름모 ABCD에서 두 대각선의 교점을 O라 할 때, x, y의 값을 각각 구하시오.

(1)

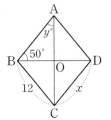

답 _____

(2)

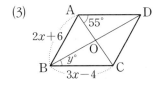

답 _____

(3)

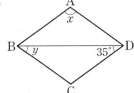

답 _____

04 다음 그림과 같은 마름모 ABCD에서 $\angle x-\angle y$의 크기를 구하시오. (단, 점 O는 두 대각선의 교점이다.)

(1)

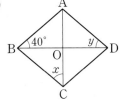

답 _____

(2)

답 _____

01 오른쪽 그림과 같은 정사각형 ABCD에서 두 대각선의 교점을 O라 할 때, 다음 중 옳은 것은 ○표, 옳지 않은 것은 ×표를 하시오.

(1) $\overline{AC}=\overline{BD}$ ( )

(2) $\overline{AD}=\overline{OB}$ ( )

(3) $\overline{AC}\perp\overline{BD}$ ( )

(4) $\angle ABD=\angle ADB$ ( )

(5) $\triangle OAB\equiv\triangle OAD$ ( )

02 오른쪽 그림과 같은 정사각형 ABCD에서 두 대각선의 교점을 O라 할 때, 다음을 구하시오.

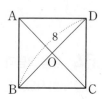

(1) $\overline{AC}$의 길이 답 _____

(2) $\overline{OD}$의 길이 답 _____

(3) $\angle AOB$의 크기 답 _____

(4) $\angle OCD$의 크기 답 _____

03 다음 그림과 같은 정사각형 ABCD에서 x의 값을 구하시오. (단, 점 O는 두 대각선의 교점이다.)

(1)
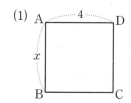

답

(2)
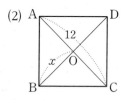

답 _____

04 오른쪽 그림과 같은 정사각형 ABCD의 대각선 AC 위에 점 E가 있다. $\angle ABE=35°$일 때, 다음을 구하시오.

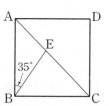

(1) $\angle BAE$의 크기 답 _____

(2) $\angle BEC$의 크기 답 _____

05 오른쪽 그림과 같은 정사각형 ABCD에서 두 대각선의 교점을 O라 하자. $\overline{BD}=14$일 때, □ABCD의 넓이를 구하시오.

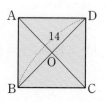

답 _____

개념 16 등변사다리꼴의 뜻과 성질

바른답·알찬풀이 78쪽

01 다음은 등변사다리꼴에서 평행하지 않은 한 쌍의 대변의 길이는 같음을 설명하는 과정이다. □ 안에 알맞은 것을 써넣으시오.

> 오른쪽 그림과 같이 $\overline{AD}/\!/\overline{BC}$인 등변사다리꼴 ABCD에서 점 D를 지나고 $\overline{AB}$에 평행한 직선과 $\overline{BC}$의 교점을 E라 하면
>
>
>
> $\angle B=$ ☐ (동위각), $\angle B=\angle C$이므로
> ☐ $=\angle C$
> 따라서 $\triangle DEC$는 ☐ 이므로 $\overline{DE}=$ ☐
> 이때 $\overline{AB}=\overline{DE}$이므로 $\overline{AB}=\overline{DC}$

02 오른쪽 그림과 같이 $\overline{AD}/\!/\overline{BC}$인 등변사다리꼴 ABCD에서 두 대각선의 교점을 O라 할 때, 다음 중 옳은 것은 ○표, 옳지 않은 것은 ×표를 하시오.

(1) $\overline{AC}\perp\overline{BD}$ ( )

(2) $\triangle ABD\equiv\triangle DCA$ ( )

(3) $\triangle ABC\equiv\triangle DCB$ ( )

03 오른쪽 그림과 같이 $\overline{AD}/\!/\overline{BC}$인 등변사다리꼴 ABCD에서 두 대각선의 교점을 O라 할 때, 다음을 구하시오.

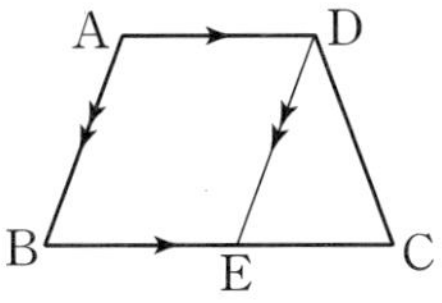

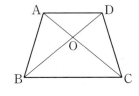

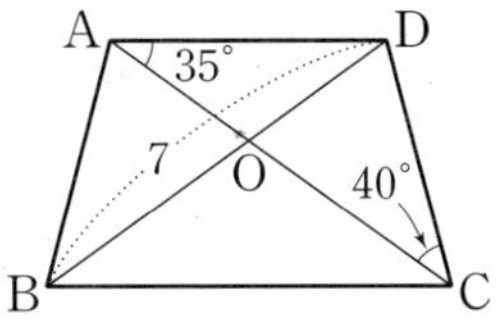

(1) $\overline{AC}$의 길이 답 ________

(2) $\angle ABC$의 크기 답 ________

04 다음 그림과 같이 $\overline{AD}/\!/\overline{BC}$인 등변사다리꼴 ABCD에서 x의 값을 구하시오.
(단, 점 O는 두 대각선의 교점이다.)

(1)

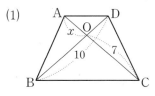

답 ________

(2)

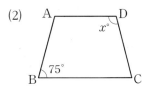

답 ________

05 오른쪽 그림과 같이 $\overline{AD}/\!/\overline{BC}$인 등변사다리꼴 ABCD에서 다음을 구하시오.

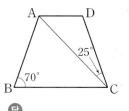

(1) $\angle BCD$의 크기 답 ________

(2) $\angle DAC$의 크기 답 ________

06 오른쪽 그림과 같이 $\overline{AD}/\!/\overline{BC}$인 등변사다리꼴 ABCD에서 $\overline{AB}=\overline{AD}$이고 $\angle DBC=40°$일 때, $\angle x$의 크기를 구하시오.

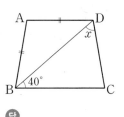

답 ________

01 오른쪽 그림과 같은 평행사변형 ABCD가 다음 조건을 만족하면 어떤 사각형이 되는지 말하시오. (단, 점 O는 두 대각선의 교점이다.)

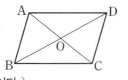

(1) $\overline{AB}=\overline{BC}$

답 _____

(2) $\overline{OA}=\overline{OB}$

답 _____

(3) $\angle BAD+\angle BCD=180°$

답 _____

(4) $\angle BAD=90°$, $\overline{AC}\perp\overline{BD}$

답 _____

(5) $\overline{AB}=\overline{AD}$, $\overline{AC}=\overline{BD}$

답 _____

02 여러 가지 사각형에 대한 다음 설명 중 옳은 것은 ○표, 옳지 않은 것은 ×표를 하시오.

(1) 한 쌍의 대변이 평행한 사각형은 사다리꼴이다.

( )

(2) 직사각형은 마름모이다. ( )

(3) 두 대각선이 서로 수직인 평행사변형은 직사각형이다. ( )

(4) 이웃하는 두 변의 길이가 같은 평행사변형은 마름모이다. ( )

03 다음 표는 여러 가지 사각형의 성질을 나타낸 것이다. 각 사각형의 성질로 옳은 것은 ○표, 옳지 않은 것은 ×표를 하시오.

성질 사각형	두 쌍의 대변이 각각 평행하다.	모든 변의 길이가 같다.	네 내각의 크기가 모두 같다.
평행사변형			
직사각형			
마름모			
정사각형			

04 다음 보기 중 두 대각선이 서로를 수직이등분하는 사각형을 모두 고르시오.

┤보기├
ㄱ. 평행사변형   ㄴ. 직사각형
ㄷ. 마름모   ㄹ. 정사각형
ㅁ. 등변사다리꼴

답 _____

05 다음 보기 중 옳지 <u>않은</u> 것을 모두 고르시오.

┤보기├
ㄱ. $\overline{AB}=\overline{BC}$인 평행사변형 ABCD는 마름모이다.
ㄴ. $\overline{AB}\perp\overline{BC}$인 평행사변형 ABCD는 마름모이다.
ㄷ. $\overline{AC}=\overline{BD}$인 마름모 ABCD는 정사각형이다.
ㄹ. $\angle A+\angle B=180°$인 마름모 ABCD는 정사각형이다.

답 _____

01 오른쪽 그림과 같은 직사각형 ABCD에서 두 대각선의 교점을 O라 하자. $\overline{OC}=4$ cm, $\angle OAB=55°$일 때, $x+y$의 값을 구하시오.

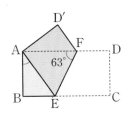

02 오른쪽 그림은 직사각형 ABCD의 꼭짓점 C가 꼭짓점 A에 오도록 $\overline{EF}$를 접는 선으로 하여 접은 것이다. $\angle AFE=63°$일 때, $\angle BAE$의 크기를 구하시오.

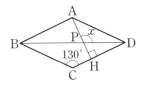

03 오른쪽 그림과 같은 마름모 ABCD의 꼭짓점 A에서 $\overline{CD}$에 내린 수선의 발을 H, $\overline{AH}$와 $\overline{BD}$의 교점을 P라 하자. $\angle C=130°$일 때, $\angle x$의 크기는?

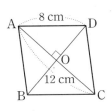

① 100°　　② 105°　　③ 110°
④ 115°　　⑤ 120°

04 오른쪽 그림과 같은 평행사변형 ABCD에서 두 대각선의 교점을 O라 하자. $\overline{AC}\perp\overline{BD}$이고 $\overline{AD}=8$ cm, $\overline{AC}=12$ cm일 때, $\overline{AB}$의 길이를 구하시오.

05 오른쪽 그림에서 □ABCD는 정사각형이고 $\overline{AD}=\overline{AE}$이다. $\angle ABE=25°$일 때, $\angle x$의 크기를 구하시오.

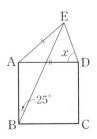

06 다음 중 평행사변형 ABCD가 정사각형이 되는 조건을 모두 고르면? (정답 2개)

① $\overline{AD}=\overline{DC}$, $\overline{AC}\perp\overline{BD}$
② $\overline{AB}=\overline{AD}$, $\angle A=90°$
③ $\overline{AC}=\overline{BD}$, $\angle B=90°$
④ $\overline{AC}=\overline{BD}$, $\angle A+\angle C=180°$
⑤ $\overline{AC}=\overline{BD}$, $\overline{AC}\perp\overline{BD}$

07 오른쪽 그림과 같이 $\overline{AD}/\!/\overline{BC}$인 등변사다리꼴 ABCD에서 $\angle A=120°$, $\overline{AD}=5$ cm, $\overline{BC}=13$ cm일 때, $\overline{AB}$의 길이를 구하시오.

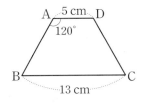

08 다음 중 사각형과 그 사각형의 각 변의 중점을 연결하여 만든 사각형을 짝 지은 것으로 옳지 <u>않은</u> 것은?

① 등변사다리꼴 ― 마름모
② 정사각형 ― 정사각형
③ 마름모 ― 직사각형
④ 평행사변형 ― 평행사변형
⑤ 직사각형 ― 평행사변형

01 오른쪽 그림에서 $\overline{AC} /\!/ \overline{DE}$일 때, 다음 도형과 넓이가 같은 삼각형을 말하시오.

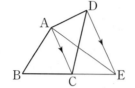

(1) △ACE

답 _____

(2) □ABCD

답 _____

02 다음 그림에서 색칠한 부분의 넓이를 구하시오.

(단, 점 O는 두 대각선의 교점이다.)

(1) $\overline{AD} /\!/ \overline{BC}$, △DBC=30, △OBC=20

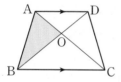

답 _____

(2) $\overline{AD} /\!/ \overline{BC}$, △ABE=8, △DEC=7

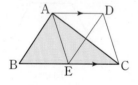

답 _____

(3) $\overline{AC} /\!/ \overline{DE}$, △ABE=22, △ACD=14

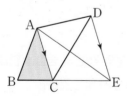

답 _____

(4) $\overline{AE} /\!/ \overline{DB}$, △DBC=8, △DEB=10

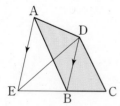

답 _____

03 오른쪽 그림에서 $\overline{AC} /\!/ \overline{DE}$일 때, 다음 **보기** 중 옳은 것을 모두 고르시오.

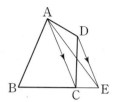

┤보기├

ㄱ. △ABC=△ACD

ㄴ. △ACD=△ACE

ㄷ. □ABCD=△ABE

ㄹ. □ACED=△ABC

답 _____

04 오른쪽 그림에서 $\overline{AE} /\!/ \overline{DB}$이고 □ABCD의 넓이가 30 cm², △DBC의 넓이가 18 cm²일 때, 다음을 구하시오.

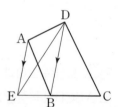

(1) △DEB의 넓이

답 _____

(2) △DEC의 넓이

답 _____

05 오른쪽 그림에서 $\overline{AC} /\!/ \overline{DE}$이고 $\overline{AB} \perp \overline{BE}$이다. $\overline{AB}$=5 cm, $\overline{BC}$=3 cm, $\overline{CE}$=6 cm일 때, □ABCD의 넓이를 구하시오.

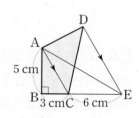

답 _____

01 오른쪽 그림과 같은 △ABC에서 $\overline{BD} : \overline{CD} = 2 : 3$이고 △ABC의 넓이가 20 cm²일 때, 다음을 구하시오.

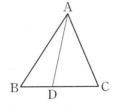

(1) △ABD의 넓이   답 _____

(2) △ADC의 넓이   답 _____

02 오른쪽 그림과 같은 △ABC에서 $\overline{BD} = \overline{DC}$, $\overline{AE} : \overline{ED} = 2 : 1$이고 △ABC의 넓이가 36 cm²일 때, 다음을 구하시오.

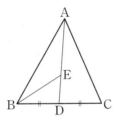

(1) △ABD의 넓이   답 _____

(2) △EBD의 넓이   답 _____

03 오른쪽 그림과 같은 평행사변형 ABCD에서 $\overline{AE} : \overline{ED} = 4 : 1$이고 □ABCD의 넓이가 60 cm²일 때, 다음을 구하시오.

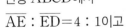
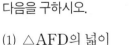

(1) △AFD의 넓이   답 _____

(2) △AFE의 넓이   답 _____

04 오른쪽 그림과 같은 평행사변형 ABCD에서 $\overline{BE} : \overline{ED} = 3 : 2$이고 □ABCD의 넓이가 40 cm²일 때, △BCE의 넓이를 구하시오.

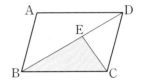

답 _____

05 오른쪽 그림과 같이 $\overline{AD} /\!/ \overline{BC}$인 등변사다리꼴 ABCD에서 두 대각선의 교점을 O라 하자. $\overline{AO} : \overline{OC} = 2 : 3$이고 △AOD의 넓이가 4 cm²일 때, 다음을 구하시오.

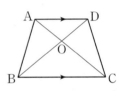

(1) △ABO의 넓이   답 _____

(2) □ABCD의 넓이   답 _____

06 오른쪽 그림과 같이 $\overline{AD} /\!/ \overline{BC}$인 등변사다리꼴 ABCD에서 두 대각선의 교점을 O라 하자. $\overline{DO} : \overline{OB} = 3 : 7$이고 △DCO의 넓이가 9 cm²일 때, △ABC의 넓이를 구하시오.

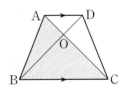

답 _____

바른답·알찬풀이 80쪽

01 오른쪽 그림에서 $\overline{AC}\parallel\overline{DE}$ 이고 △ABE의 넓이가 28 cm², △ABC의 넓이가 16 cm²일 때, △ACD의 넓이를 구하시오.

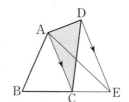

05 오른쪽 그림과 같은 △ABC에서 $\overline{AD}:\overline{DC}=3:1$, $\overline{BE}:\overline{EC}=1:2$이고 △ABC 의 넓이가 24 cm²일 때, △AED 의 넓이를 구하시오.

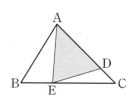

02 오른쪽 그림과 같이 $\overline{AD}\parallel\overline{BC}$ 인 사다리꼴 ABCD에서 $\overline{AE}\parallel\overline{DC}$ 이고 $\overline{AH}\perp\overline{BC}$이다. $\overline{AH}=6$ cm, $\overline{BE}=4$ cm, $\overline{EC}=2$ cm일 때, □ABED의 넓이를 구하시오.

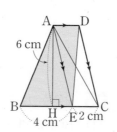

06 오른쪽 그림과 같은 평행 사변형 ABCD에서 $\overline{BE}:\overline{EC}=3:2$이고 □ABCD의 넓이가 35 cm²일 때, △DEC의 넓이를 구하시오.

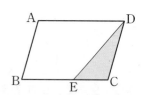

03 오른쪽 그림과 같은 평행사 변형 ABCD에서 $\overline{BD}\parallel\overline{EF}$일 때, 다음 중 나머지 넷과 넓이가 다른 하나는?

① △ABE   ② △DBE   ③ △DBF
④ △DEC   ⑤ △ADF

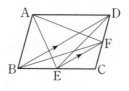

07 오른쪽 그림과 같은 평행 사변형 ABCD의 대각선 BD 위의 점 E에 대하여 $\overline{BE}:\overline{ED}=3:1$이다. △AED의 넓이가 4 cm²일 때, □ABCE의 넓이를 구하시오.

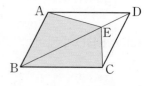

04 오른쪽 그림과 같은 △ABC에 서 $\overline{BD}:\overline{DC}=1:4$이고 △ABD의 넓이가 9 cm²일 때, △ABC의 넓이 를 구하시오.

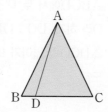

08 오른쪽 그림과 같이 $\overline{AD}\parallel\overline{BC}$인 사다리꼴 ABCD에 서 두 대각선의 교점을 O라 하자. $\overline{AO}:\overline{OC}=2:3$이고 △AOD 의 넓이가 8 cm²일 때, △OBC의 넓이를 구하시오.

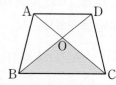

03 도형의 닮음 (1)

① 도형의 닮음

01 닮은 도형

(1) 닮음

한 도형을 일정한 비율로 확대하거나 축소한 도형이 다른 도형과 ❶ ☐ 일 때, 이 두 도형은 서로 ❷ ☐ 인 관계에 있다고 한다. 또, 서로 닮음인 관계에 있는 두 도형을 ❸ ☐ 이라 한다.

(2) 닮음의 기호

$\triangle ABC$와 $\triangle DEF$가 서로 닮은 도형일 때, 기호로 $\triangle ABC \backsim \triangle DEF$와 같이 나타낸다.

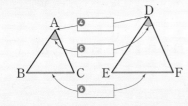

02 닮음의 성질

(1) 평면도형에서 닮음의 성질

서로 닮은 두 평면도형에서

① 대응변의 길이의 비는 일정하다.

② 대응각의 크기는 각각 같다.

(2) ❼ ☐ : 서로 닮은 두 평면도형에서 대응변의 길이의 비

(3) 입체도형에서 닮음의 성질

서로 닮은 두 입체도형에서

① 대응하는 모서리의 길이의 비는 일정하다.

② 대응하는 면은 닮은 도형이다.

(4) 서로 닮은 두 평면도형에서의 비

서로 닮은 두 평면도형의 닮음비가 $m : n$일 때

① 둘레의 길이의 비 ➡ $m : n$ ⟶ 닮음비

② 넓이의 비 ➡ ❽ ☐ : ❾ ☐ ⟶ 닮음비의 제곱

(5) 서로 닮은 두 입체도형에서의 비

서로 닮은 두 입체도형의 닮음비가 $m : n$일 때

① 겉넓이의 비 ➡ $m^2 : n^2$ ⟶ 닮음비의 제곱

② 부피의 비 ➡ ❿ ☐ : ⓫ ☐ ⟶ 닮음비의 세제곱

② 삼각형의 닮음 조건

01 삼각형의 닮음 조건

다음 각 경우에 $\triangle ABC \backsim \triangle A'B'C'$이다.

(1) 세 쌍의 대응변의 길이의 비가 같을 때 (⓬ ☐ 닮음)

➡ $a : a' = b : b' = c : c'$

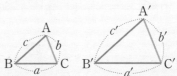

(2) 두 쌍의 대응변의 길이의 비가 같고, 그 끼인각의 크기가 같을 때 (⓭ ☐ 닮음)

➡ $a : a' = c : c', \angle B = \angle B'$

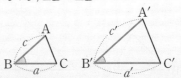

(3) 두 쌍의 대응각의 크기가 각각 같을 때 (⓮ ☐ 닮음)

➡ $\angle B = \angle B', \angle C = \angle C'$

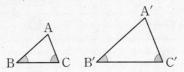

02 직각삼각형의 닮음의 응용

$\angle A = 90°$인 직각삼각형 ABC의 꼭짓점 A에서 빗변 BC에 내린 수선의 발을 D라 할 때,

$\triangle ABC \backsim \triangle DBA \backsim \triangle DAC$ (AA 닮음)

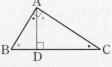

(1) $\triangle ABC \backsim \triangle DBA$

➡ $\overline{AB}^2 = \overline{BD} \times \overline{BC}$

(2) $\triangle ABC \backsim \triangle DAC$

➡ $\overline{AC}^2 = \overline{CD} \times$ ⓯ ☐

(3) $\triangle DBA \backsim \triangle DAC$

➡ $\overline{AD}^2 = \overline{BD} \times \overline{CD}$

참고 $\triangle ABC = \dfrac{1}{2} \times \overline{AB} \times \overline{AC} = \dfrac{1}{2} \times \overline{AD} \times \overline{BC}$

➡ $\overline{AB} \times \overline{AC} = \overline{AD} \times \overline{BC}$

01 다음 그림에서 두 도형의 관계를 기호 ∽를 사용하여 나타내시오.

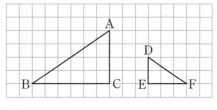

답 _____

02 아래 그림에서 △ABC∽△DEF일 때, 다음을 구하시오.

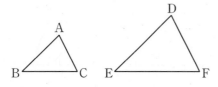

(1) 점 C의 대응점 답 _____

(2) $\overline{AB}$의 대응변 답 _____

(3) ∠B의 대응각 답 _____

03 아래 그림에서 □ABCD∽□EFGH일 때, 다음을 구하시오.

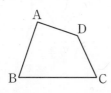

(1) 점 B의 대응점 답 _____

(2) $\overline{CD}$의 대응변 답 _____

(3) ∠C의 대응각 답 _____

04 다음 그림에서 두 삼각뿔은 서로 닮은 도형이고 △ABC∽△EFG일 때, 다음을 구하시오.

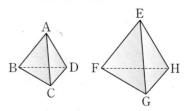

(1) 점 D의 대응점 답 _____

(2) 모서리 BC에 대응하는 모서리 답 _____

(3) 면 ACD에 대응하는 면 답 _____

05 다음 그림에서 △ABC∽△DEF일 때, $\overline{AC}$의 대응변과 ∠E의 대응각을 차례대로 구하시오.

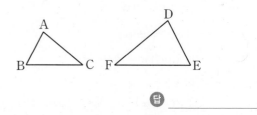

답 _____

06 다음 보기 중 항상 서로 닮은 도형인 것을 모두 고르시오.

┤ 보기 ├
ㄱ. 두 이등변삼각형　　　ㄴ. 두 사다리꼴
ㄷ. 두 정사면체　　　　　ㄹ. 두 반원
ㅁ. 두 원뿔대　　　　　　ㅂ. 두 마름모

답 _____

바른답·알찬풀이 81쪽

01 아래 그림에서 △ABC∽△DEF일 때, 다음을 구하시오.

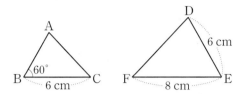

(1) △ABC와 △DEF의 닮음비

답 _____

(2) $\overline{AB}$의 길이

답 _____

(3) ∠E의 크기

답 _____

02 아래 그림에서 두 직육면체는 서로 닮은 도형이고 $\overline{AB}$에 대응하는 모서리가 $\overline{A'B'}$일 때, 다음을 구하시오.

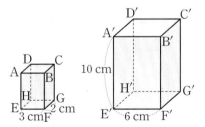

(1) 두 직육면체의 닮음비

답 _____

(2) 모서리 $\overline{A'E'}$에 대응하는 모서리

답 _____

(3) $\overline{AE}$의 길이

답 _____

03 아래 그림과 같은 두 원 O, O′에 대하여 다음을 구하시오.

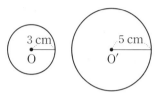

(1) 원 O와 원 O′의 닮음비

답 _____

(2) 원 O와 원 O′의 둘레의 길이의 비

답 _____

(3) 원 O와 원 O′의 넓이의 비

답 _____

04 아래 그림에서 두 원뿔 A, B는 서로 닮은 도형이고 밑면의 반지름의 길이의 비가 2 : 3일 때, 다음을 구하시오.

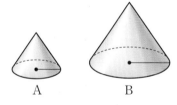

(1) 두 원뿔의 밑면의 둘레의 길이의 비

답 _____

(2) 두 원뿔의 겉넓이의 비

답 _____

(3) 두 원뿔의 부피의 비

답 _____

(4) 원뿔 A의 부피가 56π cm³일 때, 원뿔 B의 부피

답 _____

01 다음 중 항상 서로 닮은 도형이라 할 수 <u>없는</u> 것을 모두 고르면? (정답 2개)

① 두 직각삼각형　　② 두 정오각형
③ 두 구　　　　　　④ 두 원뿔
⑤ 두 정육면체

02 다음 중 서로 닮은 도형에 대한 설명으로 옳은 것은?

① 닮음비가 1 : 1인 도형은 없다.
② 서로 닮은 두 도형에서 대응변의 길이는 같다.
③ 서로 닮은 두 도형의 둘레의 길이는 같다.
④ $\triangle ABC \backsim \triangle DEF$일 때, 점 B의 대응점은 점 E이다.
⑤ $\triangle ABC \backsim \triangle DEF$일 때, $\overline{AC}$의 대응변은 $\overline{DE}$이다.

03 아래 그림에서 $\triangle ABC \backsim \triangle DEF$일 때, 다음 중 옳은 것은?

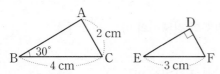

① $\angle A = 90°$　　　② $\angle C = 50°$
③ 닮음비는 2 : 1이다.　④ $\overline{DF} = 2$ cm
⑤ $\overline{DE} = 4$ cm

04 다음 그림에서 두 삼각기둥은 서로 닮은 도형이고 $\triangle ABC \backsim \triangle A'B'C'$일 때, xy의 값을 구하시오.

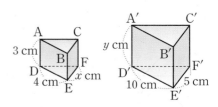

05 다음 그림에서 $\triangle ABC \backsim \triangle DEF$이고 $\triangle ABC$의 넓이가 3 cm²일 때, $\triangle DEF$의 넓이를 구하시오.

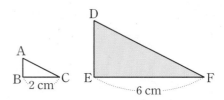

06 다음 그림에서 두 직육면체 A, B는 서로 닮은 도형이고 직육면체 A의 겉넓이가 1800 cm²일 때, 직육면체 B의 겉넓이를 구하시오.

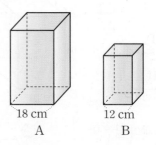

07 반지름의 길이의 비가 2 : 3인 두 구가 있다. 작은 구의 부피가 40π cm³일 때, 큰 구의 부피를 구하시오.

01 다음 삼각형 중 서로 닮은 두 삼각형을 찾아 기호 ∽를 사용하여 나타내고, 그 닮음 조건을 말하시오.

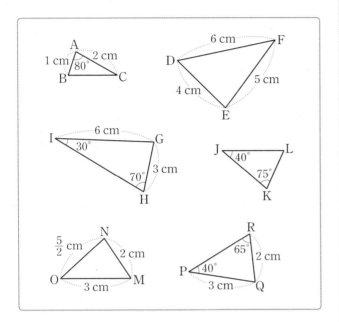

(1) △ABC∽ [   ] , [   ] 닮음

(2) △DEF∽ [   ] , [   ] 닮음

(3) △JKL∽ [   ] , [   ] 닮음

02 다음 그림에서 서로 닮은 두 삼각형을 찾아 기호 ∽를 사용하여 나타내고, 그 닮음 조건을 말하시오.

(1)
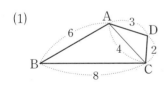

답 _____

(2)
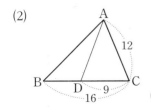

답 _____

(3)
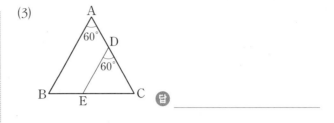

답 _____

03 다음 그림에서 x의 값을 구하시오.

(1)
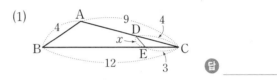

답 _____

(2)
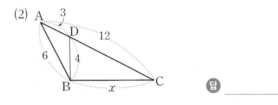

답 _____

04 다음 그림에서 x의 값을 구하시오.

(1)
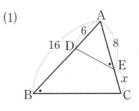

답 _____

(2)
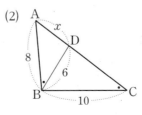

답 _____

01 다음 그림에서 x의 값을 구하시오.

(1)
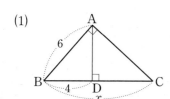

답 _____

(2)
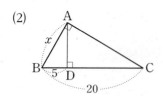

답 _____

(3)
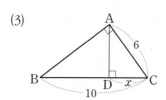

답 _____

(4)
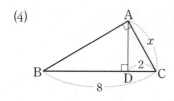

답 _____

(5)
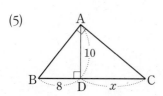

답 _____

(6)
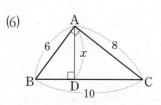

답 _____

02 오른쪽 그림과 같이 $\angle A=90°$인 직각삼각형 ABC에서 $\overline{AD}\perp\overline{BC}$일 때, 다음을 구하시오.

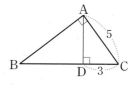

(1) $\overline{BD}$의 길이

답 _____

(2) $\overline{AB}$의 길이

답 _____

(3) $\overline{AD}$의 길이

답 _____

03 오른쪽 그림과 같이 $\angle A=90°$인 직각삼각형 ABC에서 $\overline{AD}\perp\overline{BC}$이고 $\overline{AB}=12\,\mathrm{cm}$, $\overline{BD}=9\,\mathrm{cm}$일 때, $\overline{CD}$의 길이를 구하시오.

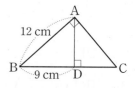

답 _____

04 오른쪽 그림과 같이 $\angle A=90°$인 직각삼각형 ABC에서 $\overline{AD}\perp\overline{BC}$이고 $\overline{BD}=18\,\mathrm{cm}$, $\overline{CD}=8\,\mathrm{cm}$일 때, $\triangle ABC$의 넓이를 구하시오.

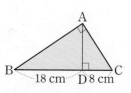

답 _____

01 아래 그림과 같은 △ABC와 △DEF가 서로 닮은 도형이 되기 위해 필요한 조건을 모두 고르면? (정답 2개)

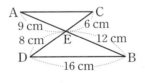

① ∠A=40°, $\overline{AB}$=3 cm
② ∠E=60°, $\overline{DE}$=4 cm
③ ∠A=40°, ∠E=60°
④ ∠A=40°, ∠F=80°
⑤ $\overline{AB}$=3 cm, $\overline{DE}$=4 cm

02 오른쪽 그림에서 $\overline{AB}$와 $\overline{CD}$의 교점을 E라 할 때, $\overline{AC}$의 길이는?

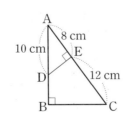

① 12 cm
② $\dfrac{25}{2}$ cm
③ 13 cm
④ $\dfrac{27}{2}$ cm
⑤ 14 cm

03 오른쪽 그림과 같은 △ABC에서 ∠B=∠AED=90°일 때, $\overline{BD}$의 길이는?

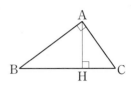

① 5 cm
② $\dfrac{11}{2}$ cm
③ 6 cm
④ $\dfrac{13}{2}$ cm
⑤ 7 cm

04 오른쪽 그림과 같은 △ABC에서 ∠A=90°이고 $\overline{AH}⊥\overline{BC}$일 때, 다음 중 옳지 않은 것은?

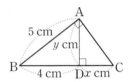

① △ABC∽△HBA
② △ABH∽△CAH
③ $\overline{AB}^2=\overline{BH}×\overline{BC}$
④ $\overline{AC}^2=\overline{AH}×\overline{CH}$
⑤ $\overline{AH}^2=\overline{BH}×\overline{CH}$

05 오른쪽 그림과 같이 ∠A=90°인 직각삼각형 ABC에서 $\overline{AD}⊥\overline{BC}$이고 $\overline{AB}$=5 cm, $\overline{BD}$=4 cm일 때, $x+y$의 값을 구하시오.

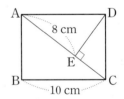

06 오른쪽 그림과 같은 직사각형 ABCD의 꼭짓점 D에서 $\overline{AC}$에 내린 수선의 발을 E라 할 때, $\overline{DE}$의 길이를 구하시오.

07 다음 그림은 A 지점에서 강 건너에 있는 B 지점까지의 거리를 구하기 위하여 지점 사이의 거리를 각각 측정한 것이다. 이때 두 지점 A, B 사이의 거리는 몇 m인지 구하시오.

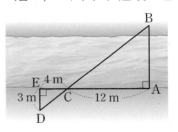

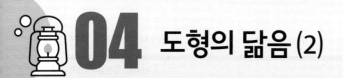

04 도형의 닮음 (2)

❶ 삼각형과 평행선

01 삼각형에서 평행선과 선분의 길이의 비

△ABC에서 $\overline{AB}$, $\overline{AC}$ 또는 그 연장선 위의 점을 각각 D, E라 할 때,

(1) ① $\overline{BC} /\!/ \overline{DE}$이면 $\overline{AB} : \overline{AD} = \overline{AC} : $ $= \overline{BC} : \overline{DE}$
　　② $\overline{AB} : \overline{AD} = \overline{AC} : \overline{AE}$이면 $\overline{BC} /\!/ \overline{DE}$

(2) ① $\overline{BC} /\!/ \overline{DE}$이면 $\overline{AD} : \overline{DB} = \overline{AE} : \overline{EC}$
　　② $\overline{AD} : \overline{DB} = \overline{AE} : \overline{EC}$이면 $\overline{BC} /\!/ \overline{DE}$

02 삼각형의 각의 이등분선

(1) △ABC에서 ∠A의 이등분선이 $\overline{BC}$와 만나는 점을 D라 하면
　　$\overline{AB} : \overline{AC} = \overline{BD} : $

(2) △ABC에서 ∠A의 외각의 이등분선이 $\overline{BC}$의 연장선과 만나는 점을 D라 하면
　　$\overline{AB} : \overline{AC} = \overline{BD} : \overline{CD}$

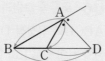

03 삼각형의 두 변의 중점을 연결한 선분의 성질

(1) △ABC에서
　　$\overline{AM} = \overline{MB}$, $\overline{AN} = \overline{NC}$이면
　　$\overline{BC} /\!/ \overline{MN}$, $\overline{MN} = $ 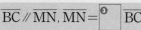 $\overline{BC}$

(2) △ABC에서
　　$\overline{AM} = \overline{MB}$, $\overline{BC} /\!/ \overline{MN}$이면
　　$\overline{AN} = \overline{NC}$

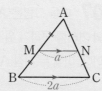

 $\overline{AM} = \overline{MB}$, $\overline{AN} = \overline{NC}$이므로
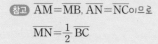 $\overline{MN} = \frac{1}{2}\overline{BC}$

❷ 평행선 사이의 선분의 길이의 비

01 평행선 사이의 선분의 길이의 비

세 개 이상의 평행선이 다른 두 직선과 만날 때, 평행선 사이에 생기는 선분의 길이의 비는 같다.

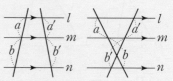

➡ $l /\!/ m /\!/ n$이면 $a : b = a' : b'$

❸ 삼각형의 무게중심

01 삼각형의 무게중심

(1) 삼각형의 중선
　　① 중선: 삼각형에서 한 꼭짓점과 그 대변의 중점을 이은 선분
　　② △ABM = △ACM
　　　　$= \frac{1}{2}△ABC$

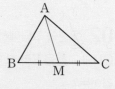

(2) 삼각형의 무게중심
　　① 삼각형의 : 삼각형의 세 중선의 교점
　　② 점 G가 △ABC의 무게중심일 때,
　　　　$\overline{AG} : \overline{GD} = \overline{BG} : \overline{GE}$
　　　　　　$= \overline{CG} : \overline{GF} = 2 : 1$

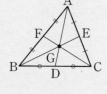

참고 ① 정삼각형의 무게중심, 외심, 내심은 모두 일치한다.
　　② 이등변삼각형의 무게중심, 외심, 내심은 모두 꼭지각의 이등분선 위에 있다.

02 삼각형의 무게중심과 넓이

점 G가 △ABC의 무게중심일 때,
　△GAF = △GBF = △GBD
　　$= △GCD = △GCE$
　　$= △GAE$
　　$= $ $△ABC$

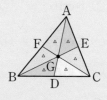

익힘문제 개념 **24** 삼각형에서 평행선과 선분의 길이의 비

바른답·알찬풀이 84쪽

01 다음 그림에서 $\overline{BC} /\!/ \overline{DE}$일 때, x의 값을 구하시오.

(1)
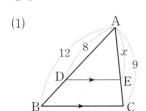

답 _____

(2)
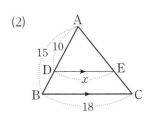

답 _____

(3)
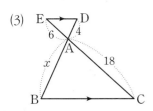

답 _____

02 다음 그림에서 $\overline{BC} /\!/ \overline{DE}$일 때, $x+y$의 값을 구하시오.

(1)
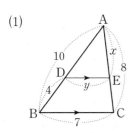

답 _____

(2)
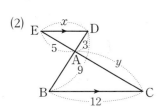

답 _____

03 다음 그림에서 $\overline{BC} /\!/ \overline{DE}$일 때, x의 값을 구하시오.

(1)
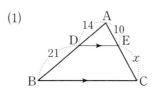

답 _____

(2)
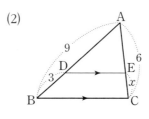

답 _____

(3)
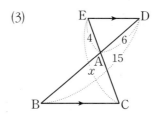

답 _____

04 다음 그림에서 $\overline{BC} /\!/ \overline{DE}$일 때, xy의 값을 구하시오.

(1)
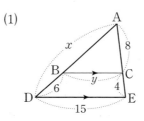

답 _____

(2)
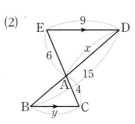

답 _____

01 다음 그림과 같은 △ABC에서 $\overline{AD}$가 ∠A의 이등분선일 때, x의 값을 구하시오.

(1)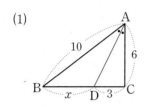

답 _____

(2)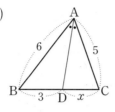

답 _____

(3)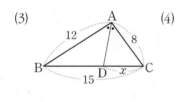

답 _____

(4)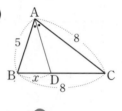

답 _____

02 다음 그림과 같은 △ABC에서 $\overline{AD}$가 ∠A의 이등분선일 때, 색칠한 부분의 넓이를 구하시오.

(1) △ABC=64 cm²

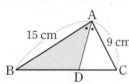

답 _____

(2) △ABD=4 cm²

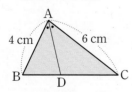

답 _____

03 다음 그림과 같은 △ABC에서 $\overline{AD}$가 ∠A의 외각의 이등분선일 때, x의 값을 구하시오.

(1)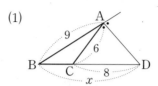

답 _____

(2)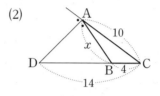

답 _____

04 오른쪽 그림과 같은 △ABC에서 $\overline{AD}$는 ∠A의 이등분선이고 $\overline{AB} : \overline{AC} = 3 : 5$이다. $\overline{BC}=32$ cm일 때, $\overline{BD}$의 길이를 구하시오.

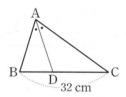

답 _____

05 오른쪽 그림과 같은 △ABC에서 $\overline{AD}$가 ∠A의 외각의 이등분선일 때, 다음을 구하시오.

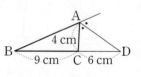

(1) $\overline{AB}$의 길이

답 _____

(2) △ABC의 둘레의 길이

답 _____

▷ 바른답·알찬풀이 85쪽

01 다음 그림과 같은 △ABC에서 $\overline{AB}$, $\overline{AC}$의 중점을 각각 M, N이라 할 때, x의 값을 구하시오.

(1)

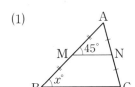

답 _____

(2)

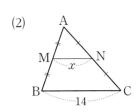

답 _____

(3)

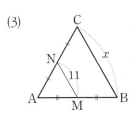

답 _____

02 다음 그림과 같은 △ABC에서 점 M은 $\overline{AB}$의 중점이고 $\overline{BC}$ ∥ $\overline{MN}$일 때, x의 값을 구하시오.

(1)

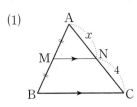

답 _____

(2)

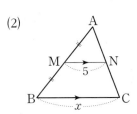

답 _____

03 오른쪽 그림에서 $\overline{AF}=\overline{FB}$, $\overline{BG}=\overline{GC}=\overline{CD}$이고 $\overline{EC}=2$일 때, 다음을 구하시오.

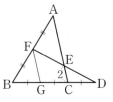

(1) $\overline{FG}$의 길이

답 _____

(2) $\overline{AE}$의 길이

답 _____

04 오른쪽 그림과 같은 △ABC에서 $\overline{AB}$, $\overline{BC}$, $\overline{CA}$의 중점을 각각 D, E, F라 할 때, △DEF의 둘레의 길이를 구하시오.

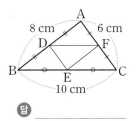

답 _____

05 오른쪽 그림과 같은 △ABC에서 $\overline{BF}=\overline{FC}$, $\overline{AG}=\overline{GF}$이고 $\overline{BD}$ ∥ $\overline{FE}$이다. $\overline{EF}=10$일 때, $\overline{BG}$의 길이를 구하시오.

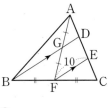

답 _____

01 오른쪽 그림과 같은 □ABCD에서 $\overline{AB}$, $\overline{BC}$, $\overline{CD}$, $\overline{DA}$의 중점을 각각 E, F, G, H라 할 때, 다음을 구하시오.

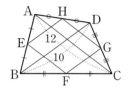

(1) $\overline{EF}$의 길이 　답 _____

(2) $\overline{FG}$의 길이 　답 _____

02 오른쪽 그림과 같이 $\overline{AD} /\!/ \overline{BC}$인 사다리꼴 ABCD에서 $\overline{AB}$, $\overline{CD}$의 중점을 각각 M, N이라 할 때, 다음을 구하시오.

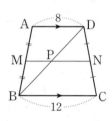

(1) $\overline{MP}$의 길이 　답 _____

(2) $\overline{NP}$의 길이 　답 _____

(3) $\overline{MN}$의 길이 　답 _____

03 오른쪽 그림과 같이 $\overline{AD} /\!/ \overline{BC}$인 사다리꼴 ABCD에서 $\overline{AB}$, $\overline{CD}$의 중점을 각각 M, N이라 할 때, 다음을 구하시오.

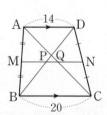

(1) $\overline{MQ}$의 길이 　답 _____

(2) $\overline{MP}$의 길이 　답 _____

(3) $\overline{PQ}$의 길이 　답 _____

04 다음 그림과 같이 $\overline{AD} /\!/ \overline{BC}$인 사다리꼴 ABCD에서 $\overline{AM} = \overline{MB}$, $\overline{DN} = \overline{NC}$일 때, x, y의 값을 각각 구하시오.

(1)

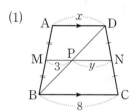

(2)

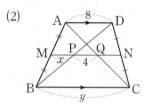

　답 _____

05 오른쪽 그림과 같은 직사각형 ABCD에서 $\overline{AB}$, $\overline{BC}$, $\overline{CD}$, $\overline{DA}$의 중점을 각각 E, F, G, H라 할 때, □EFGH의 둘레의 길이를 구하시오.

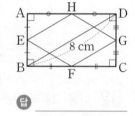

　답 _____

06 오른쪽 그림과 같이 $\overline{AD} /\!/ \overline{BC}$인 사다리꼴 ABCD에서 $\overline{AM} = \overline{MB}$, $\overline{DN} = \overline{NC}$이고 $\overline{AD} = 6$ cm, $\overline{BC} = 12$ cm일 때, $\overline{MN}$의 길이를 구하시오.

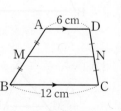

　답 _____

01 오른쪽 그림에서 $\overline{BC} /\!/ \overline{DE}$일 때, △ADE의 둘레의 길이를 구하시오.

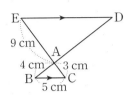

02 오른쪽 그림과 같은 △ABC에서 $\overline{BC} /\!/ \overline{DE}$일 때, $x+y$의 값은?

① 11
② $\dfrac{35}{3}$
③ $\dfrac{37}{3}$
④ 13
⑤ $\dfrac{41}{3}$

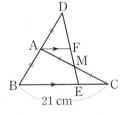

03 오른쪽 그림과 같은 △ABC에서 $\overline{BC} /\!/ \overline{DE}$일 때, $\overline{BQ}$의 길이를 구하시오.

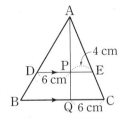

04 오른쪽 그림과 같은 △ABC에서 $\overline{AD}$가 ∠A의 이등분선일 때, x의 값을 구하시오.

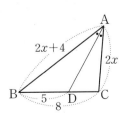

05 오른쪽 그림과 같은 △ABC에서 $\overline{AD}$는 ∠A의 외각의 이등분선일 때, △ACD의 넓이를 구하시오.

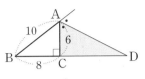

06 오른쪽 그림에서 $\overline{DA}=\overline{AB}$, $\overline{AM}=\overline{MC}$이고 $\overline{BC}=21$ cm일 때, $\overline{CE}$의 길이를 구하시오.

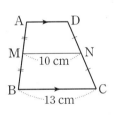

07 오른쪽 그림과 같이 $\overline{AD} /\!/ \overline{BC}$인 사다리꼴 ABCD에서 $\overline{AB}$, $\overline{CD}$의 중점을 각각 M, N이라 하자. $\overline{MN}=10$ cm, $\overline{BC}=13$ cm일 때, $\overline{AD}$의 길이는?

① 7 cm
② $\dfrac{15}{2}$ cm
③ 8 cm
④ $\dfrac{17}{2}$ cm
⑤ 9 cm

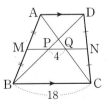

08 오른쪽 그림과 같이 $\overline{AD} /\!/ \overline{BC}$인 사다리꼴 ABCD에서 $\overline{AB}$, $\overline{CD}$의 중점을 각각 M, N이라 하자. $\overline{PQ}=4$, $\overline{BC}=18$일 때, $\overline{AD}$의 길이를 구하시오.

01 다음 그림에서 $l /\!/ m /\!/ n$일 때, $x : y$를 가장 간단한 자연수의 비로 나타내시오.

(1)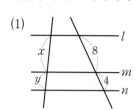

답 _____

(2)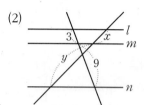

답 _____

02 다음 그림에서 $l /\!/ m /\!/ n$일 때, x의 값을 구하시오.

(1)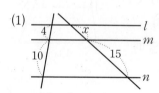

답 _____

(2)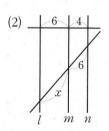

답 _____

(3)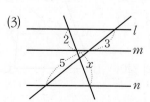

답 _____

(4)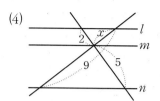

답 _____

03 다음 그림에서 $l /\!/ m /\!/ n /\!/ p$일 때, x, y의 값을 각각 구하시오.

(1)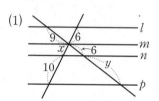

답 _____

(2)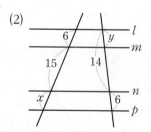

답 _____

04 다음 그림에서 $l /\!/ m /\!/ n$일 때, $x+y$의 값을 구하시오.

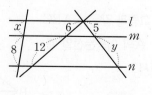

답 _____

01 다음 그림과 같은 사다리꼴 ABCD에서 $\overline{AD}\,/\!/\,\overline{EF}\,/\!/\,\overline{BC}$, $\overline{AH}\,/\!/\,\overline{DC}$일 때, x, y의 값을 각각 구하시오.

(1)
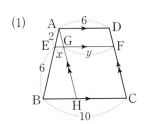

답 _____

(2)
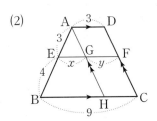

답 _____

02 다음 그림과 같은 사다리꼴 ABCD에서 $\overline{AD}\,/\!/\,\overline{EF}\,/\!/\,\overline{BC}$일 때, $\overline{EF}$의 길이를 구하시오.

(1)
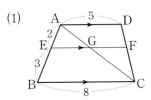

답 _____

(2)
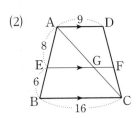

답 _____

03 다음 그림에서 $\overline{AB}\,/\!/\,\overline{EF}\,/\!/\,\overline{DC}$일 때, x의 값을 구하시오.

(1)
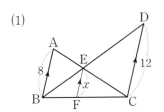

답 _____

(2)
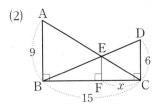

답 _____

04 오른쪽 그림과 같은 사다리꼴 ABCD에서 $\overline{AD}\,/\!/\,\overline{EF}\,/\!/\,\overline{BC}$일 때, $x+y$의 값을 구하시오.

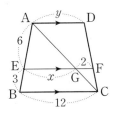

답 _____

05 오른쪽 그림에서 $\overline{AB}\,/\!/\,\overline{EF}\,/\!/\,\overline{DC}$일 때, $\overline{AC}:\overline{AE}$를 가장 간단한 자연수의 비로 나타내시오.

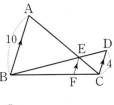

답 _____

01 오른쪽 그림에서
$l /\!/ m /\!/ n$일 때, xy의 값은?

① 28   ② 30

③ 32   ④ 34

⑤ 36

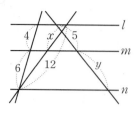

02 오른쪽 그림에서
$l /\!/ m /\!/ n$이고
$\overline{DG} : \overline{GC} = 3 : 2$일 때, $x+y$
의 값은?

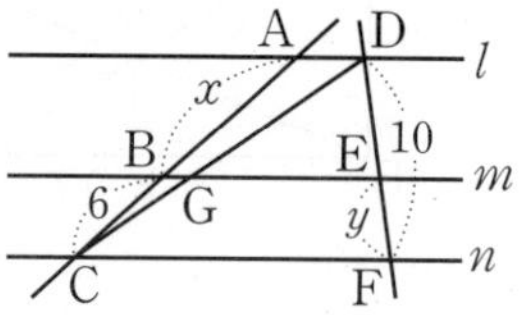

① 10   ② 11   ③ 12

④ 13   ⑤ 14

03 오른쪽 그림과 같은 사
다리꼴 ABCD에서
$\overline{AD} /\!/ \overline{EF} /\!/ \overline{BC}$일 때, $\overline{GF}$의
길이를 구하시오.

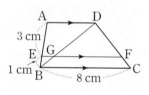

04 오른쪽 그림과 같은 사다리
꼴 ABCD에서 $\overline{AD} /\!/ \overline{EF} /\!/ \overline{BC}$
일 때, $\overline{EF}$의 길이를 구하시오.

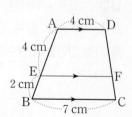

05 오른쪽 그림과 같은 사다리꼴
ABCD에서 두 대각선의 교점 O를
지나는 $\overline{EF}$에 대하여
$\overline{AD} /\!/ \overline{EF} /\!/ \overline{BC}$이고 $\overline{AD} = 8$ cm,
$\overline{EF} = 10$ cm일 때, $\overline{BC}$의 길이를
구하시오.

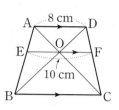

06 오른쪽 그림과 같은 사다리꼴
ABCD에서 $\overline{AD} /\!/ \overline{EF} /\!/ \overline{BC}$이고
$\overline{AE} : \overline{BE} = 3 : 2$이다.
$\overline{AD} = 15$ cm, $\overline{BC} = 20$ cm일 때,
$\overline{PQ}$의 길이를 구하시오.

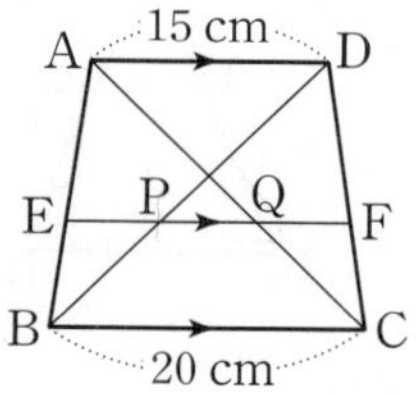

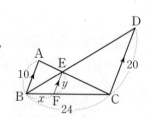

07 오른쪽 그림에서
$\overline{AB} /\!/ \overline{EF} /\!/ \overline{DC}$일 때, $x+3y$
의 값을 구하시오.

08 오른쪽 그림에서
$\overline{AB} \perp \overline{BC}$, $\overline{DC} \perp \overline{BC}$일
때, $\triangle PBC$의 넓이를 구하
시오.

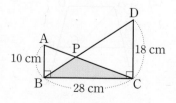

01 오른쪽 그림에서 $\overline{AD}$가 △ABC의 중선일 때, $\overline{BD}$의 길이를 구하시오.

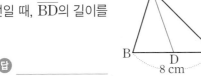

답 _____

02 다음 그림에서 △ABC의 넓이가 36 cm²일 때, 색칠한 부분의 넓이를 구하시오.

(1)

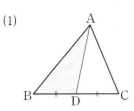

답 _____

(2)

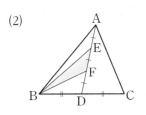

답 _____

(3)

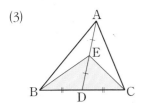

답 _____

03 오른쪽 그림에서 $\overline{AD}$는 △ABC의 중선이고 $\overline{BE}$는 △ABD의 중선이다. △ABE의 넓이가 10 cm²일 때, △ABC의 넓이를 구하시오.

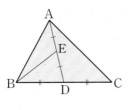

답 _____

04 다음 그림에서 점 G가 △ABC의 무게중심일 때, x, y의 값을 각각 구하시오.

(1)

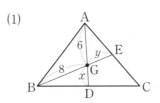

답 _____

(2)

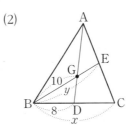

답 _____

05 오른쪽 그림에서 두 점 G, G′은 각각 △ABC, △GBC의 무게중심이고 $\overline{AD}=36$ cm일 때, $\overline{GG'}$의 길이를 구하시오.

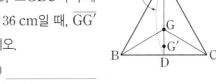

답 _____

06 오른쪽 그림과 같은 평행사변형 ABCD에서 두 대각선의 교점을 O, $\overline{BC}$, $\overline{CD}$의 중점을 각각 M, N이라 할 때, 다음을 구하시오.

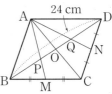

(1) $\overline{DQ}$의 길이

답 _____

(2) $\overline{PO}$의 길이

답 _____

01 다음 그림에서 점 G는 △ABC의 무게중심이고 △ABC의 넓이가 30 cm²일 때, 색칠한 부분의 넓이를 구하시오.

(1)

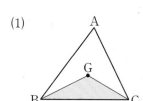

답 _____

(2)

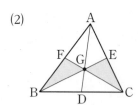

답 _____

(3)

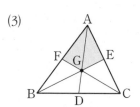

답 _____

02 다음 그림에서 점 G는 △ABC의 무게중심일 때, △ABC의 넓이를 구하시오.

(1) △GBC = 8 cm²

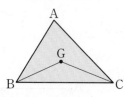

답 _____

(2) △GBF = 6 cm²

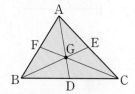

답 _____

03 오른쪽 그림과 같이 ∠C=90°인 직각삼각형 ABC의 무게중심을 G라 할 때, 다음을 구하시오.

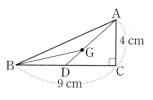

(1) △ABC의 넓이

답 _____

(2) △GBD의 넓이

답 _____

04 다음 그림과 같은 평행사변형 ABCD에서 □ABCD의 넓이가 96 cm²일 때, 색칠한 부분의 넓이를 구하시오.
(단, 점 O는 두 대각선의 교점이다.)

(1)

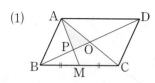

답 _____

(2)

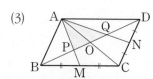

답 _____

(3)

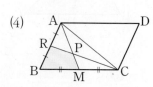

답 _____

(4)

답 _____

01 오른쪽 그림에서 $\overline{AD}$는 △ABC의 중선이고 $\overline{AE} \perp \overline{BC}$, $\overline{BC}=6$ cm이다. △ABD의 넓이가 6 cm²일 때, $\overline{AE}$의 길이를 구하시오.

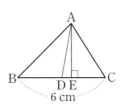

02 오른쪽 그림과 같이 ∠B=90° 인 직각삼각형 ABC에서 점 D는 $\overline{AC}$의 중점이고 점 G는 △ABC의 무게중심이다. $\overline{AC}=18$ cm일 때, $\overline{GD}$의 길이를 구하시오.

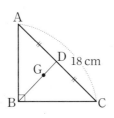

03 오른쪽 그림에서 점 G는 △ABC의 무게중심이고 $\overline{AD} /\!/ \overline{FE}$이다. $\overline{AG}=2$일 때, $\overline{FE}$의 길이를 구하시오.

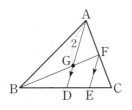

04 오른쪽 그림에서 점 G는 △ABC의 무게중심이고 △ABG의 넓이가 10 cm²일 때, □GDCE의 넓이를 구하시오.

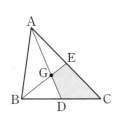

05 오른쪽 그림에서 점 G는 △ABC의 무게중심이고 $\overline{BG}, \overline{CG}$ 의 중점을 각각 D, E라 하자. △ABC의 넓이가 27 cm²일 때, 색칠한 부분의 넓이를 구하시오.

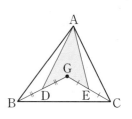

06 오른쪽 그림에서 두 점 G, G′은 각각 △ABC, △GBC의 무게중심이다. △ABC의 넓이가 72 cm²일 때, △GG′C의 넓이를 구하시오.

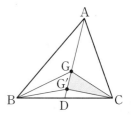

07 오른쪽 그림과 같은 평행사변형 ABCD에서 $\overline{BC}, \overline{CD}$의 중점을 각각 M, N이라 하고 $\overline{BD}$와 $\overline{AM}, \overline{AN}$의 교점을 각각 P, Q라 하자. $\overline{PQ}=3$ cm일 때, $\overline{BD}$의 길이를 구하시오.

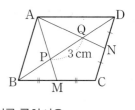

08 오른쪽 그림과 같은 평행사변형 ABCD에서 점 M은 $\overline{BC}$의 중점이고 점 P는 $\overline{AM}$과 $\overline{BD}$의 교점이다. △ABP의 넓이가 15 cm² 일 때, □ABCD의 넓이를 구하시오.

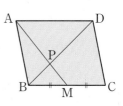

바른답·알찬풀이 90쪽

1 피타고라스 정리

01 피타고라스 정리

직각삼각형에서 직각을 낀 두 변의 길이

를 각각 a, b라 하고 빗변의 길이를 c라

하면

$$a^2+b^2=\boxed{①}$$

02 피타고라스 정리의 설명

(1) 피타고라스 정리의 설명 - 유클리드의 방법

$$\square ACDE+\square BHIC$$
$$=\square AFGB$$

이므로

$$\overline{AC}^2+\overline{BC}^2=\overline{AB}^2$$

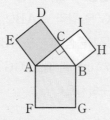

(2) 피타고라스 정리의 설명 - 피타고라스의 방법

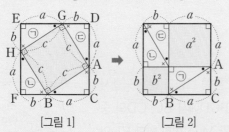

[그림 1]　　　　　[그림 2]

① $\triangle ABC \equiv \triangle GAD \equiv \triangle HGE \equiv \triangle BHF$이므로

$\square AGHB$는 한 변의 길이가 c인 정사각형이다.

② [그림 1]의 색칠한 부분의 넓이와 [그림 2]의 색칠한 부분

의 넓이는 같다.

$$\Rightarrow a^2+b^2\boxed{②}c^2$$

(3) 피타고라스 정리의 설명 - 직각삼각형의 닮음 이용

① $\triangle ACD \varpropto \triangle ABC$이므로

$b : c=x : b$　　∴ $b^2=cx$

② $\triangle CBD \varpropto \triangle ABC$이므로

$a : c=y : a$　　∴ $a^2=cy$

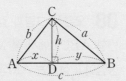

$\Rightarrow a^2+b^2=\boxed{③} \longrightarrow a^2+b^2=cx+cy=c(x+y)=c^2$

참고 ① $\triangle ACD \varpropto \triangle CBD$이므로 $x : h=h : y$　　∴ $h^2=xy$

② $\triangle ABC$의 넓이는 $\frac{1}{2}ab=\frac{1}{2}ch$이므로 $ab=ch$

2 피타고라스 정리의 성질

01 직각삼각형이 되는 조건

(1) 직각삼각형이 되는 조건

세 변의 길이가 각각 a, b, c인 삼각형에서 $a^2+b^2=c^2$이면

이 삼각형은 빗변의 길이가 $\boxed{④}$ 인 직각삼각형이다.

(2) 삼각형의 변의 길이와 각의 크기 사이의 관계

$\triangle ABC$에서 $\overline{BC}=a$, $\overline{CA}=b$, $\overline{AB}=c$이고 c가 가장 긴

변의 길이일 때

① $c^2\boxed{⑤}a^2+b^2$이면 $\angle C<90°$ ➡ 예각삼각형

② $c^2=a^2+b^2$이면 $\angle C=90°$ ➡ 직각삼각형

③ $c^2\boxed{⑥}a^2+b^2$이면 $\angle C>90°$ ➡ 둔각삼각형

02 피타고라스 정리의 활용

(1) 피타고라스 정리를 이용한 직각삼각형의 성질

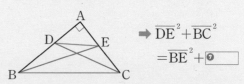

$$\Rightarrow \overline{DE}^2+\overline{BC}^2$$
$$=\overline{BE}^2+\boxed{⑦}$$

(2) 두 대각선이 직교하는 사각형의 성질

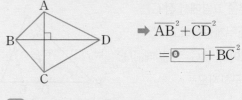

$$\Rightarrow \overline{AB}^2+\overline{CD}^2$$
$$=\boxed{⑧}+\overline{BC}^2$$

참고

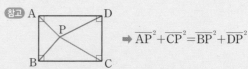

$$\Rightarrow \overline{AP}^2+\overline{CP}^2=\overline{BP}^2+\overline{DP}^2$$

(3) 직각삼각형과 반원으로 이루어진 도형

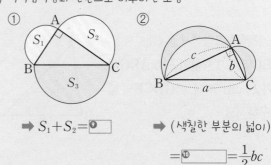

$\Rightarrow S_1+S_2=\boxed{⑨}$　　　$\Rightarrow$ (색칠한 부분의 넓이)

$=\boxed{⑩}=\frac{1}{2}bc$

01 다음 그림과 같은 직각삼각형에서 x^2의 값을 구하시오.

(1)
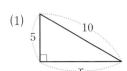

답 _____

(2)
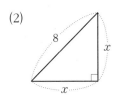

답 _____

02 다음 그림과 같은 직각삼각형에서 x의 값을 구하시오.

(1)
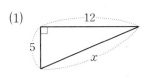

답 _____

(2)
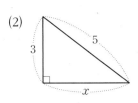

답 _____

(3)
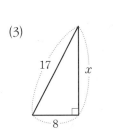

답 _____

03 오른쪽 그림과 같은 △ABC에서 $\overline{AD} \perp \overline{BC}$이고 $\overline{AB}=17$ cm, $\overline{BD}=15$ cm, $\overline{AC}=10$ cm일 때, 다음을 구하시오.

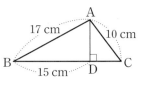

(1) $\overline{AD}$의 길이

답 _____

(2) $\overline{DC}$의 길이

답 _____

04 오른쪽 그림과 같은 □ABCD에서 $\overline{AB}=13$ cm, $\overline{AD}=9$ cm, $\overline{BC}=5$ cm일 때, 다음을 구하시오.

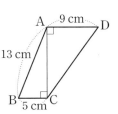

(1) $\overline{AC}$의 길이

답 _____

(2) $\overline{CD}$의 길이

답 _____

05 오른쪽 그림과 같은 사다리꼴 ABCD에서 ∠A=∠B=90°이고 $\overline{AB}=8$, $\overline{AD}=4$, $\overline{CD}=10$일 때, $\overline{BC}$의 길이를 구하시오.

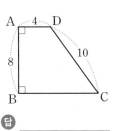

답 _____

01 다음 그림은 직각삼각형 ABC의 각 변을 한 변으로 하는 세 정사각형을 그린 것이다. 두 정사각형의 넓이가 주어졌을 때, 색칠한 부분의 넓이를 구하시오.

(1)
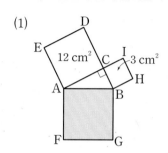

답 _____

(2)
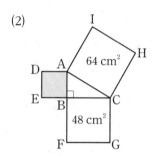

답 _____

(3)
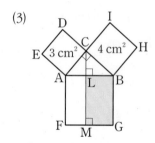

답 _____

02 오른쪽 그림은 ∠C=90°인 직각삼각형 ABC의 각 변을 한 변으로 하는 세 정사각형을 그린 것이다. □ACDE=6 cm², □AFGB=15 cm²일 때, $\overline{BC}$의 길이를 구하시오.

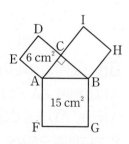

답 _____

03 오른쪽 그림은 ∠C=90°인 직각삼각형 ABC의 각 변을 한 변으로 하는 세 정사각형을 그린 것이다. 다음 **보기** 중 옳은 것을 모두 고르시오.

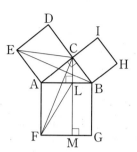

┤ 보기 ├

ㄱ. △EAB≡△CAF   ㄴ. △CAF=△ABC

ㄷ. △EAC=△AFL   ㄹ. △ABC=$\frac{1}{2}$□ACDE

답 _____

04 오른쪽 그림은 ∠C=90°인 직각삼각형 ABC의 각 변을 한 변으로 하는 세 정사각형을 그린 것이다. 다음을 구하시오.

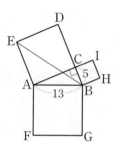

(1) □ACDE의 넓이

답 _____

(2) △ABE의 넓이

답 _____

05 오른쪽 그림은 ∠C=90°인 직각삼각형 ABC의 각 변을 한 변으로 하는 세 정사각형을 그린 것이다. 이때 △LGB의 넓이를 구하시오.

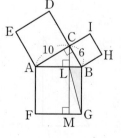

답 _____

01 다음 그림에서 □ABCD는 정사각형이고 4개의 직각삼각형은 모두 합동이다. 이때 □EFGH의 넓이를 구하시오.

(1)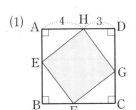

답 _____

(2)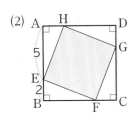

답 _____

02 오른쪽 그림과 같은 정사각형 ABCD에서 $\overline{AE}=\overline{BF}=\overline{CG}=\overline{DH}=5$이고 □EFGH의 넓이가 169일 때, 다음을 구하시오.

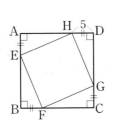

(1) $\overline{DG}$의 길이

답 _____

(2) □ABCD의 둘레의 길이

답 _____

03 오른쪽 그림과 같은 정사각형 ABCD에서 $\overline{AE}=\overline{BF}=\overline{CG}=\overline{DH}=3$이고 □EFGH의 넓이가 10일 때, □ABCD의 넓이를 구하시오.

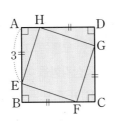

답 _____

04 오른쪽 그림과 같이 $\angle C=90°$인 직각삼각형 ABC에서 $\overline{AB}\perp\overline{CD}$일 때, 다음을 구하시오.

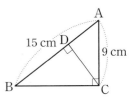

(1) $\overline{BC}$의 길이

답 _____

(2) $\overline{BD}$의 길이

답 _____

(3) $\overline{CD}$의 길이

답 _____

05 다음 그림에서 x의 값을 구하시오.

(1)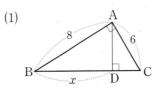

답 _____

(2)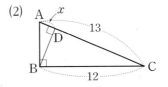

답 _____

06 오른쪽 그림과 같이 $\angle A=90°$인 직각삼각형 ABC에서 $\overline{BC}\perp\overline{AD}$일 때, 다음을 구하시오.

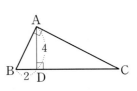

(1) $\overline{CD}$의 길이

답 _____

(2) $\overline{AC}^2$의 값

답 _____

01 오른쪽 그림과 같이 ∠A=90°인 직각삼각형 ABC 에서 $\overline{BC}$=20 cm, $\overline{AC}$=12 cm일 때, △ABC의 넓이를 구하시오.

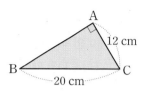

02 오른쪽 그림과 같이 가로, 세로의 길이가 각각 20 cm, 15 cm인 직사각형 ABCD에서 대각선 BD의 길이를 구하시오.

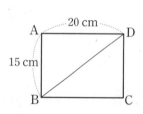

03 오른쪽 그림과 같은 사다리꼴 ABCD에서 ∠C=∠D=90°이 고 $\overline{AD}$=16 cm, $\overline{AB}$=13 cm, $\overline{BC}$=11 cm일 때, $\overline{CD}$의 길이를 구하시오.

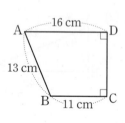

04 오른쪽 그림과 같이 ∠A=90° 인 직각삼각형 ABC의 $\overline{AC}$, $\overline{BC}$를 한 변으로 하는 정사각형의 넓이가 각각 23 cm², 48 cm²일 때, $\overline{AB}$의 길이를 구하시오.

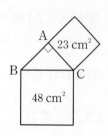

05 오른쪽 그림과 같은 정사각 형 ABCD에서 $\overline{AE}$=$\overline{BF}$=$\overline{CG}$=$\overline{DH}$=x cm, $\overline{AH}$=$\overline{BE}$=$\overline{CF}$=$\overline{DG}$=y cm, x^2+y^2=10일 때, □EFGH의 넓이를 구하시오.

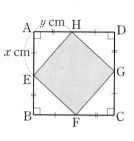

06 오른쪽 그림과 같이 ∠A=90°인 직각삼각형 ABC에 서 $\overline{AD}\perp\overline{BC}$이고 $\overline{AB}$=3 cm, $\overline{BC}$=5 cm일 때, $\overline{AD}$의 길이를 구하시오.

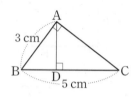

07 오른쪽 그림에서 두 직각삼각형 ABC와 CDE 는 서로 합동이고, 세 점 B, C, D는 한 직선 위에 있다. $\overline{AB}$=6 cm, $\overline{DE}$=8 cm일 때, △ACE의 넓이를 구하시 오.

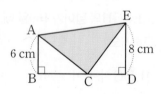

08 오른쪽 그림은 합동인 4개의 직각삼각형을 이용하여 정사각형 ABDE를 만든 것이다. $\overline{AH}$=8 cm, $\overline{DE}$=17 cm일 때, □CFGH의 둘 레의 길이를 구하시오.

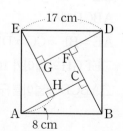

01 세 변의 길이가 각각 다음과 같은 삼각형이 직각삼각형이면 ○표, 직각삼각형이 아니면 ×표를 하시오.

(1) 2 cm, 4 cm, 5 cm ( )

(2) 3 cm, 4 cm, 5 cm ( )

(3) 3 cm, 6 cm, 7 cm ( )

(4) 4 cm, 5 cm, 6 cm ( )

(5) 5 cm, 12 cm, 13 cm ( )

02 다음 보기 중 직각삼각형인 것을 모두 고르시오.

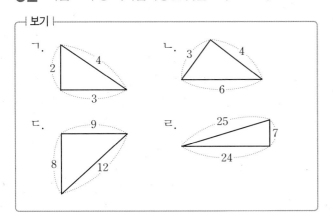

보기

ㄱ. (2, 4, 3)

ㄴ. (3, 4, 6)

ㄷ. (9, 8, 12)

ㄹ. (25, 24, 7)

답 _____

03 세 변의 길이가 각각 8 cm, 17 cm, x cm인 삼각형이 직각삼각형이 되도록 하는 x의 값을 구하시오.

(단, $8 < x < 17$)

답 _____

04 삼각형의 세 변의 길이가 다음과 같을 때, 예각삼각형, 직각삼각형, 둔각삼각형 중 어느 것인지 말하시오.

(1) 3 cm, 5 cm, 6 cm 답 _____

(2) 4 cm, 6 cm, 7 cm 답 _____

(3) 7 cm, 10 cm, 15 cm 답 _____

(4) 9 cm, 12 cm, 14 cm 답 _____

(5) 12 cm, 16 cm, 20 cm 답 _____

05 세 변의 길이가 각각 다음 보기와 같은 삼각형 중에서 둔각삼각형인 것을 모두 고르시오.

보기

ㄱ. 4, 8, 9   ㄴ. 5, 6, 7

ㄷ. 7, 8, 11   ㄹ. 9, 12, 15

답 _____

바른답·알찬풀이 93쪽

01 다음 그림과 같은 직각삼각형 ABC에서 x^2의 값을 구하시오.

(1)
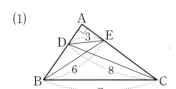

답 _____

(2)
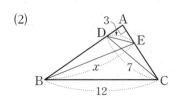

답 _____

02 다음 그림과 같은 사각형 ABCD에서 $\overline{AC} \perp \overline{BD}$일 때, x^2의 값을 구하시오.

(1)
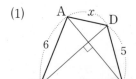

답 _____

(2)
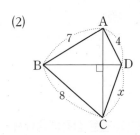

답 _____

03 오른쪽 그림과 같이 직사각형 ABCD의 내부에 한 점 P가 있을 때, $\overline{CP}^2$의 값을 구하시오.

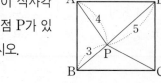

답 _____

04 다음 그림은 $\angle A = 90°$인 직각삼각형 ABC의 세 변을 각각 지름으로 하는 세 반원을 그린 것이다. 색칠한 부분의 넓이를 구하시오.

(1)
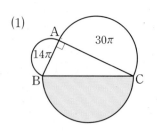

답 _____

(2)
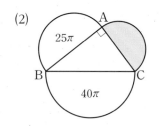

답 _____

05 다음 그림은 $\angle A = 90°$인 직각삼각형 ABC의 세 변을 각각 지름으로 하는 세 반원을 그린 것이다. 색칠한 부분의 넓이를 구하시오.

(1)
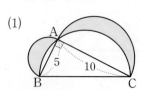

답 _____

(2)
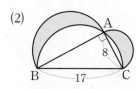

답 _____

01 세 변의 길이가 각각 다음과 같은 삼각형 중 직각삼각형이 <u>아닌</u> 것은?

① 3 cm, 4 cm, 5 cm 　② 5 cm, 12 cm, 13 cm

③ 7 cm, 24 cm, 25 cm 　④ 9 cm, 16 cm, 20 cm

⑤ 10 cm, 24 cm, 26 cm

02 세 변의 길이가 각각 6, 10, a인 삼각형이 직각삼각형이 되도록 하는 a^2의 값을 모두 구하시오.

03 오른쪽 그림과 같은 △ABC에서 ∠A가 예각이고 $\overline{AB}=4$, $\overline{AC}=6$일 때, x의 값이 될 수 있는 자연수를 구하시오. (단, $x>6$)

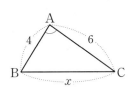

04 오른쪽 그림과 같이 ∠B=90°인 직각삼각형 ABC에서 두 점 D, E는 각각 $\overline{AB}$, $\overline{BC}$의 중점이다. $\overline{DE}=2$일 때, $\overline{AE}^2+\overline{CD}^2$의 값을 구하시오.

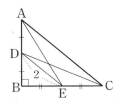

05 오른쪽 그림과 같은 사각형 ABCD에서 두 대각선이 점 O에서 직교한다. $\overline{AB}=\overline{OC}=8$, $\overline{OD}=6$일 때, $\overline{BC}^2+\overline{AD}^2$의 값을 구하시오.

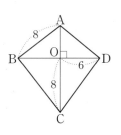

06 오른쪽 그림과 같이 직사각형 ABCD의 내부에 한 점 P가 있다. $\overline{BP}=3$, $\overline{CP}=6$일 때, $\overline{DP}^2-\overline{AP}^2$의 값을 구하시오.

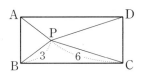

07 오른쪽 그림은 ∠A=90°인 직각삼각형 ABC의 세 변을 각각 지름으로 하는 세 반원을 그린 것이다. $\overline{BC}=6$이고 세 반원의 넓이를 각각 S_1, S_2, S_3이라 할 때, $S_1+S_2+S_3$의 값을 구하시오.

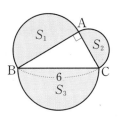

08 오른쪽 그림은 ∠A=90°인 직각삼각형 ABC의 세 변을 각각 지름으로 하는 세 반원을 그린 것이다. $\overline{AB}=9$ cm이고 색칠한 부분의 넓이가 54 cm²일 때, $\overline{BC}$의 길이를 구하시오.

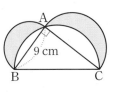

06 경우의 수

바른답·알찬풀이 94쪽

❶ 경우의 수

01 사건과 경우의 수

(1) **①**⬜⬜⬜ : 동일한 조건에서 반복할 수 있는 실험이나 관찰에 의하여 나타나는 결과

(2) **②**⬜⬜⬜ : 사건이 일어나는 모든 가짓수

> **예** 주사위 1개를 한 번 던질 때, 짝수의 눈이 나오는 경우는 2, 4, 6이므로 경우의 수는 3이다.

02 사건 A 또는 사건 B가 일어나는 경우의 수

동시에 일어나지 않는 두 사건 A와 B에 대하여 사건 A가 일어나는 경우의 수가 m이고, 사건 B가 일어나는 경우의 수가 n일 때,

(사건 A 또는 사건 B가 일어나는 경우의 수)

= **③**⬜⬜⬜

03 두 사건 A와 B가 동시에 일어나는 경우의 수

사건 A가 일어나는 경우의 수가 m이고, 그 각각에 대하여 사건 B가 일어나는 경우의 수가 n일 때,

(두 사건 A와 B가 동시에 일어나는 경우의 수)

= **④**⬜⬜⬜

❷ 여러 가지 경우의 수

01 한 줄로 세우는 경우의 수

(1) 한 줄로 세우는 경우의 수

① n명을 한 줄로 세우는 경우의 수

$n \times (n-1) \times (n-2) \times \cdots \times 2 \times 1$

② n명 중에서 2명을 뽑아 한 줄로 세우는 경우의 수

⑤⬜⬜⬜

③ n명 중에서 3명을 뽑아 한 줄로 세우는 경우의 수

$n \times (n-1) \times (n-2)$

> **참고** n명 중에서 r명을 뽑아 한 줄로 세우는 경우의 수는 n부터 1씩 작아지는 수를 차례대로 r개 곱한다.
> ➡ $n \times (n-1) \times (n-2) \times \cdots \times (n-r+1)$ (단, $n \geq r$)

(2) 한 줄로 세울 때, 이웃하여 세우는 경우의 수

한 줄로 세울 때, 이웃하여 세우는 경우의 수	=	이웃하는 것을 하나로 묶어서 한 줄로 세우는 경우의 수	×	묶음 안에서 자리를 바꾸는 경우의 수

02 자연수의 개수

(1) 0이 포함되지 않은 경우

0이 아닌 서로 다른 한 자리 숫자가 각각 하나씩 적힌 n장의 카드 중에서

① 서로 다른 2장을 뽑아 만들 수 있는 두 자리 자연수의 개수

$n \times (n-1)$

② 서로 다른 3장을 뽑아 만들 수 있는 세 자리 자연수의 개수

$n \times (n-1) \times (n-2)$

(2) 0이 포함된 경우

0을 포함한 서로 다른 한 자리 숫자가 각각 하나씩 적힌 n장의 카드 중에서

① 서로 다른 2장을 뽑아 만들 수 있는 두 자리 자연수의 개수

⑥⬜⬜⬜

② 서로 다른 3장을 뽑아 만들 수 있는 세 자리 자연수의 개수

$(n-1) \times (n-1) \times (n-2)$

└➡ 맨 앞자리에는 0이 올 수 없다.

03 대표를 뽑는 경우의 수

(1) 자격이 다른 대표를 뽑는 경우

n명 중에서 자격이 다른 대표 2명을 뽑는 경우의 수

$n \times (n-1)$ → n명 중에서 2명을 뽑아 한 줄로 세우는 경우의 수

(2) 자격이 같은 대표를 뽑는 경우

n명 중에서 자격이 같은 대표 2명을 뽑는 경우의 수

$\dfrac{n \times (n-1)}{\boxed{⑦}}$

> **참고** n명 중에서 대표 3명을 뽑는 경우의 수는 다음과 같다.
> ① 자격이 다른 경우
> ➡ $n \times (n-1) \times (n-2)$
> ② 자격이 같은 경우
> ➡ $\dfrac{n \times (n-1) \times (n-2)}{3 \times 2 \times 1}$

사건과 경우의 수

바른답·알찬풀이 94쪽

01 주머니 속에 1부터 12까지의 자연수가 각각 하나씩 적힌 12개의 공이 들어 있다. 이 중에서 한 개의 공을 꺼낼 때, 다음을 구하시오.

(1) 소수가 적힌 공이 나오는 경우의 수

답 ____________

(2) 5보다 큰 수가 적힌 공이 나오는 경우의 수

답 ____________

(3) 12의 약수가 적힌 공이 나오는 경우의 수

답 ____________

02 아래는 서로 다른 3개의 동전 A, B, C를 던질 때, 일어날 수 있는 모든 경우를 그림으로 나타낸 것이다. □ 안에 알맞은 것을 써넣고, 다음을 구하시오.

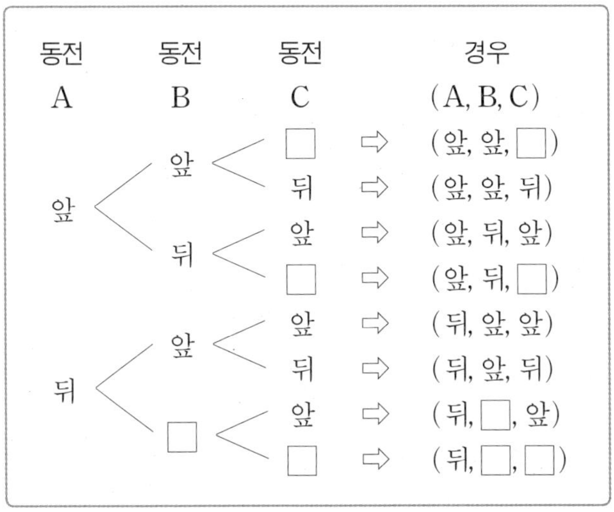

동전 A
동전 B
동전 C
경우 (A, B, C)
앞
앞
□ ⇨ (앞, 앞, □)
뒤 ⇨ (앞, 앞, 뒤)
뒤
앞 ⇨ (앞, 뒤, 앞)
□ ⇨ (앞, 뒤, □)
뒤
앞
앞 ⇨ (뒤, 앞, 앞)
뒤 ⇨ (뒤, 앞, 뒤)
□
앞 ⇨ (뒤, □, 앞)
□ ⇨ (뒤, □, □)

(1) 일어나는 모든 경우의 수

답 ____________

(2) 앞면이 2개 나오는 경우의 수

답 ____________

03 서로 다른 두 개의 주사위를 동시에 던질 때, 다음을 구하시오.

(1) 나오는 눈의 수의 합이 2인 경우의 수

답 ____________

(2) 나오는 눈의 수의 합이 5인 경우의 수

답 ____________

(3) 나오는 눈의 수의 차가 1인 경우의 수

답 ____________

(4) 나오는 눈의 수의 차가 4인 경우의 수

답 ____________

04 은재가 100원짜리 동전 6개, 50원짜리 동전 4개, 10원짜리 동전 5개를 가지고 있다. 빵집에서 600원짜리 빵 1개를 사려고 할 때, 지불하는 모든 방법의 수를 구하려고 한다. 다음 물음에 답하시오.

(1) 표를 완성하시오.

100원(개)	6				
50원(개)	0				
10원(개)	0				
금액(원)	600	600			

(2) 빵값을 지불하는 모든 방법의 수를 구하시오.

답 ____________

01 주사위 1개를 한 번 던질 때, 다음을 구하시오.

(1) 3보다 작은 눈이 나오는 경우의 수

답 _____

(2) 5보다 큰 눈이 나오는 경우의 수

답 _____

(3) 3보다 작거나 5보다 큰 눈이 나오는 경우의 수

답 _____

02 1부터 15까지의 자연수가 각각 하나씩 적힌 15장의 카드가 있다. 이 중에서 한 장의 카드를 뽑을 때, 다음을 구하시오.

(1) 4의 배수가 적힌 카드가 나오는 경우의 수

답 _____

(2) 7의 배수가 적힌 카드가 나오는 경우의 수

답 _____

(3) 4의 배수 또는 7의 배수가 적힌 카드가 나오는 경우의 수

답 _____

03 서로 다른 두 개의 주사위 A, B를 동시에 던질 때, 다음을 구하시오.

(1) 나오는 눈의 수의 합이 7인 경우의 수

답 _____

(2) 나오는 눈의 수의 합이 11 이상인 경우의 수

답 _____

(3) 나오는 눈의 수의 합이 7이거나 11 이상인 경우의 수

답 _____

04 다음을 구하시오.

(1) 찌개 4종류, 덮밥 3종류가 있을 때, 찌개 또는 덮밥 중에서 한 가지를 주문하는 경우의 수

답 _____

(2) 서울에서 제주도까지 가는 교통수단이 비행기는 하루에 8회, 배는 하루에 2회 운행된다고 할 때, 비행기나 배로 서울에서 제주도까지 가는 경우의 수

답 _____

05 사탕 3개, 초콜릿 5개, 껌 4개가 들어 있는 주머니에서 한 개를 꺼낼 때, 사탕 또는 껌이 나오는 경우의 수를 구하시오.

답 _____

06 각 면에 1부터 8까지의 자연수가 각각 하나씩 적힌 정팔면체 모양의 주사위 1개를 두 번 던질 때, 바닥에 오는 면에 적힌 수의 합이 6의 배수인 경우의 수를 구하시오.

답 _____

07 다음 표는 민경이네 반 전체 학생들이 가장 좋아하는 계절을 조사하여 나타낸 것이다. 민경이네 반 학생 중에서 한 명을 선택했을 때, 가장 좋아하는 계절이 여름 또는 겨울인 경우의 수를 구하시오.

계절	봄	여름	가을	겨울
학생 수(명)	8	6	9	12

답 _____

01 서로 다른 두 개의 주사위 A, B를 동시에 던질 때, 다음을 구하시오.

(1) 주사위 A에서 홀수의 눈이 나오는 경우의 수

답 _____

(2) 주사위 B에서 합성수의 눈이 나오는 경우의 수

답 _____

(3) 주사위 A에서 홀수의 눈이 나오고, 주사위 B에서 합성수의 눈이 나오는 경우의 수

답 _____

02 다음 시행에서 일어나는 모든 경우의 수를 구하시오.

(1) 서로 다른 동전 3개와 주사위 1개를 동시에 던진다.

답 _____

(2) 동전 1개와 서로 다른 주사위 2개를 동시에 던진다.

답 _____

03 동전 1개와 주사위 1개를 동시에 던질 때, 동전은 앞면이 나오고, 주사위는 짝수의 눈이 나오는 경우의 수를 구하시오.

답 _____

04 A, B, C 세 지점 사이를 연결하는 길이 아래 그림과 같을 때, 다음을 구하시오.

(단, 같은 지점을 두 번 이상 지나지 않는다.)

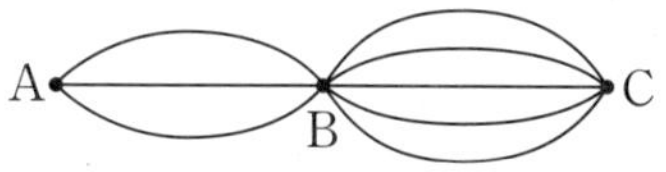

(1) A 지점에서 B 지점까지 가는 경우의 수

답 _____

(2) B 지점에서 C 지점까지 가는 경우의 수

답 _____

(3) A 지점에서 B 지점을 거쳐 C 지점까지 가는 경우의 수

답 _____

05 다음을 구하시오.

(1) 6종류의 티셔츠와 4종류의 바지가 있을 때, 티셔츠와 바지를 각각 한 가지씩 짝 지어 입는 경우의 수

답 _____

(2) 4개의 자음 ㄷ, ㄹ, ㅁ, ㅂ과 3개의 모음 ㅏ, ㅗ, ㅜ가 있을 때, 자음과 모음을 각각 한 개씩 골라 만들 수 있는 글자의 수

답 _____

06 서준이와 서언이가 가위바위보를 한 번 할 때, 일어나는 모든 경우의 수를 구하시오.

답 _____

01 주사위 1개를 한 번 던질 때, 다음 중 경우의 수가 가장 작은 것은?

① 4 이상의 눈이 나온다.
② 3 미만의 눈이 나온다.
③ 홀수의 눈이 나온다.
④ 6의 약수의 눈이 나온다.
⑤ 5의 배수의 눈이 나온다.

02 오른쪽 그림과 같이 각 면에 1부터 12까지의 자연수가 각각 하나씩 적힌 정십이면체 모양의 주사위 1개를 두 번 던질 때, 바닥에 오는 면에 적힌 수의 차가 7인 경우의 수는?

① 8   ② 9   ③ 10
④ 11   ⑤ 12

03 빨간 공 3개, 파란 공 2개, 노란 공 5개가 들어 있는 주머니에서 한 개의 공을 꺼낼 때, 빨간 공 또는 노란 공이 나오는 경우의 수를 구하시오.

04 서로 다른 두 개의 주사위를 동시에 던질 때, 나오는 눈의 수의 합이 4 또는 9인 경우의 수는?

① 7   ② 8   ③ 9
④ 10   ⑤ 11

05 1부터 30까지의 자연수가 각각 하나씩 적힌 30장의 카드 중에서 한 장을 뽑을 때, 3의 배수 또는 11의 배수가 나오는 경우의 수를 구하시오.

06 A 지점과 B 지점을 오가는 버스는 4가지, 지하철은 3가지가 있다. A 지점에서 출발하여 B 지점까지 왕복하는데 갈 때는 버스를, 올 때는 지하철을 이용하는 방법의 수는?

① 7   ② 10   ③ 12
④ 16   ⑤ 20

07 서로 다른 두 개의 주사위 A, B를 동시에 던질 때, 주사위 A에서 4 이하의 눈이 나오고, 주사위 B에서 3의 배수의 눈이 나오는 경우의 수는?

① 4   ② 5   ③ 6
④ 7   ⑤ 8

08 집, 공원, 도서관 세 지점 사이를 연결하는 길이 다음 그림과 같을 때, 집에서 도서관까지 가는 모든 경우의 수를 구하시오. (단, 같은 지점을 두 번 이상 지나지 않는다.)

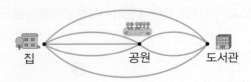

01 다음을 구하시오.

(1) 5명이 한 줄로 서서 사진을 찍는 경우의 수

답 _____

(2) 4개의 전시관으로 구성된 미술관에서 관람하는 순서를 정하는 경우의 수

답 _____

(3) 5명 중에서 2명을 뽑아 한 줄로 세우는 경우의 수

답 _____

(4) 국어, 수학, 영어, 음악, 미술, 체육의 6권의 교과서 중에서 3권을 골라 책꽂이에 한 줄로 꽂는 경우의 수

답 _____

02 5개의 알파벳 K, O, R, E, A를 한 줄로 나열할 때, 다음을 구하시오.

(1) K가 맨 앞에 오는 경우의 수 답 _____

(2) K가 맨 앞에 오고, A가 맨 뒤에 오는 경우의 수

답 _____

(3) K 또는 A가 맨 뒤에 오는 경우의 수

답 _____

(4) K, R가 양 끝에 오는 경우의 수

답 _____

03 A, B, C, D, E 5명이 노래 오디션에서 한 줄로 서서 노래를 부를 때, A, B, C가 이웃하여 서는 경우의 수를 구하려고 한다. 다음 물음에 답하시오.

(1) A, B, C를 한 묶음으로 생각하여 (A, B, C), D, E의 3명이 한 줄로 서는 경우의 수를 구하시오.

답 _____

(2) 묶음 안에서 A, B, C 3명이 자리를 바꾸는 경우의 수를 구하시오. 답 _____

(3) (1), (2)를 이용하여 A, B, C, D, E 5명이 한 줄로 서서 노래를 부를 때, A, B, C가 이웃하여 서는 경우의 수를 구하시오. 답 _____

04 남학생 4명과 여학생 2명이 한 줄로 서서 사진을 찍을 때, 다음을 구하시오.

(1) 남학생끼리 이웃하여 서는 경우의 수

답 _____

(2) 여학생끼리 이웃하여 서는 경우의 수

답 _____

(3) 남학생은 남학생끼리, 여학생은 여학생끼리 이웃하여 서는 경우의 수 답 _____

06

경우의 수

01 1, 2, 3, 4, 5, 6, 7이 각각 하나씩 적힌 7장의 카드가 있을 때, 다음을 구하시오.

(1) 서로 다른 2장을 뽑아 만들 수 있는 두 자리 자연수의 개수   답 _____

(2) 서로 다른 3장을 뽑아 만들 수 있는 세 자리 자연수의 개수   답 _____

(3) 서로 다른 2장을 뽑아 만들 수 있는 두 자리 자연수 중 30보다 작은 수의 개수   답 _____

(4) 서로 다른 2장을 뽑아 만들 수 있는 두 자리 자연수 중 홀수의 개수   답 _____

(5) 서로 다른 3장을 뽑아 만들 수 있는 세 자리 자연수 중 5의 배수의 개수   답 _____

02 1부터 5까지의 5개의 자연수를 사용하여 자연수를 만들려고 한다. 같은 숫자를 여러 번 사용해도 된다고 할 때, 만들 수 있는 세 자리 자연수의 개수를 구하시오.

답 _____

03 0, 1, 2, 3, 4, 5, 6이 각각 하나씩 적힌 7장의 카드가 있을 때, 다음을 구하시오.

(1) 서로 다른 2장을 뽑아 만들 수 있는 두 자리 자연수의 개수   답 _____

(2) 서로 다른 3장을 뽑아 만들 수 있는 세 자리 자연수의 개수   답 _____

(3) 서로 다른 2장을 뽑아 만들 수 있는 두 자리 자연수 중 40보다 큰 수의 개수   답 _____

(4) 서로 다른 2장을 뽑아 만들 수 있는 두 자리 자연수 중 짝수의 개수   답 _____

(5) 서로 다른 2장을 뽑아 만들 수 있는 두 자리 자연수 중 3의 배수의 개수   답 _____

04 0부터 4까지의 5개의 숫자를 사용하여 자연수를 만들려고 한다. 같은 숫자를 여러 번 사용해도 된다고 할 때, 만들 수 있는 세 자리 자연수의 개수를 구하시오.

답 _____

01 A, B, C, D, E, F 6명의 학생 중에서 대표를 뽑을 때, 다음을 구하시오.

(1) 회장 1명, 부회장 1명을 뽑는 경우의 수

답 _____

(2) 회장 1명, 부회장 1명, 총무 1명을 뽑는 경우의 수

답 _____

(3) 회장 1명, 부회장 1명, 총무 1명을 뽑을 때, A가 회장이 되는 경우의 수

답 _____

02 합창 대회에 참가한 9개의 팀 중 대상과 금상을 받는 팀을 각각 1팀씩 뽑는 경우의 수를 구하시오.

답 _____

03 영욱이를 포함한 육상 동아리 학생 8명 중에서 100 m 달리기, 200 m 달리기, 400 m 달리기 대회에 참가할 선수를 각각 1명씩 뽑는다고 할 때, 영욱이가 400 m 달리기 선수로 뽑히는 경우의 수를 구하시오.

답 _____

04 A, B, C, D, E, F 6명의 학생 중에서 미술 대회에 참가할 학생을 뽑을 때, 다음을 구하시오.

(1) 대표 2명을 뽑는 경우의 수 답 _____

(2) 대표 3명을 뽑는 경우의 수 답 _____

(3) 대표 3명을 뽑을 때, F가 반드시 뽑히는 경우의 수

답 _____

05 농구 동아리에는 지훈이를 포함하여 회원 10명이 있다. 이 중에서 길거리 농구 대회에 참가할 3명의 선수를 뽑을 때, 다음을 구하시오.

(1) 지훈이가 반드시 뽑히는 경우의 수

답 _____

(2) 지훈이가 뽑히지 않는 경우의 수

답 _____

06 A, B, C, D, E 5명의 학생 중에서 회장 1명, 부회장 2명을 뽑는 경우의 수를 구하시오.

답 _____

01 3절까지 있는 어떤 노래를 A, B, C 3명이 각각 1절씩 부를 때, 노래를 부르는 순서를 정하는 경우의 수는?

① 3   ② 4   ③ 5

④ 6   ⑤ 7

02 지혜, 재원, 도형, 주창, 양희 5명이 한 줄로 서서 사진을 찍을 때, 지혜가 가운데에 서는 경우의 수는?

① 10   ② 12   ③ 14

④ 16   ⑤ 24

03 국어, 영어, 수학, 사회, 사회과부도의 5권의 책을 책꽂이에 한 줄로 꽂을 때, 사회와 사회과부도를 이웃하게 꽂는 경우의 수를 구하시오.

04 주머니 안에 1, 2, 3, 4, 5의 숫자가 각각 하나씩 적힌 5개의 공이 들어 있다. 이 중에서 서로 다른 2개의 공을 꺼내 만들 수 있는 두 자리 자연수 중 짝수의 개수를 구하시오.

05 0, 1, 2, 3, 4, 5가 각각 하나씩 적힌 6장의 카드 중에서 서로 다른 3장을 뽑아 만들 수 있는 세 자리 자연수 중 5의 배수의 개수는?

① 12   ② 18   ③ 24

④ 30   ⑤ 36

06 어느 야구 동아리의 A, B, C, D, E 5명의 후보 중에서 1루수, 2루수, 3루수를 각각 1명씩 뽑을 때, A가 1루수에 뽑히는 경우의 수는?

① 6   ② 8   ③ 9

④ 10   ⑤ 12

07 5명의 과학자들이 모임에서 한 사람도 빠짐없이 서로 한 번씩 악수를 할 때, 5명이 악수하는 횟수는?

① 6번   ② 7번   ③ 8번

④ 9번   ⑤ 10번

08 오른쪽 그림과 같이 한 원 위에 서로 다른 6개의 점 A, B, C, D, E, F가 있다. 이 중에서 두 점을 연결하여 만들 수 있는 선분의 개수는?

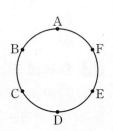

① 5   ② 10

③ 15   ④ 20

⑤ 25

07 확률과 그 계산

❶ 확률과 그 기본 성질

01 확률의 뜻

(1) 확률

동일한 조건에서 이루어지는 많은 횟수의 실험이나 관찰에서
어떤 사건이 일어나는 상대도수가 일정한 값에 가까워질 때,
이 일정한 값을 그 사건이 일어날 **①** 이라 한다.

(2) 사건 A가 일어날 확률

어떤 실험이나 관찰에서 일어나는 모든 경우의 수가 n이고 각
경우가 일어날 가능성이 모두 같을 때, 사건 A가 일어나는 경
우의 수가 a이면 사건 A가 일어날 확률 p는

$$p = \dfrac{(\text{사건 } A\text{가 일어나는 경우의 수})}{(\text{일어나는 모든 경우의 수})} = \dfrac{\boxed{②}}{\boxed{③}}$$

예 한 개의 주사위를 던질 때, 홀수의 눈이 나올 확률은
$$\dfrac{(\text{홀수의 눈이 나오는 경우의 수})}{(\text{일어나는 모든 경우의 수})} = \dfrac{3}{6} = \dfrac{1}{2}$$

참고 도형에서의 확률

도형과 관련된 확률을 구할 때는 일어나는 모든 경우의 수는 도형의 전체 넓
이로, 어떤 사건이 일어나는 경우의 수는 해당하는 부분의 넓이로 생각한다.

➡ $(\text{도형에서의 확률}) = \dfrac{(\text{해당하는 부분의 넓이})}{(\text{도형의 전체 넓이})}$

02 확률의 성질

(1) 확률의 기본 성질

① 어떤 사건이 일어날 확률을 p라 하면 $0 \le p \le 1$이다.

② 절대로 일어나지 않는 사건의 확률은 **④** 이다.

③ 반드시 일어나는 사건의 확률은 **⑤** 이다.

(2) 어떤 사건이 일어나지 않을 확률

사건 A가 일어날 확률이 p일 때,

$(\text{사건 } A\text{가 일어나지 않을 확률}) = \boxed{⑥}$

→ 적어도 ~일 확률, ~가 아닐 확률 등을 구할 때 이용한다.

예 한 개의 주사위를 던질 때, 소수의 눈이 나오지 않을 확률은
$$1 - (\text{소수의 눈이 나올 확률}) = 1 - \dfrac{1}{2} = \dfrac{1}{2}$$

참고 사건 A가 일어날 확률을 p, 사건 A가 일어나지 않을 확률을 q라 하면
$p + q = 1$

❷ 확률의 계산

01 사건 A 또는 사건 B가 일어날 확률

동시에 일어나지 않는 두 사건 A와 B에 대하여 사건 A가 일어
날 확률을 p, 사건 B가 일어날 확률을 q라 할 때,

$(\text{사건 } A \text{ 또는 사건 } B \text{가 일어날 확률}) = \boxed{⑦}$

예 한 개의 주사위를 던질 때, 짝수의 눈 또는 1의 눈이 나올 확률은
$(\text{짝수의 눈이 나올 확률}) + (1\text{의 눈이 나올 확률})$
$$= \dfrac{1}{2} + \dfrac{1}{6} = \dfrac{2}{3}$$ → 동시에 일어나지 않는다.

02 두 사건 A와 B가 동시에 일어날 확률

서로 영향을 미치지 않는 두 사건 A와 B에 대하여 사건 A가 일
어날 확률을 p, 사건 B가 일어날 확률을 q라 할 때,

$(\text{두 사건 } A \text{와 } B \text{가 동시에 일어날 확률}) = \boxed{⑧}$

예 동전 한 개와 주사위 한 개를 동시에 던질 때,
동전은 앞면이 나오고 주사위는 홀수의 눈이 나올 확률은
$(\text{동전은 앞면이 나올 확률}) \times (\text{주사위는 홀수의 눈이 나올 확률})$
$$= \dfrac{1}{2} \times \dfrac{1}{2} = \dfrac{1}{4}$$

03 연속하여 꺼내는 경우의 확률

(1) 꺼낸 것을 다시 넣고 연속하여 꺼내는 경우의 확률

처음에 꺼낸 것을 다시 꺼낼 수 있으므로 처음과 나중의 조건
이 같다.

➡ $(\text{처음에 사건 } A\text{가 일어날 확률})$
$= (\text{나중에 사건 } A\text{가 일어날 확률})$

(2) 꺼낸 것을 다시 넣지 않고 연속하여 꺼내는 경우의 확률

처음에 꺼낸 것을 다시 꺼낼 수 없으므로 처음과 나중의 조건
이 다르다.

➡ $(\text{처음에 사건 } A\text{가 일어날 확률})$
$\ne (\text{나중에 사건 } A\text{가 일어날 확률})$

예 파란 공 3개와 노란 공 3개가 들어 있는 주머니에서 공을 한 개씩 연속하여 두
번 꺼낼 때, 두 번 모두 파란 공이 나올 확률은
① 꺼낸 공을 다시 넣는 경우
$$\dfrac{3}{6} \times \dfrac{3}{6} = \dfrac{1}{4}$$
② 꺼낸 공을 다시 넣지 않는 경우
$$\dfrac{3}{6} \times \dfrac{2}{5} = \dfrac{1}{5}$$

07 확률과 그 계산

07 확률과 그 계산 65

01 주머니 속에 파란 공 6개, 노란 공 4개가 들어 있다. 이 주머니에서 한 개의 공을 꺼낼 때, 다음을 구하시오.

(1) 일어나는 모든 경우의 수　답 _____

(2) 노란 공이 나오는 경우의 수　답 _____

(3) 노란 공이 나올 확률　답 _____

02 서로 다른 두 개의 동전을 동시에 던질 때, 다음을 구하시오.

(1) 일어나는 모든 경우의 수　답 _____

(2) 모두 뒷면이 나오는 경우의 수　답 _____

(3) 모두 뒷면이 나올 확률　답 _____

03 주사위 1개를 한 번 던질 때, 다음을 구하시오.

(1) 나오는 눈의 수가 4일 확률　답 _____

(2) 나오는 눈의 수가 홀수일 확률　답 _____

(3) 나오는 눈의 수가 소수일 확률　답 _____

04 5개의 알파벳 D, R, E, A, M을 한 줄로 나열할 때, 다음을 구하시오.

(1) 5개의 알파벳 D, R, E, A, M을 한 줄로 나열하는 경우의 수　답 _____

(2) D가 맨 뒤에 오도록 나열하는 경우의 수　답 _____

(3) D가 맨 뒤에 올 확률　답 _____

05 1, 2, 3, 4가 각각 하나씩 적힌 4장의 카드 중에서 서로 다른 2장을 뽑아 두 자리 자연수를 만들 때, 다음을 구하시오.

(1) 3의 배수인 경우의 수　답 _____

(2) 3의 배수일 확률　답 _____

06 오른쪽 그림과 같은 원판에 화살을 한 번 쏠 때, 다음을 구하시오. (단, 화살은 원판을 벗어나지 않고 경계선에 맞지 않는다.)

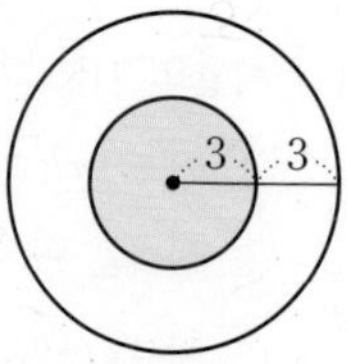

(1) 원판 전체의 넓이　답 _____

(2) 색칠한 부분의 넓이　답 _____

(3) 색칠한 부분을 맞힐 확률　답 _____

01 주머니 속에 검은 공 3개, 흰 공 2개가 들어 있다. 이 주머니에서 한 개의 공을 꺼낼 때, 다음을 구하시오.

(1) 검은 공이 나올 확률 　답 ＿＿＿＿＿＿

(2) 흰 공이 나올 확률 　답 ＿＿＿＿＿＿

(3) 노란 공이 나올 확률 　답 ＿＿＿＿＿＿

(4) 검은 공 또는 흰 공이 나올 확률

　답 ＿＿＿＿＿＿

02 서로 다른 두 개의 주사위를 동시에 던질 때, 다음을 구하시오.

(1) 나오는 눈의 수의 합이 8일 확률

　답 ＿＿＿＿＿＿

(2) 나오는 눈의 수의 차가 7일 확률

　답 ＿＿＿＿＿＿

(3) 나오는 눈의 수의 곱이 12일 확률

　답 ＿＿＿＿＿＿

(4) 나오는 눈의 수의 합이 13보다 작을 확률

　답 ＿＿＿＿＿＿

03 다음을 구하시오.

(1) 화살을 쏘아 과녁을 맞힐 확률이 $\frac{2}{5}$일 때, 화살을 한 번 쏘아 과녁을 맞히지 못할 확률

　답 ＿＿＿＿＿＿

(2) 복권에 당첨될 확률이 $\frac{1}{10}$일 때, 복권에 당첨되지 못할 확률 　답 ＿＿＿＿＿＿

(3) 내일 비가 올 확률이 $\frac{2}{7}$일 때, 내일 비가 오지 않을 확률

　답 ＿＿＿＿＿＿

04 서로 다른 동전 3개를 동시에 던질 때, 다음을 구하시오.

(1) 모두 뒷면이 나올 확률 　답 ＿＿＿＿＿＿

(2) 적어도 한 개는 앞면이 나올 확률

　답 ＿＿＿＿＿＿

05 서로 다른 두 개의 주사위를 동시에 던질 때, 다음을 구하시오.

(1) 두 주사위에서 모두 5 이상의 눈이 나올 확률

　답 ＿＿＿＿＿＿

(2) 적어도 한 개는 5 미만의 눈이 나올 확률

　답 ＿＿＿＿＿＿

01 빨간 공 2개, 노란 공 5개, 파란 공 3개가 들어 있는 주머니에서 한 개의 공을 꺼낼 때, 노란 공이 나올 확률은?

① $\dfrac{1}{5}$　　② $\dfrac{3}{10}$　　③ $\dfrac{2}{5}$

④ $\dfrac{1}{2}$　　⑤ $\dfrac{3}{5}$

02 서로 다른 두 개의 주사위를 동시에 던질 때, 나오는 눈의 수의 합이 6일 확률은?

① $\dfrac{5}{36}$　　② $\dfrac{1}{6}$　　③ $\dfrac{7}{36}$

④ $\dfrac{2}{9}$　　⑤ $\dfrac{5}{18}$

03 교내 체육대회의 이어달리기 선수로 뽑힌 A, B, C, D, E 5명이 달리기 순서를 정할 때, A가 첫 번째로 달리게 될 확률은?

① $\dfrac{1}{20}$　　② $\dfrac{1}{10}$　　③ $\dfrac{1}{5}$

④ $\dfrac{1}{3}$　　⑤ $\dfrac{1}{2}$

04 오른쪽 그림과 같은 원판에 화살을 한 번 쏠 때, 색칠한 부분을 맞힐 확률을 구하시오. (단, 화살은 원판을 벗어나지 않고 경계선에 맞지 않는다.)

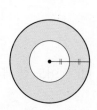

05 사건 A가 일어날 확률을 p, 사건 A가 일어나지 않을 확률을 q라 할 때, 다음 **보기** 중 옳은 것을 모두 고르시오.

보기
ㄱ. $0 \leq p \leq 1$　　　ㄴ. $0 \leq q \leq 1$
ㄷ. $q = p - 1$　　　ㄹ. $q = 0$이면 $p = 1$
ㅁ. $p = 0$이면 사건 A는 반드시 일어난다.

06 1부터 10까지의 자연수가 각각 하나씩 적힌 10장의 카드 중에서 한 장을 뽑을 때, 다음 중 옳지 <u>않은</u> 것은?

① 짝수가 나올 확률은 $\dfrac{1}{2}$이다.

② 3의 배수가 나올 확률은 $\dfrac{3}{10}$이다.

③ 8의 약수가 나올 확률은 $\dfrac{2}{5}$이다.

④ 10의 배수가 나올 확률은 0이다.

⑤ 10 이하의 수가 나올 확률은 1이다.

07 서로 다른 두 개의 주사위를 동시에 던질 때, 나오는 눈의 수의 합이 11 이하일 확률을 구하시오.

08 남학생 2명, 여학생 4명 중에서 2명의 대표를 뽑을 때, 적어도 한 명은 남학생이 뽑힐 확률을 구하시오.

01 주머니 속에 빨간 구슬 4개, 파란 구슬 3개, 노란 구슬 2개가 들어 있다. 이 주머니에서 한 개의 구슬을 꺼낼 때, 다음을 구하시오.

(1) 빨간 구슬이 나올 확률 **답** _____

(2) 노란 구슬이 나올 확률 **답** _____

(3) 빨간 구슬 또는 노란 구슬이 나올 확률
답 _____

02 각 면에 1부터 12까지의 자연수가 각각 하나씩 적힌 정십이면체 모양의 주사위를 던질 때, 바닥에 오는 면에 적힌 수에 대하여 다음을 구하시오.

(1) 홀수 또는 8이 나올 확률 **답** _____

(2) 6의 약수 또는 4의 배수가 나올 확률
답 _____

(3) 7보다 작거나 10보다 큰 수가 나올 확률
답 _____

03 서로 다른 두 개의 주사위를 동시에 던질 때, 다음을 구하시오.

(1) 나오는 눈의 수의 합이 5일 확률
답 _____

(2) 나오는 눈의 수의 합이 7일 확률
답 _____

(3) 나오는 눈의 수의 합이 5 또는 7일 확률
답 _____

04 서로 다른 두 개의 주사위를 동시에 던질 때, 나오는 눈의 수의 차가 3 또는 4일 확률을 구하시오.
답 _____

05 오른쪽 그림과 같이 6등분된 원판을 돌린 후 멈추었을 때, 바늘이 3의 배수 또는 5의 배수가 적힌 부분을 가리킬 확률을 구하시오. (단, 바늘이 경계선을 가리키는 경우는 없다.)
답 _____

바른답·알찬풀이 101쪽

01 동전 1개와 주사위 1개를 동시에 던질 때, 다음을 구하시오.

(1) 동전은 앞면이 나올 확률　답 _____

(2) 주사위는 4보다 큰 수의 눈이 나올 확률
　　　　　　　　　　　　　　　답 _____

(3) 동전은 앞면이 나오고, 주사위는 4보다 큰 수의 눈이 나올 확률　답 _____

02 주머니 A에는 검은 공이 4개, 흰 공이 2개 들어 있고, 주머니 B에는 검은 공이 1개, 흰 공이 5개 들어 있다. 두 주머니 A, B에서 각각 공을 1개씩 꺼낼 때, 다음을 구하시오.

(1) 주머니 A에서 검은 공이 나오고, 주머니 B에서 흰 공이 나올 확률　답 _____

(2) 주머니 A에서 흰 공이 나오고, 주머니 B에서 검은 공이 나올 확률　답 _____

(3) 두 주머니 A, B에서 모두 흰 공이 나올 확률
　　　　　　　　　　　　　　　답 _____

03 주사위 1개를 두 번 던질 때, 다음을 구하시오.

(1) 첫 번째는 4의 약수의 눈이 나오고, 두 번째는 소수의 눈이 나올 확률　답 _____

(2) 두 번 모두 3의 배수의 눈이 나올 확률
　　　　　　　　　　　　　　　답 _____

04 주머니 A에는 빨간 공이 2개, 노란 공이 2개 들어 있고, 주머니 B에는 빨간 공이 3개, 노란 공이 1개 들어 있다. 두 주머니 A, B에서 각각 공을 1개씩 꺼낼 때, 다음을 구하시오.

(1) 두 주머니 A, B에서 모두 빨간 공이 나올 확률
　　　　　　　　　　　　　　　답 _____

(2) 두 주머니 A, B에서 모두 노란 공이 나올 확률
　　　　　　　　　　　　　　　답 _____

(3) 두 주머니 A, B에서 같은 색의 공이 나올 확률
　　　　　　　　　　　　　　　답 _____

(4) 두 주머니 A, B에서 다른 색의 공이 나올 확률
　　　　　　　　　　　　　　　답 _____

05 A, B 두 사람이 어느 시험에 합격할 확률이 각각 $\dfrac{5}{6}$, $\dfrac{2}{5}$일 때, 다음을 구하시오.

(1) A, B 모두 이 시험에 합격할 확률
　　　　　　　　　　　　　　　답 _____

(2) A, B 모두 이 시험에 합격하지 못할 확률
　　　　　　　　　　　　　　　답 _____

(3) A, B 중 적어도 한 사람은 이 시험에 합격할 확률
　　　　　　　　　　　　　　　답 _____

01 12개의 제품 중에서 2개의 불량품이 섞여 있는 상자가 있다. 이 상자에서 A가 제품을 한 개 꺼내어 확인하고 다시 넣은 후 B가 제품을 한 개 꺼낼 때, 다음을 구하시오.

(1) A, B 모두 불량품을 꺼낼 확률

답 _____

(2) A, B 모두 정상 제품을 꺼낼 확률

답 _____

(3) A는 정상 제품을 꺼내고, B는 불량품을 꺼낼 확률

답 _____

(4) B가 불량품을 꺼낼 확률 답 _____

02 15개의 제비 중에서 3개의 당첨 제비가 들어 있는 상자가 있다. 이 상자에서 민아가 제비를 한 개 뽑아 확인하고 다시 넣은 후 진구가 제비를 한 개 뽑을 때, 다음을 구하시오.

(1) 민아는 당첨 제비를 뽑고, 진구는 당첨 제비를 뽑지 못할 확률

답 _____

(2) 민아는 당첨 제비를 뽑지 못하고, 진구는 당첨 제비를 뽑을 확률 답 _____

(3) 민아와 진구 둘 중 한 사람만 당첨 제비를 뽑을 확률

답 _____

03 12개의 제품 중에서 2개의 불량품이 섞여 있는 상자가 있다. A와 B가 차례대로 이 상자에서 제품을 한 개씩 꺼낼 때, 다음을 구하시오. (단, 꺼낸 제품은 다시 넣지 않는다.)

(1) A, B 모두 불량품을 꺼낼 확률

답 _____

(2) A, B 모두 정상 제품을 꺼낼 확률

답 _____

(3) A는 정상 제품을 꺼내고, B는 불량품을 꺼낼 확률

답 _____

(4) 적어도 한 사람은 정상 제품을 꺼낼 확률

답 _____

04 1부터 10까지의 자연수가 각각 하나씩 적힌 10장의 카드 중에서 연속하여 2장의 카드를 뽑을 때, 두 장 모두 홀수가 적힌 카드가 나올 확률을 구하시오.

(단, 뽑은 카드는 다시 넣지 않는다.)

05 검은 공 5개, 흰 공 3개가 들어 있는 주머니에서 연속하여 공을 한 개씩 두 번 꺼낼 때, 나오는 공의 색깔이 서로 같을 확률을 구하시오. (단, 꺼낸 공은 다시 넣지 않는다.)

답 _____

01 1부터 12까지의 자연수가 각각 하나씩 적힌 12장의 카드가 있다. 이 중에서 한 장의 카드를 뽑을 때, 5의 배수 또는 12의 약수가 나올 확률은?

① $\dfrac{1}{3}$　　② $\dfrac{7}{18}$　　③ $\dfrac{5}{12}$

④ $\dfrac{2}{3}$　　⑤ $\dfrac{3}{4}$

02 오른쪽 그림과 같이 크기가 같은 9개의 정사각형으로 이루어진 과녁이 있다. 과녁에 화살을 두 번 쏘아 두 번 모두 색칠하지 않은 부분에 맞힐 확률을 구하시오.
(단, 화살은 과녁을 벗어나지 않고 경계선에 맞지 않는다.)

03 어떤 수학 문제를 민수가 풀 확률은 $\dfrac{2}{5}$, 지민이가 풀 확률은 $\dfrac{3}{4}$일 때, 두 사람 중 한 사람만 이 문제를 풀 확률을 구하시오.

04 주머니 A에는 1, 2, 3, 4가 각각 하나씩 적힌 공이 4개, 주머니 B에는 5, 6, 7이 각각 하나씩 적힌 공이 3개 들어 있다. 두 주머니에서 공을 각각 한 개씩 꺼낼 때, 공이 적힌 두 수의 곱이 짝수일 확률은?

① $\dfrac{5}{12}$　　② $\dfrac{1}{2}$　　③ $\dfrac{7}{12}$

④ $\dfrac{2}{3}$　　⑤ $\dfrac{5}{6}$

05 준수와 미애가 약속 장소에 나갈 확률이 각각 $\dfrac{4}{5}$, $\dfrac{7}{10}$일 때, 두 사람이 만나지 못할 확률을 구하시오.

06 파란 구슬이 6개, 흰 구슬이 2개 들어 있는 상자에서 구슬을 한 개 꺼내 확인하고 다시 넣은 후 또 한 개를 꺼낼 때, 두 번 모두 흰 구슬이 나올 확률은?

① $\dfrac{1}{9}$　　② $\dfrac{2}{9}$　　③ $\dfrac{1}{12}$

④ $\dfrac{1}{16}$　　⑤ $\dfrac{3}{16}$

07 1부터 15까지의 자연수가 각각 하나씩 적힌 15장의 카드 중에서 연속하여 2장의 카드를 뽑을 때, 두 장 모두 3의 배수가 적힌 카드를 뽑을 확률을 구하시오.
(단, 뽑은 카드는 다시 넣지 않는다.)

08 9개의 제비 중에서 3개의 당첨 제비가 들어 있다. A, B 두 사람이 차례대로 한 개씩 제비를 뽑을 때, 적어도 한 사람이 당첨될 확률은? (단, 뽑은 제비는 다시 넣지 않는다.)

① $\dfrac{1}{4}$　　② $\dfrac{1}{3}$　　③ $\dfrac{5}{12}$

④ $\dfrac{1}{2}$　　⑤ $\dfrac{7}{12}$

Contact Mirae-N
www.mirae-n.com
(우)06532 서울시 서초구 신반포로 321
1800-8890

수학 EASY 개념서

개념이 수학의 전부다! 술술 읽으며 개념 잡는 EASY 개념서

수학   0_초등 핵심 개념,
      1_1(상), 2_1(하),
      3_2(상), 4_2(하),
      5_3(상), 6_3(하)

수학 필수 유형서

 유형완성

체계적인 유형별 학습으로 실전에서 더욱 강력하게!

수학   1(상), 1(하), 2(상), 2(하), 3(상), 3(하)

미래엔 교과서 연계 도서

자습서

 자습서

핵심 정리와 적중 문제로 완벽한 자율학습!

국어 1-1, 1-2, 2-1, 2-2, 3-1, 3-2	역사 ①, ②
영어 1, 2, 3	도덕 ①, ②
수학 1, 2, 3	과학 1, 2, 3
사회 ①, ②	기술·가정 ①, ②
	생활 일본어, 생활 중국어, 한문

평가 문제집

 평가 문제집

정확한 학습 포인트와 족집게 예상 문제로 완벽한 시험 대비!

국어   1-1, 1-2, 2-1, 2-2, 3-1, 3-2
영어   1-1, 1-2, 2-1, 2-2, 3-1, 3-2
사회   ①, ②
역사   ①, ②
도덕   ①, ②
과학   1, 2, 3

내신 대비 문제집

올리드 시험직보 문제집

내신 만점을 위한 시험 직전에 보는 문제집

국어   1-1, 1-2, 2-1, 2-2, 3-1, 3-2

예비 고1을 위한 고등 도서

룩 LOOK

이미지 연상으로 필수 개념을 쉽게 익히는
비주얼 개념서

국어   문법
영어   분석독해

손쉬운

작품 이해에서 문제 해결까지
손쉬운 비법을 담은 문학 입문서

현대 문학, 고전 문학

수학중심

개념과 유형을 한 번에 잡는
개념 기본서

고등 수학(상), 고등 수학(하),
수학Ⅰ, 수학Ⅱ, 확률과 통계, 미적분, 기하

유형중심

체계적인 유형별 학습으로
실전에서 더욱 강력한 문제 기본서

고등 수학(상), 고등 수학(하),
수학Ⅰ, 수학Ⅱ, 확률과 통계, 미적분

NEW 올리드

탄탄한 개념 설명, 자신있는 실전 문제

사회   통합사회, 한국사
과학   통합과학

수학 개념을 쉽게 이해하는 방법?
개념수다로 시작하자!

수학의 진짜 실력자가 되는 비결 –
나에게 딱 맞는 개념서를 술술 읽으며 시작하자!

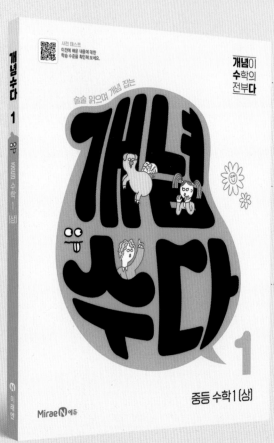

개념 이해
친구와 수다 떨듯 쉽고 재미있게,
베테랑 선생님의 동영상 강의로 완벽하게

개념 확인·정리
깔끔하게 구조화된 문제로 개념을 확인하고,
개념 전체의 흐름을 한 번에 정리

개념 끝장
온라인을 통해 개개인별 성취도 분석과
틀린 문항에 대한 맞춤 클리닉 제공

| 추천 대상 |
· 중등 수학 과정을 예습하고 싶은 초등 5~6학년
· 중등 수학을 어려워하는 중학생

수학은 순서를 따라 학습해야 효과적이므로,
초등 수학부터 꼼꼼하게 공부해 보자.

개념이 수학의 전부다
수학 개념을 제대로 공부하는 EASY 개념서

개념수다 시리즈 (전7책)

0_초등 핵심 개념
1_중등 수학 1(상), **2**_중등 수학 1(하)
3_중등 수학 2(상), **4**_중등 수학 2(하)
5_중등 수학 3(상), **6**_중등 수학 3(하)

초등 핵심 개념
한 권으로 빠르게 정리!

개념교재편 **중등 수학 2(하)**

1 쉽고 체계적인
개념 설명

교과서 필수 개념을 세분화하여 구성한
도식화, 도표화한 개념 정리를 통해 쉽게
개념을 이해하고 수학의 원리를 익힙니다.

2 개념 1쪽, 문제 1쪽의
2쪽 개념 학습

교과서 개념을 학습한 후 문제를 풀며
부족한 개념을 확인하고 문제를 해결하는
데 필요한 개념과 전략을 바로 익힙니다.

3 완벽한
문제 해결력 신장

유형에 대한 반복 학습과 시험에 꼭 나오
는 적중 문제, 출제율이 높은 서술형 문제
를 공략하며 시험에 완벽하게 대비합니다.

Mirae ⓝ 에듀

신뢰받는 미래엔
미래엔은 "Better Content, Better Life" 미션 실행을 위해
탄탄한 콘텐츠의 교과서와 참고서를 발간합니다.

소통하는 미래엔
미래엔의 [도서 오류] [정답 및 해설] [도서 내용 문의] 등은
홈페이지를 통해서 확인이 가능합니다.

Contact Mirae-N
www.mirae-n.com
(우)06532 서울시 서초구 신반포로 321
1800-8890

개념 잡고 성적 올리는 필수 개념서

올리드

바른답·알찬풀이

개념교재편과 익힘교재편의 **정답 및 풀이**를 제공합니다.

중등 수학 2(하)

올리드 100점 전략

개념을 꽉 잡아라! + 문제를 싹 잡아라! + 시험을 확 잡아라! + 오답을 꼭 잡아라!

MiraeN 에듀

올리드 100점 전략

바른답·알찬풀이

중등 수학 2(하)

01 삼각형의 성질

❶ 이등변삼각형

개념 01 이등변삼각형의 뜻과 성질

개념 확인하기 ················· 8쪽

1 답 (1) $x=55$, $y=70$ (2) $x=90$, $y=4$
(1) 이등변삼각형의 두 밑각의 크기는 같으므로
$\angle C=\angle B=55°$ ∴ $x=55$
$\angle A=180°-2\times55°=70°$ ∴ $y=70$
(2) 이등변삼각형의 꼭지각의 이등분선은 밑변을 수직이등분
하므로
$\angle ADB=90°$ ∴ $x=90$
$\overline{CD}=\dfrac{1}{2}\overline{BC}=\dfrac{1}{2}\times8=4(cm)$ ∴ $y=4$

대표문제 ················· 9쪽

01 답 (1) 75° (2) 75° (3) 30°
(1) $\angle ACB=180°-105°=75°$
(2) △ABC에서 $\overline{AB}=\overline{AC}$이므로
$\angle B=\angle ACB=75°$
(3) $\angle A=180°-2\times75°=30°$

02 답 (1) 65° (2) 84°
(1) △ABC에서 $\overline{AB}=\overline{AC}$이므로 $\angle B=\angle C$
∴ $\angle x=\dfrac{1}{2}\times(180°-50°)=65°$
(2) △ABC에서 $\overline{AB}=\overline{AC}$이므로
$\angle C=\angle B=42°$
∴ $\angle x=42°+42°=84°$

03 답 (1) 80° (2) 50°
(1) △ABD에서 $\overline{DA}=\overline{DB}$이므로
$\angle DAB=\angle B=40°$
∴ $\angle ADC=40°+40°=80°$
(2) △ADC에서 $\overline{DA}=\overline{DC}$이므로
$\angle C=\dfrac{1}{2}\times(180°-80°)=50°$

04 답 (1) 25° (2) 75°
(1) △ABC에서 $\overline{AB}=\overline{AC}$이므로
$\angle ABC=\angle C=50°$
∴ $\angle DBC=\dfrac{1}{2}\angle ABC=\dfrac{1}{2}\times50°=25°$

(2) △DBC에서 $\angle ADB=25°+50°=75°$

이것만은 꼭!
이등변삼각형은 다음을 이용하여 각의 크기를 구할 수 있다.
① 이등변삼각형의 두 밑각의 크기는 같다.
② 평각의 크기는 180°이다.
③ 삼각형의 한 외각의 크기는 그와 이웃하지 않는 두 내각의 크기의 합과 같다.

05 답 (1) 90° (2) 22° (3) 6 cm
(1) 이등변삼각형의 꼭지각의 이등분선은 밑변을 수직이등분
하므로 $\angle ADC=90°$
(2) △ADC에서 $\angle CAD=180°-(90°+68°)=22°$이므로
$\angle BAD=\angle CAD=22°$
(3) $\overline{BD}=\overline{CD}$이므로
$\overline{BC}=2\overline{BD}=2\times3=6(cm)$

06 답 (1) 90° (2) 11 cm
(1) 이등변삼각형의 꼭지각의 이등분선은 밑변을 수직이등분
하므로 $\angle ADB=90°$
(2) △ABC의 넓이가 55 cm²이므로
$\dfrac{1}{2}\times10\times\overline{AD}=55$ ∴ $\overline{AD}=11(cm)$

개념 02 이등변삼각형이 되는 조건

개념 확인하기 ················· 10쪽

1 답 (1) 8 (2) 6
(1) $\angle B=\angle C$이므로 △ABC는 $\overline{AB}=\overline{AC}$인 이등변삼각형
이다. ∴ $x=8$
(2) $\angle C=180°-(40°+70°)=70°$
즉, $\angle B=\angle C$이므로 △ABC는 $\overline{AB}=\overline{AC}$인 이등변삼
각형이다. ∴ $x=6$

대표문제 ················· 11쪽

01 답 (1) 55° (2) 7 cm
(1) $\angle A+\angle C=125°$이므로 $\angle C=125°-70°=55°$
(2) $\angle ABC=180°-125°=55°$
즉, $\angle ABC=\angle C$이므로 △ABC는 $\overline{AB}=\overline{AC}$인 이등변
삼각형이다.
∴ $\overline{AC}=\overline{AB}=7$ cm

02 🅐 (1) 10 cm (2) 50° (3) 50° (4) 10 cm

(1) ∠DBC=∠C이므로 △DBC는 $\overline{\text{BD}}=\overline{\text{CD}}$인 이등변삼각
형이다.

∴ $\overline{\text{BD}}=\overline{\text{CD}}=10$ cm

(2) ∠ABC=90°이므로

∠ABD=90°−40°=50°

(3) △ABC에서 ∠A=180°−(90°+40°)=50°

(4) ∠A=∠ABD이므로 △ABD는 $\overline{\text{AD}}=\overline{\text{BD}}$인 이등변삼
각형이다.

∴ $\overline{\text{AD}}=\overline{\text{BD}}=10$ cm

03 🅐 (1) 이등변삼각형 (2) 4 cm

(1) △ABC에서 ∠ABC=∠ACB이므로

$\angle\text{DBC}=\dfrac{1}{2}\angle\text{ABC}=\dfrac{1}{2}\angle\text{ACB}=\angle\text{DCB}$

따라서 △DBC는 $\overline{\text{DB}}=\overline{\text{DC}}$인 이등변삼각형이다.

(2) △DBC에서 $\overline{\text{DC}}=\overline{\text{DB}}=4$ cm

04 🅐 5 cm

∠B=∠C이므로 △ABC는 $\overline{\text{AB}}=\overline{\text{AC}}$인 이등변삼각형이
다. 이때 이등변삼각형의 꼭지각의 이등분선은 밑변을 수직
이등분하므로

$\overline{\text{BD}}=\dfrac{1}{2}\overline{\text{BC}}=\dfrac{1}{2}\times10=5(\text{cm})$

05 🅐 (1) 65° (2) 6 cm

(1) ∠ABC=∠CBD (접은 각),
∠ACB=∠CBD (엇각)이므
로 ∠ACB=∠ABC=65°

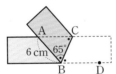

(2) △ABC는 $\overline{\text{AB}}=\overline{\text{AC}}$인 이등
변삼각형이므로

$\overline{\text{AC}}=\overline{\text{AB}}=6$ cm

이것만은 꼭!
폭이 일정한 종이를 접었을 때

(i) 접은 각의 크기는 같다.
즉, ∠ABC=∠CBD

(ii) 평행선에서 엇각의 크기는 같다.
즉, $\overline{\text{AC}}\,/\!/\,\overline{\text{BD}}$이므로 ∠ACB=∠CBD

(i), (ii)에서 △ABC는 $\overline{\text{AB}}=\overline{\text{AC}}$인 이등변삼각형이다.

06 🅐 ㄷ

ㄱ. ∠CAB=∠CAD (접은 각)

ㄴ, ㄹ. $\overline{\text{CB}}\,/\!/\,\overline{\text{DA}}$이므로 ∠ACB=∠CAD (엇각)
∠CAB=∠ACB이므로 △ABC는 $\overline{\text{BA}}=\overline{\text{BC}}$인 이등변
삼각형이다.

이상에서 옳지 않은 것은 ㄷ뿐이다.

01 ③	02 51°	03 35°	04 49	05 14 cm
06 12 cm	07 10 cm	08 29 cm	09 26°	09-1 28°

01 △BCD에서 $\overline{\text{BC}}=\overline{\text{BD}}$이므로

∠BDC=∠C=70°

∴ ∠DBC=180°−2×70°=40°

△ABC에서 $\overline{\text{AB}}=\overline{\text{AC}}$이므로

∠ABC=∠C=70°

∴ x=∠ABC−∠DBC

=70°−40°=30°

02 △ABC에서 $\overline{\text{AB}}=\overline{\text{AC}}$이므로

$\angle\text{B}=\dfrac{1}{2}\times(180°-78°)=51°$

이때 $\overline{\text{AD}}\,/\!/\,\overline{\text{BC}}$이므로

∠EAD=∠B=51° (동위각)

03 △ABC에서 $\overline{\text{AB}}=\overline{\text{AC}}$이므로

∠ACB=∠B=∠x

△ABC에서

∠CAD=∠x+∠x=2∠x

△ACD에서 $\overline{\text{CA}}=\overline{\text{CD}}$이므로

∠CDA=∠CAD=2∠x

△BCD에서 ∠DCE=∠x+2∠x=105°

3∠x=105°   ∴ ∠x=35°

04 이등변삼각형의 꼭지각의 이등분선은 밑변을 수직이등분하
므로

∠ADB=90°

△ABD에서

∠ABD=180°−(45°+90°)=45°

∴ x=45

$\overline{\text{CD}}=\dfrac{1}{2}\overline{\text{BC}}=\dfrac{1}{2}\times8=4(\text{cm})$

∴ y=4

∴ $x+y$=45+4=49

05 이등변삼각형의 꼭지각의 이등분선은 밑변을 수직이등분하
므로

$\overline{\text{BC}}=2\overline{\text{BD}}=2\times7=14(\text{cm})$

△ABC에서 $\overline{\text{AB}}=\overline{\text{AC}}$이므로

$\angle\text{B}=\angle\text{C}=\dfrac{1}{2}\times(180°-60°)=60°$

따라서 △ABC는 정삼각형이므로

$\overline{\text{AB}}=\overline{\text{AC}}=\overline{\text{BC}}=14$ cm

06 ∠A=∠B이므로 △ABC는 $\overline{CA}=\overline{CB}$인 이등변삼각형이고, $\overline{AB}\perp\overline{CD}$이므로 점 D는 $\overline{AB}$의 중점이다.

∴ $\overline{AB}=2\overline{AD}=2\times6=12(cm)$

07 △ABC에서 $\overline{AB}=\overline{AC}$이므로

∠ABC=∠ACB

$=\frac{1}{2}\times(180°-36°)=72°$

이때 $\overline{BD}$는 ∠B의 이등분선이므로

∠ABD=∠DBC=$\frac{1}{2}$∠ABC

$=\frac{1}{2}\times72°=36°$

이때 △ABD에서 ∠BDC=36°+36°=72°

따라서 △ABD는 $\overline{AD}=\overline{BD}$인 이등변삼각형이고, △BCD는 $\overline{BC}=\overline{BD}$인 이등변삼각형이므로

$\overline{AD}=\overline{BD}=\overline{BC}=10$ cm

08 ∠ACB=∠ACD (접은 각),

∠CAB=∠ACD (엇각)

이므로 ∠ACB=∠CAB

즉, △ABC는 $\overline{BA}=\overline{BC}$인 이등변삼각형이므로

$\overline{BC}=\overline{BA}=11$ cm

따라서 △ABC의 둘레의 길이는

$\overline{AB}+\overline{BC}+\overline{CA}=11+11+7=29(cm)$

09 △ABC에서 $\overline{AB}=\overline{AC}$이므로

∠ABC=∠ACB

$=\frac{1}{2}\times(180°-52°)=64°$

∴ ∠DBC=$\frac{1}{2}$∠ABC=$\frac{1}{2}\times64°=32°$

∠ACE=180°-∠ACB=180°-64°=116°이므로

∠DCE=$\frac{1}{2}$∠ACE=$\frac{1}{2}\times116°=58°$

△BCD에서 ∠DBC+∠BDC=∠DCE이므로

32°+∠x=58° ∴ ∠x=26°

09-1 △ABC에서 $\overline{AB}=\overline{AC}$이므로

∠ABC=∠ACB

$=\frac{1}{2}\times(180°-44°)=68°$

∴ ∠DCE=$\frac{1}{2}$∠ACE

$=\frac{1}{2}\times(180°-68°)=56°$

△CDB에서 $\overline{CB}=\overline{CD}$이므로

∠DBC=∠D=∠x

이때 ∠D+∠DBC=∠DCE이므로

∠x+∠x=56°, 2∠x=56°

∴ ∠x=28°

---

❷ 직각삼각형의 합동 조건

개념 03 직각삼각형의 합동 조건; RHA 합동

개념 확인하기 14쪽

1 답 (1) 90, $\overline{DE}$, ∠E, RHA (2) 3 cm

대표문제 15쪽

01 답 ㄱ, ㄴ

ㄱ, ㄴ. 빗변의 길이와 한 예각의 크기가 각각 같으므로 RHA 합동이다.

ㄷ. ∠A=90°-∠B=90°-∠E=∠D

즉, 대응하는 한 변의 길이가 같고, 그 양 끝 각의 크기가 각각 같으므로 ASA 합동이다.

ㄹ. 대응하는 두 변의 길이가 각각 같고, 그 끼인각의 크기가 같으므로 SAS 합동이다.

이상에서 RHA 합동이기 위한 조건으로 옳은 것은 ㄱ, ㄴ이다.

이것만은 꼭!

삼각형의 합동 조건
① 대응하는 세 변의 길이가 각각 같을 때 (SSS 합동)
② 대응하는 두 변의 길이가 각각 같고, 그 끼인각의 크기가 같을 때 (SAS 합동)
③ 대응하는 한 변의 길이가 같고, 그 양 끝 각의 크기가 각각 같을 때 (ASA 합동)

02 답 4 cm

△ABC와 △DEF에서

∠B=∠E=90°, $\overline{AC}=\overline{DF}=8$ cm,

∠D=180°-(90°+60°)=30°이므로 ∠A=∠D

∴ △ABC≡△DEF (RHA 합동)

∴ $\overline{EF}=\overline{BC}=4$ cm

03 답 ㄱ, ㄹ

ㄱ. △ABC와 △DFE에서

∠C=∠E=90°, $\overline{AB}=\overline{DF}=5$ cm, ∠B=∠F=40°

∴ △ABC≡△DFE (RHA 합동)

ㄹ. △ABC와 △NMO에서

∠C=∠O=90°, $\overline{AB}=\overline{NM}=5$ cm,

∠M=180°-(90°+50°)=40°이므로 ∠B=∠M

∴ △ABC≡△NMO (RHA 합동)

이상에서 직각삼각형 ABC와 서로 합동인 것은 ㄱ, ㄹ이다.

04 답 (1) △BDP (2) 5 cm

(1) △ACP와 △BDP에서

∠C=∠D=90°, $\overline{AP}=\overline{BP}$,

∠APC＝∠BPD (맞꼭지각)

∴ △ACP≡△BDP (RHA 합동)

(2) $\overline{BD}=\overline{AC}=5$ cm

05 답 (1) 90, $\overline{BC}$, 90, ∠CBE, RHA (2) 10 cm

(2) △ADB≡△BEC이므로

$\overline{DB}=\overline{EC}=7$ cm, $\overline{BE}=\overline{AD}=3$ cm

∴ $\overline{DE}=\overline{DB}+\overline{BE}=7+3=10$(cm)

개념 확인하기 16쪽

1 답 (1) 90, $\overline{DF}$, $\overline{EF}$, RHS (2) 8 cm

(2) △ABC≡△DEF이므로 $\overline{AB}=\overline{DE}=8$ cm

대표문제 17쪽

01 답 ㄱ, ㄷ

ㄱ, ㄷ. 빗변의 길이와 다른 한 변의 길이가 각각 같으므로 RHS 합동이다.

ㄴ. 대응하는 두 변의 길이가 각각 같고, 그 끼인각의 크기가 같으므로 SAS 합동이다.

ㄹ. 빗변의 길이와 한 예각의 크기가 각각 같으므로 RHA 합동이다.

이상에서 RHS 합동이기 위한 조건으로 옳은 것은 ㄱ, ㄷ이다.

02 답 55°

△ABC와 △DEF에서

∠B＝∠E＝90°, $\overline{AC}=\overline{DF}$, $\overline{AB}=\overline{DE}$

∴ △ABC≡△DEF (RHS 합동)

∴ ∠D＝∠A＝180°−(90°+35°)=55°

03 답 ㄴ, ㄹ

ㄴ. △ABC와 △GIH에서

∠C＝∠H＝90°, $\overline{AB}=\overline{GI}=13$ cm, $\overline{AC}=\overline{GH}=5$ cm

∴ △ABC≡△GIH (RHS 합동)

ㄹ. △ABC와 △OMN에서

∠C＝∠N＝90°, $\overline{AB}=\overline{OM}=13$ cm, $\overline{BC}=\overline{MN}=12$ cm

∴ △ABC≡△OMN (RHS 합동)

이상에서 직각삼각형 ABC와 서로 합동인 것은 ㄴ, ㄹ이다.

04 답 (1) 90, $\overline{AC}$, RHS (2) 4 cm

(2) △AED≡△ACD이므로

$\overline{DE}=\overline{DC}=\overline{BC}-\overline{BD}=12-8=4$(cm)

---

05 답 (1) △AED (2) 57° (3) 66°

(1) △ABD와 △AED에서

∠ABD＝∠AED＝90°, $\overline{AD}$는 공통, $\overline{AB}=\overline{AE}$

∴ △ABD≡△AED (RHS 합동)

(2) ∠BDA＝∠EDA＝180°−(90°+33°)=57°

(3) ∠EDC＝180°−(∠BDA+∠EDA)

＝180°−(57°+57°)=66°

개념 확인하기 18쪽

1 답 (1) 4 (2) 35 (3) 60

(1) △POA≡△POB (RHA 합동)이므로

$\overline{PB}=\overline{PA}=4$ cm ∴ $x=4$

(2) △POA≡△POB (RHS 합동)이므로

∠AOP＝∠BOP＝35° ∴ $x=35$

(3) △POA≡△POB (RHS 합동)이므로

∠POB＝∠POA＝30°

△POB에서 ∠OPB＝180°−(30°+90°)=60°

∴ $x=60$

대표문제 19쪽

01 답 ③

① △POA와 △POB에서

∠OAP＝∠OBP＝90°,

$\overline{OP}$는 공통, ∠POA＝∠POB

∴ △POA≡△POB (RHA 합동)

② △POA≡△POB이므로 $\overline{PA}=\overline{PB}$

④ △POA≡△POB이므로 ∠OPA＝∠OPB

⑤ ∠OPA＝∠OPB이므로

∠POB+∠OPA＝∠POB+∠OPB

＝180°−90°=90°

따라서 옳지 않은 것은 ③이다.

02 답 $\dfrac{1}{2}$, $\dfrac{1}{2}$, 26, 26, 64

03 답 (1) 3 (2) 4

(1) △EBD≡△EBC (RHA 합동)이므로

$\overline{DE}=\overline{CE}=3$ cm ∴ $x=3$

(2) △EBD≡△EBC (RHA 합동)이므로 $\overline{DE}=\overline{CE}$

즉, $2x-4=x$이므로 $x=4$

04 **답** (1) 24 (2) 25

   (1) △EBD≡△EBC (RHS 합동)이므로

     ∠CBE=∠DBE=24°

     ∴ x=24

   (2) △EBD≡△EBC (RHS 합동)이므로

     ∠DBE=∠CBE=180°−(90°+65°)=25°

     ∴ x=25

05 **답** (1) 2 cm (2) 45° (3) 2 cm

   (1) △ABD와 △AED에서

     ∠ABD=∠AED=90°, $\overline{AD}$는 공통,

     ∠BAD=∠EAD

     ∴ △ABD≡△AED (RHA 합동)

     ∴ $\overline{ED}$=$\overline{BD}$=2 cm

   (2) △ABC가 직각이등변삼각형이므로 ∠BAC=∠C=45°

     △EDC에서 ∠EDC=180°−(90°+45°)=45°

   (3) △EDC는 직각이등변삼각형이므로

     $\overline{EC}$=$\overline{ED}$=2 cm

   (참고) 직각이등변삼각형은 직각을 낀 두 변의 길이가 같은 삼각형이다.

소단원 핵심문제   20~21쪽

01 ㄴ과 ㅂ, RHS 합동 / ㄷ과 ㅁ, RHA 합동

02 ⑤   **03** (1) 4 cm (2) 40 cm²   **04** ④

05 40°   **06** 26 cm²   **06-1** 60 cm²

01 [ㄴ과 ㅂ] 빗변의 길이가 7 cm로 같고 한 변의 길이가 5 cm로 같은 직각삼각형이므로 서로 합동이다. (RHS 합동)

   [ㄷ과 ㅁ] 빗변의 길이가 7 cm로 같고 한 예각의 크기가 35°(또는 55°)로 같은 직각삼각형이므로 서로 합동이다.

                             (RHA 합동)

02 ① 빗변의 길이와 다른 한 변의 길이가 각각 같으므로 RHS 합동이다.

   ② 대응하는 두 변의 길이가 각각 같고, 그 끼인각의 크기가 같으므로 SAS 합동이다.

   ③ 대응하는 한 변의 길이가 같고, 그 양 끝 각의 크기가 각각 같으므로 ASA 합동이다.

   ④ 빗변의 길이와 한 예각의 크기가 각각 같으므로 RHA 합동이다.

   ⑤ 세 내각의 크기가 각각 같다고 해서 두 삼각형이 합동인 것은 아니다.

   따라서 합동이 되는 경우가 아닌 것은 ⑤이다.

---

03 (1) △ACE와 △BAD에서

     ∠AEC=∠BDA=90°, $\overline{AC}$=$\overline{BA}$,

     ∠EAC+∠ACE=90°이고, ∠EAC+∠BAD=90°이므로 ∠ACE=∠BAD

     ∴ △ACE≡△BAD (RHA 합동)

     따라서 $\overline{AE}$=$\overline{BD}$=8 cm이므로

     $\overline{CE}$=$\overline{AD}$=$\overline{DE}$−$\overline{AE}$=12−8=4 (cm)

   (2) △ABC=(사다리꼴 BCED의 넓이)

                      −(△BAD+△ACE)

     $=\dfrac{1}{2}×(8+4)×12−\left(\dfrac{1}{2}×8×4\right)×2$

     $=72−32=40\,(cm^2)$

04 △BMD과 △CME에서

   ∠BDM=∠CEM=90°, $\overline{BM}$=$\overline{CM}$, $\overline{BD}$=$\overline{CE}$

   ∴ △BMD≡△CME (RHS 합동)

   따라서 $\overline{DM}$=$\overline{EM}$(①)이고,

   ∠B=∠C(②)이므로 $\overline{AB}$=$\overline{AC}$

   ∴ $\overline{AD}$=$\overline{AB}$−$\overline{BD}$=$\overline{AC}$−$\overline{CE}$=$\overline{AE}$

   또, ∠DMB=∠EMC(③)이므로

   ∠DMB+∠C=∠EMC+∠C=90°(⑤)

   따라서 옳지 않은 것은 ④이다.

05 △AED와 △AFD에서

   ∠AED=∠AFD=90°, $\overline{AD}$는 공통, $\overline{DE}$=$\overline{DF}$

   ∴ △AED≡△AFD (RHS 합동)

   따라서 ∠EAD=∠FAD=180°−(70°+90°)=20°

   이므로 ∠BAC=2∠EAD=2×20°=40°

06 오른쪽 그림과 같이 점 D에서 $\overline{AB}$에 내린 수선의 발을 E라 하면

   △AED와 △ACD에서

   ∠AED=∠ACD=90°,

   $\overline{AD}$는 공통, ∠EAD=∠CAD

   ∴ △AED≡△ACD (RHA 합동)

   따라서 $\overline{DE}$=$\overline{DC}$=4 cm이므로

   $△ABD=\dfrac{1}{2}×13×4=26\,(cm^2)$

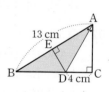

06-1 오른쪽 그림과 같이 점 D에서 $\overline{BC}$에 내린 수선의 발을 E라 하면

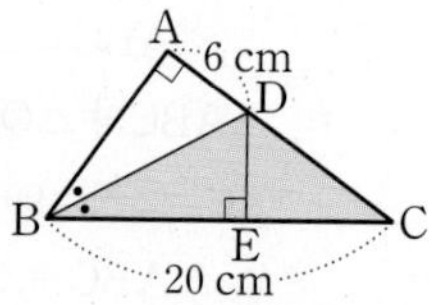

   △ABD와 △EBD에서

   ∠BAD=∠BED=90°,

   $\overline{BD}$는 공통, ∠ABD=∠EBD

   ∴ △ABD≡△EBD (RHA 합동)

   따라서 $\overline{DE}$=$\overline{DA}$=6 cm이므로

   $△BCD=\dfrac{1}{2}×20×6=60\,(cm^2)$

❸ 삼각형의 외심과 내심

개념 06 삼각형의 외심

개념 확인하기 ······················· 22쪽

1 📖 (1) 3 (2) 5 (3) 30

(1) 삼각형의 외심은 세 변의 수직이등분선의 교점이므로

$\overline{BD}=\overline{CD}$

$\therefore \overline{BD}=\dfrac{1}{2}\overline{BC}=\dfrac{1}{2}\times6=3(cm)$

$\therefore x=3$

(2) 삼각형의 외심에서 세 꼭짓점에 이르는 거리는 같으므로

$\overline{OA}=\overline{OB}=5$ cm $\therefore x=5$

(3) △OBC에서 $\overline{OB}=\overline{OC}$이므로

∠OBC=∠OCB=30° $\therefore x=30$

대표문제 ···················· 23쪽

01 📖 (1) $\overline{CE}$, $\overline{AF}$ (2) $\overline{OC}$ (3) △OCE, △OAF

02 📖 ①, ④

① 삼각형의 외심은 세 변의 수직이등분선의 교점이다.

④ 삼각형의 외심에서 세 꼭짓점에 이르는 거리는 같다.

따라서 점 O가 △ABC의 외심인 것은 ①, ④이다.

03 📖 (1) 20° (2) 56°

(1) △OBC에서 $\overline{OB}=\overline{OC}$이므로 ∠OBC=∠OCB

$\therefore \angle x=\dfrac{1}{2}\times(180°-140°)=20°$

(2) △OAB에서 $\overline{OA}=\overline{OB}$이므로

∠OBA=∠OAB=30°

△OBC에서 $\overline{OB}=\overline{OC}$이므로

∠OBC=∠OCB=26°

$\therefore \angle x=\angle OBA+\angle OBC=30°+26°=56°$

04 📖 7 cm

점 O는 △ABC의 외심이므로 $\overline{OA}=\overline{OC}$

△OAC의 둘레의 길이가 26 cm이므로

$\overline{OA}+\overline{OC}+12=26$, $2\overline{OA}=14$

$\therefore \overline{OA}=7(cm)$

따라서 △ABC의 외접원의 반지름의 길이는 7 cm이다.

05 📖 (1) 6 (2) 70

(1) $\overline{OA}=\overline{OB}=\overline{OC}$이므로

$\overline{OA}=\dfrac{1}{2}\overline{BC}=\dfrac{1}{2}\times12=6(cm)$

$\therefore x=6$

(2) △OAB에서 $\overline{OA}=\overline{OB}$이므로

∠OAB=∠OBA=35°

$\therefore \angle AOC=\angle OAB+\angle OBA=35°+35°=70°$

$\therefore x=70$

06 📖 (1) 5 cm (2) 25π cm²

(1) 직각삼각형의 외심은 빗변의 중점이므로
△ABC의 외접원의 반지름의 길이는

$\dfrac{1}{2}\overline{AB}=\dfrac{1}{2}\times10=5(cm)$

(2) △ABC의 외접원의 넓이는

$\pi\times5^2=25\pi(cm^2)$

개념 07 삼각형의 외심의 응용

개념 확인하기 ······················· 24쪽

1 📖 (1) 33° (2) 112°

(1) $\angle x+22°+35°=90°$ $\therefore \angle x=33°$

(2) ∠BOC=2∠A=2×56°=112° $\therefore \angle x=112°$

대표문제 ···················· 25쪽

01 📖 (1) 28° (2) 30°

(1) $25°+\angle x+37°=90°$ $\therefore \angle x=28°$

(2) $28°+32°+\angle x=90°$ $\therefore \angle x=30°$

02 📖 (1) 22° (2) 52°

(1) $\angle OAB+38°+30°=90°$

$\therefore \angle OAB=22°$

(2) △OCA에서 $\overline{OA}=\overline{OC}$이므로

∠OAC=∠OCA=30°

$\therefore \angle BAC=\angle OAB+\angle OAC$

$=22°+30°=52°$

> **이런 풀이 어때요?**
>
> (2) △OBC에서 $\overline{OB}=\overline{OC}$이므로
>
> ∠OCB=∠OBC=38°
>
> $\therefore \angle BOC=180°-2\times38°=104°$
>
> $\therefore \angle BAC=\dfrac{1}{2}\angle BOC=\dfrac{1}{2}\times104°=52°$

03 답 54°

오른쪽 그림과 같이 $\overline{OC}$를 그으면

$\angle OAB = \angle OBA = 36°$이므로

$\angle OCA + 36° + 30° = 90°$

∴ $\angle OCA = 24°$

$\triangle OBC$에서 $\overline{OB} = \overline{OC}$이므로

$\angle OCB = \angle OBC = 30°$

∴ $\angle C = \angle OCA + \angle OCB$

　　 $= 24° + 30° = 54°$

> **이런 풀이 어때요?**
>
> $\overline{OC}$를 그으면
>
> $\angle AOC = 2\angle ABC = 2 \times (36° + 30°) = 132°$
>
> $\triangle OCA$에서 $\overline{OA} = \overline{OC}$이므로
>
> $\angle OCA = \dfrac{1}{2} \times (180° - 132°) = 24°$
>
> $\triangle OBC$에서 $\overline{OB} = \overline{OC}$이므로
>
> $\angle OCB = \angle OBC = 30°$
>
> ∴ $\angle C = \angle OCA + \angle OCB$
>
> 　　 $= 24° + 30° = 54°$

04 답 (1) 66° (2) 18°

(1) $\angle x = \dfrac{1}{2}\angle BOC = \dfrac{1}{2} \times 132° = 66°$

(2) $\angle BOC = 2\angle A = 2 \times 72° = 144°$

$\triangle OBC$에서 $\overline{OB} = \overline{OC}$이므로

$\angle x = \dfrac{1}{2} \times (180° - 144°) = 18°$

05 답 (1) 55° (2) 110°

(1) $\triangle OCA$에서 $\overline{OA} = \overline{OC}$이므로

$\angle OAC = \angle OCA = 21°$

∴ $\angle BAC = \angle OAB + \angle OAC$

　　 $= 34° + 21° = 55°$

(2) $\angle BOC = 2\angle BAC = 2 \times 55° = 110°$

> **이런 풀이 어때요?**
>
> (2) $34° + \angle OBC + 21° = 90°$이므로
>
> $\angle OBC = 35°$
>
> $\triangle OBC$에서 $\overline{OB} = \overline{OC}$이므로
>
> $\angle OCB = \angle OBC = 35°$
>
> ∴ $\angle BOC = 180° - 2 \times 35° = 110°$

06 답 (1) 75° (2) 150°

(1) $\angle C = 180° \times \dfrac{5}{3+4+5}$

　　 $= 180° \times \dfrac{5}{12} = 75°$

(2) $\angle AOB = 2\angle C = 2 \times 75° = 150°$

개념 08 삼각형의 내심

개념 확인하기 26쪽

1 답 (1) 40 (2) 3

(1) 삼각형의 내심은 세 내각의 이등분선의 교점이므로

$\angle IAC = \angle IAB = 40°$

∴ $x = 40$

(2) 삼각형의 내심에서 세 변에 이르는 거리는 같으므로

$\overline{IE} = \overline{IF} = 3 \text{ cm}$

∴ $x = 3$

대표문제 27쪽

01 답 (1) 65° (2) 30°

(1) $\angle OAP = 90°$이므로 $\triangle OPA$에서

$\angle x = 180° - (25° + 90°)$

　　 $= 65°$

(2) $\angle OAP = 90°$이므로 $\triangle APO$에서

$\angle x = 180° - (60° + 90°)$

　　 $= 30°$

02 답 (1) $\angle IBE$, $\angle ICF$ (2) $\overline{IF}$ (3) $\triangle BEI$, $\triangle CFI$

03 답 ②, ③

② 삼각형의 내심은 세 내각의 이등분선의 교점이다.

③ 삼각형의 내심에서 세 변에 이르는 거리는 같다.

따라서 점 I가 $\triangle ABC$의 내심인 것은 ②, ③이다.

04 답 (1) 24° (2) 108°

(1) $\angle ICB = \angle ICA = 32°$

$\angle IBC = \angle IBA = \angle x$

따라서 $\triangle IBC$에서

$\angle x = 180° - (124° + 32°) = 24°$

(2) $\angle IBC = \angle IBA = 27°$

$\angle ICB = \dfrac{1}{2} \times 90° = 45°$

따라서 $\triangle IBC$에서

$\angle x = 180° - (27° + 45°) = 108°$

05 답 70°

$\angle ABC = 2\angle ABI = 2 \times 25° = 50°$

$\angle ACB = 2\angle ACI = 2 \times 30° = 60°$

따라서 $\triangle ABC$에서

$\angle A = 180° - (50° + 60°) = 70°$

대표문제
29~30쪽

01 답 (1) $35°$ (2) $26°$

(1) $\angle x + 25° + 30° = 90°$ ∴ $\angle x = 35°$

(2) $24° + \angle x + 40° = 90°$ ∴ $\angle x = 26°$

02 답 (1) $31°$ (2) $29°$

(1) $\angle IBA = \dfrac{1}{2}\angle ABC = \dfrac{1}{2} \times 62° = 31°$

(2) $30° + 31° + \angle ICB = 90°$ ∴ $\angle ICB = 29°$

03 답 $37°$

오른쪽 그림과 같이 $\overline{IA}$를 그으면

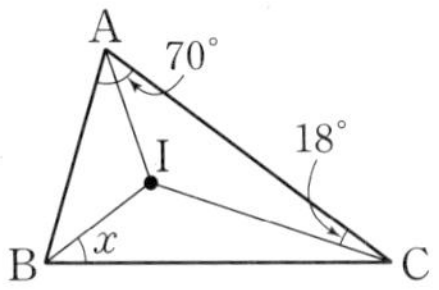

$\angle IAB = \dfrac{1}{2}\angle A$

$\qquad = \dfrac{1}{2} \times 70° = 35°$

이므로 $35° + \angle x + 18° = 90°$ ∴ $\angle x = 37°$

04 답 (1) $123°$ (2) $36°$

(1) $\angle x = 90° + \dfrac{1}{2} \times 66° = 123°$

(2) $108° = 90° + \dfrac{1}{2}\angle x$에서

$\dfrac{1}{2}\angle x = 18°$ ∴ $\angle x = 36°$

05 답 (1) $92°$ (2) $46°$

(1) $136° = 90° + \dfrac{1}{2}\angle BCA$에서

$\dfrac{1}{2}\angle BCA = 46°$ ∴ $\angle BCA = 92°$

(2) $\angle BCI = \dfrac{1}{2}\angle BCA = \dfrac{1}{2} \times 92° = 46°$

06 답 (1) $120°$ (2) $60°$

(1) $\angle IBC = \angle IBA = 32°$이므로 $\triangle IBC$에서

$\angle BIC = 180° - (32° + 28°) = 120°$

(2) $120° = 90° + \dfrac{1}{2}\angle A$에서

$\dfrac{1}{2}\angle A = 30°$ ∴ $\angle A = 60°$

07 답 6, 2, 5, 1

08 답 (1) $3\ cm$ (2) $9\pi\ cm^2$

(1) 내접원 I의 반지름의 길이를 $r\ cm$라 하면

$\triangle ABC = \dfrac{1}{2} \times r \times (10 + 12 + 10) = 48$

$16r = 48$ ∴ $r = 3$

따라서 내접원 I의 반지름의 길이는 $3\ cm$이다.

(2) (내접원 I의 넓이) $= \pi \times 3^2 = 9\pi\ (cm^2)$

09 답 (1) $30\ cm^2$ (2) $2\ cm$

(1) $\triangle ABC = \dfrac{1}{2} \times 12 \times 5 = 30\ (cm^2)$

(2) 내접원 I의 반지름의 길이를 $r\ cm$라 하면

$\triangle ABC = \dfrac{1}{2} \times r \times (13 + 12 + 5) = 30$

$15r = 30$ ∴ $r = 2$

따라서 내접원 I의 반지름의 길이는 $2\ cm$이다.

10 답 6, 11, 6, 5, 5

11 답 (1) $3\ cm$ (2) $5\ cm$ (3) $8\ cm$

(1) $\overline{BE} = \overline{BD} = 3\ cm$

(2) $\overline{AF} = \overline{AD} = 4\ cm$이므로

$\overline{CE} = \overline{CF} = \overline{AC} - \overline{AF} = 9 - 4 = 5\ (cm)$

(3) $\overline{BC} = \overline{BE} + \overline{CE} = 3 + 5 = 8\ (cm)$

12 답 (1) $\overline{AF} = (5-x)\ cm$, $\overline{CF} = (10-x)\ cm$

(2) $3\ cm$

(1) $\overline{BD} = \overline{BE} = x\ cm$이므로

$\overline{AF} = \overline{AD} = (5-x)\ cm$, $\overline{CF} = \overline{CE} = (10-x)\ cm$

(2) $\overline{AC} = \overline{AF} + \overline{CF}$이므로

$9 = (5-x) + (10-x)$

$9 = 15 - 2x$, $2x = 6$ ∴ $x = 3$

∴ $\overline{BE} = 3\ cm$

소단원 핵심문제
31~32쪽

01 ②	02 $16\pi\ cm$	03 $15°$	04 ②
05 $58°$	06 $120°$	07 $45\ cm$	08 $5\ cm$	09 $7\ cm$

09-1 $6\ cm$

01 오른쪽 그림과 같이 $\overline{OA}$를 그으면

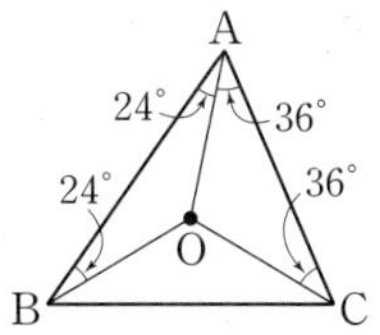

$\triangle OAB$에서 $\overline{OA} = \overline{OB}$이므로

$\angle OAB = \angle OBA = 24°$

$\triangle OCA$에서 $\overline{OA} = \overline{OC}$이므로

$\angle OAC = \angle OCA = 36°$

∴ $\angle A = \angle OAB + \angle OAC$

$\qquad = 24° + 36° = 60°$

02 점 M이 $\triangle ABC$의 외심이므로

$\overline{AM} = \overline{CM} = \overline{BM} = 8\ cm$

따라서 $\triangle ABC$의 외접원의 반지름의 길이가 $8\ cm$이므로

외접원의 둘레의 길이는

$2\pi \times 8 = 16\pi\ (cm)$

03 점 O가 △ABC의 외심이므로
$\angle x+3\angle x+2\angle x=90°$에서
$6\angle x=90°$ $\quad \therefore \angle x=15°$

04 $\angle IAC=\angle IAB=20°$
$\angle ICA=\angle ICB=35°$
따라서 △AIC에서
$\angle AIC=180°-(20°+35°)=125°$

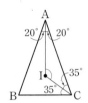

05 오른쪽 그림과 같이 $\overline{AI}$를 그으면
$\angle IAB=\dfrac{1}{2}\angle BAC=\dfrac{1}{2}\times 64°=32°$
이므로 $32°+\angle x+\angle y=90°$
$\therefore \angle x+\angle y=58°$

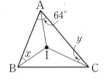

06 $\angle A=180°\times\dfrac{3}{3+2+4}=180°\times\dfrac{1}{3}=60°$
$\therefore \angle BIC=90°+\dfrac{1}{2}\angle A=90°+\dfrac{1}{2}\times 60°=120°$

07 $\triangle ABC=\dfrac{1}{2}\times 4\times(\overline{AB}+\overline{BC}+\overline{CA})=90$에서
$2(\overline{AB}+\overline{BC}+\overline{CA})=90$ $\quad \therefore \overline{AB}+\overline{BC}+\overline{CA}=45$
따라서 △ABC의 둘레의 길이는 45 cm이다.

08 $\overline{CF}=\overline{CE}=3$ cm이므로
$\overline{AF}=\overline{AC}-\overline{CF}=6-3=3$(cm)
$\overline{AD}=\overline{AF}=3$ cm이므로
$\overline{BD}=\overline{AB}-\overline{AD}=8-3=5$(cm)
$\therefore \overline{BE}=\overline{BD}=5$ cm

09 점 I가 △ABC의 내심이므로
$\angle DBI=\angle IBC$
$\overline{DE}\,/\!/\,\overline{BC}$이므로
$\angle DIB=\angle IBC$ (엇각)

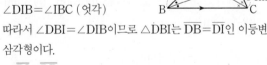

따라서 $\angle DBI=\angle DIB$이므로 △DBI는 $\overline{DB}=\overline{DI}$인 이등변
삼각형이다.
$\therefore \overline{DI}=\overline{DB}=4$ cm
같은 방법으로 $\angle ECI=\angle EIC$이므로 △EIC는 $\overline{EI}=\overline{EC}$인
이등변삼각형이다.
$\therefore \overline{EI}=\overline{EC}=3$ cm
$\therefore \overline{DE}=\overline{DI}+\overline{EI}=4+3=7$(cm)

09-1 점 I가 △ABC의 내심이므로
$\angle DBI=\angle IBC$
$\overline{DE}\,/\!/\,\overline{BC}$이므로
$\angle DIB=\angle IBC$ (엇각)

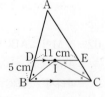

따라서 $\angle DBI=\angle DIB$이므로
△DBI는 $\overline{DB}=\overline{DI}$인 이등변삼각형이다.
$\therefore \overline{DI}=\overline{DB}=5$ cm

같은 방법으로 $\angle ECI=\angle EIC$이므로 △EIC는 $\overline{EI}=\overline{EC}$인
이등변삼각형이다.
$\therefore \overline{EC}=\overline{EI}=\overline{DE}-\overline{DI}$
$\qquad =11-5=6$(cm)

중단원 **마무리 문제** 33~35쪽

01 ⑤	**02** 30°	**03** 4 cm	**04** 7 cm	**05** ③
06 ③	**07** 2.5 m	**08** 7 cm	**09** 9 cm	**10** 65°
11 5 cm	**12** ②,⑤	**13** 36 cm	**14** ④	**15** 123°
16 18 cm	**17** 111°	**18** $(96-16\pi)$ cm²		**19** 4 cm

01 △ABH와 △ACH에서
$\angle B=\angle C$ (①), $\overline{AB}=\overline{AC}$,
$\angle BAH=90°-\angle B=90°-\angle C=\angle CAH$ (③)
$\therefore \triangle ABH\equiv\triangle ACH$ (ASA 합동) (④)
이때 대응하는 두 변의 길이는 같으므로
$\overline{BH}=\overline{CH}$ (②)
따라서 옳지 않은 것은 ⑤이다.

02 △ABC가 $\overline{AB}=\overline{BC}$인 이등변삼각형이므로
$\angle C=\dfrac{1}{2}\times(180°-40°)=70°$
△ADC에서 $\overline{AD}=\overline{AC}$이므로
$\angle ADC=\angle C=70°$
△ABD에서 $\angle ABD+\angle BAD=\angle ADC$이므로
$40°+\angle x=70°$ $\quad \therefore \angle x=30°$

03 이등변삼각형의 꼭지각의 이등분선은 밑변을 수직이등분하
므로
$\overline{BD}=\overline{CD}$, $\angle EDB=\angle EDC=90°$
△EBD와 △ECD에서
$\overline{BD}=\overline{CD}$, $\angle EDB=\angle EDC$, $\overline{ED}$는 공통
$\therefore \triangle EBD\equiv\triangle ECD$ (SAS 합동)
$\therefore \overline{EC}=\overline{EB}=4$ cm

04 △ABC에서 $\angle ABC+\angle ACB=\angle DAC$이므로
$36°+\angle ACB=72°$
$\therefore \angle ACB=72°-36°=36°$
즉, $\angle ABC=\angle ACB$이므로 △ABC는 $\overline{AB}=\overline{AC}$인 이등
변삼각형이다.
$\therefore \overline{AC}=\overline{AB}=7$ cm $\qquad\cdots$ ㉮
$\angle CDA=180°-108°=72°$이므로 $\angle CAD=\angle CDA$
따라서 △CDA는 $\overline{CA}=\overline{CD}$인 이등변삼각형이므로
$\overline{CD}=\overline{CA}=7$ cm $\qquad\cdots$ ㉯

단계	채점 기준	배점 비율
㉮	$\overline{AC}$의 길이 구하기	50 %
㉯	$\overline{CD}$의 길이 구하기	50 %

05 $\angle BAC = \angle DAC$ (접은 각),
$\angle BCA = \angle DAC$ (엇각)
이므로 $\angle BAC = \angle BCA$
따라서 $\triangle ABC$는 $\overline{BA} = \overline{BC}$인
이등변삼각형이므로
$\overline{BC} = \overline{BA} = 10$ cm
$\therefore \triangle ABC = \dfrac{1}{2} \times 10 \times 9 = 45 \, (\text{cm}^2)$

06 ③ $\triangle DEF$에서
$\angle E = 180° - (90° + 25°) = 65°$
$\triangle ABC$와 $\triangle DEF$에서
$\angle C = \angle F = 90°$, $\overline{AB} = \overline{DE} = 6$ cm, $\angle B = \angle E$
$\therefore \triangle ABC \equiv \triangle DEF$ (RHA 합동)

07 $\triangle ABC$와 $\triangle QPC$에서
사다리의 길이는 일정하므로 $\overline{AB} = \overline{QP}$,
$\angle BAC = \angle PQC$, $\angle BCA = \angle PCQ = 90°$
$\therefore \triangle ABC \equiv \triangle QPC$ (RHA 합동)
$\therefore \overline{PC} = \overline{BC} = \overline{BQ} + \overline{QC}$
$\qquad = 1 + 1.5 = 2.5 \, (\text{m})$

08 전략 $\triangle ABD \equiv \triangle CAE$임을 이용하여 $\overline{AE}$, $\overline{AD}$의 길이를 각각 구한다.
$\triangle ABD$와 $\triangle CAE$에서
$\angle BDA = \angle AEC = 90°$, $\overline{BA} = \overline{AC}$,
$\angle ABD = 90° - \angle BAD = \angle CAE$
$\therefore \triangle ABD \equiv \triangle CAE$ (RHA 합동)
따라서 $\overline{AE} = \overline{BD} = 10$ cm,
$\overline{AD} = \overline{CE} = 3$ cm이므로
$\overline{DE} = \overline{AE} - \overline{AD} = 10 - 3 = 7 \, (\text{cm})$

09 $\triangle DEB$와 $\triangle DFC$에서
$\angle DEB = \angle DFC = 90°$, $\overline{DB} = \overline{DC}$, $\overline{DE} = \overline{DF}$
$\therefore \triangle DEB \equiv \triangle DFC$ (RHS 합동) $\cdots$ ㉮
따라서 $\angle DBE = \angle DCF$이므로 $\triangle ABC$는 $\overline{AB} = \overline{AC}$인 이등변삼각형이다. $\cdots$ ㉯
$\therefore \overline{AC} = \overline{AB} = 9$ cm $\cdots$ ㉰

단계	채점 기준	배점 비율
㉮	$\triangle DEB \equiv \triangle DFC$임을 보이기	50 %
㉯	$\triangle ABC$가 $\overline{AB} = \overline{AC}$인 이등변삼각형임을 알기	30 %
㉰	$\overline{AC}$의 길이 구하기	20 %

10 $\triangle BDE$와 $\triangle BCE$에서
$\angle BDE = \angle BCE = 90°$, $\overline{BE}$는 공통, $\overline{BD} = \overline{BC}$
$\therefore \triangle BDE \equiv \triangle BCE$ (RHS 합동)
$\therefore \angle EBD = \angle EBC$
$\triangle ABC$에서 $\angle ABC = 180° - (90° + 40°) = 50°$이므로
$\angle EBC = \dfrac{1}{2}\angle ABC = \dfrac{1}{2} \times 50° = 25°$
따라서 $\triangle BCE$에서
$\angle x = 180° - (25° + 90°) = 65°$

11 오른쪽 그림과 같이 점 D에서 $\overline{AB}$에 내린 수선의 발을 E라 하면 $\triangle ABD$의 넓이가 45 cm²이므로

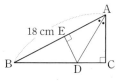

$\triangle ABD = \dfrac{1}{2} \times \overline{AB} \times \overline{DE}$
$\qquad = \dfrac{1}{2} \times 18 \times \overline{DE} = 45$
$9\overline{DE} = 45$ $\quad \therefore \overline{DE} = 5 \, (\text{cm})$
$\triangle ACD$와 $\triangle AED$에서
$\angle ACD = \angle AED = 90°$, $\overline{AD}$는 공통,
$\angle DAC = \angle DAE$
$\therefore \triangle ACD \equiv \triangle AED$ (RHA 합동)
$\therefore \overline{DC} = \overline{DE} = 5$ cm

12 ① 삼각형의 세 내각의 이등분선의 교점은 내심이다.
③ 외심에서 삼각형의 세 꼭짓점에 이르는 거리가 같다.
④ 직각삼각형의 외심은 빗변의 중점과 일치하고, 내심은 삼각형의 내부에 있다.
따라서 옳은 것은 ②, ⑤이다.

13 삼각형의 외심은 세 변의 수직이등분선의 교점이므로
$\overline{AB} = 2\overline{BD} = 2 \times 5 = 10 \, (\text{cm})$
$\overline{BC} = 2\overline{CE} = 2 \times 6 = 12 \, (\text{cm})$
$\overline{AC} = 2\overline{CF} = 2 \times 7 = 14 \, (\text{cm})$
따라서 $\triangle ABC$의 둘레의 길이는
$\overline{AB} + \overline{BC} + \overline{CA} = 10 + 12 + 14 = 36 \, (\text{cm})$

14 $\angle x + 43° + 32° = 90°$이므로 $\angle x = 15°$
$\triangle OCA$에서 $\overline{OA} = \overline{OC}$이므로
$\angle OAC = \angle OCA = 32°$
$\therefore \angle y = 180° - (32° + 32°) = 116°$
$\therefore \angle x + \angle y = 15° + 116° = 131°$

> **이런 풀이 어때요?**
> $\angle x + 43° + 32° = 90°$이므로 $\angle x = 15°$
> $\triangle OAB$에서 $\overline{OA} = \overline{OB}$이므로 $\angle OBA = \angle OAB = 15°$
> $\triangle OBC$에서 $\overline{OB} = \overline{OC}$이므로 $\angle OBC = \angle OCB = 43°$
> $\angle ABC = \angle OBA + \angle OBC = 15° + 43° = 58°$이므로
> $\angle y = 2\angle ABC = 2 \times 58° = 116°$
> $\therefore \angle x + \angle y = 15° + 116° = 131°$

15 △ABC는 $\overline{AB}=\overline{BC}$인 이등변삼각형이므로

$$\angle C=\frac{1}{2}\times(180°-48°)=66°$$

점 I는 △ABC의 내심이므로

$$\angle x=90°+\frac{1}{2}\angle C=90°+\frac{1}{2}\times66°=123°$$

16 오른쪽 그림과 같이 $\overline{IB}$, $\overline{IC}$를 그으면 점 I가 △ABC의 내심이므로

$$\angle DBI=\angle IBC$$

$\overline{DE}/\!\!/\overline{BC}$이므로

$$\angle DIB=\angle IBC \text{ (엇각)}$$

따라서 $\angle DBI=\angle DIB$이므로 $\overline{DB}=\overline{DI}$

같은 방법으로 하면 $\angle ECI=\angle EIC$이므로 $\overline{EC}=\overline{EI}$

따라서 △ADE의 둘레의 길이는

$$\begin{aligned}\overline{AD}+\overline{DE}+\overline{EA}&=\overline{AD}+(\overline{DI}+\overline{IE})+\overline{EA}\\&=(\overline{AD}+\overline{DB})+(\overline{EC}+\overline{EA})\\&=\overline{AB}+\overline{AC}\\&=8+10=18\text{(cm)}\end{aligned}$$

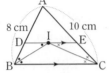

17 점 O는 △ABC의 외심이므로

$$\angle A=\frac{1}{2}\angle BOC=\frac{1}{2}\times84°=42°$$

점 I는 △ABC의 내심이므로

$$\angle BIC=90°+\frac{1}{2}\angle A=90°+\frac{1}{2}\times42°=111°$$

18 $\triangle ABC=\frac{1}{2}\times16\times12=96\text{(cm}^2)$ ···㉮

내접원의 반지름의 길이를 r cm라 하면

$$\triangle ABC=\frac{1}{2}\times r\times(12+16+20)=96$$

$24r=96$ ∴ $r=4$ ···㉯

즉, 내접원의 넓이는

$$\pi\times4^2=16\pi\text{(cm}^2)$$ ···㉰

따라서 색칠한 부분의 넓이는

$(96-16\pi)\text{ cm}^2$ ···㉱

단계	채점 기준	배점 비율
㉮	△ABC의 넓이 구하기	20 %
㉯	내접원의 반지름의 길이 구하기	40 %
㉰	내접원의 넓이 구하기	20 %
㉱	색칠한 부분의 넓이 구하기	20 %

19 $\overline{AD}=\overline{AF}=x$ cm라 하면

$\overline{BE}=\overline{BD}=(5-x)$ cm, $\overline{CE}=\overline{CF}=(11-x)$ cm

$\overline{BC}=\overline{BE}+\overline{CE}$이므로

$$8=(5-x)+(11-x)$$

$8=16-2x$, $2x=8$ ∴ $x=4$

∴ $\overline{AD}=4$ cm

△ABC에서 $\overline{AB}=\overline{AC}$이므로

$$\angle B=\angle C=\frac{1}{2}\times(180°-50°)=65°$$ ···❶

△DBE와 △ECF에서

$\overline{BD}=\overline{CE}$, $\angle B=\angle C=65°$, $\overline{BE}=\overline{CF}$

∴ △DBE≡△ECF (SAS 합동) ···❷

∴ $\angle BED=\angle CFE$ ···❸

이때 평각의 크기는 180°이므로

$$\begin{aligned}\angle DEF&=180°-(\angle BED+\angle FEC)\\&=180°-(\angle CFE+\angle FEC)\\&=\angle C=65°\end{aligned}$$ ···❹

📘 65°

---

1 ❶ ∠BOC의 크기는?

점 O가 △ABC의 외심이므로

$$\angle BOC=\boxed{2}\angle A=\boxed{2}\times48°=\boxed{96}°$$

❷ ∠OBC의 크기는?

△OBC에서 $\overline{OB}=\boxed{\overline{OC}}$이므로

$$\begin{aligned}\angle OBC&=\angle OCB\\&=\frac{1}{2}\times(180°-\boxed{96}°)=\boxed{42}°\end{aligned}$$ ···㉮

❸ ∠ABC의 크기는?

△ABC에서 $\overline{AB}=\overline{AC}$이므로

$$\begin{aligned}\angle ABC&=\angle ACB\\&=\frac{1}{2}\times(180°-\boxed{48}°)=\boxed{66}°\end{aligned}$$

❹ ∠IBC의 크기는?

점 I가 △ABC의 내심이므로

$$\angle IBC=\boxed{\frac{1}{2}}\angle ABC=\boxed{\frac{1}{2}}\times\boxed{66}°=\boxed{33}°$$ ···㉯

❺ ∠OBI의 크기는?

$$\begin{aligned}\angle OBI&=\angle OBC-\angle IBC\\&=\boxed{42}°-\boxed{33}°=\boxed{9}°\end{aligned}$$ ···㉰

단계	채점 기준	배점 비율
㉮	∠OBC의 크기 구하기	40 %
㉯	∠IBC의 크기 구하기	40 %
㉰	∠OBI의 크기 구하기	20 %

2 ❶ ∠AOC의 크기는?

점 O가 △ABC의 외심이므로

$\angle AOC = 2\angle B = 2 \times 36° = 72°$

❷ ∠OAC의 크기는?

△OCA에서 $\overline{OA} = \overline{OC}$이므로

$\angle OAC = \angle OCA$

$= \dfrac{1}{2} \times (180° - 72°) = 54°$ … ㉮

❸ ∠BAC의 크기는?

△ABC에서 $\overline{AB} = \overline{BC}$이므로

$\angle BAC = \angle BCA = \dfrac{1}{2} \times (180° - 36°) = 72°$

❹ ∠IAC의 크기는?

점 I가 △ABC의 내심이므로

$\angle IAC = \dfrac{1}{2}\angle BAC = \dfrac{1}{2} \times 72° = 36°$ … ㉯

❺ ∠OAI의 크기는?

$\angle OAI = \angle OAC - \angle IAC$

$= 54° - 36° = 18°$ … ㉰

단계	채점 기준	배점 비율
㉮	∠OAC의 크기 구하기	40 %
㉯	∠IAC의 크기 구하기	40 %
㉰	∠OAI의 크기 구하기	20 %

3 $\angle DBE = \angle A = \angle x$ (접은 각)이고

$\overline{AB} = \overline{AC}$이므로

$\angle ACB = \angle ABC = \angle x + 24°$ … ㉮

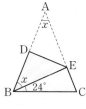

따라서 △ABC에서

$\angle x + (\angle x + 24°) + (\angle x + 24°)$

$= 180°$

$3\angle x = 132°$ ∴ $\angle x = 44°$ … ㉯

답 44°

단계	채점 기준	배점 비율
㉮	∠ACB를 ∠x를 사용하여 나타내기	60 %
㉯	∠x의 크기 구하기	40 %

4 △DAE와 △EBC에서

$\angle DAE = \angle EBC = 90°$,

$\overline{DE} = \overline{EC}$,

$\angle ADE = 90° - \angle AED = \angle BEC$

∴ △DAE ≡ △EBC (RHA 합동) … ㉮

이때 $\overline{AE} = \overline{BC} = 5$ cm, $\overline{EB} = \overline{DA} = 3$ cm이므로

$\overline{AB} = \overline{AE} + \overline{EB} = 5 + 3 = 8$ (cm) … ㉯

따라서 사다리꼴 ABCD의 넓이는

$\dfrac{1}{2} \times (3 + 5) \times 8 = 32$ (cm²) … ㉰

답 32 cm²

단계	채점 기준	배점 비율
㉮	△DAE ≡ △EBC임을 보이기	40 %
㉯	$\overline{AB}$의 길이 구하기	30 %
㉰	사다리꼴 ABCD의 넓이 구하기	30 %

5 △EBC와 △DCB에서

$\angle BEC = \angle CDB = 90°$,

$\overline{BC}$는 공통,

$\overline{BE} = \overline{CD}$

∴ △EBC ≡ △DCB (RHS 합동) … ㉮

이때 ∠EBC = ∠DCB이므로

△ABC는 $\overline{AB} = \overline{AC}$인 이등변삼각형이다.

∴ $\angle EBC = \angle DCB = \dfrac{1}{2} \times (180° - 56°) = 62°$ … ㉯

따라서 △EBC에서

$\angle ECB = 180° - (90° + 62°) = 28°$ … ㉰

답 28°

단계	채점 기준	배점 비율
㉮	△EBC ≡ △DCB임을 보이기	40 %
㉯	∠EBC의 크기 구하기	40 %
㉰	∠ECB의 크기 구하기	20 %

6 직각삼각형 ABC의 외심은 빗변의 중점과 일치하므로 외접원의 반지름의 길이는

$\dfrac{1}{2}\overline{AB} = \dfrac{1}{2} \times 15 = \dfrac{15}{2}$ (cm) … ㉮

따라서 외접원의 둘레의 길이는

$2\pi \times \dfrac{15}{2} = 15\pi$ (cm) … ㉯

$\triangle ABC = \dfrac{1}{2} \times 9 \times 12 = 54$ (cm²)이므로

내접원의 반지름의 길이를 r cm라 하면

$\triangle ABC = \dfrac{1}{2} \times r \times (15 + 9 + 12) = 54$

$18r = 54$ ∴ $r = 3$ … ㉰

따라서 내접원의 둘레의 길이는

$2\pi \times 3 = 6\pi$ (cm) … ㉱

답 15π cm, 6π cm

단계	채점 기준	배점 비율
㉮	외접원의 반지름의 길이 구하기	30 %
㉯	외접원의 둘레의 길이 구하기	20 %
㉰	내접원의 반지름의 길이 구하기	30 %
㉱	내접원의 둘레의 길이 구하기	20 %

02 사각형의 성질

❶ 평행사변형

개념 확인하기 ·· 40쪽

1 답 (1) $x=6, y=4$ (2) $x=110, y=70$ (3) $x=3, y=5$

(1) 두 쌍의 대변의 길이가 각각 같으므로
$\overline{BC}=\overline{AD}=6$에서 $x=6$
$\overline{DC}=\overline{AB}=4$에서 $y=4$

(2) 두 쌍의 대각의 크기가 각각 같으므로
$\angle C=\angle A=110°$에서 $x=110$
이웃하는 두 내각의 크기의 합은 180°이므로
$\angle A+\angle D=180°$에서
$\angle D=180°-110°=70°$ $\therefore y=70$

(3) 두 대각선은 서로를 이등분하므로
$\overline{OC}=\overline{OA}=3$에서 $x=3$
$\overline{OB}=\overline{OD}=5$에서 $y=5$

대표문제 ·· 41쪽

01 답 (1) $\angle x=30°, \angle y=80°$ (2) $\angle x=35°, \angle y=45°$

(1) $\overline{AD}/\!/\overline{BC}$이므로 $\angle x=\angle DAC=30°$ (엇각)
$\overline{AB}/\!/\overline{DC}$이므로 $\angle y=\angle BAC=80°$ (엇각)

(2) $\overline{AD}/\!/\overline{BC}$이므로 $\angle x=\angle DBC=35°$ (엇각)
$\overline{AB}/\!/\overline{DC}$이므로 $\angle y=\angle BDC=45°$ (엇각)

02 답 70°

$\overline{AB}/\!/\overline{DC}$이므로 $\angle OCD=\angle OAB=75°$ (엇각)
$\triangle OCD$에서 $\angle x=180°-(75°+35°)=70°$

03 답 (1) $x=5, y=3$ (2) $x=70, y=60$

(1) $\overline{AD}=\overline{BC}$이므로 $15=3x$ $\therefore x=5$
$\overline{AB}=\overline{DC}$이므로 $4y=2y+6$
$2y=6$ $\therefore y=3$

(2) $\angle BDC=\angle ABD=180°-(60°+50°)=70°$이므로
$x=70$
$\angle C=\angle A=60°$이므로 $y=60$

04 답 (1) 75° (2) 80°

(1) $\angle B+\angle C=180°$이므로
$\angle B=180°-105°=75°$

(2) $\angle D=\angle B=75°$이므로 $\triangle AED$에서
$\angle AED=180°-(25°+75°)=80°$

05 답 20 cm

$\overline{OC}=\dfrac{1}{2}\overline{AC}=\dfrac{1}{2}\times 10=5(cm)$
$\overline{CD}=\overline{AB}=8$ cm, $\overline{OD}=\overline{OB}=7$ cm
따라서 $\triangle OCD$의 둘레의 길이는
$\overline{OC}+\overline{CD}+\overline{OD}=5+8+7=20(cm)$

06 답 ㄴ, ㅁ

ㄴ. $\triangle OAD$와 $\triangle OCB$에서
$\overline{OA}=\overline{OC}, \overline{OD}=\overline{OB}, \angle AOD=\angle COB$ (맞꼭지각)
$\therefore \triangle OAD\equiv\triangle OCB$ (SAS 합동)

ㅁ. 이웃하는 두 내각의 크기의 합은 180°이므로
$\angle DAB+\angle ABC=180°$

이상에서 옳은 것은 ㄴ, ㅁ이다.

개념 확인하기 ·· 42쪽

1 답 ㄷ

ㄱ. $\overline{AD}/\!/\overline{BC}, \overline{AD}=\overline{BC}$ 또는 $\overline{AB}/\!/\overline{DC}, \overline{AB}=\overline{DC}$이어야
평행사변형이 된다.

ㄴ. $\overline{OC}=4$, 즉 $\overline{OA}\neq\overline{OC}$이므로 평행사변형이 아니다.

ㄷ. $\angle D=360°-(110°+70°+110°)=70°$
즉, 두 쌍의 대각의 크기가 각각 같으므로 $\square ABCD$는 평행사변형이다.

이상에서 평행사변형인 것은 ㄷ뿐이다.

대표문제 ·· 43쪽

01 답 (1) ㄹ (2) ㅁ (3) ㄴ (4) ㄱ

(4) $\angle ABD=\angle BDC=30°$이므로 $\overline{AB}/\!/\overline{DC}$
$\angle ADB=\angle DBC=20°$이므로 $\overline{AD}/\!/\overline{BC}$
따라서 두 쌍의 대변이 각각 평행하므로 $\square ABCD$는 평행사변형이다.

02 답 (1) $x=20, y=85$ (2) $x=3, y=3$

(1) $\angle ADB=\angle DBC$이면 $\overline{AD}/\!/\overline{BC}$이므로 $x=20$
$\angle BAC=\angle ACD$이면 $\overline{AB}/\!/\overline{DC}$이므로 $y=85$

(2) $\overline{OA}=\dfrac{1}{2}\overline{AC}$이어야 하므로
$2x=\dfrac{1}{2}\times 12$ $\therefore x=3$
$\overline{OB}=\overline{OD}$이어야 하므로 $3y=9$ $\therefore y=3$

03 답 ③

① 엇각의 크기가 각각 같으므로 두 쌍의 대변이 각각 평행하다. 따라서 평행사변형이다.

② 나머지 한 내각의 크기는
$360° - (105° + 75° + 105°) = 75°$
따라서 두 쌍의 대각의 크기가 각각 같으므로 평행사변형이다.

③ 한 쌍의 대변은 평행하지만 그 길이가 같거나 나머지 한 쌍의 대변이 평행한지는 알 수 없다.

④ 두 대각선이 서로를 이등분하므로 평행사변형이다.

⑤ 두 쌍의 대변의 길이가 각각 같으므로 평행사변형이다.

따라서 평행사변형이 아닌 것은 ③이다.

04 답 ∠D, ∠FDE, ∠BFD, 대각

$∠B = \boxed{∠D}$이므로
$∠EBF = ∠FDE$ ······ ㉠
이때 $∠AEB = ∠EBF$ (엇각),
$∠DFC = \boxed{∠FDE}$ (엇각)이므로
$∠AEB = ∠DFC$
$∴ ∠DEB = 180° - ∠AEB = 180° - ∠DFC$
$\quad = \boxed{∠BFD}$ ······ ㉡
㉠, ㉡에서 두 쌍의 $\boxed{대각}$의 크기가 각각 같으므로
□EBFD는 평행사변형이다.

개념 12 평행사변형과 넓이

개념 확인하기 ·········· **44쪽**

1 답 (1) 20 cm² (2) 10 cm² (3) 20 cm²

(1) 평행사변형의 넓이는 한 대각선에 의하여 이등분되므로
(색칠한 부분의 넓이) $= △ABD = \dfrac{1}{2}□ABCD$
$\qquad\qquad = \dfrac{1}{2} × 40 = 20(cm^2)$

(2) 평행사변형의 넓이는 두 대각선에 의하여 사등분되므로
(색칠한 부분의 넓이) $= △BCO = \dfrac{1}{4}□ABCD$
$\qquad\qquad = \dfrac{1}{4} × 40 = 10(cm^2)$

(3) $△PAB + △PCD = △PDA + △PBC$이므로
(색칠한 부분의 넓이) $= △PAB + △PCD$
$\qquad\qquad = \dfrac{1}{2}□ABCD$
$\qquad\qquad = \dfrac{1}{2} × 40 = 20(cm^2)$

---

01 답 (1) 32 cm² (2) 8 cm²

(1) $□ABCD = 2△ABC = 2 × 16 = 32(cm^2)$

(2) $△CDO = \dfrac{1}{2}△ABC = \dfrac{1}{2} × 16 = 8(cm^2)$

02 답 15 cm²

$△ABO + △CDO = \dfrac{1}{4}□ABCD + \dfrac{1}{4}□ABCD$
$\qquad\qquad = \dfrac{1}{2}□ABCD$
$\qquad\qquad = \dfrac{1}{2} × 30 = 15(cm^2)$

03 답 36 cm²

$△BCO = \dfrac{1}{4}□ABCD$이므로
$□ABCD = 4△BCO = 4 × 9 = 36(cm^2)$

04 답 (1) 12 cm² (2) 24 cm²

(1) $△PDA + △PBC = △PAB + △PCD$
$\qquad\qquad = 3 + 9$
$\qquad\qquad = 12(cm^2)$

(2) $□ABCD = 2(△PDA + △PBC)$
$\qquad\qquad = 2 × 12 = 24(cm^2)$

05 답 10 cm²

$△PAB + △PCD = △PDA + △PBC$이므로
$16 + 18 = △PDA + 24$ $\quad ∴ △PDA = 10(cm^2)$

06 답 20 cm²

$△PDA + △PBC = \dfrac{1}{2}□ABCD$이므로
$12 + △PBC = \dfrac{1}{2} × 64$ $\quad ∴ △PBC = 20(cm^2)$

---

01 4 cm	02 108°	03 53°	04 5	05 ⑤
06 (개) $\overline{ND}$ (내) $\dfrac{1}{2}$ (대) $\overline{ND}$ (래) 평행				07 25 cm²
08 3	09 ㄱ, ㄹ	09-1 14 cm		

01 $∠ABE = ∠EBC$이고, $∠AEB = ∠EBC$ (엇각)이므로
$∠ABE = ∠AEB$
즉, $△ABE$는 $\overline{AB} = \overline{AE}$인 이등변삼각형이므로
$\overline{AE} = \overline{AB} = 6$ cm
이때 $\overline{AD} = \overline{BC} = 10$ cm이므로
$\overline{ED} = \overline{AD} - \overline{AE} = 10 - 6 = 4(cm)$

개념교재편

02 ∠A+∠B=180°이므로

$$\angle C = \angle A = \frac{3}{3+2} \times 180° = \frac{3}{5} \times 180° = 108°$$

03 ∠ADC=∠B=74°이므로

$$\angle ADF = \frac{1}{2} \angle ADC = \frac{1}{2} \times 74° = 37°$$

△AFD에서 ∠FAD=180°−(90°+37°)=53°

한편, ∠DAB+∠B=180°이므로

∠DAB=180°−74°=106°

∴ ∠x=∠DAB−∠FAD=106°−53°=53°

04 $\overline{OB}=\overline{OD}$이므로 $x+10=13$ ∴ $x=3$

$\overline{OA}=\overline{OC}$이므로 $2y+5=9$ ∴ $y=2$

∴ $x+y=3+2=5$

05 ⑤ ∠A+∠B=180°이므로 $\overline{AD} /\!/ \overline{BC}$이고,

$\overline{AD}=\overline{BC}=8\,cm$이다.

즉, 한 쌍의 대변이 평행하고, 그 길이가 같으므로

□ABCD는 평행사변형이다.

06 □ABCD가 평행사변형이므로

□MBND에서 $\overline{MB} /\!/ \boxed{\overline{ND}}$ ······㉠

또, $\overline{AB}=\overline{CD}$이므로

$\overline{MB} = \boxed{\frac{1}{2}} \overline{AB} = \frac{1}{2} \overline{CD} = \boxed{\overline{ND}}$ ······㉡

㉠, ㉡에서 한 쌍의 대변이 $\boxed{평행}$하고, 그 길이가 같으므로

□MBND는 평행사변형이다.

07 $\overline{AM}=\overline{BN}$, $\overline{AM} /\!/ \overline{BN}$이고 $\overline{MD}=\overline{NC}$, $\overline{MD} /\!/ \overline{NC}$이므로

□ABNM과 □MNCD는 모두 평행사변형이다.

$$\triangle MPN = \frac{1}{4}\square ABNM = \frac{1}{4} \times \frac{1}{2}\square ABCD = \frac{1}{8}\square ABCD$$

$$\triangle MNQ = \frac{1}{4}\square MNCD = \frac{1}{4} \times \frac{1}{2}\square ABCD = \frac{1}{8}\square ABCD$$

$$\therefore \square MPNQ = \triangle MPN + \triangle MNQ$$

$$= \frac{1}{8}\square ABCD + \frac{1}{8}\square ABCD$$

$$= \frac{1}{4}\square ABCD$$

$$= \frac{1}{4} \times 100 = 25\,(cm^2)$$

08 △PAB+△PCD=△PDA+△PBC이므로

$10+y=7+x$ ∴ $x-y=3$

09 □ABCD는 평행사변형이므로 $\overline{OA}=\overline{OC}$, $\overline{OB}=\overline{OD}$

이때 $\overline{BE}=\overline{DF}$이므로

$\overline{OE}=\overline{OB}-\overline{BE}=\overline{OD}-\overline{DF}=\overline{OF}$ (ㄱ)

즉, 두 대각선이 서로를 이등분하므로 □AECF는 평행사변형이다.

$\overline{AE} /\!/ \overline{FC}$이므로 ∠OAE=∠OCF (엇각) (ㄹ)

09-1 □AECF는 평행사변형이므로

$\overline{EC}=\overline{AF}=4\,cm$, $\overline{CF}=\overline{AE}=3\,cm$

따라서 □AECF의 둘레의 길이는

$\overline{AE}+\overline{EC}+\overline{CF}+\overline{FA}=3+4+3+4=14\,(cm)$

② 여러 가지 사각형

개념 **13** 직사각형의 뜻과 성질

개념 확인하기 ·· 48쪽

1 답 (1) 65 (2) 12 (3) 7 (4) 32

(1) 직사각형의 한 내각의 크기는 90°이므로

∠ADC=90°

따라서 ∠BDC=90°−25°=65°이므로

$x=65$

(2) $\overline{AC}=\overline{BD}=12$이므로 $x=12$

(3) 두 대각선은 길이가 같고, 서로를 이등분하므로

$\overline{OA} = \frac{1}{2}\overline{AC} = \frac{1}{2}\overline{BD} = \frac{1}{2} \times 14 = 7$

∴ $x=7$

(4) 두 대각선은 길이가 같고, 서로를 이등분한다.

즉, △OBC에서 $\overline{OB}=\overline{OC}$이므로

∠OCB=∠OBC=32° ∴ $x=32$

대표문제 ·· 49쪽

01 답 (1) 55° (2) 55°

(1) △ABD에서 ∠BAD=90°이므로

∠ABO=180°−(90°+35°)=55°

(2) △OAB에서 $\overline{OA}=\overline{OB}$이므로

∠BAO=∠ABO=55°

02 답 (1) 4 (2) 17 (3) 34

(1) $\overline{OB}=\overline{OC}$이므로 $6x-7=4x+1$

$2x=8$ ∴ $x=4$

(2) $\overline{OB}=6x-7=6 \times 4-7=17$이므로

$\overline{OD}=\overline{OB}=17$

(3) $\overline{AC}=\overline{BD}=2\overline{OD}=2 \times 17=34$

03 답 (1) 80° (2) 60°

(1) △OAB에서 $\overline{OA}=\overline{OB}$이므로

∠OAB=∠OBA=40°

∴ ∠x=∠OAB+∠OBA=40°+40°=80°

(2) $\overline{AB}\ /\!/\ \overline{DC}$이므로 $\angle ODC = \angle OBA = 60°$ (엇각)

△OCD에서 $\overline{OC} = \overline{OD}$이므로

$\angle x = \angle ODC = 60°$

04 답 ㄴ, ㄹ

ㄴ. 직사각형의 한 내각의 크기는 $90°$이므로 $\angle BCD = 90°$

ㄷ. $\overline{AC} = \overline{BD}$이고 $\overline{AB} = \overline{DC}$, $\overline{AD} = \overline{BC}$이다.

ㄹ. $\overline{OC} = \dfrac{1}{2}\overline{AC} = \dfrac{1}{2}\overline{BD} = \overline{OD}$

이상에서 옳은 것은 ㄴ, ㄹ이다.

05 답 (1) $30°$ (2) $60°$

(1) △BED에서 $\overline{BE} = \overline{DE}$이므로

$\angle DBE = \angle BDE$

$\overline{AD}\ /\!/\ \overline{BC}$이므로 $\angle ADB = \angle DBE$ (엇각)

$\therefore \angle DBE = \dfrac{1}{3}\angle ADC = \dfrac{1}{3} \times 90° = 30°$

(2) △DBE에서

$\angle DEC = \angle DBE + \angle BDE = 30° + 30° = 60°$

06 답 ③

①, ② 두 대각선의 길이가 같으므로 □ABCD는 직사각형이 된다.

④ 한 내각이 직각이므로 □ABCD는 직사각형이 된다.

⑤ $\angle BCD + \angle ADC = 180°$이므로 $\angle BCD = \angle ADC$이면

$\angle BCD = \angle ADC = 90°$

즉, 한 내각이 직각이므로 □ABCD는 직사각형이 된다.

따라서 평행사변형 ABCD가 직사각형이 되는 조건이 아닌 것은 ③이다.

개념 14 마름모의 뜻과 성질

개념 확인하기 50쪽

1 답 (1) 6 (2) 35 (3) 4 (4) 90

(1) 마름모는 네 변의 길이가 모두 같으므로

$\overline{AB} = \overline{AD} = 6$ $\therefore x = 6$

(2) 마름모는 네 변의 길이가 모두 같으므로

△ABD에서 $\overline{AB} = \overline{AD}$

따라서 $\angle ADB = \angle ABD = 35°$이므로

$x = 35$

(3) 마름모의 두 대각선은 서로를 이등분하므로

$\overline{OD} = \overline{OB} = 4$ $\therefore x = 4$

(4) 마름모의 두 대각선은 서로 수직이므로

$\angle AOD = 90°$ $\therefore x = 90$

---

01 답 (1) 2 (2) 28

(1) $\overline{AB} = \overline{BC}$이므로 $3x + 1 = x + 5$

$2x = 4$ $\therefore x = 2$

(2) $\overline{AB} = 3x + 1 = 3 \times 2 + 1 = 7$이므로 마름모 ABCD의 한 변의 길이는 7이다.

따라서 □ABCD의 둘레의 길이는 $4 \times 7 = 28$

02 답 (1) $30°$ (2) $60°$

(1) △ABD에서 $\overline{AB} = \overline{AD}$이므로

$\angle ABD = \angle ADB = \dfrac{1}{2} \times (180° - 120°) = 30°$

(2) $\angle ODC = \angle ABO = 30°$ (엇각)

△CDO에서 $\angle DOC = 90°$이므로

$\angle DCO = 180° - (30° + 90°) = 60°$

03 답 (1) $x = 11$, $y = 140$ (2) $x = 14$, $y = 25$

(1) $\overline{AD} = \overline{DC} = 11$이므로 $x = 11$

△BCD에서 $\overline{CB} = \overline{CD}$이므로

$\angle CBD = \angle CDB = 20°$

$\therefore \angle BCD = 180° - (20° + 20°) = 140°$

마름모의 두 쌍의 대각의 크기가 같으므로

$\angle BAD = \angle BCD = 140°$ $\therefore y = 140$

(2) $\overline{BD} = 2\overline{OB} = 2 \times 7 = 14$이므로 $x = 14$

△AOD에서 $\angle AOD = 90°$이므로

$\angle DAO = 180° - (90° + 65°) = 25°$

△DAC에서 $\overline{DA} = \overline{DC}$이므로

$\angle DCO = \angle DAO = 25°$ $\therefore y = 25$

04 답 ㄱ

ㄱ. 마름모의 두 대각선은 서로를 수직이등분하지만 두 대각선의 길이가 같지는 않다.

이상에서 옳지 않은 것은 ㄱ뿐이다.

05 답 $36\ \text{cm}^2$

△ABO ≡ △CBO ≡ △CDO ≡ △ADO이므로

□ABCD $= 4$△ABO

$= 4 \times 9 = 36(\text{cm}^2)$

06 답 ㄱ, ㄹ

ㄴ, ㄷ. □ABCD는 직사각형이 된다.

ㄹ. $\overline{AD}\ /\!/\ \overline{BC}$이므로 $\angle DAC = \angle BCA$ (엇각)

$\angle BAC = \angle DAC$이면 △ABC에서

$\angle BAC = \angle BCA$이므로 $\overline{BA} = \overline{BC}$

즉, □ABCD는 마름모가 된다.

이상에서 평행사변형 ABCD가 마름모가 되는 조건은 ㄱ, ㄹ이다.

개념 15 정사각형의 뜻과 성질

개념 확인하기 52쪽

1 달 (1) 10 (2) 90

(1) 정사각형의 두 대각선은 길이가 같으므로
$\overline{AC} = \overline{BD} = 10$ ∴ $x = 10$

(2) 정사각형의 두 대각선은 서로 수직이므로
∠COD $= 90°$ ∴ $x = 90$

대표문제
53쪽

01 달 (1) 7 cm (2) 45°

(1) $\overline{AC} = \overline{BD}$이고 $\overline{OA} = \overline{OC}$, $\overline{OB} = \overline{OD}$이므로
$\overline{OA} = \overline{OB} = \overline{OC} = \overline{OD}$ ∴ $\overline{OC} = \overline{OD} = 7$ cm

(2) △OBC는 ∠BOC $= 90°$이고 $\overline{OB} = \overline{OC}$인 직각이등변삼각형이므로
∠OBC $= \dfrac{1}{2} \times (180° - 90°) = 45°$

02 달 (1) 36 cm² (2) 72 cm²

(1) $\overline{BD} = \overline{AC} = 2\overline{OA} = 2 \times 6 = 12$(cm), ∠AOB $= 90°$이므로
△ABD $= \dfrac{1}{2} \times \overline{BD} \times \overline{OA} = \dfrac{1}{2} \times 12 \times 6 = 36$(cm²)

(2) □ABCD $= 2$△ABD $= 2 \times 36 = 72$(cm²)

03 달 ③

①, ②, ⑤ 정사각형의 두 대각선은 길이가 같고, 서로를 수직이등분하므로
$\overline{OA} = \overline{OD}$, $\overline{AC} \perp \overline{BD}$, ∠BOC $=$ ∠COD

④ ∠OAB $=$ ∠ODC $= 45°$
따라서 옳지 않은 것은 ③이다.

04 달 (1) 20° (2) 65°

(1) △AED와 △CED에서
$\overline{AD} = \overline{CD}$, ∠ADE $=$ ∠CDE $= 45°$, $\overline{DE}$는 공통
∴ △AED ≡ △CED (SAS 합동)
∴ ∠DCE $=$ ∠DAE $= 20°$

(2) △CDE에서
∠BEC $=$ ∠CDE $+$ ∠DCE $= 45° + 20° = 65°$

05 달 ㄷ, ㄹ

ㄱ, ㄴ. 직사각형의 성질이다.

ㄷ. $\overline{AC} \perp \overline{BD}$이므로 □ABCD는 정사각형이 된다.

ㄹ. ∠ABD $=$ ∠ADB이면 $\overline{AB} = \overline{AD}$, 즉 직사각형 ABCD는 네 변의 길이가 같으므로 □ABCD는 정사각형이 된다.

이상에서 정사각형이 되는 조건은 ㄷ, ㄹ이다.

06 달 (1) 8 cm (2) 45°

(1) 두 대각선의 길이가 같아야 하므로
$\overline{BD} = \overline{AC} = 2\overline{OA} = 2 \times 4 = 8$(cm)

(2) △OCD는 ∠COD $= 90°$이고 $\overline{OC} = \overline{OD}$인 직각이등변삼각형이어야 하므로
∠CDO $= \dfrac{1}{2} \times (180° - 90°) = 45°$

개념 16 등변사다리꼴의 뜻과 성질

개념 확인하기 54쪽

1 달 (1) 60 (2) 5 (3) 9

(1) ∠C $=$ ∠B $= 60°$ ∴ $x = 60$

(2) 평행하지 않은 한 쌍의 대변의 길이가 같으므로
$\overline{AB} = \overline{DC} = 5$ cm   ∴ $x = 5$

(3) 등변사다리꼴의 두 대각선의 길이가 같으므로
$\overline{AC} = \overline{DB} = 9$ cm   ∴ $x = 9$

대표문제
55쪽

01 달 (1) 6 (2) 4

(1) $\overline{AC} = \overline{DB} = \overline{OD} + \overline{OB} = 2 + 4 = 6$
∴ $x = 6$

(2) $\overline{AC} = \overline{DB}$이므로
$13 = x + 9$ ∴ $x = 4$

02 달 (1) 80° (2) 80°

(1) $\overline{AD} \parallel \overline{BC}$이므로 ∠D $+$ ∠C $= 180°$
$100° +$ ∠C $= 180°$ ∴ ∠C $= 80°$

(2) □ABCD는 등변사다리꼴이므로
∠B $=$ ∠C $= 80°$

03 달 ㄱ, ㄷ, ㄹ

ㄹ. ∠ABC $=$ ∠DCB이고 $\overline{AD} \parallel \overline{BC}$이므로
∠BAD $= 180° -$ ∠ABC
$= 180° -$ ∠DCB
$=$ ∠CDA

04 달 (1) ∠DAC, ∠DCA (2) 35°

(1) $\overline{AD} \parallel \overline{BC}$이므로 ∠DAC $=$ ∠ACB (엇각)
$\overline{AB} = \overline{AD}$이고 $\overline{AB} = \overline{DC}$이므로 $\overline{AD} = \overline{DC}$
즉, △ACD는 $\overline{AD} = \overline{DC}$인 이등변삼각형이므로
∠DCA $=$ ∠DAC
∴ ∠ACB $=$ ∠DAC $=$ ∠DCA

(2) $\angle ABC=\angle DCB$이고 $\angle ACB=\angle DCA$이므로
$2\angle ACB=70°$ $\therefore \angle ACB=35°$

05 目 직사각형, 7, $\triangle DCF$, RHA, $\overline{CF}$, 13, 7, 3

오른쪽 그림과 같이 꼭짓점 D에서
$\overline{BC}$에 내린 수선의 발을 F라 하면
$\square AEFD$는 직사각형이므로
$\overline{EF}=\overline{AD}=\boxed{7}$ cm

$\triangle ABE$와 $\triangle DCF$에서
$\overline{AB}=\overline{DC}$, $\angle B=\angle C$, $\angle AEB=\angle DFC=90°$
$\therefore \triangle ABE\equiv\boxed{\triangle DCF}$ ($\boxed{RHA}$ 합동)
$\therefore \overline{BE}=\boxed{\overline{CF}}=\dfrac{1}{2}\times(\overline{BC}-\overline{EF})$
$\qquad =\dfrac{1}{2}\times(\boxed{13}-\boxed{7})=\boxed{3}$ (cm)

개념 17 여러 가지 사각형 사이의 관계

개념 확인하기 56쪽

1 目

	평행사변형	직사각형	마름모	정사각형	등변사다리꼴
(1)	○	○	○	○	×
(2)	×	×	○	○	×
(3)	×	○	×	○	○
(4)	○	○	○	○	×
(5)	×	×	○	○	×

 대표문제 57쪽

01 目 (1) 직사각형 (2) 마름모 (3) 직사각형 (4) 정사각형

02 目 (1) ㄴ, ㄹ, ㅁ (2) ㄱ, ㄴ, ㄷ, ㄹ (3) ㄷ, ㄹ

03 目 ③
③마름모는 네 내각의 크기가 모두 같은 사각형이 아니므로
직사각형이 아니다.
따라서 옳지 않은 것은 ③이다.

04 目 ㄱ, ㄹ
ㄴ. 두 대각선의 길이가 같은 평행사변형은 직사각형이다.
ㄷ. 두 쌍의 대변이 각각 평행하고, 두 대각선이 서로 수직인
사각형은 마름모이다.
이상에서 옳은 것은 ㄱ, ㄹ이다.

05 目 $\overline{BE}$, $\overline{DH}$, SAS, $\overline{HG}$, 마름모

01 16 cm **02** 120 cm² **03** 2 **04** 30°
05 ④ **06** ④ **07** ①, ③ **08** 28 cm **09** 18 cm
09-1 39 cm

01 $\overline{OC}=\overline{OD}=\dfrac{1}{2}\overline{BD}=\dfrac{1}{2}\times10=5$(cm)
$\overline{DC}=\overline{AB}=6$ cm
따라서 $\triangle OCD$의 둘레의 길이는
$\overline{OC}+\overline{CD}+\overline{DO}=5+6+5=16$(cm)

02 $\overline{AC}=2\overline{AO}=2\times5=10$(cm),
$\overline{BD}=2\overline{BO}=2\times12=24$(cm), $\angle AOB=90°$이므로
$\square ABCD=\dfrac{1}{2}\times10\times24=120$(cm²)

> **이런 풀이 어때요?**
> $\angle AOB=90°$이므로
> $\triangle ABO=\dfrac{1}{2}\times\overline{BO}\times\overline{AO}=\dfrac{1}{2}\times12\times5=30$(cm²)
> $\therefore \square ABCD=4\triangle ABO=4\times30=120$(cm²)

03 $\square ABCD$는 평행사변형이므로 $\overline{AD}=\overline{BC}$에서
$3x-4=2x+1$ $\therefore x=5$
평행사변형 ABCD가 마름모가 되려면 $\overline{AB}=\overline{BC}$이어야 하
므로 $x+2y=2x+1$
위의 식에 $x=5$를 대입하면 $5+2y=11$, $2y=6$ $\therefore y=3$
$\therefore x-y=5-3=2$

04 $\triangle ABE$와 $\triangle BCF$에서
$\overline{AB}=\overline{BC}$, $\overline{BE}=\overline{CF}$, $\angle ABE=\angle BCF=90°$
$\therefore \triangle ABE\equiv\triangle BCF$ (SAS 합동)
$\therefore \angle BAE=\angle CBF=\angle x$
$\triangle ABE$에서 $\angle x+90°=120°$ $\therefore \angle x=30°$

05 ① $\square ABCD$는 직사각형이 된다.
②, ③ $\square ABCD$는 마름모가 된다.
④ $\overline{AC}=\overline{BD}$이면 $\square ABCD$는 직사각형이 된다.
$\angle BAC=\angle BCA$이면 $\overline{AB}=\overline{BC}$이므로 직사각형
ABCD는 정사각형이 된다.
⑤ 평행사변형의 성질이다.
따라서 정사각형이 되는 조건은 ④이다.

06 (개)에서 $\square ABCD$는 평행사변형이다. (내)에서 $\overline{AC}=\overline{BD}$이므
로 평행사변형 ABCD는 직사각형이 되고, $\overline{AC}\perp\overline{BD}$이므로
직사각형 ABCD는 정사각형이 된다.

08 $\square EFGH$는 등변사다리꼴 ABCD의 각 변의 중점을 연결하
여 만든 사각형이므로 마름모이다.
따라서 $\square EFGH$의 둘레의 길이는 $4\times7=28$(cm)

09 오른쪽 그림과 같이 꼭짓점 A 를 지나고 $\overline{DC}$에 평행한 직선 을 그어 $\overline{BC}$와 만나는 점을 E 라 하면 □AECD는 평행사 변형이므로

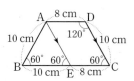

$\overline{EC} = \overline{AD} = 8$ cm

한편, $\angle B = \angle C = \angle AEB = 60°$이므로 △ABE는 정삼각형 이다.

$\therefore \overline{BE} = \overline{AB} = \overline{DC} = 10$ cm

$\therefore \overline{BC} = \overline{BE} + \overline{EC} = 10 + 8 = 18$(cm)

09-1 오른쪽 그림과 같이 꼭짓점 D를 지나고 $\overline{AB}$에 평행한 직선을 그어 $\overline{BC}$와 만나는 점을 E라 하면 □ABED는 평행사변형이므로

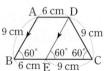

$\overline{BE} = \overline{AD} = 6$ cm

한편, $\angle DEC = \angle B = \angle C = 60°$이므로 △DEC는 정삼각형 이다.

$\therefore \overline{EC} = \overline{DC} = \overline{AB} = 9$ cm

따라서 □ABCD의 둘레의 길이는

$\overline{AB} + \overline{BC} + \overline{CD} + \overline{DA} = 9 + (6+9) + 9 + 6 = 39$(cm)

❸ 평행선과 넓이

개념 **18** 평행선과 삼각형의 넓이

개념 확인하기 ──────────────── 60쪽

1 답 (1) △DBC (2) △ACD

2 답 (1) △EBD (2) △DEC

(2) □ABCD = △ABD + △DBC = △EBD + △DBC
　　　　 = △DEC

 대표문제 ──────── 61쪽

01 답 (1) 12 cm² (2) 12 cm²

(1) △DBC = $\frac{1}{2} \times 6 \times 4 = 12$(cm²)

(2) △ABC = △DBC = 12 cm²

02 답 (1) 9 cm² (2) 15 cm²

(1) △ABO = △ABC − △OBC = △DBC − △OBC
　　　　 = △DOC = 9 cm²

(2) △ABD = △AOD + △ABO
　　　　 = 6 + 9 = 15(cm²)

03 답 14 cm²

△DBC = △ABC = 24 cm²이므로

△OCD = △DBC − △OBC
　　　 = 24 − 10 = 14(cm²)

04 답 (1) 4 cm² (2) 4 cm² (3) 10 cm²

(1) △ACD = □ABCD − △ABC
　　　　 = 10 − 6 = 4(cm²)

(2) △ACE = △ACD = 4 cm²

(3) △ABE = △ABC + △ACE
　　　　 = 6 + 4 = 10(cm²)

이런 풀이 어때요?

> (3) △ABE = △ABC + △ACE = △ABC + △ACD
> 　　　 = □ABCD = 10 cm²

05 답 40 cm²

△ACD = △ACE이므로

□ABCD = △ABC + △ACD = △ABC + △ACE
　　　　 = △ABE = 40 cm²

06 답 9 cm²

△DEB = △ABD = 7 cm²이므로

△DBC = △DEC − △DEB = 16 − 7 = 9(cm²)

개념 **19** 높이가 같은 두 삼각형의 넓이의 비

개념 확인하기 ──────────────── 62쪽

1 답 (1) 2 : 1 (2) 12 cm²

(1) 높이가 같은 두 삼각형의 넓이의 비는 두 삼각형의 밑변 의 길이의 비와 같으므로

△ABC : △ACD = $\overline{BC}$: $\overline{CD}$ = 2 : 1

(2) △ABC : △ACD = 2 : 1이므로

△ABC = 2△ACD
　　　 = 2 × 6 = 12(cm²)

2 답 (1) 12 cm² (2) 6 cm²

(1) △ABC = $\frac{1}{2}$□ABCD = $\frac{1}{2} \times 24 = 12$(cm²)

(2) $\overline{BE} = \overline{EC}$이므로 △ABE = △AEC

$\therefore$ △AEC = $\frac{1}{2}$△ABC = $\frac{1}{2} \times 12 = 6$(cm²)

대표문제

01 탑 (1) $9\,\text{cm}^2$ (2) $45\,\text{cm}^2$

(1) $\triangle ABC : \triangle ACD = \overline{BC} : \overline{CD} = 4 : 1$이므로

$\triangle ACD = \dfrac{1}{4}\triangle ABC = \dfrac{1}{4}\times 36 = 9(\text{cm}^2)$

(2) $\triangle ABC : \triangle ABD = \overline{BC} : \overline{BD} = 4 : (4+1) = 4 : 5$

이므로 $\triangle ABD = \dfrac{5}{4}\triangle ABC = \dfrac{5}{4}\times 36 = 45(\text{cm}^2)$

02 탑 (1) $30\,\text{cm}^2$ (2) $9\,\text{cm}^2$

(1) $\overline{BC} = \overline{CD}$이므로

$\triangle ACD : \triangle ABD = \overline{CD} : \overline{BD}$

$\qquad\qquad\qquad = 1 : (1+1) = 1 : 2$

$\therefore \triangle ACD = \dfrac{1}{2}\triangle ABD = \dfrac{1}{2}\times 60 = 30(\text{cm}^2)$

(2) $\triangle ACD$에서 $\overline{AE} : \overline{ED} = 3 : 7$이므로

$\triangle ACD : \triangle ACE = \overline{AD} : \overline{AE}$

$\qquad\qquad\qquad = (3+7) : 3 = 10 : 3$

$\therefore \triangle ACE = \dfrac{3}{10}\triangle ACD = \dfrac{3}{10}\times 30 = 9(\text{cm}^2)$

03 탑 (1) $12\,\text{cm}^2$ (2) $21\,\text{cm}^2$

(1) $\triangle ABD$에서 $\overline{AE} : \overline{ED} = 2 : 1$이므로

$\triangle ABE : \triangle ABD = \overline{AE} : \overline{AD}$

$\qquad\qquad\qquad = 2 : (2+1) = 2 : 3$

$\therefore \triangle ABD = \dfrac{3}{2}\triangle ABE = \dfrac{3}{2}\times 8 = 12(\text{cm}^2)$

(2) $\triangle ABC$에서 $\overline{BD} : \overline{DC} = 4 : 3$이므로

$\triangle ABD : \triangle ABC = \overline{BD} : \overline{BC}$

$\qquad\qquad\qquad = 4 : (4+3) = 4 : 7$

$\therefore \triangle ABC = \dfrac{7}{4}\triangle ABD = \dfrac{7}{4}\times 12 = 21(\text{cm}^2)$

04 탑 (1) $24\,\text{cm}^2$ (2) $18\,\text{cm}^2$

(1) $\triangle BCD = \dfrac{1}{2}\square ABCD = \dfrac{1}{2}\times 48 = 24(\text{cm}^2)$

(2) $\triangle BCD$에서 $\overline{BE} : \overline{ED} = 3 : 1$이므로

$\triangle BCD : \triangle BCE = \overline{BD} : \overline{BE}$

$\qquad\qquad\qquad = (3+1) : 3 = 4 : 3$

$\therefore \triangle BCE = \dfrac{3}{4}\triangle BCD = \dfrac{3}{4}\times 24 = 18(\text{cm}^2)$

05 탑 (1) $8\,\text{cm}^2$ (2) $16\,\text{cm}^2$ (3) $36\,\text{cm}^2$

(1) $\triangle ACD$에서 $\triangle OAD : \triangle OCD = \overline{AO} : \overline{OC} = 1 : 2$이므로

$\triangle OCD = 2\triangle OAD = 2\times 4 = 8(\text{cm}^2)$

$\therefore \triangle OAB = \triangle OCD = 8\,\text{cm}^2$

(2) $\triangle ABC$에서 $\triangle OAB : \triangle OBC = \overline{AO} : \overline{OC} = 1 : 2$이므로

$\triangle OBC = 2\triangle OAB = 2\times 8 = 16(\text{cm}^2)$

(3) $\square ABCD = \triangle OAD + \triangle OAB + \triangle OBC + \triangle OCD$

$\qquad\qquad = 4+8+16+8 = 36(\text{cm}^2)$

06 탑 (1) $15\,\text{cm}^2$ (2) $30\,\text{cm}^2$

(1) $\triangle PBC$에서 $\overline{BQ} : \overline{QC} = 2 : 3$이므로

$\triangle PBQ : \triangle PBC = \overline{BQ} : \overline{BC} = 2 : (2+3) = 2 : 5$

$\therefore \triangle PBC = \dfrac{5}{2}\triangle PBQ = \dfrac{5}{2}\times 6 = 15(\text{cm}^2)$

(2) 오른쪽 그림과 같이 $\overline{AC}$, $\overline{BD}$를
각각 그으면

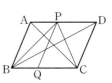

$\triangle PBC = \triangle ABC = \triangle DBC$

$\therefore \square ABCD = 2\triangle PBC$

$\qquad\qquad = 2\times 15 = 30(\text{cm}^2)$

소단원 핵심문제

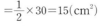
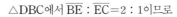

01 ①, ⑤	02 ③	03 $21\,\text{cm}^2$	04 $5\,\text{cm}^2$
04-1 $15\,\text{cm}^2$			

01 ① 높이는 같지만 밑변의 길이가 같지 않으므로 넓이가 다르다.

02 $\overline{AC} /\!/ \overline{DE}$이므로 $\triangle ACD = \triangle ACE$

$\therefore \square ABCD = \triangle ABC + \triangle ACD = \triangle ABC + \triangle ACE$

$\qquad\qquad = \triangle ABE = \dfrac{1}{2}\times(5+3)\times 4 = 16(\text{cm}^2)$

03 $\triangle ABC : \triangle ACD = \overline{BC} : \overline{CD} = 3 : 2$이므로

$\triangle ABC = \dfrac{3}{2}\triangle ACD = \dfrac{3}{2}\times 14 = 21(\text{cm}^2)$

04 오른쪽 그림과 같이 대각선 BD를
그으면

$\triangle DBC = \dfrac{1}{2}\square ABCD$

$\qquad\quad = \dfrac{1}{2}\times 30 = 15(\text{cm}^2)$

$\triangle DBC$에서 $\overline{BE} : \overline{EC} = 2 : 1$이므로

$\triangle DBC : \triangle DEC = \overline{BC} : \overline{EC} = (2+1) : 1 = 3 : 1$

$\therefore \triangle DEC = \dfrac{1}{3}\triangle DBC = \dfrac{1}{3}\times 15 = 5(\text{cm}^2)$

04-1 오른쪽 그림과 같이 대각선 AC
를 그으면

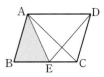

$\triangle ABC = \triangle ACD$

$\qquad\quad = \triangle AED = 25\,\text{cm}^2$

$\triangle ABC$에서 $\overline{BE} : \overline{EC} = 3 : 2$이므로

$\triangle ABC : \triangle ABE = \overline{BC} : \overline{BE}$

$\qquad\qquad\qquad = (3+2) : 3 = 5 : 3$

$\therefore \triangle ABE = \dfrac{3}{5}\triangle ABC = \dfrac{3}{5}\times 25 = 15(\text{cm}^2)$

개념교재편

01 $\angle x=40°$, $\angle y=68°$	**02** 40°	**03** ③	
04 ③	**05** ②	**06** 80 cm²	**07** ③	**08** 57°
09 55°	**10** 9 cm	**11** 10°	**12** ④	**13** ③
14 ⑤	**15** ④	**16** 25 cm²	**17** 18 cm²	**18** 15 cm²

01 $\overline{AD} \parallel \overline{BC}$이므로

$\angle x = \angle BCA = 40°$ (엇각)

$\angle BAD + \angle ADC = 180°$이므로

$\angle y = 180° - (72° + 40°) = 68°$

02 $\angle A = \angle C = 100°$

$\triangle ABE$는 $\overline{AB} = \overline{AE}$인 이등변삼각형이므로

$\angle x = \dfrac{1}{2} \times (180° - 100°) = 40°$

03 $\overline{AD} \parallel \overline{BC}$이므로

$\angle BEA = \angle DAE$ (엇각), $\angle CFD = \angle ADF$ (엇각)

$\triangle ABE$에서 $\angle BEA = \angle BAE$이므로

$\overline{BE} = \overline{AB} = 8$ cm

이때 $\overline{BC} = \overline{AD} = 10$ cm이므로

$\overline{CE} = \overline{BC} - \overline{BE} = 10 - 8 = 2$(cm)

$\triangle CDF$에서 $\angle CFD = \angle CDF$이므로

$\overline{CF} = \overline{CD} = \overline{AB} = 8$ cm

$\therefore \overline{FE} = \overline{CF} - \overline{CE} = 8 - 2 = 6$(cm)

04 ③ $\overline{AD} \parallel \overline{BC}$, $\overline{AD} = \overline{BC}$ 또는 $\overline{AB} \parallel \overline{DC}$, $\overline{AB} = \overline{DC}$이어야 평행사변형이 된다.

④ $\angle A + \angle B = \angle B + \angle C = 180°$에서 $\angle A = \angle C$이고

$\angle A = \angle C = 180° - \angle B$이므로

$\angle D = 360° - (\angle A + \angle B + \angle C)$

$= 360° - \{(180° - \angle B) + \angle B + (180° - \angle B)\}$

$= \angle B$

즉, 두 쌍의 대각의 크기가 각각 같으므로 평행사변형이 된다.

따라서 평행사변형이 되지 않는 것은 ③이다.

05 $\triangle ABE$와 $\triangle CDF$에서

$\overline{AB} = \overline{CD}$, $\angle AEB = \angle CFD = 90°$,

$\overline{AB} \parallel \overline{DC}$이므로

$\angle BAE = \angle DCF$ (엇각) (④)

$\therefore \triangle ABE \equiv \triangle CDF$ (RHA 합동)

$\therefore \overline{BE} = \overline{DF}$ (①)

한편, $\angle BEF = \angle EFD = 90°$이므로 $\overline{BE} \parallel \overline{DF}$ (③)

따라서 $\square BFDE$는 한 쌍의 대변이 평행하고, 그 길이가 같으므로 평행사변형이다. (⑤)

06 $\triangle BCD = 2\triangle AOD = 2 \times 10 = 20$(cm²) ⋯ ㉮

$\square BFED$는 $\overline{BC} = \overline{CE}$, $\overline{DC} = \overline{CF}$, 즉 두 대각선이 서로를 이등분하므로 평행사변형이다. ⋯ ㉯

$\therefore \square BFED = 4\triangle BCD = 4 \times 20 = 80$(cm²) ⋯ ㉰

단계	채점 기준	배점 비율
㉮	$\triangle BCD$의 넓이 구하기	30 %
㉯	$\square BFED$가 평행사변형임을 알기	40 %
㉰	$\square BFED$의 넓이 구하기	30 %

07 $\square ABCD = 8 \times 5 = 40$(cm²)

$\triangle PAD + \triangle PBC = \dfrac{1}{2}\square ABCD$이므로

$8 + \triangle PBC = \dfrac{1}{2} \times 40$ $\therefore \triangle PBC = 12$(cm²)

08 $\overline{AD} \parallel \overline{BC}$이므로 $\angle CFE = \angle AEF = \angle x$ (엇각)

$\angle AFE = \angle CFE = \angle x$ (접은 각)

$\therefore \angle AFE = \angle AEF = \angle x$

이때 $\angle DAB = 90°$이므로 $\angle DAF = 90° - 24° = 66°$

$\triangle AFE$에서

$\angle x = \dfrac{1}{2} \times (180° - 66°) = 57°$

09 $\triangle BCD$에서 $\overline{CB} = \overline{CD}$이므로

$\angle CDB = \dfrac{1}{2} \times (180° - 110°) = 35°$

$\triangle PED$에서

$\angle EPD = 180° - (90° + 35°) = 55°$

$\therefore \angle x = \angle EPD = 55°$ (맞꼭지각)

10 $\triangle AOE$와 $\triangle COF$에서

$\overline{OA} = \overline{OC}$, $\angle AOE = \angle COF$ (맞꼭지각),

$\overline{AE} \parallel \overline{CF}$이므로 $\angle EAO = \angle FCO$ (엇각)

$\therefore \triangle AOE \equiv \triangle COF$ (ASA 합동)

$\therefore \overline{OE} = \overline{OF}$

즉, $\square AFCE$의 두 대각선이 서로를 이등분하므로 평행사변형이고, 두 대각선이 서로 수직이므로 마름모이다.

이때 $\overline{BC} = \overline{AD} = 15$ cm이므로

$\overline{AF} = \overline{FC} = \overline{BC} - \overline{BF} = 15 - 6 = 9$(cm)

11 $\triangle DCE$에서 $\overline{DC} = \overline{DE}$이므로

$\angle DEC = \angle DCE = 55°$

$\therefore \angle CDE = 180° - (55° + 55°) = 70°$ ⋯ ㉮

$\angle ADC = 90°$이므로

$\angle ADE = \angle ADC + \angle CDE$

$= 90° + 70° = 160°$ ⋯ ㉯

이때 $\overline{AD}=\overline{DC}=\overline{DE}$이므로 △DAE에서

$\angle DAF=\dfrac{1}{2}\times(180\degree-160\degree)=10\degree$ … ㉰

단계	채점 기준	배점 비율
㉮	∠CDE의 크기 구하기	30 %
㉯	∠ADE의 크기 구하기	30 %
㉰	∠DAF의 크기 구하기	40 %

12 ④ 등변사다리꼴의 두 대각선은 서로를 이등분하지 않는다.

13

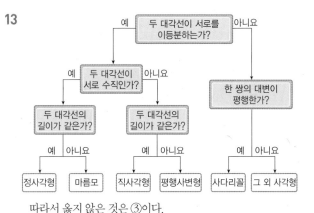

따라서 옳지 않은 것은 ③이다.

14 ⑤ 등변사다리꼴 – 마름모

이것만은 꼭!
사각형의 각 변의 중점을 연결하여 만든 사각형
① 사각형 ➡ 평행사변형
② 평행사변형 ➡ 평행사변형
③ 직사각형 ➡ 마름모
④ 마름모 ➡ 직사각형
⑤ 정사각형 ➡ 정사각형
⑥ 등변사다리꼴 ➡ 마름모

15 $\overline{AB}/\!/\overline{DC}$이므로 △ACE와 넓이가 같은 삼각형은 $\overline{CE}$를 밑변으로 하고 한 꼭짓점이 $\overline{AB}$ 위에 있는 삼각형인 △BCE이다.

16 오른쪽 그림과 같이 $\overline{AE}$를 그으면 $\overline{AC}/\!/\overline{DE}$이므로
△ACD=△ACE
∴ □ABCD
=△ABC+△ACD
=△ABC+△ACE
=△ABE
$=\dfrac{1}{2}\times(6+4)\times5=25(\mathrm{cm}^2)$

17 [전략] 높이가 같은 두 삼각형의 넓이의 비는 두 삼각형의 밑변의 길이의 비와 같음을 이용한다.
△ABP에서 $\overline{AQ}:\overline{QB}=2:1$이므로
△ABP : △BPQ$=\overline{AB}:\overline{QB}=(2+1):1=3:1$
∴ △ABP$=3$△BPQ$=3\times4=12(\mathrm{cm}^2)$

△ABC에서 $\overline{BP}:\overline{PC}=2:1$이므로
△ABC : △ABP$=\overline{BC}:\overline{BP}=(2+1):2=3:2$
∴ △ABC$=\dfrac{3}{2}$△ABP$=\dfrac{3}{2}\times12=18(\mathrm{cm}^2)$

18 △ABC에서 $\overline{AO}:\overline{OC}=1:3$이므로
△OBC : △ABC$=\overline{OC}:\overline{AC}=3:(1+3)=3:4$
∴ △OBC$=\dfrac{3}{4}$△ABC$=\dfrac{3}{4}\times60=45(\mathrm{cm}^2)$ … ㉮
이때 △DBC=△ABC$=60\,\mathrm{cm}^2$이므로 … ㉯
△OCD=△DBC−△OBC$=60-45=15(\mathrm{cm}^2)$ … ㉰

단계	채점 기준	배점 비율
㉮	△OBC의 넓이 구하기	50 %
㉯	△DBC의 넓이 구하기	20 %
㉰	△OCD의 넓이 구하기	30 %

창의·융합 문제 67쪽

네 지점 E, F, G, H를 연결한 사각형은 오른쪽 그림과 같다.

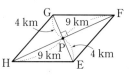

두 대각선 GE, HF에서
$\overline{GE}\perp\overline{HF}, \overline{PG}=\overline{PE}, \overline{PH}=\overline{PF}$ … ❶

□EFGH는 두 대각선이 서로를 이등분하므로 평행사변형이고, 평행사변형 EFGH는 두 대각선이 서로 수직이므로 마름모이다. … ❷

$\overline{GE}=4+4=8(\mathrm{km}), \overline{FH}=9+9=18(\mathrm{km})$이므로
$\square\mathrm{EFGH}=\dfrac{1}{2}\times8\times18=72(\mathrm{km}^2)$ … ❸

답 72 km^2

교과서 속 서술형 문제 68~69쪽

1 ❶ △BCE는 어떤 삼각형인가?
$\overline{AB}/\!/\overline{DC}$이므로 $\angle CEB=\angle\boxed{ABE}$ (엇각)
즉, $\angle CBE=\angle CEB$이므로 △BCE는
$\overline{BC}=\boxed{EC}$인 $\boxed{이등변}$삼각형이다. … ㉮

❷ $\overline{EC}$의 길이는?
△BCE가 $\boxed{이등변}$삼각형이므로
$\overline{EC}=\boxed{BC}=\boxed{9}$ cm … ㉯

❸ $\overline{DC}$의 길이는?
평행사변형 ABCD에서 대변의 길이는 같으므로
$\overline{DC}=\boxed{AB}=\boxed{6}$ cm … ㉰

❹ $\overline{DE}$의 길이는?

$$\overline{DE}=\overline{EC}-\boxed{\overline{DC}}$$
$$=\boxed{9}-\boxed{6}=\boxed{3}\,(cm) \qquad \cdots \text{㉑}$$

단계	채점 기준	배점 비율
㉮	△BCE가 이등변삼각형임을 알기	30 %
㉯	$\overline{EC}$의 길이 구하기	20 %
㉰	$\overline{DC}$의 길이 구하기	20 %
㉑	$\overline{DE}$의 길이 구하기	30 %

2 ❶ △BEA는 어떤 삼각형인가?

$\overline{AD}\,/\!/\,\overline{BC}$이므로 ∠BEA=∠DAE (엇각)

즉, ∠BAE=∠BEA이므로 △BEA는 $\overline{BA}=\overline{BE}$인 이
등변삼각형이다. $\qquad \cdots \text{㉮}$

❷ $\overline{BE}$의 길이는?

△BEA가 이등변삼각형이므로

$$\overline{BE}=\overline{BA}=5\,cm \qquad \cdots \text{㉯}$$

❸ $\overline{BC}$의 길이는?

$$\overline{BC}=\overline{BE}+\overline{EC}$$
$$=5+3=8\,(cm) \qquad \cdots \text{㉰}$$

❹ $\overline{AD}$의 길이는?

평행사변형 ABCD에서 대변의 길이는 같으므로

$$\overline{AD}=\overline{BC}=8\,cm \qquad \cdots \text{㉑}$$

단계	채점 기준	배점 비율
㉮	△BEA가 이등변삼각형임을 알기	30 %
㉯	$\overline{BE}$의 길이 구하기	20 %
㉰	$\overline{BC}$의 길이 구하기	30 %
㉑	$\overline{AD}$의 길이 구하기	20 %

3 △ABE와 △ADF에서

□ABCD는 마름모이므로

$\overline{AB}=\overline{AD}$, ∠B=∠D,

∠AEB=∠AFD=90°

∴ △ABE≡△ADF (RHA 합동) $\qquad \cdots \text{㉮}$

∴ ∠DAF=∠BAE=25° $\qquad \cdots \text{㉯}$

또, △ABE에서 ∠B=180°−(90°+25°)=65°

이때 ∠BAD+∠B=180°이므로

∠BAD=180°−∠B=180°−65°=115° $\qquad \cdots \text{㉰}$

∴ ∠EAF=115°−(25°+25°)=65° $\qquad \cdots \text{㉑}$

답 65°

단계	채점 기준	배점 비율
㉮	△ABE≡△ADF임을 알기	40 %
㉯	∠DAF의 크기 구하기	10 %
㉰	∠BAD의 크기 구하기	30 %
㉑	∠EAF의 크기 구하기	20 %

4 △ABF와 △DAE에서

$\overline{AB}=\overline{DA}$, ∠ABF=∠DAE=90°, $\overline{BF}=\overline{AE}$

∴ △ABF≡△DAE (SAS 합동) $\qquad \cdots \text{㉮}$

따라서 ∠BAF=∠ADE, 즉 ∠EAG=∠ADE이므로

△AEG에서

$$\angle AGD=\angle EAG+\angle AEG$$
$$=\angle ADE+\angle AED=90° \qquad \cdots \text{㉯}$$

∴ ∠DGF=180°−∠AGD
$$=180°−90°=90° \qquad \cdots \text{㉰}$$

답 90°

단계	채점 기준	배점 비율
㉮	△ABF≡△DAE임을 알기	40 %
㉯	∠AGD의 크기 구하기	40 %
㉰	∠DGF의 크기 구하기	20 %

5 ∠DAB+∠ABC=180°이므로

2(∠EAB+∠EBA)=180°

∴ ∠EAB+∠EBA=90°

∠AEB=180°−(∠EAB+∠EBA)
$$=180°−90°=90°$$

∴ ∠HEF=∠AEB=90° (맞꼭지각) $\qquad \cdots \text{㉮}$

같은 방법으로 하면 □EFGH의 네 내각의 크기는 모두 90°
이다. $\qquad \cdots \text{㉯}$

따라서 □EFGH는 직사각형이다. $\qquad \cdots \text{㉰}$

답 직사각형

단계	채점 기준	배점 비율
㉮	∠HEF의 크기 구하기	40 %
㉯	□EFGH의 네 내각의 크기가 모두 90°임을 알기	30 %
㉰	□EFGH가 어떤 사각형인지 말하기	30 %

6 $\overline{AC}$가 □ABCD의 넓이를 이등분하므로

$$\triangle ACD=\frac{1}{2}\,\square ABCD$$
$$=\frac{1}{2}\times 56=28\,(cm^2) \qquad \cdots \text{㉮}$$

$\overline{AC}\,/\!/\,\overline{DE}$이므로

$$\triangle ACE=\triangle ACD=28\,cm^2 \qquad \cdots \text{㉯}$$

∴ △ACF=△ACE−△FCE
$$=28−15=13\,(cm^2) \qquad \cdots \text{㉰}$$

답 13 cm²

단계	채점 기준	배점 비율
㉮	△ACD의 넓이 구하기	30 %
㉯	△ACE의 넓이 구하기	40 %
㉰	△ACF의 넓이 구하기	30 %

03 도형의 닮음 (1)

1 도형의 닮음

개념 확인하기 ·············· 72쪽

1 탭 (1) △ABC∽△DEF (2) □ABCD∽□EFGH

대표문제 73쪽

01 탭 (1) 점 G (2) $\overline{EH}$ (3) ∠H

02 탭 $\overline{DE}$, ∠B

03 탭 (1) 모서리 FH (2) 면 FIJ

04 탭 ⑤
① 점 C의 대응점은 점 G이다.
② 점 H의 대응점은 점 D이다.
③ 모서리 BC에 대응하는 모서리는 모서리 FG이다.
④ 면 ABD에 대응하는 면은 면 EFH이다.
따라서 옳은 것은 ⑤이다.

05 탭 ㄷ, ㅂ
변의 개수가 같은 두 정다각형과 두 원은 항상 서로 닮은 평면도형이다.
이상에서 항상 서로 닮은 도형인 것은 ㄷ, ㅂ이다.

06 탭 ①, ④
면의 개수가 같은 두 정다면체와 두 구는 항상 서로 닮은 입체도형이다.
따라서 항상 서로 닮은 도형이라 할 수 없는 것은 ①, ④이다.

이것만은 꼭!
항상 서로 닮은 도형이라고 착각하기 쉬운 도형
① 두 직각삼각형 ② 두 직사각형

③ 두 이등변삼각형 ④ 변의 길이가 같은 두 마름모

⑤ 반지름의 길이가 같은 ⑥ 밑면의 반지름의 길이가 같
  두 부채꼴   은 두 원뿔

대표문제 75~76쪽

01 탭 (1) 1 : 3 (2) 4 cm (3) 60°
(1) $\overline{AC}$: $\overline{DF}$=2 : 6=1 : 3이므로 닮음비는 1 : 3이다.
(2) 닮음비가 1 : 3이므로 $\overline{AB}$: $\overline{DE}$=1 : 3에서
$\overline{AB}$: 12=1 : 3, 3$\overline{AB}$=12
∴ $\overline{AB}$=4(cm)
(3) 대응각의 크기는 같으므로
∠E=∠B=60°

02 탭 $x=9$, $y=32$
$\overline{AB}$: $\overline{DE}$=6 : 8=3 : 4이므로 닮음비는 3 : 4이다.
$\overline{AC}$: $\overline{DF}$=3 : 4에서
x : 12=3 : 4, 4x=36
∴ $x=9$
또, ∠F=∠C=39°이므로 △DEF에서
∠D=180°−(39°+109°)=32°
∴ $y=32$

03 탭 ④
① $\overline{BC}$: $\overline{FG}$=6 : 4=3 : 2이므로 닮음비는 3 : 2이다.
② $\overline{DC}$: $\overline{HG}$=3 : 2에서
$\overline{DC}$: 2=3 : 2, 2$\overline{DC}$=6
∴ $\overline{DC}$=3(cm)
③ ∠D=∠H=120°
④, ⑤ ∠F=∠B=60°이므로 □EFGH에서
∠E=360°−(60°+90°+120°)=90°
따라서 옳지 않은 것은 ④이다.

04 탭 (1) 2 : 3 (2) 6 cm
(1) $\overline{AB}$: $\overline{A'B'}$=6 : 9=2 : 3이므로 닮음비는 2 : 3이다.
(2) 닮음비가 2 : 3이므로 $\overline{DH}$: $\overline{D'H'}$=2 : 3에서
4 : $\overline{D'H'}$=2 : 3, 2$\overline{D'H'}$=12
∴ $\overline{D'H'}$=6(cm)

05 탭 4 : 3, 6 cm
두 원뿔 A, B의 모선의 길이의 비가 12 : 9=4 : 3이므로 닮음비는 4 : 3이다.
이때 원뿔 B의 높이를 x cm라 하면
8 : x=4 : 3, 4x=24
∴ $x=6$
따라서 원뿔 B의 높이는 6 cm이다.

(서로 닮은 두 원뿔의 닮음비) = (높이의 비)
= (모선의 길이의 비)
= (밑면의 반지름의 길이의 비)
= (밑면의 둘레의 길이의 비)

06 답 $x=30, y=3$

$\angle FDE = \angle F'D'E' = \angle C'A'B' = 30°$

$\therefore x=30$

$\overline{AD} : \overline{A'D'} = 4 : 6 = 2 : 3$이므로 닮음비는 $2 : 3$이다.

$\overline{DE} : \overline{D'E'} = 2 : 3$에서

$2 : y = 2 : 3, 2y = 6$ $\therefore y=3$

07 답 (1) $3 : 5$ (2) $3 : 5$ (3) $9 : 25$

(1) $\overline{BC} : \overline{B'C'} = 6 : 10 = 3 : 5$이므로 닮음비는 $3 : 5$이다.

(2) 둘레의 길이의 비는 닮음비와 같으므로
(둘레의 길이의 비) $= 3 : 5$

(3) (넓이의 비) $= 3^2 : 5^2 = 9 : 25$

08 답 75 cm

$\square ABCD$와 $\square EFGH$의 닮음비가 $4 : 5$이므로
둘레의 길이의 비는 $4 : 5$이다.

$\square EFGH$의 둘레의 길이를 x cm라 하면

$60 : x = 4 : 5$에서 $4x = 300$ $\therefore x=75$

따라서 $\square EFGH$의 둘레의 길이는 75 cm이다.

09 답 27π cm^2

두 원 O, O'의 닮음비가 $3 : 4$이므로 넓이의 비는

$3^2 : 4^2 = 9 : 16$

원 O의 넓이를 x cm^{2}라 하면

$x : 48\pi = 9 : 16$에서

$16x = 432\pi$ $\therefore x=27\pi$

따라서 원 O의 넓이는 27π cm^{2}이다.

10 답 (1) $2 : 3$ (2) $4 : 9$ (3) $8 : 27$

(1) 두 정사면체는 항상 서로 닮은 도형이고 닮음비는 모서리의 길이의 비와 같으므로
(닮음비) $= 4 : 6 = 2 : 3$

(2) (겉넓이의 비) $= 2^2 : 3^2 = 4 : 9$

(3) (부피의 비) $= 2^3 : 3^3 = 8 : 27$

11 답 192π cm^2

서로 닮은 두 원기둥의 닮음비는 밑면의 반지름의 길이의 비와 같으므로 (닮음비) $= 4 : 5$

즉, 겉넓이의 비는 $4^2 : 5^2 = 16 : 25$

원기둥 A의 겉넓이를 x cm^{2}라 하면

$x : 300\pi = 16 : 25$에서 $25x = 4800\pi$ $\therefore x=192\pi$

따라서 원기둥 A의 겉넓이는 192π cm^{2}이다.

12 답 256 cm^3

두 정육면체는 항상 서로 닮은 도형이고 겉넓이의 비가

$9 : 16 = 3^2 : 4^2$이므로 두 정육면체 A, B의 닮음비는

$3 : 4$이다. 즉, 부피의 비는 $3^3 : 4^3 = 27 : 64$이다.

정육면체 B의 부피를 x cm^{3}라 하면

$108 : x = 27 : 64$에서 $27x = 6912$ $\therefore x=256$

따라서 정육면체 B의 부피는 256 cm^{3}이다.

소단원 **핵심문제** 77쪽

01 $\overline{GH}$, $\angle B$ **02** 126 **03** 160π cm^3

04 (1) $900 : 1$ (2) 72 m

04-1 (1) $8000 : 1$ (2) 256 m

01 $\overline{CD}$의 대응변은 $\overline{GH}$, $\angle F$의 대응각은 $\angle B$이다.

02 $\overline{BC} : \overline{EF} = 4 : 8 = 1 : 2$이므로 닮음비는 $1 : 2$이다.

$\overline{AB} : \overline{DE} = 1 : 2$에서

$x : 12 = 1 : 2, 2x = 12$ $\therefore x=6$

또, $\angle E = \angle B = 25°$이므로 $\triangle DEF$에서

$\angle F = 180° - (35° + 25°) = 120°$ $\therefore y=120$

$\therefore x+y = 6+120 = 126$

03 그릇 전체와 물이 담긴 부분은 서로 닮은 도형이고 닮음비가

$3 : 2$이므로 부피의 비는 $3^3 : 2^3 = 27 : 8$이다.

물의 부피를 x cm^{3}라 하면

$540\pi : x = 27 : 8, 27x = 4320\pi$ $\therefore x=160\pi$

따라서 물의 부피는 160π cm^{3}이다.

04 (1) 36 m $= 3600$ cm이고, $\triangle ABC \infty \triangle DEF$이므로
$\overline{AC} : \overline{DF} = 3600 : 4 = 900 : 1$

(2) $\overline{BC} : \overline{EF} = 900 : 1$에서
$\overline{BC} : 8 = 900 : 1$ $\therefore \overline{BC} = 7200$(cm)

따라서 두 지점 B, C 사이의 실제 거리는
7200 cm $= 72$ m이다.

이런 풀이 어때요?

(2) (축척) $= \dfrac{4 \text{ cm}}{36 \text{ m}} = \dfrac{4 \text{ cm}}{3600 \text{ cm}} = \dfrac{1}{900}$

따라서 호수의 실제 폭은

8 cm $\div \dfrac{1}{900} = 8$ cm $\times 900 = 7200$ cm $= 72$ m

04-1 (1) 400 m $= 40000$ cm이고, $\square ABCD \infty \square A'B'C'D'$이
므로 $\overline{AB} : \overline{A'B'} = 40000 : 5 = 8000 : 1$

(2) $\overline{CD} : \overline{C'D'} = 8000 : 1$에서

$\overline{CD} : 3.2 = 8000 : 1$ $\therefore \overline{CD} = 25600$(cm)

따라서 두 지점 C, D 사이의 실제 거리는

25600 cm $= 256$ m이다.

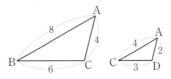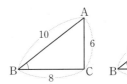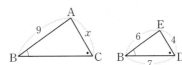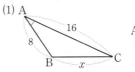

이런 풀이 어때요?

(2) $(축척)=\dfrac{5\,cm}{400\,m}=\dfrac{5\,cm}{40000\,cm}=\dfrac{1}{8000}$

따라서 두 지점 C, D사이의 실제 거리는

$3.2\,cm \div \dfrac{1}{8000}=3.2\,cm \times 8000=25600\,cm$

$=256\,m$

❷ 삼각형의 닮음 조건

개념 22 삼각형의 닮음 조건

개념 확인하기 78쪽

1 답 (1) 15, 3, 12, 3, 9, 3, SSS
(2) 4, 8, 4, E, SAS

대표문제 79쪽

01 답 (1) $110°$ (2) △ABC∽△DEF, AA 닮음
(1) △DEF에서
$\angle D=180°-(30°+40°)=110°$
(2) △ABC와 △DEF에서
$\angle A=\angle D=110°, \angle B=\angle E=30°$
∴ △ABC∽△DEF (AA 닮음)

02 답 △ABC∽△LKJ, AA 닮음
△DEF∽△QPR, SSS 닮음
△GHI∽△NMO, SAS 닮음
△ABC와 △LKJ에서
$\angle J=180°-(60°+70°)=50°$이므로 $\angle C=\angle J=50°$,
$\angle B=\angle K=60°$
∴ △ABC∽△LKJ (AA 닮음)
△DEF와 △QPR에서
$\overline{DE}:\overline{QP}=3:6=1:2, \overline{DF}:\overline{QR}=4:8=1:2,$
$\overline{EF}:\overline{PR}=5:10=1:2$
∴ △DEF∽△QPR (SSS 닮음)
△GHI와 △NMO에서
$\overline{GH}:\overline{NM}=3:6=1:2, \overline{GI}:\overline{NO}=4:8=1:2,$
$\angle G=\angle N=40°$
∴ △GHI∽△NMO (SAS 닮음)

03 답 △ABC∽△ACD, SSS 닮음
△ABC와 △ACD에서
$\overline{AB}:\overline{AC}=8:4=2:1,$
$\overline{BC}:\overline{CD}=6:3=2:1,$
$\overline{AC}:\overline{AD}=4:2=2:1$
∴ △ABC∽△ACD (SSS 닮음)

04 답 (1) △ABC∽△EBD, SAS 닮음 (2) 3
(1) △ABC와 △EBD에서
$\overline{AB}:\overline{EB}=10:5=2:1,$
$\overline{BC}:\overline{BD}=8:4=2:1, \angle B$는 공통
∴ △ABC∽△EBD (SAS 닮음)
(2) △ABC와 △EBD의 닮음비가 2:1이므로
$\overline{AC}:\overline{ED}=2:1$에서 $6:x=2:1$
$2x=6$ ∴ $x=3$

05 답 (1) △ABC∽△EBD, AA 닮음 (2) 6
(1) △ABC와 △EBD에서
$\angle B$는 공통, $\angle ACB=\angle EDB$
∴ △ABC∽△EBD (AA 닮음)
(2) $\overline{AB}:\overline{EB}=\overline{AC}:\overline{ED}$이므로
$9:6=x:4, 6x=36$ ∴ $x=6$

06 답 (1) 10 (2) $\dfrac{7}{2}$
(1) △ABC와 △ADB에서
$\overline{AB}:\overline{AD}=8:4=2:1,$
$\overline{AC}:\overline{AB}=16:8=2:1, \angle A$는 공통
∴ △ABC∽△ADB (SAS 닮음)
이때 닮음비가 2:1이므로
$\overline{BC}:\overline{DB}=2:1$에서 $x:5=2:1$
∴ $x=10$

(2)

△ABC와 △ACD에서

∠A는 공통, ∠ABC=∠ACD

∴ △ABC∽△ACD (AA 닮음)

따라서 $\overline{AB} : \overline{AC} = \overline{AC} : \overline{AD}$이므로

$8 : 6 = 6 : (8-x)$, $36 = 8(8-x)$

$36 = 64 - 8x$, $8x = 28$

∴ $x = \dfrac{7}{2}$

 23 직각삼각형의 닮음의 응용

개념 확인하기 ································· 80쪽

1 🖹 (1) ∠B, ∠BDA, AA

(2) 90, 90, ∠DCA, AA

대표문제 ································· 81쪽

01 🖹 (1) △ABC∽△EBD, AA 닮음 (2) 4

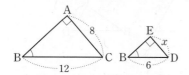

(1) △ABC와 △EBD에서

∠BAC=∠BED=90°, ∠B는 공통

∴ △ABC∽△EBD (AA 닮음)

(2) $\overline{AC} : \overline{ED} = \overline{BC} : \overline{BD}$이므로

$8 : x = 12 : 6$, $12x = 48$

∴ $x = 4$

02 🖹 ②

△ABE와 △AFD에서

∠AEB=∠ADF=90°,

∠BAE는 공통

∴ △ABE∽△AFD (AA 닮음) ······ ㉠

△ABE와 △CBD에서

∠AEB=∠CDB=90°,

∠B는 공통

∴ △ABE∽△CBD (AA 닮음) ······ ㉡

△AFD와 △CFE에서

∠ADF=∠CEF=90°,

∠AFD=∠CFE (맞꼭지각)

∴ △AFD∽△CFE (AA 닮음) ······ ㉢

㉠, ㉡, ㉢에서

△ABE∽△AFD∽△CBD∽△CFE

따라서 나머지 넷과 닮음이 아닌 하나는 ② △ACD이다.

03 🖹 (1) $\overline{BD}$, 8, 4, 16

(2) $\overline{CB}$, 6, 3, 12

(3) $\overline{CD}$, 12, 8, 18

(1) $\overline{AB}^2 = \boxed{\overline{BD}} \times \overline{BC}$이므로

$\boxed{8}^2 = \boxed{4} \times x$, $4x = 64$

∴ $x = \boxed{16}$

(2) $\overline{AC}^2 = \overline{CD} \times \boxed{\overline{CB}}$이므로

$\boxed{6}^2 = \boxed{3} \times x$, $3x = 36$

∴ $x = \boxed{12}$

(3) $\overline{AD}^2 = \overline{BD} \times \boxed{\overline{CD}}$이므로

$\boxed{12}^2 = x \times \boxed{8}$, $8x = 144$

∴ $x = \boxed{18}$

04 🖹 (1) 3 (2) 12

(1) $\overline{AC}^2 = \overline{CD} \times \overline{CB}$이므로

$2^2 = 1 \times (1+x)$, $4 = 1 + x$

∴ $x = 3$

(2) $\overline{BA}^2 = \overline{AD} \times \overline{AC}$이므로

$x^2 = (18-10) \times 18 = 144$

이때 $12^2 = 144$이고 $x > 0$이므로

$x = 12$

05 🖹 (1) 9 (2) 12

(1) $\overline{AB}^2 = \overline{BD} \times \overline{BC}$이므로

$15^2 = \overline{BD} \times 25$, $25\overline{BD} = 225$

∴ $\overline{BD} = 9$

(2) $\overline{AB} \times \overline{AC} = \overline{AD} \times \overline{BC}$이므로

$15 \times 20 = \overline{AD} \times 25$, $25\overline{AD} = 300$

∴ $\overline{AD} = 12$

06 🖹 (1) 9 cm (2) 39 cm²

(1) $\overline{CD}^2 = \overline{AD} \times \overline{BD}$이므로

$6^2 = \overline{AD} \times 4$, $4\overline{AD} = 36$

∴ $\overline{AD} = 9$(cm)

(2) $\triangle ABC = \dfrac{1}{2} \times \overline{AB} \times \overline{CD}$

$= \dfrac{1}{2} \times (9+4) \times 6$

$= 39$(cm²)

01 ④	02 $\frac{15}{2}$ cm	03 $\frac{25}{4}$ cm
04 156 cm²	04-1 96 cm²	

01 △ABC와 △DEC에서

$\overline{AC} : \overline{DC} = 6 : 3 = 2 : 1$,

$\overline{BC} : \overline{EC} = 10 : 5 = 2 : 1$,

∠ACB = ∠DCE (맞꼭지각)(①)

∴ △ABC ∽ △DEC (SAS 닮음)(③)

이때 △ABC와 △DEC의 닮음비는 2 : 1(⑤)이고

∠A와 ∠D는 대응각이므로 ∠A = ∠D(②)

따라서 옳지 않은 것은 ④이다.

02

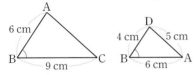

△ABC와 △DBA에서

$\overline{AB} : \overline{DB} = 6 : 4 = 3 : 2$, $\overline{BC} : \overline{BA} = 9 : 6 = 3 : 2$,

∠B는 공통

∴ △ABC ∽ △DBA (SAS 닮음)

이때 닮음비가 3 : 2이므로

$\overline{AC} : \overline{DA} = 3 : 2$에서

$\overline{AC} : 5 = 3 : 2$, $2\overline{AC} = 15$

∴ $\overline{AC} = \frac{15}{2}$(cm)

03

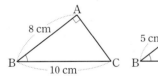

△ABC와 △MBD에서

∠B는 공통, ∠BAC = ∠BMD = 90°

∴ △ABC ∽ △MBD (AA 닮음)

이때 $\overline{MB} = \frac{1}{2}\overline{BC} = \frac{1}{2} \times 10 = 5$(cm)이고

$\overline{AB} : \overline{MB} = \overline{BC} : \overline{BD}$이므로

$8 : 5 = 10 : \overline{BD}$, $8\overline{BD} = 50$

∴ $\overline{BD} = \frac{25}{4}$(cm)

04 △ADC의 넓이가 48 cm²이므로

$\frac{1}{2} \times \overline{DC} \times \overline{AD} = 48$에서

$\frac{1}{2} \times 8 \times \overline{AD} = 48$, $4\overline{AD} = 48$

∴ $\overline{AD} = 12$(cm)

$\overline{AD}^2 = \overline{BD} \times \overline{CD}$이므로

$12^2 = \overline{BD} \times 8$, $8\overline{BD} = 144$

∴ $\overline{BD} = 18$(cm)

∴ △ABC $= \frac{1}{2} \times \overline{BC} \times \overline{AD}$

$= \frac{1}{2} \times (18 + 8) \times 12 = 156$(cm²)

04-1 $\overline{CA}^2 = \overline{AD} \times \overline{AB}$이므로

$15^2 = \overline{AD} \times 25$, $25\overline{AD} = 225$

∴ $\overline{AD} = 9$(cm)

또, $\overline{CD}^2 = \overline{AD} \times \overline{BD}$이므로

$\overline{CD}^2 = 9 \times 16 = 144$

이때 $12^2 = 144$이고 $\overline{CD} > 0$이므로 $\overline{CD} = 12$(cm)

∴ △DBC $= \frac{1}{2} \times \overline{BD} \times \overline{CD}$

$= \frac{1}{2} \times 16 \times 12 = 96$(cm²)

01 ③	02 ⑤	03 ⑤	04 6 cm
05 400π cm²	06 10000원		07 ④
08 ③	09 9 cm	10 2 cm	11 $\frac{18}{5}$ cm 12 $\frac{7}{3}$ cm
13 40 cm	14 3 m	15 20 cm	16 $\frac{60}{13}$ cm

01 항상 서로 닮은 도형인 것은 ㄴ, ㄷ, ㄹ의 3개이다.

02 $\overline{CD} : \overline{GH} = 3 : 2$이므로 □ABCD와 □EFGH의 닮음비는 3 : 2이다.

① $\overline{AB} : \overline{EF} = 3 : 2$에서

$\overline{AB} : 6 = 3 : 2$, $2\overline{AB} = 18$

∴ $\overline{AB} = 9$(cm)

② $\overline{AD} : \overline{EH} = 3 : 2$에서

$6 : \overline{EH} = 3 : 2$, $3\overline{EH} = 12$

∴ $\overline{EH} = 4$(cm)

③ 닮음비가 3 : 2이므로 $\overline{BC} : \overline{FG} = 3 : 2$

④ ∠F = ∠B = 80°

⑤ ∠A = ∠E = 70°이므로 □ABCD에서

∠D = 360° − (70° + 80° + 90°) = 120°

따라서 옳지 않은 것은 ⑤이다.

03 닮음비가 4 : 3이므로

$\overline{AB} : \overline{DE} = 4 : 3$에서

$8 : \overline{DE} = 4 : 3$, $4\overline{DE} = 24$

∴ $\overline{DE} = 6$(cm)

$\overline{BC} : \overline{EF} = 4 : 3$에서

$10 : \overline{EF} = 4 : 3,\ 4\overline{EF} = 30$

$\therefore \overline{EF} = \dfrac{15}{2}\,(cm)$

따라서 △DEF의 둘레의 길이는

$\overline{DE} + \overline{EF} + \overline{DF} = 6 + \dfrac{15}{2} + 5 = \dfrac{37}{2}\,(cm)$

04 원기둥 B의 밑면의 반지름의 길이가 3 cm이므로 두 원기둥
A, B의 밑면의 반지름의 길이의 비가 2 : 3이다.

즉, 닮음비는 2 : 3이다.

원기둥 B의 높이를 h cm라 하면

$4 : h = 2 : 3,\ 2h = 12$

$\therefore h = 6$

따라서 원기둥 B의 높이는 6 cm이다.

05 두 구 O, O′의 닮음비는 반지름의 길이의 비와 같으므로
닮음비는 3 : 5이다.

즉, 겉넓이의 비는 $3^2 : 5^2 = 9 : 25$ ······ ㉮

구 O′의 겉넓이를 x cm²라 하면

$144\pi : x = 9 : 25,\ 9x = 3600\pi$

$\therefore x = 400\pi$

따라서 구 O′의 겉넓이는 400π cm²이다. ······ ㉯

단계	채점 기준	배점 비율
㉮	두 구 O, O′의 겉넓이의 비 구하기	50 %
㉯	구 O′의 겉넓이 구하기	50 %

06 지름의 길이가 27 cm인 원 모양의 피자와 18 cm인 원 모양
의 피자의 닮음비는 27 : 18 = 3 : 2이므로 넓이의 비는
$3^2 : 2^2 = 9 : 4$

지름의 길이가 18 cm인 원 모양의 피자의 가격을 x원이라
하면

$22500 : x = 9 : 4,\ 9x = 90000$

$\therefore x = 10000$

따라서 구하는 피자의 가격은 10000원이다.

07 ④ ∠C = ∠D = 60°이면

△DEF에서

∠E = 180° − (60° + 70°) = 50°

즉, △ABC와 △FED에서

∠B = ∠E = 50°, ∠C = ∠D = 60°

∴ △ABC∽△FED (AA 닮음)

08 ③ △ABD와 △DBC에서

$\overline{AB} : \overline{DB} = 9 : 12 = 3 : 4$,

$\overline{BD} : \overline{BC} = 12 : 16 = 3 : 4$,

$\overline{AD} : \overline{DC} = 6 : 8 = 3 : 4$

∴ △ABD∽△DBC (SSS 닮음)

따라서 서로 닮은 두 삼각형이 있는 도형은 ③이다.

09 $\overline{AE} = \overline{DE} = \overline{CE} = \dfrac{1}{2}\overline{AC} = \dfrac{1}{2} \times 12 = 6\,(cm)$이므로

△ABC와 △AED에서

$\overline{AB} : \overline{AE} = 9 : 6 = 3 : 2$,

$\overline{AC} : \overline{AD} = 12 : 8 = 3 : 2$,

∠A는 공통

∴ △ABC∽△AED (SAS 닮음)

따라서 $\overline{BC} : \overline{ED} = 3 : 2$이므로

$\overline{BC} : 6 = 3 : 2,\ 2\overline{BC} = 18$

$\therefore \overline{BC} = 9\,(cm)$

10 △ADE와 △ACB에서

∠A는 공통, ∠ADE = ∠ACB

∴ △ADE∽△ACB (AA 닮음)

따라서 $\overline{AE} : \overline{AB} = \overline{AD} : \overline{AC}$이므로

$3 : \overline{AB} = 4 : 8,\ 4\overline{AB} = 24$

$\therefore \overline{AB} = 6\,(cm)$

$\therefore \overline{DB} = \overline{AB} - \overline{AD}$

$= 6 - 4 = 2\,(cm)$

11 △ABC와 △EDA에서

$\overline{AB} /\!/ \overline{DE}$이므로

∠BAC = ∠DEA (엇각)

$\overline{AD} /\!/ \overline{BC}$이므로

∠ACB = ∠EAD (엇각)

∴ △ABC∽△EDA (AA 닮음)

따라서 $\overline{AC} : \overline{EA} = \overline{BC} : \overline{DA}$이므로

$5 : 3 = 6 : \overline{AD},\ 5\overline{AD} = 18$

$\therefore \overline{AD} = \dfrac{18}{5}\,(cm)$

12 △ABC와 △DBE에서

∠B는 공통,

∠ACB = ∠DEB = 90°

∴ △ABC∽△DBE (AA 닮음)

따라서 $\overline{AB} : \overline{DB} = \overline{BC} : \overline{BE}$이므로

$\overline{AB} : 10 = 5 : 6,\ 6\overline{AB} = 50$

$\therefore \overline{AB} = \dfrac{25}{3}\,(cm)$

$\therefore \overline{AE} = \overline{AB} - \overline{BE}$

$= \dfrac{25}{3} - 6 = \dfrac{7}{3}\,(cm)$

13 △ABE와 △CBF에서

∠ABE = ∠CBF,

▱ABCD는 직사각형이므로

∠BAE = ∠BCF = 90°

∴ △ABE∽△CBF (AA 닮음) ······ ㉮

즉, $\overline{AE} : \overline{CF} = \overline{AB} : \overline{CB}$이므로

$2 : 3 = 8 : \overline{BC}$, $2\overline{BC} = 24$

$\therefore \overline{BC} = 12(cm)$ ··· ❶

따라서 □ABCD의 둘레의 길이는

$2(\overline{AB} + \overline{BC}) = 2 \times (8 + 12)$
$= 40(cm)$ ··· ❷

단계	채점 기준	배점 비율
❶	△ABE∽△CBF임을 알기	40 %
❷	$\overline{BC}$의 길이 구하기	30 %
❸	□ABCD의 둘레의 길이 구하기	30 %

14 △ADE와 △ABC에서

∠A는 공통, ∠ADE=∠ABC=90°

$\therefore$ △ADE∽△ABC (AA 닮음)

이때 $\overline{AD} : \overline{AB} = \overline{DE} : \overline{BC}$이므로

$1.8 : 4.5 = 1.2 : \overline{BC}$

$1.8\overline{BC} = 5.4$ $\therefore \overline{BC} = 3(m)$

따라서 나무의 높이는 3 m이다.

15 ∠AFE + ∠AEF = 90°

이므로

∠DEC
$= 180° - (∠AEF + 90°)$
$= ∠AFE$

△AFE와 △DEC에서

∠AFE=∠DEC, ∠A=∠D=90°

$\therefore$ △AFE∽△DEC (AA 닮음)

이때 $\overline{FE} = \overline{FB} = 16 - 6 = 10(cm)$이고

$\overline{AE} : \overline{DC} = \overline{FE} : \overline{EC}$이므로

$8 : 16 = 10 : \overline{EC}$, $8\overline{EC} = 160$

$\therefore \overline{EC} = 20(cm)$

16 전략 $\overline{AD}^2 = \overline{BD} \times \overline{CD}$임을 이용하여 $\overline{AD}$의 길이를 먼저 구한다.

$\overline{AD}^2 = \overline{BD} \times \overline{CD}$이므로 $\overline{AD}^2 = 18 \times 8 = 144$

이때 $12^2 = 144$이고 $\overline{AD} > 0$이므로 $\overline{AD} = 12(cm)$

점 M이 직각삼각형 ABC의 빗변의 중점이므로 점 M은 △ABC의 외심이다.

$\overline{AM} = \overline{BM} = \overline{CM}$
$= \dfrac{1}{2} \times (18 + 8) = 13(cm)$

이므로 $\overline{DM} = \overline{MC} - \overline{DC} = 13 - 8 = 5(cm)$

직각삼각형 DAM에서

$\overline{DA} \times \overline{DM} = \overline{DE} \times \overline{AM}$이므로

$12 \times 5 = \overline{DE} \times 13$, $13\overline{DE} = 60$

$\therefore \overline{DE} = \dfrac{60}{13}(cm)$

액자의 중심을 O, 그림자의 중심을 O′, 손전등의 위치를 A, 손전등에서 나온 빛이 액자와 만나는 한 지점을 B, B 지점을 지난 빛이 벽에 닿은 지점을 B′이라 하자.

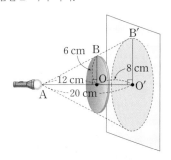

△BAO와 △B′AO′에서

∠BAO는 공통, ∠BOA=∠B′O′A=90°

$\therefore$ △BAO∽△B′AO′ (AA 닮음)

대응변의 길이의 비가 $\overline{AO} : \overline{AO'} = 12 : 20 = 3 : 5$이므로

닮음비는 3 : 5이다.   ··· ❶

$\overline{BO} : \overline{B'O'} = 3 : 5$이므로 $6 : \overline{B'O'} = 3 : 5$

$3\overline{B'O'} = 30$ $\therefore \overline{B'O'} = 10(cm)$ ··· ❷

즉, 액자의 그림자의 반지름의 길이는 10 cm이다.

따라서 액자의 그림자의 넓이는

$\pi \times 10^2 = 100\pi(cm^2)$ ··· ❸

답 100π cm²

교과서 속 **서술형 문제**   86~87쪽

1 ❶ △ABC와 서로 닮은 삼각형을 찾아 기호 ∽를 사용하여 나타내면?

△ABC와 [DBA]에서

$\overline{AB} : [\overline{DB}] = 12 : [9] = 4 : [3]$,

$\overline{BC} : [\overline{BA}] = 16 : [12] = 4 : [3]$,

∠B는 공통

$\therefore$ △ABC∽[△DBA] ([SAS] 닮음)   ··· ㉮

❷ △ABC와 ❶에서 찾은 삼각형의 닮음비를 구하면?

대응변의 길이의 비가 4 : [3]이므로 닮음비는

4 : [3]이다.   ··· ㉯

❸ $\overline{AD}$의 길이는?

$\overline{AD}$의 대응변은 [CA]이므로

$[\overline{CA}] : \overline{AD} = 4 : 3$에서

$[8] : \overline{AD} = 4 : [3]$, $4\overline{AD} = [24]$

$\therefore \overline{AD} = [6](cm)$ ··· ㉰

단계	채점 기준	배점 비율
㉮	△ABC와 서로 닮은 삼각형 찾기	50 %
㉯	닮음비 구하기	10 %
㉰	$\overline{AD}$의 길이 구하기	40 %

2 ❶ △ABC와 서로 닮은 삼각형을 찾아 기호 ∽를 사용하여 나타내면?

△ABC와 △BDC에서

$\overline{BC}:\overline{DC}=6:4=3:2$, $\overline{AC}:\overline{BC}=9:6=3:2$,

∠C는 공통

∴ △ABC∽△BDC (SAS 닮음) ······ ㉮

❷ △ABC와 ❶에서 찾은 삼각형의 닮음비를 구하면?

대응변의 길이의 비가 3 : 2이므로 닮음비는 3 : 2이다.

······ ㉯

❸ $\overline{AB}$의 길이는?

$\overline{AB}$의 대응변은 $\overline{BD}$이므로 $\overline{AB}:\overline{BD}=3:2$에서

$\overline{AB}:8=3:2$, $2\overline{AB}=24$

∴ $\overline{AB}=12(cm)$ ······ ㉰

단계	채점 기준	배점 비율
㉮	△ABC와 서로 닮은 삼각형 찾기	50 %
㉯	닮음비 구하기	10 %
㉰	$\overline{AB}$의 길이 구하기	40 %

3 A4 용지의 짧은 변의 길이를 a라 하면

A2 용지의 짧은 변의 길이는 $2a$,

A0 용지의 짧은 변의 길이는 $4a$이다.

따라서 A0 용지와 A4 용지의 닮음비는

$4a:a=4:1$ ······ ㉮

이므로 넓이의 비는

$4^2:1^2=16:1$ ······ ㉯

답 16 : 1

단계	채점 기준	배점 비율
㉮	A0 용지와 A4 용지의 닮음비 구하기	60 %
㉯	A0 용지와 A4 용지의 넓이의 비 구하기	40 %

(참고) A4 용지의 짧은 변의 길이를 a, 긴 변의 길이를 b라 하면

A3 용지의 짧은 변의 길이는 b, 긴 변의 길이는 $2a$,

A2 용지의 짧은 변의 길이는 $2a$, 긴 변의 길이는 $2b$,

A1 용지의 짧은 변의 길이는 $2b$, 긴 변의 길이는 $4a$,

A0 용지의 짧은 변의 길이는 $4a$, 긴 변의 길이는 $4b$이다.

4 △DBC와 △EDO에서

$\overline{AD}/\!/\overline{BC}$이므로 ∠DBC=∠EDO (엇각),

∠BCD=∠DOE=90°

∴ △DBC∽△EDO (AA 닮음) ······ ㉮

따라서 $\overline{DB}:\overline{ED}=\overline{BC}:\overline{DO}$이므로

$12:\overline{ED}=9:6$, $9\overline{ED}=72$

∴ $\overline{ED}=8(cm)$ ······ ㉯

∴ $\overline{AE}=\overline{AD}-\overline{ED}=9-8=1(cm)$ ······ ㉰

답 1 cm

단계	채점 기준	배점 비율
㉮	△DBC∽△EDO임을 알기	40 %
㉯	$\overline{ED}$의 길이 구하기	40 %
㉰	$\overline{AE}$의 길이 구하기	20 %

5 오른쪽 그림에서

∠FBD=∠DBC (접은 각),

∠FDB=∠DBC (엇각)

이므로 ∠FBD=∠FDB

즉, △FBD는 $\overline{FB}=\overline{FD}$인 이등

변삼각형이다. ······ ㉮

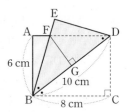

∴ $\overline{BG}=\frac{1}{2}\overline{BD}=\frac{1}{2}\times10=5(cm)$ ······ ㉯

△FBG와 △DBC에서

∠FBG=∠DBC (접은 각), ∠FGB=∠DCB=90°

∴ △FBG∽△DBC (AA 닮음) ······ ㉰

따라서 $\overline{FG}:\overline{DC}=\overline{BG}:\overline{BC}$이므로

$\overline{FG}:6=5:8$, $8\overline{FG}=30$

∴ $\overline{FG}=\frac{15}{4}(cm)$ ······ ㉱

답 $\frac{15}{4}$ cm

단계	채점 기준	배점 비율
㉮	△FBD가 이등변삼각형임을 알기	30 %
㉯	$\overline{BG}$의 길이 구하기	10 %
㉰	△FBG∽△DBC임을 알기	30 %
㉱	$\overline{FG}$의 길이 구하기	30 %

6 $\overline{AB}^2=\overline{BD}\times\overline{BC}$이므로

$18^2=12\times\overline{BC}$, $12\overline{BC}=324$ ∴ $\overline{BC}=27$

∴ $\overline{DC}=\overline{BC}-\overline{BD}=27-12=15$ ······ ㉮

또, $\overline{AD}^2=\overline{BD}\times\overline{CD}$이므로

$\overline{AD}^2=12\times15=180$ ······ ㉯

따라서 반지름의 길이가 $\overline{AD}$인 원의 넓이는

$\pi\times\overline{AD}^2=180\pi$ ······ ㉰

답 180π

단계	채점 기준	배점 비율
㉮	$\overline{DC}$의 길이 구하기	40 %
㉯	$\overline{AD}^2$의 값 구하기	40 %
㉰	반지름의 길이가 $\overline{AD}$인 원의 넓이 구하기	20 %

04 도형의 닮음 (2)

❶ 삼각형과 평행선

개념 24 삼각형에서 평행선과 선분의 길이의 비

대표문제 91쪽

01 답 (1) 6 (2) 4
$\overline{AB} : \overline{AD} = \overline{AC} : \overline{AE}$ 이므로
(1) $9 : x = 6 : 4$ 에서
$6x = 36$ ∴ $x = 6$
(2) $6 : 3 = x : 2$ 에서
$3x = 12$ ∴ $x = 4$

02 답 (1) 10 (2) 8
(1) $\overline{AB} : \overline{AD} = \overline{BC} : \overline{DE}$ 이므로
$(8+4) : 8 = 15 : x$ 에서
$12x = 120$ ∴ $x = 10$
(2) $\overline{AB} : \overline{AD} = \overline{AC} : \overline{AE}$ 이므로
$x : 6 = (3+1) : 3$ 에서
$3x = 24$ ∴ $x = 8$

03 답 $x = 15$, $y = 16$
$\overline{AC} : \overline{AE} = \overline{BC} : \overline{DE}$ 이므로
$9 : (12-9) = x : 5$ 에서 $3x = 45$ ∴ $x = 15$
또, $\overline{AB} : \overline{AD} = \overline{AC} : \overline{AE}$ 이므로
$(y-4) : 4 = 9 : (12-9)$ 에서
$3(y-4) = 36$, $3y = 48$ ∴ $y = 16$

04 답 (1) ○ (2) ×
(1) $12 : 9 = (6+2) : 6 = 4 : 3$ 이므로 $\overline{BC} /\!/ \overline{DE}$ 이다.
(2) $8 : 3 \neq 6 : 4$ 이므로 $\overline{BC}$ 와 $\overline{DE}$ 는 평행하지 않다.

05 답 (1) 3 (2) 3
$\overline{AD} : \overline{DB} = \overline{AE} : \overline{EC}$ 이므로
(1) $6 : 4 = x : 2$ 에서
$4x = 12$ ∴ $x = 3$
(2) $x : 12 = 5 : 20$ 에서
$20x = 60$ ∴ $x = 3$

06 답 $x = 2$, $y = \dfrac{15}{2}$
$\overline{CA} : \overline{AD} = \overline{CB} : \overline{BE}$ 이므로
$(9+3) : 3 = 8 : x$ 에서 $12x = 24$ ∴ $x = 2$
또, $\overline{CA} : \overline{CD} = \overline{AB} : \overline{DE}$ 이므로
$(9+3) : 9 = 10 : y$ 에서 $12y = 90$ ∴ $y = \dfrac{15}{2}$

07 답 $\dfrac{40}{3}$ cm
$\triangle ABC$ 에서 $\overline{AF} : \overline{FB} = \overline{AE} : \overline{EC}$
$\triangle AFC$ 에서 $\overline{AD} : \overline{DF} = \overline{AE} : \overline{EC}$
즉, $\overline{AF} : \overline{FB} = \overline{AD} : \overline{DF}$ 이므로
$(12+8) : \overline{FB} = 12 : 8$ 에서
$12\overline{FB} = 160$ ∴ $\overline{BF} = \dfrac{40}{3}$ (cm)

08 답 (1) × (2) ○
(1) $3 : 8 \neq 2 : 7$ 이므로 $\overline{BC}$ 와 $\overline{DE}$ 는 평행하지 않다.
(2) $5 : 20 = 4 : 16 = 1 : 4$ 이므로 $\overline{BC} /\!/ \overline{DE}$ 이다.

개념 25 삼각형의 각의 이등분선

개념 확인하기 92쪽

1 답 (1) 4 (2) 3
$\overline{AB} : \overline{AC} = \overline{BD} : \overline{CD}$ 이므로
(1) $9 : 6 = 6 : x$ 에서 $9x = 36$ ∴ $x = 4$
(2) $6 : x = 8 : 4$ 에서 $8x = 24$ ∴ $x = 3$

대표문제 93쪽

01 답 (1) 10 (2) 6
$\overline{AB} : \overline{AC} = \overline{BD} : \overline{CD}$ 이므로
(1) $14 : x = (12-5) : 5$ 에서
$7x = 70$ ∴ $x = 10$
(2) $12 : 6 = x : (9-x)$ 에서
$6x = 12(9-x)$, $18x = 108$ ∴ $x = 6$

02 답 5 cm
점 I가 $\triangle ABC$ 의 내심이므로 $\overline{AD}$ 는 ∠A의 이등분선이다.
따라서 $\overline{AB} : \overline{AC} = \overline{BD} : \overline{CD}$ 이므로
$6 : 10 = 3 : \overline{CD}$ 에서
$6\overline{CD} = 30$ ∴ $\overline{CD} = 5$ (cm)

03 답 (1) 5 : 4 (2) 5 : 4 (3) 36 cm²
(1) $\overline{AB} : \overline{AC} = \overline{BD} : \overline{CD}$ 에서
$15 : 12 = \overline{BD} : \overline{CD}$ ∴ $\overline{BD} : \overline{CD} = 5 : 4$
(2) $\triangle ABD$ 와 $\triangle ACD$ 는 높이가 같으므로 넓이의 비는 밑변의 길이의 비와 같다.
∴ $\triangle ABD : \triangle ACD = \overline{BD} : \overline{CD} = 5 : 4$
(3) $45 : \triangle ACD = 5 : 4$ 에서
$5\triangle ACD = 180$ ∴ $\triangle ACD = 36$ (cm²)

이것만은 꼭!

높이가 같은 두 삼각형의 넓이의 비는 밑변의 길이의 비와 같다. 즉,
$\triangle ABD : \triangle ACD = \overline{BD} : \overline{CD}$

04 답 10 cm^2

$\overline{AB} : \overline{AC} = \overline{BD} : \overline{CD}$이므로
$8 : 4 = \overline{BD} : \overline{CD}$
$\therefore \overline{BD} : \overline{CD} = 2 : 1$
이때 $\triangle ABD : \triangle ABC = \overline{BD} : \overline{BC}$이므로
$\triangle ABD : 15 = 2 : (2+1)$에서
$3\triangle ABD = 30$
$\therefore \triangle ABD = 10(\text{cm}^2)$

05 답 (1) 5   (2) 10

$\overline{AB} : \overline{AC} = \overline{BD} : \overline{CD}$이므로
(1) $8 : 4 = (x+5) : 5$에서
$4(x+5) = 40, 4x + 20 = 40$
$4x = 20$ $\therefore x = 5$
(2) $12 : 8 = (5+x) : x$에서
$12x = 8(5+x), 12x = 40 + 8x$
$4x = 40$ $\therefore x = 10$

06 답 (1) 6 cm   (2) 24 cm

(1) $\overline{AC} : \overline{AB} = \overline{CD} : \overline{BD}$이므로
$10 : \overline{AB} = 20 : (20-8)$에서
$20\overline{AB} = 120$ $\therefore \overline{AB} = 6(\text{cm})$
(2) $\triangle ABC$의 둘레의 길이는
$\overline{AB} + \overline{BC} + \overline{CA} = 6 + 8 + 10 = 24(\text{cm})$

개념 26 삼각형의 두 변의 중점을 연결한 선분의 성질

개념 확인하기 ·· 94쪽

1 답 (1) 6   (2) 5

(1) $\overline{AM} = \overline{MB}, \overline{AN} = \overline{NC}$이므로
$\overline{MN} = \frac{1}{2}\overline{BC} = \frac{1}{2} \times 12 = 6$
$\therefore x = 6$
(2) $\overline{AM} = \overline{MB}, \overline{MN} \parallel \overline{BC}$이므로
$\overline{NC} = \overline{AN} = 5$
$\therefore x = 5$

대표문제 95쪽

01 답 (1) 10 cm   (2) 50°

$\overline{AM} = \overline{MB}, \overline{AN} = \overline{NC}$이므로
(1) $\overline{BC} = 2\overline{MN} = 2 \times 5 = 10(\text{cm})$
(2) $\overline{BC} \parallel \overline{MN}$이므로
$\angle ANM = \angle C = 50°$ (동위각)

02 답 $x = 10, y = 16$

$\overline{AM} = \overline{MB}, \overline{BC} \parallel \overline{MN}$이므로
$\overline{AN} = \overline{NC} = \frac{1}{2}\overline{AC} = \frac{1}{2} \times 20 = 10(\text{cm})$
$\therefore x = 10$
또, $\overline{BC} = 2\overline{MN} = 2 \times 8 = 16(\text{cm})$이므로
$y = 16$

03 답 (1) 3 cm   (2) 2 cm   (3) 9 cm²

$\overline{BD} = \overline{DA}, \overline{AC} \parallel \overline{DE}$이므로
(1) $\overline{CE} = \overline{BE} = \frac{1}{2}\overline{BC} = \frac{1}{2} \times 6 = 3(\text{cm})$
(2) $\overline{DE} = \frac{1}{2}\overline{AC} = \frac{1}{2} \times 4 = 2(\text{cm})$
(3) $\square DECA = \frac{1}{2} \times (\overline{DE} + \overline{AC}) \times \overline{CE}$
$= \frac{1}{2} \times (2+4) \times 3 = 9(\text{cm}^2)$

04 답 15 cm

세 점 P, Q, R는 각각 $\overline{AB}, \overline{BC}, \overline{CA}$의 중점이므로
$\overline{PQ} = \frac{1}{2}\overline{AC} = \frac{1}{2} \times 8 = 4(\text{cm})$
$\overline{QR} = \frac{1}{2}\overline{AB} = \frac{1}{2} \times 10 = 5(\text{cm})$
$\overline{RP} = \frac{1}{2}\overline{BC} = \frac{1}{2} \times 12 = 6(\text{cm})$
따라서 $\triangle PQR$의 둘레의 길이는
$\overline{PQ} + \overline{QR} + \overline{RP} = 4 + 5 + 6 = 15(\text{cm})$

05 답 26 cm

세 점 P, Q, R는 각각 $\overline{AB}, \overline{BC}, \overline{CA}$의 중점이므로
$\overline{AB} = 2\overline{QR}, \overline{BC} = 2\overline{RP}, \overline{CA} = 2\overline{PQ}$
따라서 $\triangle ABC$의 둘레의 길이는
$\overline{AB} + \overline{BC} + \overline{CA} = 2(\overline{QR} + \overline{RP} + \overline{PQ})$
$= 2 \times 13 = 26(\text{cm})$

06 답 (1) 6 cm   (2) 12 cm   (3) 9 cm

(1) $\triangle AFE$에서 $\overline{AG} = \overline{GF}, \overline{FE} \parallel \overline{GD}$이므로
$\overline{FE} = 2\overline{GD} = 2 \times 3 = 6(\text{cm})$
(2) $\triangle DBC$에서 $\overline{CF} = \overline{FB}, \overline{DB} \parallel \overline{EF}$이므로
$\overline{BD} = 2\overline{FE} = 2 \times 6 = 12(\text{cm})$
(3) $\overline{BG} = \overline{BD} - \overline{GD} = 12 - 3 = 9(\text{cm})$

도형에서 변의 중점을 연결한 선분의 성질

개념 확인하기 96쪽

1 답 (1) 7 cm (2) 5 cm (3) 12 cm

$\overline{AD} /\!/ \overline{BC}$, $\overline{AM}=\overline{MB}$, $\overline{DN}=\overline{NC}$이므로

$\overline{AD} /\!/ \overline{MN} /\!/ \overline{BC}$

(1) △ABC에서 $\overline{AM}=\overline{MB}$, $\overline{BC} /\!/ \overline{MP}$이므로

$\overline{MP}=\dfrac{1}{2}\overline{BC}=\dfrac{1}{2}\times14=7(cm)$

(2) △CDA에서 $\overline{CN}=\overline{ND}$, $\overline{AD} /\!/ \overline{PN}$이므로

$\overline{PN}=\dfrac{1}{2}\overline{AD}=\dfrac{1}{2}\times10=5(cm)$

(3) $\overline{MN}=\overline{MP}+\overline{PN}=7+5=12(cm)$

대표문제 97쪽

01 답 (1) 6 cm (2) 6 cm (3) 7 cm (4) 7 cm

(1) △ABC에서 $\overline{EF}=\dfrac{1}{2}\overline{AC}=\dfrac{1}{2}\times12=6(cm)$

(2) △DAC에서 $\overline{HG}=\dfrac{1}{2}\overline{AC}=\dfrac{1}{2}\times12=6(cm)$

(3) △ABD에서 $\overline{EH}=\dfrac{1}{2}\overline{BD}=\dfrac{1}{2}\times14=7(cm)$

(4) △DBC에서 $\overline{FG}=\dfrac{1}{2}\overline{BD}=\dfrac{1}{2}\times14=7(cm)$

02 답 (1) 평행사변형 (2) 18 cm

(1) △ABD에서 $\overline{BD} /\!/ \overline{EH}$, $\overline{EH}=\dfrac{1}{2}\overline{BD}$

△CDB에서 $\overline{BD} /\!/ \overline{FG}$, $\overline{FG}=\dfrac{1}{2}\overline{BD}$

따라서 한 쌍의 대변이 평행하고, 그 길이가 같으므로
□EFGH는 평행사변형이다.

(2) △ABC에서 $\overline{EF}=\dfrac{1}{2}\overline{AC}=\dfrac{1}{2}\times8=4(cm)$

△BCD에서 $\overline{FG}=\dfrac{1}{2}\overline{BD}=\dfrac{1}{2}\times10=5(cm)$

따라서 □EFGH의 둘레의 길이는

$2\times(4+5)=18(cm)$

03 답 12 cm

오른쪽 그림과 같이 $\overline{BD}$를 그으면

$\overline{EF}=\overline{HG}=\dfrac{1}{2}\overline{AC}$,

$\overline{EH}=\overline{FG}=\dfrac{1}{2}\overline{BD}$

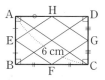

이때 $\overline{AC}=\overline{BD}$이므로 $\overline{EF}=\overline{FG}=\overline{GH}=\overline{HE}$

즉, 네 변의 길이가 모두 같으므로 □EFGH는 마름모이다.

이때 △ABC에서 $\overline{EF}=\dfrac{1}{2}\overline{AC}=\dfrac{1}{2}\times6=3(cm)$이므로

□EFGH의 둘레의 길이는

$4\times3=12(cm)$

04 답 8 cm

$\overline{AD} /\!/ \overline{BC}$, $\overline{AM}=\overline{MB}$, $\overline{DN}=\overline{NC}$이므로

$\overline{AD} /\!/ \overline{MN} /\!/ \overline{BC}$

△ABC에서 $\overline{AM}=\overline{MB}$, $\overline{BC} /\!/ \overline{MP}$이므로

$\overline{MP}=\dfrac{1}{2}\overline{BC}=\dfrac{1}{2}\times10=5(cm)$

∴ $\overline{MN}=\overline{MP}+\overline{PN}=5+3=8(cm)$

05 답 $x=12$, $y=4$

$\overline{AD} /\!/ \overline{BC}$, $\overline{AM}=\overline{MB}$, $\overline{DN}=\overline{NC}$이므로

$\overline{AD} /\!/ \overline{MN} /\!/ \overline{BC}$

△ABC에서 $\overline{AM}=\overline{MB}$, $\overline{BC} /\!/ \overline{MP}$이므로

$\overline{BC}=2\overline{MP}=2\times6=12(cm)$ ∴ $x=12$

△CDA에서 $\overline{CN}=\overline{ND}$, $\overline{AD} /\!/ \overline{PN}$이므로

$\overline{PN}=\dfrac{1}{2}\overline{AD}=\dfrac{1}{2}\times8=4(cm)$ ∴ $y=4$

06 답 (1) 3 cm (2) 8 cm (3) 5 cm

$\overline{AD} /\!/ \overline{BC}$, $\overline{AM}=\overline{MB}$, $\overline{DN}=\overline{NC}$이므로

$\overline{AD} /\!/ \overline{MN} /\!/ \overline{BC}$

(1) △ABD에서 $\overline{BM}=\overline{MA}$, $\overline{AD} /\!/ \overline{MP}$이므로

$\overline{MP}=\dfrac{1}{2}\overline{AD}=\dfrac{1}{2}\times6=3(cm)$

(2) △ABC에서 $\overline{AM}=\overline{MB}$, $\overline{BC} /\!/ \overline{MQ}$이므로

$\overline{MQ}=\dfrac{1}{2}\overline{BC}=\dfrac{1}{2}\times16=8(cm)$

(3) $\overline{PQ}=\overline{MQ}-\overline{MP}=8-3=5(cm)$

소단원 핵심문제 98쪽

01 10 cm **02** 4 **03** 16 cm
04 (1) △EGF≡△DGC (2) 8 cm **04-1** 12 cm

01 △ABF에서

$\overline{AF} : \overline{AG}=\overline{AB} : \overline{AD}=(2+3) : 2=5 : 2$

△AFC에서 $\overline{AF} : \overline{AG}=\overline{FC} : \overline{GE}$이므로

$5 : 2=\overline{FC} : 4$에서

$2\overline{FC}=20$ ∴ $\overline{FC}=10(cm)$

이것만은 꼭!

△ABC에서 $\overline{BC} /\!/ \overline{DE}$ 일 때,

$a : b=c : d=e : f$

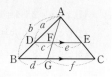

02 $\overline{BA} : \overline{BC} = \overline{AD} : \overline{CD}$ 이므로

$(2x+1) : 3x = 6 : 8$ 에서

$18x = 8(2x+1), \ 18x = 16x+8$

$2x = 8 \qquad \therefore x = 4$

03 $\overline{AD} /\!/ \overline{BC}, \ \overline{AM} = \overline{MB}, \ \overline{DN} = \overline{NC}$ 이므로

$\overline{AD} /\!/ \overline{MN} /\!/ \overline{BC}$

$\triangle BDA$ 에서 $\overline{BM} = \overline{MA}, \ \overline{AD} /\!/ \overline{MP}$ 이므로

$\overline{MP} = \dfrac{1}{2} \overline{AD} = \dfrac{1}{2} \times 10 = 5 \, (cm)$

$\therefore \overline{MQ} = \overline{MP} + \overline{PQ} = 5 + 3 = 8 \, (cm)$

$\triangle ABC$ 에서 $\overline{AM} = \overline{MB}, \ \overline{BC} /\!/ \overline{MQ}$ 이므로

$\overline{BC} = 2\overline{MQ} = 2 \times 8 = 16 \, (cm)$

04 (1) $\triangle EGF$ 와 $\triangle DGC$ 에서

$\overline{EF} /\!/ \overline{CD}$ 이므로 $\angle FEG = \angle CDG$ (엇각),

$\angle EGF = \angle DGC$ (맞꼭지각), $\overline{EG} = \overline{DG}$

$\therefore \triangle EGF \equiv \triangle DGC$ (ASA 합동)

(2) $\triangle ABC$ 에서 $\overline{AE} = \overline{EB}, \ \overline{BC} /\!/ \overline{EF}$ 이므로

$\overline{EF} = \dfrac{1}{2} \overline{BC} = \dfrac{1}{2} \times 16 = 8 \, (cm)$

이때 $\triangle EGF \equiv \triangle DGC$ 이므로

$\overline{CD} = \overline{EF} = 8 \, cm$

04-1 $\triangle EGF$ 와 $\triangle DGC$ 에서

$\overline{EF} /\!/ \overline{CD}$ 이므로 $\angle FEG = \angle CDG$ (엇각),

$\angle EGF = \angle DGC$ (맞꼭지각), $\overline{EG} = \overline{DG}$

$\therefore \triangle EGF \equiv \triangle DGC$ (ASA 합동)

따라서 $\overline{CD} = \overline{FE} = 4 \, cm$ 이고

$\overline{BC} = 2\overline{EF} = 2 \times 4 = 8 \, (cm)$ 이므로

$\overline{BD} = \overline{BC} + \overline{CD} = 8 + 4 = 12 \, (cm)$

❷ 평행선 사이의 선분의 길이의 비

개념 28 평행선 사이의 선분의 길이의 비

개념 확인하기 ·· 99쪽

1 답 (1) $1 : 2$ (2) $3 : 2$ (3) $4 : 3$ (4) $1 : 3$

(1) $x : y = 2 : 4 = 1 : 2$

(2) $9 : 6 = x : y$ 이므로 $x : y = 3 : 2$

(3) $x : y = 8 : 6 = 4 : 3$

(4) $4 : 12 = x : y$ 이므로 $x : y = 1 : 3$

01 답 (1) $\dfrac{15}{2}$ (2) 9

(1) $3 : x = 2 : 5$ 에서 $2x = 15 \qquad \therefore x = \dfrac{15}{2}$

(2) $12 : 8 = x : 6$ 에서 $8x = 72 \qquad \therefore x = 9$

02 답 (1) 9 (2) 6

(1) $3 : (x-3) = 4 : 8$ 에서

$4(x-3) = 24, \ 4x - 12 = 24$

$4x = 36 \qquad \therefore x = 9$

(2) $x : (15-x) = 8 : (20-8)$ 에서

$12x = 8(15-x), \ 12x = 120 - 8x$

$20x = 120 \qquad \therefore x = 6$

03 답 (1) $x = 3, \ y = \dfrac{20}{3}$ (2) $x = \dfrac{5}{2}, \ y = \dfrac{9}{2}$

(1) $x : 5 = 6 : 10$ 에서

$10x = 30 \qquad \therefore x = 3$

$4 : y = 6 : 10$ 에서

$6y = 40 \qquad \therefore y = \dfrac{20}{3}$

(2) $x : 5 = 2 : 4$ 에서

$4x = 10 \qquad \therefore x = \dfrac{5}{2}$

$(y-3) : 3 = 2 : 4$ 에서

$4(y-3) = 6, \ 4y - 12 = 6$

$4y = 18 \qquad \therefore y = \dfrac{9}{2}$

04 답 (1) $x = 6, \ y = 12$ (2) $x = 4, \ y = \dfrac{8}{3}$

(1) $4 : 6 = x : 9$ 에서

$6x = 36 \qquad \therefore x = 6$

$6 : 8 = 9 : y$ 에서

$6y = 72 \qquad \therefore y = 12$

(2) $2 : x = 3 : 6$ 에서

$3x = 12 \qquad \therefore x = 4$

$4 : y = 6 : 4$ 에서

$6y = 16 \qquad \therefore y = \dfrac{8}{3}$

05 답 36

$(10-x) : x = 3 : 9$ 에서

$3x = 9(10-x), \ 3x = 90 - 9x$

$12x = 90 \qquad \therefore x = \dfrac{15}{2}$

$10 : 4 = (3+9) : y$ 에서

$10y = 48 \qquad \therefore y = \dfrac{24}{5}$

$\therefore xy = \dfrac{15}{2} \times \dfrac{24}{5} = 36$

06 🔴 $a=6$, $b=4$

$6:12=b:8$에서

$12b=48$ ∴ $b=4$

$a:(6+12)=4:(4+8)$에서

$12a=72$ ∴ $a=6$

개념 29 평행선 사이의 선분의 길이의 비의 응용

개념 확인하기 ································ 101쪽

1 🔴 (1) 3 cm (2) 4 cm (3) 7 cm

(1) △ABC에서 $\overline{AE}:\overline{AB}=\overline{EG}:\overline{BC}$이므로

$2:(2+4)=\overline{EG}:9$

$6\overline{EG}=18$ ∴ $\overline{EG}=3$(cm)

(2) △CDA에서 $\overline{GF}:\overline{AD}=\overline{CF}:\overline{CD}$이고

$\overline{CF}:\overline{CD}=\overline{BE}:\overline{BA}$이므로

$\overline{GF}:\overline{AD}=\overline{BE}:\overline{BA}$

$\overline{GF}:6=4:(4+2)$에서

$6\overline{GF}=24$ ∴ $\overline{GF}=4$(cm)

(3) $\overline{EF}=\overline{EG}+\overline{GF}=3+4=7$(cm)

대표문제 ·································· 102쪽

01 🔴 (1) 6 (2) 3 (3) 9

(1) □AGFD, □AHCD는 평행사변형이므로

$\overline{GF}=\overline{HC}=\overline{AD}=6$

(2) $\overline{BH}=\overline{BC}-\overline{HC}=13-6=7$이고

△ABH에서 $\overline{AE}:\overline{AB}=\overline{EG}:\overline{BH}$이므로

$3:(3+4)=\overline{EG}:7$

$7\overline{EG}=21$ ∴ $\overline{EG}=3$

(3) $\overline{EF}=\overline{EG}+\overline{GF}=3+6=9$

02 🔴 $x=2$, $y=10$

△ABC에서 $\overline{AE}:\overline{AB}=\overline{EG}:\overline{BC}$이므로

$6:(6+4)=6:y$

$6y=60$ ∴ $y=10$

△CDA에서 $\overline{GF}:\overline{AD}=\overline{CG}:\overline{CA}$이고

△ABC에서 $\overline{CG}:\overline{CA}=\overline{BE}:\overline{BA}$

즉, $\overline{GF}:\overline{AD}=\overline{BE}:\overline{BA}$이므로

$x:5=4:(4+6)$

$10x=20$ ∴ $x=2$

---

03 🔴 (1) 6 cm (2) 6 cm (3) 12 cm

(1) △AOD∽△COB (AA 닮음)이므로

$\overline{AO}:\overline{CO}=\overline{DO}:\overline{BO}=\overline{AD}:\overline{CB}$

$=10:15=2:3$

△ABC에서 $\overline{AO}:\overline{AC}=\overline{EO}:\overline{BC}$이므로

$2:(2+3)=\overline{EO}:15$

$5\overline{EO}=30$ ∴ $\overline{EO}=6$(cm)

(2) △DBC에서 $\overline{DO}:\overline{DB}=\overline{OF}:\overline{BC}$이므로

$2:(2+3)=\overline{OF}:15$

$5\overline{OF}=30$ ∴ $\overline{OF}=6$(cm)

(3) $\overline{EF}=\overline{EO}+\overline{OF}$

$=6+6=12$(cm)

04 🔴 (1) 4 : 3 (2) 4 : 7 (3) $\dfrac{24}{7}$ cm

(1) △ABE∽△CDE (AA 닮음)이므로

$\overline{BE}:\overline{DE}=\overline{AB}:\overline{CD}=8:6=4:3$

(2) △BCD에서

$\overline{BF}:\overline{BC}=\overline{BE}:\overline{BD}=4:(4+3)=4:7$

(3) △BCD에서 $\overline{BF}:\overline{BC}=\overline{EF}:\overline{DC}$이므로

$4:7=\overline{EF}:6$

$7\overline{EF}=24$ ∴ $\overline{EF}=\dfrac{24}{7}$(cm)

05 🔴 (1) 12 (2) 8

(1) △ABE∽△CDE (AA 닮음)이므로

$\overline{BE}:\overline{DE}=\overline{AB}:\overline{CD}=20:30=2:3$

△BCD에서 $\overline{BE}:\overline{BD}=\overline{EF}:\overline{DC}$이므로

$2:(2+3)=x:30$

$5x=60$ ∴ $x=12$

(2) △ABE∽△CDE (AA 닮음)이므로

$\overline{BE}:\overline{DE}=\overline{AB}:\overline{CD}=9:18=1:2$

△BCD에서 $\overline{BE}:\overline{BD}=\overline{BF}:\overline{BC}$이므로

$1:(1+2)=x:24$

$3x=24$ ∴ $x=8$

06 🔴 (1) 4 cm (2) 48 cm²

(1) $\overline{AB}$, $\overline{EF}$, $\overline{DC}$가 모두 $\overline{BC}$에 수직이므로

$\overline{AB}\,/\!/\,\overline{EF}\,/\!/\,\overline{DC}$

△ABE∽△CDE (AA 닮음)이므로

$\overline{BE}:\overline{DE}=\overline{AB}:\overline{CD}=6:12=1:2$

△BCD에서 $\overline{BE}:\overline{BD}=\overline{EF}:\overline{DC}$이므로

$1:(1+2)=\overline{EF}:12$

$3\overline{EF}=12$ ∴ $\overline{EF}=4$(cm)

(2) $\triangle EBC=\dfrac{1}{2}\times\overline{BC}\times\overline{EF}$

$=\dfrac{1}{2}\times24\times4=48$(cm²)

소단원 **핵심문제** 103쪽

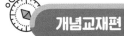

01 45　02 ②　03 ㄱ, ㄴ, ㄷ　04 8 cm
04-1 11 cm

01 $x:9=8:12$에서 $12x=72$　$\therefore x=6$

$8:12=5:y$에서 $8y=60$　$\therefore y=\frac{15}{2}$

$\therefore xy=6\times\frac{15}{2}=45$

02 오른쪽 그림과 같이 직선 k를 그으면

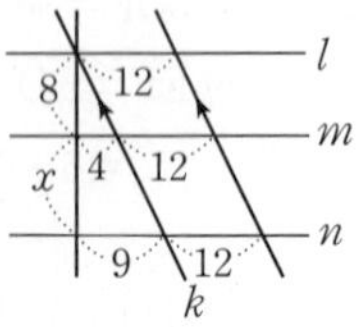

$8:(8+x)=4:9$에서

$4(8+x)=72,\ 32+4x=72$

$4x=40$　$\therefore x=10$

03 ㄱ. △ABC와 △EFC에서

∠C는 공통, ∠ABC=∠EFC (동위각)

$\therefore$ △ABC∽△EFC (AA 닮음)

ㄴ. △ABE와 △CDE에서

∠ABE=∠CDE (엇각),

∠AEB=∠CED (맞꼭지각)

$\therefore$ △ABE∽△CDE (AA 닮음)

ㄷ. △ABE∽△CDE이므로

$\overline{BE}:\overline{DE}=\overline{AB}:\overline{CD}=10:15=2:3$

$\therefore \overline{BE}:\overline{BD}=2:(2+3)=2:5$

ㄹ. △BCD에서 $\overline{BE}:\overline{BD}=\overline{EF}:\overline{DC}$이므로

$2:5=\overline{EF}:15$

$5\overline{EF}=30$　$\therefore \overline{EF}=6(\text{cm})$

이상에서 옳은 것은 ㄱ, ㄴ, ㄷ이다.

04 $\overline{AE}:\overline{EB}=2:1$이고

△ABC에서 $\overline{AE}:\overline{AB}=\overline{EH}:\overline{BC}$이므로

$2:(2+1)=\overline{EH}:18$

$3\overline{EH}=36$　$\therefore \overline{EH}=12(\text{cm})$

△BDA에서 $\overline{BE}:\overline{BA}=\overline{EG}:\overline{AD}$이므로

$1:(1+2)=\overline{EG}:12$

$3\overline{EG}=12$　$\therefore \overline{EG}=4(\text{cm})$

$\therefore \overline{GH}=\overline{EH}-\overline{EG}=12-4=8(\text{cm})$

04-1 $\overline{AE}=3\overline{EB}$에서 $\overline{AE}:\overline{EB}=3:1$

△ABC에서 $\overline{AE}:\overline{AB}=\overline{EH}:\overline{BC}$이므로

$3:(3+1)=\overline{EH}:20$

$4\overline{EH}=60$　$\therefore \overline{EH}=15(\text{cm})$

△BDA에서 $\overline{BE}:\overline{BA}=\overline{EG}:\overline{AD}$이므로

$1:(1+3)=\overline{EG}:16$

$4\overline{EG}=16$　$\therefore \overline{EG}=4(\text{cm})$

$\therefore \overline{GH}=\overline{EH}-\overline{EG}=15-4=11(\text{cm})$

❸ 삼각형의 무게중심

개념 30 삼각형의 무게중심

개념 확인하기 104쪽

1 답 (1) 3　(2) 4　(3) 5

(1) $\overline{BD}=\overline{DC}=3$이므로 $x=3$

(2) $\overline{AG}:\overline{GD}=2:1$이므로

$\overline{AG}=2\overline{GD}=2\times2=4$　$\therefore x=4$

(3) $\overline{AG}:\overline{GD}=2:1$이므로

$\overline{GD}=\frac{1}{2}\overline{AG}=\frac{1}{2}\times10=5$　$\therefore x=5$

대표문제 105쪽

01 답 (1) 8 cm^2　(2) 16 cm^2

(1) △BCD에서 점 E는 $\overline{BD}$의 중점이므로

△BCD=2△BCE=$2\times4=8(\text{cm}^2)$

(2) △ABC에서 점 D는 $\overline{AC}$의 중점이므로

△ABC=2△BCD=$2\times8=16(\text{cm}^2)$

02 답 (1) $x=16,\ y=9$　(2) $x=8,\ y=\frac{9}{2}$

(1) 점 D는 $\overline{AB}$의 중점이므로

$\overline{AB}=2\overline{AD}=2\times8=16$　$\therefore x=16$

$\overline{CG}:\overline{GD}=2:1$이므로

$\overline{CD}=3\overline{GD}=3\times3=9$　$\therefore y=9$

(2) $\overline{AG}=\frac{2}{3}\overline{AD}=\frac{2}{3}\times12=8$　$\therefore x=8$

$\overline{GE}=\frac{1}{2}\overline{BG}=\frac{1}{2}\times9=\frac{9}{2}$　$\therefore y=\frac{9}{2}$

03 답 (1) 6 cm　(2) 4 cm

(1) △ABC는 ∠C=90°인 직각삼각형이므로 점 D는 △ABC의 외심이다.

$\therefore \overline{CD}=\overline{AD}=\overline{BD}=\frac{1}{2}\overline{AB}=\frac{1}{2}\times12=6(\text{cm})$

(2) 점 G는 △ABC의 무게중심이므로

$\overline{CG}=\frac{2}{3}\overline{CD}=\frac{2}{3}\times6=4(\text{cm})$

04 답 (1) 9 cm　(2) 6 cm

(1) 점 G는 △ABC의 무게중심이므로

$\overline{GD}=\frac{1}{3}\overline{AD}=\frac{1}{3}\times27=9(\text{cm})$

(2) 점 G′은 △GBC의 무게중심이므로

$\overline{GG'}=\frac{2}{3}\overline{GD}=\frac{2}{3}\times9=6(\text{cm})$

05 **답** (1) 12 cm (2) 4 cm

  (1) △BCE에서 $\overline{BD}=\overline{DC}$, $\overline{BE}\parallel\overline{DF}$이므로

    $\overline{BE}=2\overline{DF}=2\times6=12(\text{cm})$

  (2) 점 G는 △ABC의 무게중심이므로

    $\overline{GE}=\dfrac{1}{3}\overline{BE}=\dfrac{1}{3}\times12=4(\text{cm})$

06 **답** (1) 10 cm (2) 5 cm

  (1) 평행사변형의 대각선은 서로를 이등분하므로

    $\overline{AO}=\overline{CO}$, $\overline{BO}=\overline{DO}$

    $\therefore \overline{BO}=\dfrac{1}{2}\overline{BD}=\dfrac{1}{2}\times30=15(\text{cm})$

    △ABC에서 $\overline{AM}$, $\overline{BO}$는 중선이므로 점 P는 △ABC의 무게중심이다.

    $\therefore \overline{BP}=\dfrac{2}{3}\overline{BO}=\dfrac{2}{3}\times15=10(\text{cm})$

  (2) △ACD에서 $\overline{AN}$, $\overline{DO}$는 중선이므로 점 Q는 △ACD의 무게중심이다.

    이때 $\overline{DO}=\dfrac{1}{2}\overline{BD}=\dfrac{1}{2}\times30=15(\text{cm})$이므로

    $\overline{QO}=\dfrac{1}{3}\overline{DO}=\dfrac{1}{3}\times15=5(\text{cm})$

개념 31 삼각형의 무게중심과 넓이

개념 확인하기   106쪽

1 **답** (1) 6 cm² (2) 12 cm² (3) 3 cm² (4) 9 cm²

  (1) (색칠한 부분의 넓이)$=\triangle GBC=\dfrac{1}{3}\triangle ABC$

                    $=\dfrac{1}{3}\times18=6(\text{cm}^2)$

  (2) (색칠한 부분의 넓이)$=\triangle GAB+\triangle GCA$

                    $=\dfrac{1}{3}\triangle ABC+\dfrac{1}{3}\triangle ABC$

                    $=\dfrac{2}{3}\triangle ABC=\dfrac{2}{3}\times18=12(\text{cm}^2)$

  (3) (색칠한 부분의 넓이)$=\triangle GCE=\dfrac{1}{6}\triangle ABC$

                    $=\dfrac{1}{6}\times18=3(\text{cm}^2)$

  (4) (색칠한 부분의 넓이)

    $=\triangle GBF+\triangle GCD+\triangle GAE$

    $=\dfrac{1}{6}\triangle ABC+\dfrac{1}{6}\triangle ABC+\dfrac{1}{6}\triangle ABC$

    $=\dfrac{1}{2}\triangle ABC=\dfrac{1}{2}\times18=9(\text{cm}^2)$

---

01 **답** (1) 8 cm² (2) 16 cm²

  (1) (색칠한 부분의 넓이)$=\square GDCE=\triangle GDC+\triangle GCE$

                    $=\dfrac{1}{6}\triangle ABC+\dfrac{1}{6}\triangle ABC$

                    $=\dfrac{1}{3}\triangle ABC$

                    $=\dfrac{1}{3}\times24=8(\text{cm}^2)$

  (2) (색칠한 부분의 넓이)$=\triangle GAB+\triangle GCA$

                    $=\dfrac{1}{3}\triangle ABC+\dfrac{1}{3}\triangle ABC$

                    $=\dfrac{2}{3}\triangle ABC$

                    $=\dfrac{2}{3}\times24=16(\text{cm}^2)$

02 **답** (1) 7 cm² (2) 14 cm² (3) 42 cm²

  (1) $\triangle GCD=\triangle GBF=7\text{ cm}^2$

  (2) $\triangle GCA=\triangle GCE+\triangle GAE$

        $=\triangle GBF+\triangle GBF$

        $=2\triangle GBF=2\times7=14(\text{cm}^2)$

  (3) $\triangle ABC=6\triangle GBF=6\times7=42(\text{cm}^2)$

03 **답** 3 cm²

  $\triangle GED=\dfrac{1}{2}\triangle GBD=\dfrac{1}{2}\times\dfrac{1}{6}\triangle ABC$

         $=\dfrac{1}{12}\triangle ABC=\dfrac{1}{12}\times36=3(\text{cm}^2)$

04 **답** (1) 15 cm² (2) 5 cm²

  (1) 점 G는 △ABC의 무게중심이므로

    $\triangle GBC=\dfrac{1}{3}\triangle ABC=\dfrac{1}{3}\times45=15(\text{cm}^2)$

  (2) 점 G′은 △GBC의 무게중심이므로

    $\triangle GBG'=\dfrac{1}{3}\triangle GBC=\dfrac{1}{3}\times15=5(\text{cm}^2)$

05 **답** (1) 30 cm² (2) 5 cm² (3) 10 cm²

  (1) $\triangle ABC=\dfrac{1}{2}\square ABCD=\dfrac{1}{2}\times60=30(\text{cm}^2)$

  (2) △ABC에서 $\overline{AM}$, $\overline{BO}$는 중선이므로 점 P는 △ABC의 무게중심이다.

    $\therefore \triangle APO=\dfrac{1}{6}\triangle ABC=\dfrac{1}{6}\times30=5(\text{cm}^2)$

  (3) △ACD에서 $\overline{AN}$, $\overline{DO}$는 중선이므로 점 Q는 △ACD의 무게중심이다.

    $\triangle AOQ=\dfrac{1}{6}\triangle ACD=\dfrac{1}{6}\times30=5(\text{cm}^2)$이므로

    $\triangle APQ=\triangle APO+\triangle AOQ$

           $=5+5=10(\text{cm}^2)$

$$\therefore \overline{BD}=\overline{BP}+\overline{PO}+\overline{QO}+\overline{QD}$$
$$=2\overline{PO}+\overline{PO}+\overline{QO}+2\overline{QO}$$
$$=3\overline{PO}+3\overline{QO}=3(\overline{PO}+\overline{QO})$$
$$=3\overline{PQ}=3\times7=21(cm)$$

소단원 핵심문제　108쪽

01 9	**02** 20 cm²	**03** ㄴ, ㄹ
04 6 cm		
04-1 21 cm		

01 점 G는 △ABC의 무게중심이므로
$$\overline{GE}=\frac{1}{2}\overline{BG}=\frac{1}{2}\times12=6$$
$$\therefore \overline{BE}=\overline{BG}+\overline{GE}=12+6=18$$
△BCE에서 $\overline{BD}=\overline{DC}$, $\overline{EF}=\overline{FC}$이므로
$$\overline{DF}=\frac{1}{2}\overline{BE}=\frac{1}{2}\times18=9$$

02 점 D는 $\overline{BC}$의 중점이므로 $\overline{BC}=2\overline{DC}=2\times6=12(cm)$
이때 $\triangle ABC=\frac{1}{2}\times12\times10=60(cm^2)$이므로
$$\triangle GAB=\frac{1}{3}\triangle ABC=\frac{1}{3}\times60=20(cm^2)$$

03 ㄱ. $\overline{AG}:\overline{GD}=2:1$이므로 $\overline{AG}=2\overline{GD}$
　ㄴ. △GAF와 △GBF에서 두 삼각형의 넓이는 같지만 합동
　　이라 할 수는 없다.
　ㄷ. $\triangle GBD=\triangle GCE=\frac{1}{2}\triangle GCA$
　ㄹ. $\triangle ABD=3\triangle GBD=3\triangle GDC$
이상에서 옳지 않은 것은 ㄴ, ㄹ이다.

04 오른쪽 그림과 같이 $\overline{AC}$를 긋고
$\overline{AC}$와 $\overline{BD}$의 교점을 O라 하면 점
P는 △ABC의 무게중심이므로
$$\overline{PO}=\frac{1}{2}\overline{BP}=\frac{1}{2}\times6=3(cm)$$
이때 $\overline{DO}=\overline{BO}=6+3=9(cm)$이고
점 Q는 △ACD의 무게중심이므로
$$\overline{QO}=\frac{1}{3}\overline{DO}=\frac{1}{3}\times9=3(cm)$$
$$\therefore \overline{PQ}=\overline{PO}+\overline{QO}=3+3=6(cm)$$

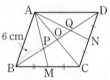

이것만은 꼭!
평행사변형 ABCD에서 두 점 P, Q
는 각각 △ABC, △ACD의 무게중
심이다.
⇨ $\overline{BP}:\overline{PO}=\overline{DQ}:\overline{QO}=2:1$
　$\therefore \overline{BP}=\overline{PQ}=\overline{QD}=\frac{1}{3}\overline{BD}$

04-1 오른쪽 그림과 같이 $\overline{AC}$를 긋고
$\overline{AC}$와 $\overline{BD}$의 교점을 O라 하면 두
점 P, Q는 각각 △ABC, △ACD
의 무게중심이므로
$$\overline{BP}=2\overline{PO}, \overline{DQ}=2\overline{QO}$$

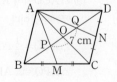

중단원 마무리문제　109~111쪽

01 24	**02** ㄴ	**03** 4 cm	**04** ①	**05** ③
06 21	**07** ④	**08** 56 cm	**09** ⑤	**10** ②
11 10 cm	**12** $x=6, y=2$		**13** 42 cm	**14** 30 cm
15 12 cm	**16** 2 cm²	**17** 10 cm²	**18** 72 cm²	

01 △ADE에서 $\overline{DE}\,/\!/\,\overline{BC}$이므로
$$8:x=12:4$$
$$12x=32 \qquad \therefore x=\frac{8}{3}$$
또, $\overline{GF}\,/\!/\,\overline{BC}$이므로
$$6:8=y:12$$
$$8y=72 \qquad \therefore y=9$$
$$\therefore xy=\frac{8}{3}\times9=24$$

02 ㄱ. $4.5:6\neq4:5$이므로 $\overline{DF}$와 $\overline{BC}$는 평행하지 않다.
　ㄴ. $8:6=6:4.5=4:3$이므로 $\overline{DE}\,/\!/\,\overline{AC}$
　ㄷ. $6:8\neq5:4$이므로 $\overline{FE}$와 $\overline{AB}$는 평행하지 않다.
　ㄹ. $\overline{DF}$와 $\overline{BC}$가 평행하지 않으므로 $\angle ADF\neq\angle DBE$
이상에서 옳은 것은 ㄴ뿐이다.

03 $\overline{AB}:\overline{AC}=\overline{BD}:\overline{CD}$에서
$$6:8=(7-\overline{CD}):\overline{CD}$$
$$6\overline{CD}=8(7-\overline{CD}), 14\overline{CD}=56$$
$$\therefore \overline{CD}=4(cm)$$

04 $\overline{AB}:\overline{AC}=\overline{BD}:\overline{CD}$이므로
$$\overline{BD}:\overline{CD}=5:4$$
즉, $\overline{BC}:\overline{CD}=(5-4):4=1:4$이므로
$$\triangle ABC:\triangle ACD=\overline{BC}:\overline{CD}=1:4$$

05 △DBC에서 $\overline{DP}=\overline{PB}$, $\overline{DQ}=\overline{QC}$이므로
$$\overline{BC}=2\overline{PQ}=2\times4=8$$
$$\therefore x=8$$
△ABC에서 $\overline{AM}=\overline{MB}$, $\overline{AN}=\overline{NC}$이므로
$$\overline{MN}=\frac{1}{2}\overline{BC}=\frac{1}{2}\times8=4$$
$$\therefore y=4$$
$$\therefore x+y=8+4=12$$

06 △ABC에서 $\overline{BF}=\overline{FA}$, $\overline{BG}=\overline{GC}$이므로

$\overline{AC}=2\overline{FG}=2\times14=28$ … ㉮

△DFG에서 $\overline{DC}=\overline{CG}$, $\overline{EC}\,/\!/\,\overline{FG}$이므로

$\overline{EC}=\dfrac{1}{2}\overline{FG}=\dfrac{1}{2}\times14=7$ … ㉯

$\therefore \overline{AE}=\overline{AC}-\overline{EC}=28-7=21$ … ㉰

단계	채점 기준	배점 비율
㉮	$\overline{AC}$의 길이 구하기	40 %
㉯	$\overline{EC}$의 길이 구하기	40 %
㉰	$\overline{AE}$의 길이 구하기	20 %

07 오른쪽 그림과 같이 $\overline{AC}$를 그으면

$\overline{EF}=\overline{HG}=\dfrac{1}{2}\overline{AC}$,

$\overline{EH}=\overline{FG}=\dfrac{1}{2}\overline{BD}$

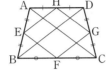

이때 $\overline{AC}=\overline{BD}$이므로

$\overline{EF}=\overline{FG}=\overline{GH}=\overline{HE}$

즉, 네 변의 길이가 모두 같으므로 □EFGH는 마름모이다.

□EFGH의 둘레의 길이가 24 cm이므로

$\overline{EF}=\overline{FG}=\overline{GH}=\overline{HE}=\dfrac{1}{4}\times24=6\,(\text{cm})$

$\therefore \overline{BD}=2\overline{EH}=2\times6=12\,(\text{cm})$

08 오른쪽 그림과 같이 $\overline{AC}$를 긋고 $\overline{AC}$와 $\overline{MN}$의 교점을 P라 하자.

$\overline{AD}\,/\!/\,\overline{BC}$, $\overline{AM}=\overline{MB}$,

$\overline{DN}=\overline{NC}$이므로

$\overline{AD}\,/\!/\,\overline{MN}\,/\!/\,\overline{BC}$

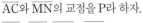

△ABC에서 $\overline{AM}=\overline{MB}$, $\overline{MP}\,/\!/\,\overline{BC}$이므로

$\overline{MP}=\dfrac{1}{2}\overline{BC}=\dfrac{1}{2}\times72=36\,(\text{cm})$

△CDA에서 $\overline{CN}=\overline{ND}$, $\overline{PN}\,/\!/\,\overline{AD}$이므로

$\overline{PN}=\dfrac{1}{2}\overline{AD}=\dfrac{1}{2}\times40=20\,(\text{cm})$

$\therefore \overline{MN}=\overline{MP}+\overline{PN}=36+20=56\,(\text{cm})$

따라서 만들려고 하는 다리의 길이는 56 cm이다.

이것만은 꼭!

사다리꼴 ABCD에서 $\overline{AD}\,/\!/\,\overline{BC}$,
$\overline{AM}=\overline{MB}$, $\overline{DN}=\overline{NC}$일 때,
① $\overline{AD}\,/\!/\,\overline{MN}\,/\!/\,\overline{BC}$
② $\overline{MN}=\dfrac{1}{2}(a+b)$

09 $6:4=9:x$에서 $6x=36$ $\therefore x=6$

$6:4=y:(15-y)$에서

$4y=6(15-y)$, $10y=90$ $\therefore y=9$

$\therefore x+y=6+9=15$

10 오른쪽 그림과 같이 직선 k를 그으면

$3:(3+5)=(x-5):6$에서

$8(x-5)=18$, $8x=58$

$\therefore x=\dfrac{29}{4}$

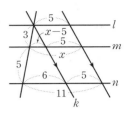

11 오른쪽 그림과 같이 꼭짓점 A를 지나고 $\overline{DC}$에 평행한 직선을 그어 $\overline{EF}$와 만나는 점을 G라 하면

□AGFD, □AHCD는 평행사변형이므로

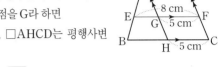

$\overline{GF}=\overline{HC}=\overline{AD}=5\,\text{cm}$

$\therefore \overline{EG}=\overline{EF}-\overline{GF}=8-5=3\,(\text{cm})$

△ABH에서 $\overline{AE}:\overline{AB}=\overline{EG}:\overline{BH}$이므로

$3:(3+2)=3:\overline{BH}$

$3\overline{BH}=15$ $\therefore \overline{BH}=5\,(\text{cm})$

$\therefore \overline{BC}=\overline{BH}+\overline{HC}=5+5=10\,(\text{cm})$

12 △ADB와 △FDE에서

∠ADB=∠FDE(맞꼭지각), ∠BAD=∠EFD(엇각)

△ADB∽△FDE (AA 닮음)

$\therefore \overline{AD}:\overline{FD}=\overline{AB}:\overline{FE}=6:3=2:1$ … ㉮

△ACD와 △AEF에서

∠A는 공통, ∠ACD=∠AEF(동위각)

$\therefore$ △ACD∽△AEF (AA 닮음)

즉, $\overline{AC}:\overline{AE}=\overline{AD}:\overline{AF}$이므로

$x:9=2:(2+1)$

$3x=18$ $\therefore x=6$ … ㉯

또, $\overline{CD}:\overline{EF}=\overline{AD}:\overline{AF}$이므로

$y:3=2:(2+1)$

$3y=6$ $\therefore y=2$ … ㉰

단계	채점 기준	배점 비율
㉮	$\overline{AD}:\overline{FD}$를 가장 간단한 자연수의 비로 나타내기	20 %
㉯	x의 값 구하기	40 %
㉰	y의 값 구하기	40 %

13 점 G는 △ABC의 무게중심이므로

$\overline{GB}=\dfrac{2}{3}\overline{BE}=\dfrac{2}{3}\times18=12\,(\text{cm})$

$\overline{BC}=2\overline{BD}=2\times10=20\,(\text{cm})$

$\overline{CG}=2\overline{GF}=2\times5=10\,(\text{cm})$

따라서 △GBC의 둘레의 길이는

$\overline{GB}+\overline{BC}+\overline{CG}=12+20+10=42\,(\text{cm})$

개념교재편

14 점 G는 △ABC의 무게중심이므로

$\overline{BD} = 3\overline{GD} = 3 \times 5 = 15$ (cm)

점 D는 직각삼각형 ABC의 외심이므로

$\overline{AD} = \overline{DC} = \overline{BD} = 15$ cm

$\therefore \overline{AC} = \overline{AD} + \overline{DC} = 15 + 15 = 30$ (cm)

15 [전략] $\overline{AC}$를 그은 후 두 점 P, Q가 각각 △ABC, △ACD의 무게중심임을 이용한다.

오른쪽 그림과 같이 $\overline{AC}$를 그으면 두 점 P, Q는 각각 △ABC, △ACD의 무게중심이다.

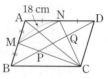

△CQP와 △CNM에서

$\overline{CP} : \overline{CM} = \overline{CQ} : \overline{CN} = 2 : 3$, ∠C는 공통

$\therefore$ △CQP ∽ △CNM (SAS 닮음)

따라서 $\overline{PQ} : \overline{MN} = 2 : 3$이므로

$\overline{PQ} : 18 = 2 : 3$, $3\overline{PQ} = 36$

$\therefore \overline{PQ} = 12$ (cm)

16 점 G가 △ABC의 무게중심이므로

$\triangle GBE = \frac{1}{6}\triangle ABC = \frac{1}{6} \times 24 = 4$ (cm²) ⋯ ㉮

$\overline{BG} : \overline{GD} = 2 : 1$이고

△BED에서 △GBE : △GED = $\overline{BG}$: $\overline{GD}$이므로

$4 : \triangle GED = 2 : 1$, $2\triangle GED = 4$

$\therefore \triangle GED = 2$ (cm²) ⋯ ㉯

단계	채점 기준	배점 비율
㉮	△GBE의 넓이 구하기	50 %
㉯	△GED의 넓이 구하기	50 %

17 오른쪽 그림과 같이 $\overline{AG}$를 그으면 점 G는 △ABC의 무게중심이므로

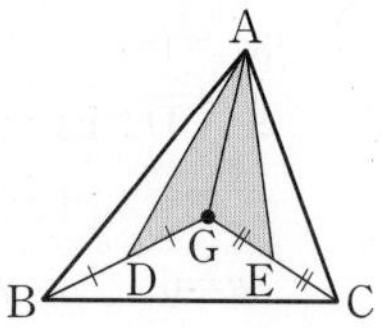

(색칠한 부분의 넓이)

$= \triangle ADG + \triangle AGE$

$= \frac{1}{2}\triangle ABG + \frac{1}{2}\triangle AGC$

$= \frac{1}{2} \times \frac{1}{3}\triangle ABC + \frac{1}{2} \times \frac{1}{3}\triangle ABC$

$= \frac{1}{6}\triangle ABC + \frac{1}{6}\triangle ABC = \frac{1}{3}\triangle ABC$

$= \frac{1}{3} \times 30 = 10$ (cm²)

18 오른쪽 그림과 같이 $\overline{AC}$를 그으면 점 E는 △ABC의 무게중심이므로

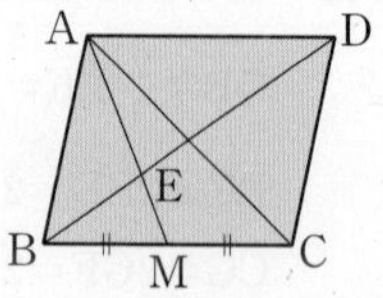

△ABC = 6△EBM

$= 6 \times 6 = 36$ (cm²)

$\therefore$ □ABCD = 2△ABC

$= 2 \times 36 = 72$ (cm²)

$l \parallel m \parallel n$이므로

(백화점에서 우체국까지의 거리)

  : (우체국에서 경찰서까지의 거리)

= (상우네 집에서 병원까지의 거리)

  : (병원에서 도서관까지의 거리)

즉, $240 : 400 = 360 : x$에서 ⋯ ❶

$240x = 144000$ $\therefore x = 600$

따라서 병원에서 도서관까지의 거리는 600 m이다. ⋯ ❷

상우네 집에서 병원까지의 거리가 360 m이고 병원에서 도서관까지의 거리가 600 m이므로 상우네 집에서 도서관까지의 거리는

$360 + 600 = 960$ (m) ⋯ ❸

답 960 m

교과서 속 서술형 문제

1 ❶ $\overline{EF}$의 길이를 구하면?

$\overline{AE}$는 △ABD의 중선이므로

$\overline{ED} = \boxed{\frac{1}{2}}\overline{BD}$

$= \boxed{\frac{1}{2}} \times 10 = \boxed{5}$ (cm)

또, $\overline{AF}$는 △ADC의 중선이므로

$\overline{DF} = \boxed{\frac{1}{2}}\overline{DC}$

$= \boxed{\frac{1}{2}} \times 8 = \boxed{4}$ (cm)

$\therefore \overline{EF} = \overline{ED} + \overline{DF}$

$= 5 + 4 = \boxed{9}$ (cm) ⋯ ㉮

❷ $\overline{EF} \parallel \overline{GG'}$임을 설명하면?

두 점 G, G'은 각각 △ABD, △ADC의 무게중심이므로 △AEF에서

$\overline{AE} : \overline{AG} = \overline{AF} : \overline{AG'} = \boxed{3} : \boxed{2}$

즉, 삼각형에서 평행선과 선분의 길이의 비에 의하여

$\overline{EF} \parallel \overline{GG'}$ ⋯ ㉯

❸ $\overline{GG'}$의 길이를 구하면?

△AEF에서 $\overline{EF} \parallel \overline{GG'}$이므로

$\overline{AE} : \overline{AG} = \boxed{EF} : \overline{GG'}$

$3 : \boxed{2} = \boxed{9} : \overline{GG'}$

$3\overline{GG'} = \boxed{18}$ $\therefore \overline{GG'} = \boxed{6}$ (cm) ⋯ ㉰

단계	채점 기준	배점 비율
㉮	$\overline{EF}$의 길이 구하기	30 %
㉯	$\overline{EF} /\!/ \overline{GG'}$임을 설명하기	40 %
㉰	$\overline{GG'}$의 길이 구하기	30 %

2 ❶ $\overline{EF}$의 길이를 구하면?

$\overline{AE}$는 $\triangle ABD$의 중선이고, $\overline{AF}$는 $\triangle ADC$의 중선이므로

$\overline{EF} = \overline{ED} + \overline{DF} = \dfrac{1}{2}\overline{BD} + \dfrac{1}{2}\overline{DC}$

$\qquad = \dfrac{1}{2}(\overline{BD} + \overline{DC}) = \dfrac{1}{2}\overline{BC}$

$\qquad = \dfrac{1}{2} \times 24 = 12\,(\text{cm})$ ········ ㉮

❷ $\overline{EF} /\!/ \overline{GG'}$임을 설명하면?

두 점 G, G'은 각각 $\triangle ABD$, $\triangle ADC$의 무게중심이므로 $\triangle AEF$에서

$\overline{AE} : \overline{AG} = \overline{AF} : \overline{AG'} = 3 : 2$

즉, 삼각형에서 평행선과 선분의 길이의 비에 의하여

$\overline{EF} /\!/ \overline{GG'}$ ········ ㉯

❸ $\overline{GG'}$의 길이를 구하면?

$\triangle AEF$에서 $\overline{EF} /\!/ \overline{GG'}$이므로

$\overline{AE} : \overline{AG} = \overline{EF} : \overline{GG'}$

$3 : 2 = 12 : \overline{GG'}$

$3\overline{GG'} = 24$ ∴ $\overline{GG'} = 8\,(\text{cm})$ ········ ㉰

단계	채점 기준	배점 비율
㉮	$\overline{EF}$의 길이 구하기	30 %
㉯	$\overline{EF} /\!/ \overline{GG'}$임을 설명하기	40 %
㉰	$\overline{GG'}$의 길이 구하기	30 %

3 $\triangle ABF$에서

$\overline{AG} : \overline{AF} = \overline{DG} : \overline{BF} = 8 : 12 = 2 : 3$ ········ ㉮

$\triangle AFC$에서 $\overline{GE} : \overline{FC} = \overline{AG} : \overline{AF}$

$6 : x = 2 : 3, 2x = 18$ ∴ $x = 9$ ········ ㉯

또, $\overline{AE} : \overline{AC} = \overline{AG} : \overline{AF}$이므로

$12 : (12 + y) = 2 : 3, 2(12 + y) = 36$

$2y = 12$ ∴ $y = 6$ ········ ㉰

∴ $x + y = 9 + 6 = 15$ ········ ㉱

답 15

단계	채점 기준	배점 비율
㉮	$\overline{AG} : \overline{AF}$를 가장 간단한 자연수의 비로 나타내기	30 %
㉯	x의 값 구하기	30 %
㉰	y의 값 구하기	30 %
㉱	$x + y$의 값 구하기	10 %

4 $\square ABCD$는 평행사변형이므로

$\overline{AE} /\!/ \overline{BC}$

$\overline{AF} : \overline{CF} = \overline{AE} : \overline{CB}$에서

$6 : 10 = \overline{AE} : 15$

$10\overline{AE} = 90$ ∴ $\overline{AE} = 9\,(\text{cm})$ ········ ㉮

이때 $\overline{AD} = \overline{BC} = 15$ cm이므로

$\overline{DE} = \overline{AD} - \overline{AE} = 15 - 9 = 6\,(\text{cm})$ ········ ㉯

답 6 cm

단계	채점 기준	배점 비율
㉮	$\overline{AE}$의 길이 구하기	60 %
㉯	$\overline{DE}$의 길이 구하기	40 %

5 $\triangle CEB$에서

$\overline{CD} = \overline{DB}, \overline{CF} = \overline{FE}$이므로

$\overline{DF} /\!/ \overline{BE}, \overline{BE} = 2\overline{DF}$

$\triangle ADF$에서

$\overline{AE} = \overline{EF}, \overline{GE} /\!/ \overline{DF}$이므로

$\overline{DF} = 2\overline{GE}$

∴ $\overline{BE} = 2\overline{DF} = 2 \times 2\overline{GE} = 4\overline{GE}$ ········ ㉮

이때 $\overline{BE} = \overline{BG} + \overline{GE}$이므로

$4\overline{GE} = 9 + \overline{GE}$

$3\overline{GE} = 9$ ∴ $\overline{GE} = 3\,(\text{cm})$ ········ ㉯

답 3 cm

단계	채점 기준	배점 비율
㉮	$\overline{BE} = 4\overline{GE}$임을 알기	60 %
㉯	$\overline{GE}$의 길이 구하기	40 %

6 $\triangle ABC$에서 $\overline{AF} = \overline{FB}, \overline{AE} = \overline{EC}$이므로

$\overline{FE} /\!/ \overline{BC}$ ········ ㉮

$\triangle GBD$와 $\triangle GEH$에서

$\angle BGD = \angle EGH$ (맞꼭지각),

$\angle GBD = \angle GEH$ (엇각)

∴ $\triangle GBD \backsim \triangle GEH$ (AA 닮음) ········ ㉯

이때 점 G가 $\triangle ABC$의 무게중심이므로 닮음비는

$\overline{BG} : \overline{EG} = 2 : 1$

즉, $\overline{GD} : \overline{GH} = 2 : 1$이므로

$\overline{GD} : 4 = 2 : 1$ ∴ $\overline{GD} = 8\,(\text{cm})$ ········ ㉰

∴ $\overline{AD} = 3\overline{GD} = 3 \times 8 = 24\,(\text{cm})$ ········ ㉱

답 24 cm

단계	채점 기준	배점 비율
㉮	$\overline{FE} /\!/ \overline{BC}$임을 알기	20 %
㉯	$\triangle GBD \backsim \triangle GEH$임을 알기	30 %
㉰	$\overline{GD}$의 길이 구하기	30 %
㉱	$\overline{AD}$의 길이 구하기	20 %

05 피타고라스 정리

1 피타고라스 정리

개념 32 피타고라스 정리

개념 확인하기 ··· 116쪽

1 **답** (1) 5 (2) 27 (3) 56

(1) $2^2+1^2=x^2$ ∴ $x^2=5$

(2) $x^2+3^2=6^2$ ∴ $x^2=6^2-3^2=27$

(3) $5^2+x^2=9^2$ ∴ $x^2=9^2-5^2=56$

대표문제 ··· 117쪽

01 **답** 12, 13, 13, 12, 25, 5

02 **답** (1) 17 (2) 12

(1) $15^2+8^2=x^2$, $x^2=289$

이때 $17^2=289$이고 $x>0$이므로 $x=17$

(2) $9^2+x^2=15^2$, $x^2=15^2-9^2=144$

이때 $12^2=144$이고 $x>0$이므로 $x=12$

03 **답** (1) 2 (2) 3 (3) 4

(1) △OAB에서

$\overline{OB}^2=\overline{OA}^2+\overline{AB}^2=1^2+1^2=\boxed{2}$

(2) △OBC에서

$\overline{OC}^2=\overline{OB}^2+\overline{BC}^2=2+1^2=\boxed{3}$

(3) △OCD에서

$\overline{OD}^2=\overline{OC}^2+\overline{CD}^2=3+1^2=\boxed{4}$

04 **답** (1) 12 cm (2) 15 cm

(1) △ABD에서 $5^2+\overline{AD}^2=13^2$, $\overline{AD}^2=13^2-5^2=144$

이때 $12^2=144$이고 $\overline{AD}>0$이므로

$\overline{AD}=12$(cm)

(2) △ADC에서 $9^2+12^2=\overline{AC}^2$, $\overline{AC}^2=225$

이때 $15^2=225$이고 $\overline{AC}>0$이므로

$\overline{AC}=15$(cm)

05 **답** (1) 8 cm (2) 9 cm

(1) △ADC에서 $6^2+\overline{AC}^2=10^2$, $\overline{AC}^2=10^2-6^2=64$

이때 $8^2=64$이고 $\overline{AC}>0$이므로

$\overline{AC}=8$(cm)

(2) △ABC에서 $\overline{BC}^2+8^2=17^2$, $\overline{BC}^2=17^2-8^2=225$

이때 $15^2=225$이고 $\overline{BC}>0$이므로 $\overline{BC}=15$(cm)

∴ $\overline{BD}=\overline{BC}-\overline{CD}=15-6=9$(cm)

06 **답** 8

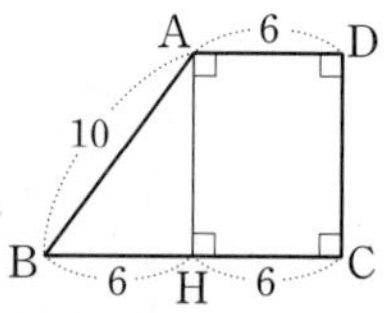

오른쪽 그림과 같이 꼭짓점 A에서 $\overline{BC}$에 내린 수선의 발을 H라 하면 $\overline{CH}=\overline{AD}=6$이므로

$\overline{BH}=12-6=6$

△ABH에서

$6^2+\overline{AH}^2=10^2$, $\overline{AH}^2=10^2-6^2=64$

이때 $8^2=64$이고 $\overline{AH}>0$이므로 $\overline{AH}=8$

∴ $\overline{DC}=\overline{AH}=8$

개념 33 피타고라스 정리의 설명 (1)

개념 확인하기 ··· 118쪽

1 **답** (1) 16 cm² (2) 9 cm² (3) 25 cm²

(1) □AFML=□ACDE=16 cm²

(2) □LMGB=□BHIC=9 cm²

(3) □AFML+□LMGB=□AFGB이므로

□AFGB=16+9=25 cm²

대표문제 ··· 119쪽

01 **답** (1) 20 cm² (2) 24 cm²

(1) □ACDE+□BHIC=□AFGB이므로

□AFGB=16+4=20(cm²)

(2) □ACDE+□BHIC=□AFGB이므로

□ACDE+12=36

∴ □ACDE=36-12=24(cm²)

02 **답** (1) 100 cm² (2) 16 cm²

(1) □AFML=□ACDE=10²=100(cm²)

(2) □LMGB=□BHIC=4²=16(cm²)

03 **답** 5 cm

□BHIC+□ACDE=□AFGB이므로

□BHIC+9=34

∴ □BHIC=34-9=25(cm²)

즉, $\overline{BC}^2=25$

이때 $5^2=25$이고 $\overline{BC}>0$이므로 $\overline{BC}=5$(cm)

04 **답** ㄱ, ㄷ, ㄹ, ㅂ

$\overline{EA}\,/\!/\,\overline{DB}$이므로 $\triangle ABE=\triangle ACE$

$\triangle ABE\equiv\triangle AFC$(SAS 합동)이므로 $\triangle ABE=\triangle AFC$

$\overline{AF}\,/\!/\,\overline{CM}$이므로 $\triangle AFC=\triangle AFL$

$\triangle AFL=\dfrac{1}{2}\square AFML=\triangle LFM$

$\therefore \triangle ABE=\triangle ACE=\triangle AFC=\triangle AFL=\triangle LFM$

05 **답** (1) 12 cm (2) 72 cm²

(1) $\triangle ABC$에서 $5^2+\overline{BC}^2=13^2$, $\overline{BC}^2=13^2-5^2=144$

이때 $12^2=144$이고 $\overline{BC}>0$이므로

$\overline{BC}=12(\text{cm})$

(2) $\triangle BLG=\dfrac{1}{2}\square BLMG=\dfrac{1}{2}\square BHIC$

$=\dfrac{1}{2}\times 12^2=72(\text{cm}^2)$

개념 **34** **피타고라스 정리의 설명(2)**

대표문제

121쪽

01 **답** (1) 5 cm (2) 25 cm²

(1) $\triangle ABC$에서 $3^2+4^2=\overline{AB}^2$, $\overline{AB}^2=25$

이때 $5^2=25$이고 $\overline{AB}>0$이므로 $\overline{AB}=5(\text{cm})$

(2) $\triangle ABC\equiv\triangle EAD\equiv\triangle GEF\equiv\triangle BGH$이므로

$\square AEGB$의 네 변의 길이가 같다.

또, $\angle AEG=\angle EGB=\angle GBA=\angle BAE=90°$이므로

$\square AEGB$는 정사각형이다.

$\therefore \square AEGB=\overline{AB}^2=5^2=25(\text{cm}^2)$

02 **답** (1) 13 cm (2) 52 cm

(1) $\triangle AEH$에서 $\overline{AE}=17-5=12(\text{cm})$이므로

$5^2+12^2=\overline{EH}^2$, $\overline{EH}^2=169$

이때 $13^2=169$이고 $\overline{EH}>0$이므로

$\overline{EH}=13(\text{cm})$

(2) $\triangle AEH\equiv\triangle BFE\equiv\triangle CGF\equiv\triangle DHG$이므로

$\square EFGH$는 정사각형이다.

$\therefore$ ($\square EFGH$의 둘레의 길이)$=4\overline{EH}$

$=4\times 13=52(\text{cm})$

03 **답** (1) 10 cm (2) 6 cm (3) 196 cm²

(1) $\triangle AEH\equiv\triangle BFE\equiv\triangle CGF\equiv\triangle DHG$이므로

$\square EFGH$는 정사각형이다.

$\square EFGH=100$ cm²이므로 $\overline{FG}^2=100$

이때 $10^2=100$이고 $\overline{FG}>0$이므로 $\overline{FG}=10(\text{cm})$

(2) $\triangle GFC$에서 $8^2+\overline{GC}^2=10^2$, $\overline{GC}^2=10^2-8^2=36$

이때 $6^2=36$이고 $\overline{GC}>0$이므로

$\overline{GC}=6(\text{cm})$

(3) $\overline{BC}=\overline{BF}+\overline{CF}=6+8=14(\text{cm})$이므로

$\square ABCD=14^2=196(\text{cm}^2)$

04 **답** (1) 5 cm (2) $\dfrac{9}{5}$ cm (3) $\dfrac{16}{5}$ cm

(1) $\triangle ABC$에서 $3^2+4^2=\overline{BC}^2$, $\overline{BC}^2=25$

이때 $5^2=25$이고 $\overline{BC}>0$이므로

$\overline{BC}=5(\text{cm})$

(2) $\overline{AB}^2=\overline{BD}\times\overline{BC}$이므로 $3^2=\overline{BD}\times 5$

$\therefore \overline{BD}=\dfrac{9}{5}(\text{cm})$

(3) $\overline{AC}^2=\overline{CD}\times\overline{CB}$이므로 $4^2=\overline{CD}\times 5$

$\therefore \overline{CD}=\dfrac{16}{5}(\text{cm})$

05 **답** $\dfrac{18}{5}$ cm

$\triangle ABC$에서 $6^2+8^2=\overline{AC}^2$, $\overline{AC}^2=100$

이때 $10^2=100$이고 $\overline{AC}>0$이므로

$\overline{AC}=10(\text{cm})$

$\overline{AB}^2=\overline{AD}\times\overline{AC}$이므로 $6^2=\overline{AD}\times 10$

$\therefore \overline{AD}=\dfrac{18}{5}(\text{cm})$

06 **답** (1) 9 (2) 117

(1) $\overline{AD}^2=\overline{BD}\times\overline{CD}$이므로 $6^2=\overline{BD}\times 4$

$\therefore \overline{BD}=9$

(2) $\triangle ABD$에서

$9^2+6^2=\overline{AB}^2$ $\therefore \overline{AB}^2=117$

> **이런 풀이 어때요?**
>
> (2) $\overline{AB}^2=\overline{BD}\times\overline{BC}$이므로
>
> $\overline{AB}^2=9\times(9+4)=9\times 13=117$

소단원 핵심문제

122쪽

01 60 cm	**02** 12 cm²	**03** (1) 90° (2) 45 cm²
04 4	**04-1** 49	

01 $\triangle ABC$에서 $\overline{BC}^2+20^2=25^2$, $\overline{BC}^2=225$

이때 $\overline{BC}>0$이므로 $\overline{BC}=15(\text{cm})$

$\therefore$ ($\triangle ABC$의 둘레의 길이)$=15+20+25=60(\text{cm})$

02 □ACDE+□BHIC=□AFGB이므로

16+□BHIC=52

∴ □BHIC=52-16=36(cm²)

즉, $\overline{BC}^2=36$

이때 $\overline{BC}>0$이므로 $\overline{BC}=6$(cm)

□ACDE=16 cm²이므로 $\overline{AC}^2=16$

이때 $\overline{AC}>0$이므로 $\overline{AC}=4$(cm)

∴ △ABC=$\frac{1}{2}$×4×6=12(cm²)

03 (1) △ABC≡△CDE이므로

∠BAC=∠DCE, ∠BCA=∠DEC

∴ ∠ACE=180°-(∠BCA+∠DCE)

=180°-(∠BCA+∠BAC)

=∠ABC=90°

(2) $\overline{BC}=\overline{DE}=3$ cm이므로 △ABC에서

$3^2+9^2=\overline{AC}^2$ ∴ $\overline{AC}^2=90$

△ACE는 $\overline{AC}=\overline{CE}$이고 ∠C=90°인 직각이등변삼각형이므로

△ACE=$\frac{1}{2}×\overline{AC}×\overline{CE}=\frac{1}{2}×\overline{AC}^2$

=$\frac{1}{2}×90=45$(cm²)

04 △AHE에서 $\overline{AH}^2+4^2=5^2$, $\overline{AH}^2=9$

이때 $\overline{AH}>0$이므로 $\overline{AH}=3$

4개의 직각삼각형이 모두 합동이므로 □CFGH는 정사각형이다.

$\overline{EG}=\overline{AH}=3$이므로 $\overline{GH}=\overline{EH}-\overline{EG}=4-3=1$

∴ (□CFGH의 둘레의 길이)=4×1=4

04-1 4개의 직각삼각형이 모두 합동이므로 □CFGH는 정사각형이다.

$\overline{AC}=\overline{BF}=5$이므로 △ABC에서

$5^2+\overline{BC}^2=13^2$, $\overline{BC}^2=144$

이때 $\overline{BC}>0$이므로 $\overline{BC}=12$

∴ $\overline{CF}=\overline{BC}-\overline{BF}=12-5=7$

따라서 □CFGH는 한 변의 길이가 7인 정사각형이므로

□CFGH=$7^2=49$

② 피타고라스 정리의 성질

개념 35 직각삼각형이 되는 조건

개념 확인하기 ────────────── 123쪽

1 🖪 (1) ∠C (2) ∠A (3) ∠B

---

01 🖪 13, 12, 12, 13, ∠A

02 🖪 (1)× (2)○ (3)○ (4)×

(1) $3^2+5^2≠6^2$이므로 직각삼각형이 아니다.

(2) $9^2+12^2=15^2$이므로 직각삼각형이다.

(3) $7^2+24^2=25^2$이므로 직각삼각형이다.

(4) $10^2+12^2≠20^2$이므로 직각삼각형이 아니다.

03 🖪 (1) 20 (2) 8

(1) ∠C의 대변의 길이가 x이므로 직각삼각형이 되려면

$12^2+16^2=x^2$이어야 한다.

즉, $x^2=400$

이때 $x>0$이므로 $x=20$

(2) ∠C의 대변의 길이가 17이므로 직각삼각형이 되려면

$x^2+15^2=17^2$이어야 한다.

즉, $x^2=64$

이때 $x>0$이므로 $x=8$

04 🖪 (1) 9 (2) 41

(1) 가장 긴 변의 길이가 5일 때, 직각삼각형이 되려면

$4^2+x^2=5^2$이어야 하므로

$x^2=9$

(2) 가장 긴 변의 길이가 x일 때, 직각삼각형이 되려면

$4^2+5^2=x^2$이어야 하므로

$x^2=41$

> **이것만은 꼭!**
>
> 변의 길이가 미지수로 주어진 삼각형이 직각삼각형이 되도록 하는 미지수의 값 구하는 방법
>
> ❶ 가장 긴 변이 될 수 있는 길이를 찾는다.
>
> ❷ 직각삼각형이 되는 조건을 이용한다.

05 🖪 (1) ㄴ, ㄷ (2) ㄱ (3) ㄹ

ㄱ. $10^2=6^2+8^2$이므로 직각삼각형이다.

ㄴ. $10^2<7^2+9^2$이므로 예각삼각형이다.

ㄷ. $14^2<9^2+11^2$이므로 예각삼각형이다.

ㄹ. $16^2>10^2+11^2$이므로 둔각삼각형이다.

06 🖪 7, 8

삼각형의 세 변의 길이 사이의 관계에 의하여

$5-4<x<5+4$이므로 $1<x<9$

이때 $x>5$이므로 $5<x<9$ ······ ㉠

$x^2>4^2+5^2$에서 $x^2>41$ ······ ㉡

㉠, ㉡을 모두 만족하는 자연수 x는 7, 8이다.

대표문제

126~127쪽

01 답 29

$\overline{BE}^2+\overline{CD}^2=\overline{DE}^2+\overline{BC}^2$이고

$\overline{DE}^2+\overline{BC}^2=2^2+5^2=29$이므로

$\overline{BE}^2+\overline{CD}^2=29$

02 답 (1) 19 (2) 20

$\overline{DE}^2+\overline{BC}^2=\overline{BE}^2+\overline{CD}^2$에서

(1) $x^2+9^2=8^2+6^2$ ∴ $x^2=19$

(2) $3^2+6^2=x^2+5^2$ ∴ $x^2=20$

03 답 116

△ABC에서 $6^2+8^2=\overline{AB}^2$, $\overline{AB}^2=100$

$\overline{AE}^2+\overline{BD}^2=\overline{DE}^2+\overline{AB}^2$이고

$\overline{DE}^2+\overline{AB}^2=4^2+100=116$이므로

$\overline{AE}^2+\overline{BD}^2=116$

04 답 41

$\overline{AB}^2+\overline{CD}^2=\overline{AD}^2+\overline{BC}^2$이고

$\overline{AD}^2+\overline{BC}^2=5^2+4^2=41$이므로

$\overline{AB}^2+\overline{CD}^2=41$

05 답 (1) 8 (2) 27

$\overline{AB}^2+\overline{CD}^2=\overline{AD}^2+\overline{BC}^2$에서

(1) $5^2+8^2=9^2+x^2$ ∴ $x^2=8$

(2) $4^2+6^2=x^2+5^2$ ∴ $x^2=27$

06 답 90

$\overline{AP}^2+\overline{CP}^2=\overline{BP}^2+\overline{DP}^2$이고

$\overline{BP}^2+\overline{DP}^2=3^2+9^2=90$이므로

$\overline{AP}^2+\overline{CP}^2=90$

07 답 (1) 57 (2) 20

$\overline{AP}^2+\overline{CP}^2=\overline{BP}^2+\overline{DP}^2$에서

(1) $9^2+5^2=7^2+x$ ∴ $x^2=57$

(2) $6^2+3^2=x^2+5^2$ ∴ $x^2=20$

08 답 (1) 32π (2) 30π

(1) (색칠한 부분의 넓이)$=8π+24π=32π$

(2) $20π+$(색칠한 부분의 넓이)$=50π$이므로

(색칠한 부분의 넓이)$=50π-20π$
$=30π$

09 답 (1) 18π (2) 9π

(1) 지름의 길이가 12인 반원의 넓이는

$\dfrac{1}{2}×π×6^2=18π$

(2) (색칠한 부분의 넓이)$+18π=27π$이므로

(색칠한 부분의 넓이)$=27π-18π=9π$

10 답 64π

$S_3=\dfrac{1}{2}×π×8^2=32π$이고

$S_1+S_2=S_3$이므로

$S_1+S_2+S_3=2S_3=2×32π=64π$

11 답 (1) 12 (2) 36

(1) (색칠한 부분의 넓이)$=△ABC$
$=\dfrac{1}{2}×8×3=12$

(2) (색칠한 부분의 넓이)$=△ABC$
$=\dfrac{1}{2}×6×12=36$

12 답 5 cm

색칠한 부분의 넓이는 △ABC의 넓이와 같으므로

$\dfrac{1}{2}×\overline{AB}×12=30$ ∴ $\overline{AB}=5(cm)$

13 답 24

△ABC에서 $6^2+\overline{AC}^2=10^2$, $\overline{AC}^2=64$

이때 $\overline{AC}>0$이므로 $\overline{AC}=8$

∴ (색칠한 부분의 넓이)$=△ABC$
$=\dfrac{1}{2}×6×8=24$

소단원 핵심문제

128~129쪽

01 ③ **02** ⑤ **03** 80 **04** 11 cm **05** 28

06 (가) 9 (나) 6 (다) 15 (라) 289 (마) 17

07 $\dfrac{25}{2}π$ cm² **08** (1) 6 cm (2) 39 cm²

08-1 12

01 ① $5^2+7^2≠8^2$이므로 직각삼각형이 아니다.

② $6^2+8^2≠12^2$이므로 직각삼각형이 아니다.

③ $8^2+15^2=17^2$이므로 직각삼각형이다.

④ $9^2+12^2≠20^2$이므로 직각삼각형이 아니다.

⑤ $10^2+15^2≠18^2$이므로 직각삼각형이 아니다.

따라서 직각삼각형인 것은 ③이다.

02 $8^2>4^2+6^2$이므로 △ABC는 오른쪽 그림과 같이 ∠B>90°인 둔각삼각형 이다.

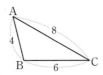

03 △ABC에서 $\overline{AD}=\overline{DB}$, $\overline{AE}=\overline{EC}$이므로

$\overline{DE}=\frac{1}{2}\overline{BC}=\frac{1}{2}\times 8=4$

이때 $\overline{BE}^2+\overline{CD}^2=\overline{DE}^2+\overline{BC}^2$이고

$\overline{DE}^2+\overline{BC}^2=4^2+8^2=80$이므로

$\overline{BE}^2+\overline{CD}^2=80$

04 $\overline{AB}^2+\overline{CD}^2=\overline{BC}^2+\overline{AD}^2$이므로

$5^2+14^2=10^2+\overline{AD}^2$, $\overline{AD}^2=121$

이때 $\overline{AD}>0$이므로 $\overline{AD}=11(cm)$

05 $\overline{AP}^2+\overline{CP}^2=\overline{BP}^2+\overline{DP}^2$에서

$6^2+\overline{CP}^2=8^2+\overline{DP}^2$이므로

$\overline{CP}^2-\overline{DP}^2=8^2-6^2=28$

06   ⇨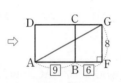

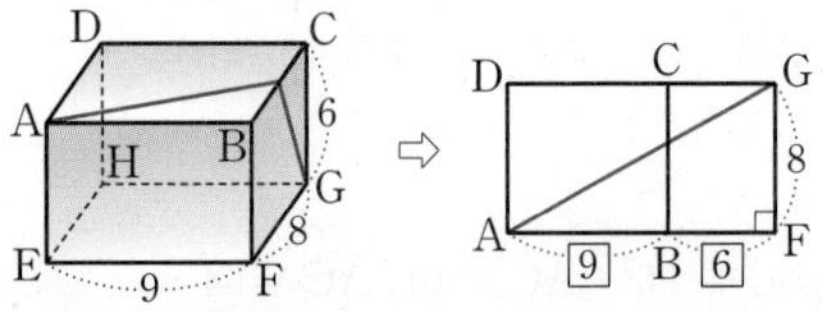

구하는 최단 거리는 전개도에서 $\overline{AG}$의 길이와 같다.

직각삼각형 AFG에서

$\boxed{15}^2+8^2=\overline{AG}^2$, $\overline{AG}^2=\boxed{289}$

이때 $\overline{AG}>0$이므로 $\overline{AG}=\boxed{17}$

∴ (개) 9 (내) 6 (대) 15 (래) 289 (매) 17

07 색칠한 부분의 넓이는 $\overline{BC}$를 지름으로 하는 반원의 넓이와 같으므로

(색칠한 부분의 넓이)$=\frac{1}{2}\times\pi\times 5^2$

$\qquad\qquad\qquad\qquad=\frac{25}{2}\pi(cm^2)$

08 (1) △ABC에서 $\overline{AD}^2=\overline{BD}\times\overline{CD}$이므로

$\overline{AD}^2=4\times 9=36$

이때 $\overline{AD}>0$이므로 $\overline{AD}=6(cm)$

(2) 색칠한 부분의 넓이는 △ABC의 넓이와 같으므로

(색칠한 부분의 넓이)$=$△ABC

$\qquad\qquad\qquad=\frac{1}{2}\times\overline{BC}\times\overline{AD}$

$\qquad\qquad\qquad=\frac{1}{2}\times(4+9)\times 6=39(cm^2)$

08-1 색칠한 부분의 넓이는 △ABC의 넓이와 같으므로

$\frac{1}{2}\times 25\times\overline{AD}=100+50$

$\frac{25}{2}\overline{AD}=150$ ∴ $\overline{AD}=12$

중단원 **마무리문제** 130~131쪽

01 ②	02 12 cm	03 32	04 30 cm²	05 28 cm²
06 4 cm	07 $\frac{24}{5}$ cm		08 ②, ⑤	09 2개
10 118	11 100π cm³		12 120 cm²	

01 $4^2+4^2=x^2$이므로 $x^2=32$

02 △ABC에서 $\overline{BC}^2+5^2=13^2$, $\overline{BC}^2=144$

이때 $\overline{BC}>0$이므로 $\overline{BC}=12(cm)$

따라서 □ABCD는 직사각형이므로

$\overline{AD}=\overline{BC}=12$ cm

03 △BCD에서 $12^2+9^2=x^2$, $x^2=225$

이때 $x>0$이므로 $x=15$

△ABD에서 $15^2+8^2=y^2$, $y^2=289$

이때 $y>0$이므로 $y=17$

∴ $x+y=15+17=32$

04 오른쪽 그림에서

$S_1=3^2=9(cm^2)$

$S_3=2^2=4(cm^2)$

△ABC는 ∠A=90°인 직각삼

각형이므로 $S_1+S_3=S_2$에서

$S_2=9+4=13(cm^2)$

또, △EFD는 ∠E=90°인 직각삼각형이므로

$S_4+S_5=S_3=4(cm^2)$

따라서 색칠한 부분의 넓이는

$S_1+S_2+S_3+S_4+S_5=9+13+4+4=30(cm^2)$

05 오른쪽 그림과 같이 $\overline{EC}$를 그으면

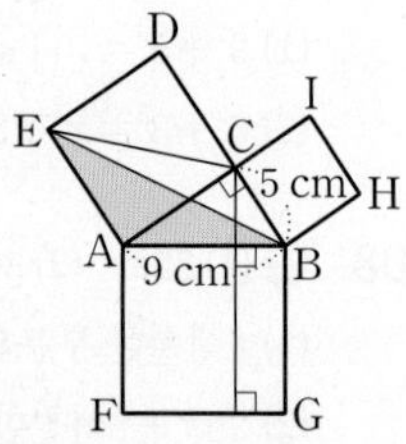

△EAB=△EAC$=\frac{1}{2}$□ACDE

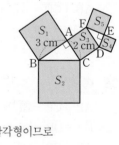

이때

□ACDE+□BHIC=□AFGB

이므로 □ACDE+$5^2=9^2$

∴ □ACDE$=9^2-5^2=56(cm^2)$

∴ △EAB$=\frac{1}{2}$□ACDE$=\frac{1}{2}\times 56=28(cm^2)$

06 △AEH≡△BFE≡△CGF≡△DHG이므로
□EFGH는 정사각형이다.
□EFGH=25 cm²이므로 $\overline{EH}^2$=25
이때 $\overline{EH}$>0이므로 $\overline{EH}$=5(cm)
△AEH에서 $\overline{AH}^2+3^2=5^2$, $\overline{AH}^2$=16
이때 $\overline{AH}$>0이므로 $\overline{AH}$=4(cm)

07 △ABD에서 $6^2+8^2=\overline{BD}^2$, $\overline{BD}^2$=100
이때 $\overline{BD}$>0이므로 $\overline{BD}$=10(cm) … ㉮
$\overline{AB}\times\overline{AD}=\overline{BD}\times\overline{AH}$이므로
$6\times8=10\times\overline{AH}$ ∴ $\overline{AH}=\dfrac{24}{5}$(cm) … ㉯

단계	채점 기준	배점 비율
㉮	$\overline{BD}$의 길이 구하기	50 %
㉯	$\overline{AH}$의 길이 구하기	50 %

08 (i) 가장 긴 변의 길이가 24 cm일 때,
$x^2+7^2=24^2$이어야 하므로 x^2=527
(ii) 가장 긴 변의 길이가 x cm일 때,
$7^2+24^2=x^2$이어야 하므로 x^2=625
(i), (ii)에서 x^2의 값이 될 수 있는 것은 527, 625이다.

09 삼각형의 세 변의 길이 사이의 관계에 의하여
$9-7<x<9+7$이므로 $2<x<16$
이때 $x>9$이므로 $9<x<16$ …… ㉠ … ㉮
$x^2<7^2+9^2$에서 $x^2<130$ …… ㉡
㉠, ㉡을 모두 만족하는 자연수 x는 10, 11의 2개이다. … ㉯

단계	채점 기준	배점 비율
㉮	삼각형이 되기 위한 x의 값의 범위 구하기	40 %
㉯	∠A<90°가 되도록 하는 자연수 x는 모두 몇 개인지 구하기	60 %

10 △ADE에서 $3^2+3^2=\overline{DE}^2$, $\overline{DE}^2$=18
$\overline{BE}^2+\overline{CD}^2=\overline{DE}^2+\overline{BC}^2$이고
$\overline{DE}^2+\overline{BC}^2=18+10^2=118$이므로
$\overline{BE}^2+\overline{CD}^2$=118

11 전략 원뿔에서 △ABO가 직각삼각형이므로 피타고라스 정리를
이용하여 원뿔의 높이를 구한다.
△ABO에서 $5^2+\overline{AO}^2=13^2$, $\overline{AO}^2$=144
이때 $\overline{AO}$>0이므로 $\overline{AO}$=12(cm)
즉, 원뿔의 높이는 12 cm이다.
따라서 원뿔의 부피는
$\dfrac{1}{3}\times(\pi\times5^2)\times12=100\pi(cm^3)$

12 △ABC에서 $\overline{AB}^2+8^2=17^2$, $\overline{AB}^2$=225
이때 $\overline{AB}$>0이므로 $\overline{AB}$=15(cm)
오른쪽 그림에서 S_1+S_2의 값은
△ABC의 넓이와 같으므로 색칠한
부분의 넓이는
$2\triangle ABC=2\times\left(\dfrac{1}{2}\times8\times15\right)$
$=120(cm^2)$

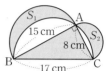

창의·융합 문제

131쪽

주차장을 나타내는 반원의 반지름의 길이가 $\dfrac{1}{2}\times24=12$
이므로 그 넓이는
$\dfrac{1}{2}\times\pi\times12^2=72\pi$ … ❶

위터파크를 나타내는 반원의 반지름의 길이가 $\dfrac{1}{2}\times30=15$
이므로 그 넓이는
$\dfrac{1}{2}\times\pi\times15^2=\dfrac{225}{2}\pi$ … ❷
(주차장의 넓이)+(바비큐장의 넓이)=(위터파크의 넓이)이므로
(바비큐장의 넓이)=(위터파크의 넓이)-(주차장의 넓이)
$=\dfrac{225}{2}\pi-72\pi=\dfrac{81}{2}\pi$ … ❸
∴ (주차장의 넓이) : (위터파크의 넓이) : (바비큐장의 넓이)
$=72\pi : \dfrac{225}{2}\pi : \dfrac{81}{2}\pi$
$=16 : 25 : 9$ … ❹

답 16 : 25 : 9

교과서 속 서술형 문제

132~133쪽

1 ❶ △ABQ에서 피타고라스 정리를 이용하여 $\overline{BQ}$의 길이를 구하
면?
$\overline{AQ}=\overline{AD}=\boxed{15}$ cm이므로
△ABQ에서 $\overline{BQ}^2+\boxed{9}^2=\boxed{15}^2$, $\overline{BQ}^2=\boxed{144}$
이때 $\overline{BQ}$>0이므로 $\overline{BQ}=\boxed{12}$(cm) … ㉮

❷ $\overline{CQ}$의 길이는?
$\overline{CQ}=\overline{BC}-\overline{BQ}=15-\boxed{12}=\boxed{3}$(cm) … ㉯

❸ △ABQ와 서로 닮은 삼각형을 찾으면?
△ABQ와 $\boxed{\triangle QCP}$에서
∠B=∠C=$\boxed{90}$°
∠BAQ=90°-∠AQB=$\boxed{\angle CQP}$
∴ △ABQ∽$\boxed{\triangle QCP}$(AA 닮음) … ㉰

❹ $\overline{PQ}$의 길이는?

$\overline{AB}:\boxed{\overline{QC}}=\boxed{\overline{AQ}}:\overline{QP}$이므로

$9:\boxed{3}=\boxed{15}:\overline{QP}$

$\therefore \overline{PQ}=\boxed{5}\,(cm)$ ··· ㉣

단계	채점 기준	배점 비율
㉮	$\overline{BQ}$의 길이 구하기	40 %
㉯	$\overline{CQ}$의 길이 구하기	10 %
㉰	△ABQ와 서로 닮은 삼각형 찾기	20 %
㉣	$\overline{PQ}$의 길이 구하기	30 %

2 **❶** △DQC에서 피타고라스 정리를 이용하여 $\overline{QC}$의 길이를 구하면?

$\overline{DQ}=\overline{AD}=17\,cm$이므로

△DQC에서 $\overline{QC}^2+8^2=17^2$, $\overline{QC}^2=225$

이때 $\overline{QC}>0$이므로 $\overline{QC}=15\,(cm)$ ··· ㉮

❷ $\overline{BQ}$의 길이는?

$\overline{BQ}=\overline{BC}-\overline{QC}=17-15=2\,(cm)$ ··· ㉯

❸ △DQC와 서로 닮은 삼각형을 찾으면?

△DQC와 △QPB에서

$\angle C=\angle B=90°$

$\angle QDC=90°-\angle DQC=\angle PQB$

$\therefore$ △DQC∽△QPB(AA 닮음) ··· ㉰

❹ $\overline{PQ}$의 길이는?

$\overline{DC}:\overline{QB}=\overline{DQ}:\overline{QP}$이므로

$8:2=17:\overline{QP}$ $\therefore \overline{PQ}=\dfrac{17}{4}\,(cm)$ ··· ㉣

단계	채점 기준	배점 비율
㉮	$\overline{QC}$의 길이 구하기	40 %
㉯	$\overline{BQ}$의 길이 구하기	10 %
㉰	△DQC와 서로 닮은 삼각형 찾기	20 %
㉣	$\overline{PQ}$의 길이 구하기	30 %

3 □ABCD$=16\,cm^2$이고 $\overline{BC}>0$이므로

$\overline{BC}=4\,(cm)$

□GCEF$=144\,cm^2$이고 $\overline{CE}>0$, $\overline{EF}>0$이므로

$\overline{CE}=\overline{EF}=12\,(cm)$ ··· ㉮

△BEF에서 $\overline{BE}^2+\overline{EF}^2=\overline{BF}^2$이므로

$(4+12)^2+12^2=\overline{BF}^2$, $\overline{BF}^2=400$

이때 $\overline{BF}>0$이므로 $\overline{BF}=20\,(cm)$ ··· ㉯

답 20 cm

단계	채점 기준	배점 비율
㉮	$\overline{BC}$, $\overline{CE}$, $\overline{EF}$의 길이 각각 구하기	40 %
㉯	$\overline{BF}$의 길이 구하기	60 %

4 오른쪽 그림과 같이 꼭짓점 A에서 $\overline{BC}$에 내린 수선의 발을 H라 하면

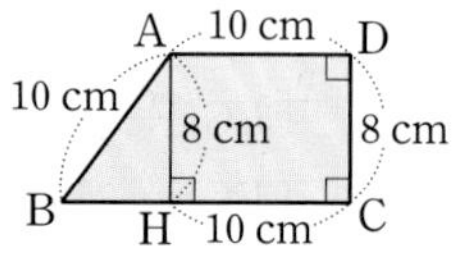

$\overline{CH}=\overline{AD}=10\,cm$,

$\overline{AH}=\overline{DC}=8\,cm$

△ABH에서 $\overline{BH}^2+8^2=10^2$, $\overline{BH}^2=36$

이때 $\overline{BH}>0$이므로 $\overline{BH}=6\,(cm)$ ··· ㉮

$\overline{BC}=\overline{BH}+\overline{CH}=6+10=16\,(cm)$ ··· ㉯

$\therefore$ □ABCD$=\dfrac{1}{2}\times(10+16)\times8$

$\qquad\qquad =104\,(cm^2)$ ··· ㉰

답 104 cm²

단계	채점 기준	배점 비율
㉮	$\overline{BH}$의 길이 구하기	50 %
㉯	$\overline{BC}$의 길이 구하기	20 %
㉰	□ABCD의 넓이 구하기	30 %

5 △AOD에서 $4^2+3^2=\overline{AD}^2$, $\overline{AD}^2=25$ ··· ㉮

이때 $\overline{AB}^2+\overline{CD}^2=\overline{AD}^2+\overline{BC}^2$이고

$\overline{AD}^2+\overline{BC}^2=25+9^2=106$이므로

$\overline{AB}^2+\overline{CD}^2=106$ ··· ㉯

답 106

단계	채점 기준	배점 비율
㉮	$\overline{AD}^2$의 값 구하기	50 %
㉯	$\overline{AB}^2+\overline{CD}^2$의 값 구하기	50 %

6 △ABC에서 $15^2+8^2=\overline{BC}^2$, $\overline{BC}^2=289$

이때 $\overline{BC}>0$이므로 $\overline{BC}=17\,(cm)$ ··· ㉮

점 D는 직각삼각형 ABC의 외심이므로

$\overline{AD}=\overline{BD}=\overline{CD}=\dfrac{1}{2}\overline{BC}$

$\qquad\quad =\dfrac{1}{2}\times17=\dfrac{17}{2}\,(cm)$ ··· ㉯

따라서 점 G는 △ABC의 무게중심이므로

$\overline{AG}=\dfrac{2}{3}\overline{AD}=\dfrac{2}{3}\times\dfrac{17}{2}=\dfrac{17}{3}\,(cm)$ ··· ㉰

답 $\dfrac{17}{3}$ cm

단계	채점 기준	배점 비율
㉮	$\overline{BC}$의 길이 구하기	30 %
㉯	$\overline{AD}$의 길이 구하기	40 %
㉰	$\overline{AG}$의 길이 구하기	30 %

이것만은 꼭!

① 직각삼각형의 외심은 빗변의 중점이다.

② 삼각형의 무게중심은 세 중선의 길이를 각 꼭짓점으로부터 각각 2 : 1로 나눈다.

06 경우의 수

❶ 경우의 수

개념 37 사건과 경우의 수

개념 확인하기 ──────────── 136쪽

1 답 (1) 5 (2) 7 (3) 3

(1) 홀수가 적힌 카드가 나오는 경우는 1, 3, 5, 7, 9의 5가지이다.

(2) 7 이하의 수가 적힌 카드가 나오는 경우는 1, 2, 3, 4, 5, 6, 7의 7가지이다.

(3) 3의 배수가 적힌 카드가 나오는 경우는 3, 6, 9의 3가지이다.

대표문제 ──────────── 137쪽

01 답 (1) 3 (2) 4 (3) 3

(1) 4 이상의 눈이 나오는 경우는 4, 5, 6의 3가지이다.

(2) 6의 약수의 눈이 나오는 경우는 1, 2, 3, 6의 4가지이다.

(3) 소수의 눈이 나오는 경우는 2, 3, 5의 3가지이다.

참고 소수: 1보다 큰 자연수 중 1과 자기 자신만을 약수로 가지는 수

02 답 (1) 1 (2) 2

한 개의 동전을 두 번 던질 때, 나오는 면을 순서쌍으로 나타내면

(1) 모두 앞면이 나오는 경우는 (앞, 앞)의 1가지이다.

(2) 뒷면이 한 번 나오는 경우는 (앞, 뒤), (뒤, 앞)의 2가지이다.

03 답 (1) 6 (2) 5

서로 다른 두 개의 주사위를 동시에 던질 때, 나오는 두 눈의 수를 순서쌍으로 나타내면

(1) 눈의 수가 서로 같은 경우는

$(1, 1), (2, 2), (3, 3), (4, 4), (5, 5), (6, 6)$

의 6가지이다.

(2) 눈의 수의 합이 8인 경우는

$(2, 6), (3, 5), (4, 4), (5, 3), (6, 2)$

의 5가지이다.

04 답 (1) 풀이 참조 (2) 3

(1)

100원(개)	3	2	1
50원(개)	0	2	4
금액(원)	300	300	300

(2) 초콜릿의 값을 지불하는 모든 방법의 수는 3이다.

05 답 (1) 5 (2) 2

500원을 지불할 때 사용하는 동전의 개수를 표로 나타내면 다음과 같다.

100원(개)	5	4	4	3	3
50원(개)	0	2	1	4	3
10원(개)	0	0	5	0	5
금액(원)	500	500	500	500	500

(1) 볼펜의 값을 지불하는 모든 방법의 수는 5이다.

(2) 10원짜리, 50원짜리, 100원짜리 동전을 각각 한 개 이상 사용하여 볼펜의 값을 지불하는 방법의 수는 2이다.

개념 38 사건 A 또는 사건 B가 일어나는 경우의 수

개념 확인하기 ──────────── 138쪽

1 답 (1) 2 (2) 2 (3) 4

(1) 3의 배수가 적힌 공이 나오는 경우는 3, 6의 2가지이다.

(2) 4의 배수가 적힌 공이 나오는 경우는 4, 8의 2가지이다.

(3) 3의 배수 또는 4의 배수가 적힌 공이 나오는 경우의 수는

$2+2=4$

대표문제 ──────────── 139쪽

01 답 (1) 4 (2) 3 (3) 7

(1) 소수가 적힌 카드가 나오는 경우는 2, 3, 5, 7의 4가지이다.

(2) 8 이상의 수가 적힌 카드가 나오는 경우는 8, 9, 10의 3가지이다.

(3) 소수 또는 8 이상의 수가 적힌 카드가 나오는 경우의 수는

$4+3=7$

02 답 5

9의 약수가 나오는 경우는 1, 3, 9의 3가지이고,

5의 배수가 나오는 경우는 5, 10의 2가지이다.

따라서 구하는 경우의 수는

$3+2=5$

03 답 (1) 5 (2) 4 (3) 9

서로 다른 두 개의 주사위를 동시에 던질 때, 나오는 두 눈의 수를 순서쌍으로 나타내면

(1) 눈의 수의 합이 6인 경우는

$(1, 5), (2, 4), (3, 3), (4, 2), (5, 1)$

의 5가지이다.

(2) 눈의 수의 합이 9인 경우는
$$(3, 6), (4, 5), (5, 4), (6, 3)$$
의 4가지이다.

(3) 눈의 수의 합이 6 또는 9인 경우의 수는
$$5+4=9$$

참고 서로 다른 두 개의 주사위를 동시에 던질 때, 나오는 두 눈의 수의 합과 차에 대한 경우의 수는 다음 표와 같다.

눈의 수의 합	2	3	4	5	6	7	8	9	10	11	12
경우의 수	1	2	3	4	5	6	5	4	3	2	1

눈의 수의 차	0	1	2	3	4	5
경우의 수	6	10	8	6	4	2

04 답 (1) 2 (2) 3 (3) 5

(3) 고속버스를 이용하여 가는 경우의 수는 2이고,
기차를 이용하여 가는 경우의 수는 3이다.
따라서 구하는 경우의 수는
$$2+3=5$$

05 답 8

장미를 사는 경우의 수는 3이고,
튤립을 사는 경우의 수는 5이다.
따라서 구하는 경우의 수는
$$3+5=8$$

06 답 10

취미가 운동인 학생을 선택하는 경우의 수는 3이고,
취미가 영화 감상인 학생을 선택하는 경우의 수는 7이다.
따라서 구하는 경우의 수는
$$3+7=10$$

개념 **39** 두 사건 A와 B가 동시에 일어나는 경우의 수

개념 **확인하기** ·························· 140쪽

1 답 (1) 5 (2) 4 (3) 20

대표문제 141쪽

01 답 (1) 12 (2) 3

(1) 동전 한 개를 던질 때 나오는 면은 앞면, 뒷면의 2가지이고, 그 각각에 대하여 주사위를 던질 때 나오는 눈의 수는
1, 2, 3, 4, 5, 6의 6가지이다.
따라서 구하는 경우의 수는
$$2×6=12$$

(2) 동전이 앞면이 나오는 경우는 1가지이고,
그 각각에 대하여 주사위가 홀수의 눈이 나오는 경우는
1, 3, 5의 3가지이다.
따라서 구하는 경우의 수는
$$1×3=3$$

02 답 (1) 36 (2) 9

(1) $6×6=36$

(2) 주사위 A가 4의 약수의 눈이 나오는 경우는
1, 2, 4의 3가지이고,
그 각각에 대하여 주사위 B가 소수의 눈이 나오는 경우는
2, 3, 5의 3가지이다.
따라서 구하는 경우의 수는
$$3×3=9$$

03 답 6

서로 다른 동전 2개가 서로 같은 면이 나오는 경우는
(앞, 앞), (뒤, 뒤)의 2가지이고,
그 각각에 대하여 주사위가 2의 배수의 눈이 나오는 경우는
2, 4, 6의 3가지이다.
따라서 구하는 경우의 수는
$$2×3=6$$

04 답 10

책상을 사는 경우의 수는 2이고,
그 각각에 대하여 의자를 사는 경우의 수는 5이다.
따라서 구하는 경우의 수는
$$2×5=10$$

05 답 6

떡을 주문하는 경우는 찹쌀떡, 인절미, 송편의 3가지이고,
그 각각에 대하여 전통차를 주문하는 경우는
수정과, 매실차의 2가지이다.
따라서 구하는 경우의 수는
$$3×2=6$$

06 답 12

A 지점에서 B 지점까지 가는 경우의 수는 3이고,
그 각각에 대하여 B 지점에서 C 지점까지 가는 경우의 수는
4이다.
따라서 구하는 경우의 수는
$$3×4=12$$

07 답 20

들어가는 출입구를 선택하는 경우의 수는 5이고,
그 각각에 대하여 나오는 출입구를 선택하는 경우의 수는 들어간 출입구를 제외한 4이다.
따라서 구하는 경우의 수는
$$5×4=20$$

01 3	02 9	03 12	04 10	04-1 15

01 (앞, 뒤, 뒤), (뒤, 앞, 뒤), (뒤, 뒤, 앞)의 3가지이다.

02 따뜻한 음료수를 선택하는 경우의 수는 4이고,
차가운 음료수를 선택하는 경우의 수는 5이다.
따라서 구하는 경우의 수는
$4+5=9$

03 자음 1개를 고르는 경우의 수는 3이고,
그 각각에 대하여 모음 1개를 고르는 경우의 수는 4이다.
따라서 구하는 글자의 수는
$3 \times 4 = 12$

04 (i) 집에서 서점까지 가는 경우의 수는 4이고,
그 각각에 대하여 서점에서 학교까지 가는 경우의 수는
2이다.
따라서 집에서 서점을 거쳐 학교까지 가는 경우의 수는
$4 \times 2 = 8$
(ii) 집에서 서점을 거치지 않고 학교까지 가는 경우의 수는
2이다.
(i), (ii)에서 구하는 경우의 수는
$8+2=10$

04-1 (i) 원숭이 우리에서 사자 우리를 거쳐 낙타 우리까지 가는
경우의 수는
$2 \times 3 = 6$
(ii) 원숭이 우리에서 기린 우리를 거쳐 낙타 우리까지 가는
경우의 수는
$3 \times 3 = 9$
(i), (ii)에서 구하는 경우의 수는
$6+9=15$

❷ 여러 가지 경우의 수

개념 **40** 한 줄로 세우는 경우의 수

대표문제 144쪽

01 답 (1) 720 (2) 30 (3) 120
(1) $6 \times 5 \times 4 \times 3 \times 2 \times 1 = 720$
(2) $6 \times 5 = 30$
(3) $6 \times 5 \times 4 = 120$

02 답 24
$4 \times 3 \times 2 \times 1 = 24$

03 답 30
구하는 경우의 수는 서로 다른 6개 중에서 2개를 골라 한 줄
로 세우는 경우의 수와 같으므로
$6 \times 5 = 30$

04 답 210
구하는 경우의 수는 서로 다른 7개 중에서 3개를 골라 한 줄
로 세우는 경우의 수와 같으므로
$7 \times 6 \times 5 = 210$

05 답 (1) 24 (2) 12
(1) A를 맨 앞의 자리에 고정하고 나머지 4명을 한 줄로 세우
면 된다. 즉, 구하는 경우의 수는 4명을 한 줄로 세우는 경
우의 수와 같으므로
$4 \times 3 \times 2 \times 1 = 24$
(2) A, B가 양 끝에 서는 경우는 A□□□B, B□□□A
의 2가지이고, 그 각각에 대하여 A, B를 제외한 3명을 한
줄로 세우는 경우의 수는
$3 \times 2 \times 1 = 6$
따라서 구하는 경우의 수는
$2 \times 6 = 12$

06 답 24, 2, 24, 2, 48
남학생 2명을 한 묶음으로 생각하고 4명을 한 줄로 세우는
경우의 수는
$4 \times 3 \times 2 \times 1 = \boxed{24}$
이때 묶음 안에서 남학생 2명이 자리를 바꾸는 경우의 수는
$2 \times 1 = \boxed{2}$
따라서 구하는 경우의 수는
$\boxed{24} \times \boxed{2} = \boxed{48}$

07 (1) 240 (2) 144
(1) A, B를 한 묶음으로 생각하고 5명을 한 줄로 세우는 경우
의 수는
$5 \times 4 \times 3 \times 2 \times 1 = 120$
이때 묶음 안에서 A, B가 자리를 바꾸는 경우의 수는
$2 \times 1 = 2$
따라서 구하는 경우의 수는
$120 \times 2 = 240$
(2) A, B, C를 한 묶음으로 생각하고 4명을 한 줄로 세우는
경우의 수는
$4 \times 3 \times 2 \times 1 = 24$
이때 묶음 안에서 A, B, C가 자리를 바꾸는 경우의 수는
$3 \times 2 \times 1 = 6$
따라서 구하는 경우의 수는 $24 \times 6 = 144$

^{개념}41 자연수의 개수

^{개념}확인하기 145쪽

1 답 (1) 12　(2) 24

(1) 십의 자리에 올 수 있는 숫자는 1, 2, 3, 4의 4개, 일의 자리에 올 수 있는 숫자는 십의 자리에 온 숫자를 제외한 3개이다.

따라서 구하는 자연수의 개수는

$4 \times 3 = 12$

(2) 백의 자리에 올 수 있는 숫자는 1, 2, 3, 4의 4개, 십의 자리에 올 수 있는 숫자는 백의 자리에 온 숫자를 제외한 3개, 일의 자리에 올 수 있는 숫자는 백의 자리와 십의 자리에 온 숫자를 제외한 2개이다.

따라서 구하는 자연수의 개수는

$4 \times 3 \times 2 = 24$

2 답 (1) 9　(2) 18

(1) 십의 자리에 올 수 있는 숫자는 0을 제외한 1, 2, 3의 3개, 일의 자리에 올 수 있는 숫자는 십의 자리에 온 숫자를 제외한 3개이다.

따라서 구하는 자연수의 개수는

$3 \times 3 = 9$

(2) 백의 자리에 올 수 있는 숫자는 0을 제외한 1, 2, 3의 3개, 십의 자리에 올 수 있는 숫자는 백의 자리에 온 숫자를 제외한 3개, 일의 자리에 올 수 있는 숫자는 백의 자리와 십의 자리에 온 숫자를 제외한 2개이다.

따라서 구하는 자연수의 개수는

$3 \times 3 \times 2 = 18$

대표문제
146쪽

01 답 (1) 36　(2) 216

(1) 십의 자리, 일의 자리에 올 수 있는 숫자는 각각 6개씩이다.

따라서 구하는 자연수의 개수는

$6 \times 6 = 36$

(2) 백의 자리, 십의 자리, 일의 자리에 올 수 있는 숫자는 각각 6개씩이다.

따라서 구하는 자연수의 개수는

$6 \times 6 \times 6 = 216$

02 답 (1) 풀이 참조　(2) 12

(1) 홀수이려면 일의 자리의 숫자가 1 또는 3 또는 5이어야 한다.

(ⅰ) 일의 자리의 숫자가 1인 홀수는

21, ⎡31⎤, 41, ⎡51⎤의 4개

(ⅱ) 일의 자리의 숫자가 3인 홀수는

13, ⎡23, 43, 53⎤의 ⎡4⎤개

(ⅲ) 일의 자리의 숫자가 5인 홀수는

⎡15, 25, 35, 45⎤의 ⎡4⎤개

이상에서 구하는 홀수의 개수는

$4 + ⎡4⎤ + ⎡4⎤ = ⎡12⎤$

(2) (ⅰ) 십의 자리의 숫자가 3인 자연수는

31, 32, 34, 35의 4개

(ⅱ) 십의 자리의 숫자가 4인 자연수는

41, 42, 43, 45의 4개

(ⅲ) 십의 자리의 숫자가 5인 자연수는

51, 52, 53, 54의 4개

이상에서 30보다 큰 자연수의 개수는

$4 + 4 + 4 = 12$

> **이런 풀이 어때요?**
>
> (1) 일의 자리에 올 수 있는 숫자는 1, 3, 5의 3개, 십의 자리에 올 수 있는 숫자는 일의 자리에 온 숫자를 제외한 4개이다.
> 따라서 구하는 홀수의 개수는 $3 \times 4 = 12$
>
> (2) 30보다 큰 자연수가 되기 위해서 십의 자리에 올 수 있는 숫자는 3, 4, 5의 3개, 일의 자리에 올 수 있는 숫자는 십의 자리에 온 숫자를 제외한 4개이다.
> 따라서 30보다 큰 자연수의 개수는 $3 \times 4 = 12$

03 답 12

짝수이려면 일의 자리의 숫자가 2 또는 4이어야 한다.

(ⅰ) 일의 자리의 숫자가 2인 짝수의 개수

백의 자리에 올 수 있는 숫자는 2를 제외한 3개, 십의 자리에 올 수 있는 숫자는 2와 백의 자리의 숫자를 제외한 2개이므로 $3 \times 2 = 6$

(ⅱ) 일의 자리의 숫자가 4인 짝수의 개수

백의 자리에 올 수 있는 숫자는 4를 제외한 3개, 십의 자리에 올 수 있는 숫자는 4와 백의 자리의 숫자를 제외한 2개이므로 $3 \times 2 = 6$

(ⅰ), (ⅱ)에서 구하는 짝수의 개수는

$6 + 6 = 12$

04 답 (1) 30　(2) 180

(1) 십의 자리에 올 수 있는 숫자는 0을 제외한 5개, 일의 자리에 올 수 있는 숫자는 6개이다.

따라서 구하는 자연수의 개수는

$5 \times 6 = 30$

(2) 백의 자리에 올 수 있는 숫자는 0을 제외한 5개, 십의 자리, 일의 자리에 올 수 있는 숫자는 각각 6개씩이다.

따라서 구하는 자연수의 개수는

$5 \times 6 \times 6 = 180$

05 **답** (1) 풀이 참조 (2) 6

(1) 짝수이려면 일의 자리의 숫자가 0 또는 2이어야 한다.

   (i) 일의 자리의 숫자가 0인 짝수는

     10, $\boxed{20}$, 30의 3개

   (ii) 일의 자리의 숫자가 2인 짝수는

     $\boxed{12,\ 32}$ 의 $\boxed{2}$ 개

   (i), (ii)에서 구하는 짝수의 개수는

     $\boxed{3}+\boxed{2}=\boxed{5}$

(2) (i) 십의 자리의 숫자가 1인 자연수는

     10, 12, 13의 3개

   (ii) 십의 자리의 숫자가 2인 자연수는

     20, 21, 23의 3개

   (i), (ii)에서 30보다 작은 자연수의 개수는

     3+3=6

06 **답** 12

홀수이려면 일의 자리의 숫자가 1 또는 3 또는 5이어야 한다.

(i) 일의 자리의 숫자가 1인 홀수는

   21, 31, 41, 51의 4개

(ii) 일의 자리의 숫자가 3인 홀수는

   13, 23, 43, 53의 4개

(iii) 일의 자리의 숫자가 5인 홀수는

   15, 25, 35, 45의 4개

이상에서 구하는 홀수의 개수는

4+4+4=12

개념 42 대표를 뽑는 경우의 수

개념 확인하기 ······················· 147쪽

1 **답** (1) 12 (2) 6 (3) 3

(1) 구하는 경우의 수는 4명 중에서 2명을 뽑아 한 줄로 세우는 경우의 수와 같으므로

   4×3=12

(2) 구하는 경우의 수는 4명 중에서 자격이 같은 대표 2명을 뽑는 경우의 수와 같으므로

   $\dfrac{4\times3}{2}=6$

(3) 구하는 경우의 수는 A를 제외한 B, C, D 3명 중에서 자격이 같은 대표 2명을 뽑는 경우의 수와 같으므로

   $\dfrac{3\times2}{2}=3$

---

01 **답** 72

구하는 경우의 수는 9명 중에서 2명을 뽑아 한 줄로 세우는 경우의 수와 같으므로

9×8=72

02 **답** (1) 20 (2) 60 (3) 12

(1) 구하는 경우의 수는 5명 중에서 2명을 뽑아 한 줄로 세우는 경우의 수와 같으므로

   5×4=20

(2) 구하는 경우의 수는 5명 중에서 3명을 뽑아 한 줄로 세우는 경우의 수와 같으므로

   5×4×3=60

(3) A를 반장으로 뽑고 난 후 나머지 B, C, D, E 4명 중에서 부반장 1명, 체육부장 1명을 뽑아야 하므로 구하는 경우의 수는

   4×3=12

03 **답** (1) 5 (2) 12 (3) 60

(1) 여학생 5명 중에서 회장 1명을 뽑는 경우의 수는 5이다.

(2) 남학생 4명 중에서 부회장 1명과 총무 1명을 뽑는 경우의 수는

   4×3=12

(3) 여학생 중에서 회장 1명, 남학생 중에서 부회장 1명과 총무 1명을 뽑는 경우의 수는

   5×12=60

04 **답** 21

구하는 경우의 수는 7명 중에서 자격이 같은 대표 2명을 뽑는 경우의 수와 같으므로

$\dfrac{7\times6}{2}=21$

05 **답** (1) 10 (2) 6 (3) 10

(1) $\dfrac{5\times4}{2}=10$

(2) 구하는 경우의 수는 B를 제외한 나머지 A, C, D, E 4명 중에서 대표 2명을 뽑는 경우의 수와 같으므로

   $\dfrac{4\times3}{2}=6$

(3) $\dfrac{5\times4\times3}{3\times2\times1}=10$

06 **답** 15

2명이 악수를 한 번 하므로 구하는 횟수는 6명 중에서 자격이 같은 대표 2명을 뽑는 경우의 수와 같다.

따라서 구하는 횟수는 $\dfrac{6\times5}{2}=15$

01 ②	02 96	03 6	04 7	05 ①
06 720	07 ②	08 ③	09 36	09-1 30

01 구하는 경우의 수는 민아를 제외한 3명을 한 줄로 세우는 경우의 수와 같으므로

$3 \times 2 \times 1 = 6$

02 초등학생 2명, 중학생 4명을 각각 한 묶음으로 생각하고 2명을 한 줄로 세우는 경우의 수는

$2 \times 1 = 2$

이때 묶음 안에서 초등학생 2명이 자리를 바꾸는 경우의 수는

$2 \times 1 = 2$

또, 묶음 안에서 중학생 4명이 자리를 바꾸는 경우의 수는

$4 \times 3 \times 2 \times 1 = 24$

따라서 구하는 경우의 수는

$2 \times 2 \times 24 = 96$

03 A에 칠할 수 있는 색은 3가지, B에 칠할 수 있는 색은 A에 칠한 색을 제외한 2가지, C에 칠할 수 있는 색은 A와 B에 칠한 색을 제외한 1가지이다.

따라서 구하는 경우의 수는

$3 \times 2 \times 1 = 6$

04 (i) 십의 자리의 숫자가 1인 자연수는

12, 13, 14, 15의 4개

(ii) 십의 자리의 숫자가 2인 자연수는

21, 23, 24의 3개

(i), (ii)에서 25보다 작은 자연수의 개수는

$4 + 3 = 7$

05 십의 자리에 올 수 있는 숫자는 0을 제외한 1, 2, 3, ⋯, 9의 9개, 일의 자리에 올 수 있는 숫자는 십의 자리에 온 숫자를 제외한 9개이다.

따라서 구하는 자연수의 개수는

$9 \times 9 = 81$

06 구하는 경우의 수는 10개 중에서 3개를 뽑아 한 줄로 세우는 경우의 수와 같으므로

$10 \times 9 \times 8 = 720$

07 구하는 경우의 수는 5명 중에서 자격이 같은 대표 2명을 뽑는 경우의 수와 같으므로

$\dfrac{5 \times 4}{2} = 10$

08 민주를 임원으로 뽑고 난 후 나머지 9명 중에서 임원 2명을 뽑아야 하므로 구하는 경우의 수는 $\dfrac{9 \times 8}{2} = 36$

09 5의 배수이려면 일의 자리의 숫자가 0 또는 5이어야 한다.

(i) 일의 자리의 숫자가 0인 5의 배수의 개수

백의 자리에 올 수 있는 숫자는 0을 제외한 5개, 십의 자리에 올 수 있는 숫자는 0과 백의 자리의 숫자를 제외한 4개이므로 $5 \times 4 = 20$

(ii) 일의 자리의 숫자가 5인 5의 배수의 개수

백의 자리에 올 수 있는 숫자는 5와 0을 제외한 4개, 십의 자리에 올 수 있는 숫자는 5와 백의 자리의 숫자를 제외한 4개이므로 $4 \times 4 = 16$

(i), (ii)에서 구하는 5의 배수의 개수는

$20 + 16 = 36$

참고 배수의 판정

① 2의 배수: 일의 자리의 숫자가 0 또는 짝수

② 3의 배수: 각 자리의 숫자의 합이 3의 배수

③ 4의 배수: 마지막 두 자리의 수가 4의 배수

④ 5의 배수: 일의 자리의 숫자가 0 또는 5

⑤ 8의 배수: 마지막 세 자리의 수가 8의 배수

⑥ 9의 배수: 각 자리의 숫자의 합이 9의 배수

09-1 2의 배수이려면 일의 자리의 숫자가 0 또는 2 또는 4이어야 한다.

(i) 일의 자리의 숫자가 0인 2의 배수의 개수

백의 자리에 올 수 있는 숫자는 0을 제외한 4개, 십의 자리에 올 수 있는 숫자는 0과 백의 자리의 숫자를 제외한 3개이므로 $4 \times 3 = 12$

(ii) 일의 자리의 숫자가 2인 2의 배수의 개수

백의 자리에 올 수 있는 숫자는 2와 0을 제외한 3개, 십의 자리에 올 수 있는 숫자는 2와 백의 자리의 숫자를 제외한 3개이므로 $3 \times 3 = 9$

(iii) 일의 자리의 숫자가 4인 2의 배수의 개수

백의 자리에 올 수 있는 숫자는 4와 0을 제외한 3개, 십의 자리에 올 수 있는 숫자는 4와 백의 자리의 숫자를 제외한 3개이므로 $3 \times 3 = 9$

이상에서 구하는 2의 배수의 개수는

$12 + 9 + 9 = 30$

01 ②	02 ①	03 2	04 7	05 ②
06 8	07 ④	08 8	09 ③	10 360
11 ④	12 12	13 64	14 ②	15 990
16 ①	17 28번	18 10	19 6	

01 소수가 적힌 카드가 나오는 경우는 2, 3, 5, 7, 11, 13, 17, 19의 8가지이다.

02 돈을 지불할 때 사용하는 동전의 개수를 순서쌍
(500원짜리, 100원짜리, 50원짜리)로 나타내면 1600원을
지불하는 방법은
$(3, 1, 0), (3, 0, 2), (2, 5, 2), (2, 4, 4)$
의 4가지이다.

03 전략 $2x+y=6$을 만족하는 순서쌍 (x, y)의 개수를 구한다.
$2x+y=6$을 만족하는 x, y를 순서쌍 (x, y)로 나타내면
$(1, 4), (2, 2)$의 2가지이다.

04 배를 이용하여 9시 이전에 출발하는 경우의 수는 4이고,
비행기를 이용하여 9시 이전에 출발하는 경우의 수는 3이다.
따라서 구하는 경우의 수는
$4+3=7$

05 주사위를 두 번 던질 때, 나오는 두 눈의 수를 순서쌍으로 나
타내면
(i) 눈의 수의 차가 3인 경우는
$(1, 4), (2, 5), (3, 6), (4, 1), (5, 2), (6, 3)$
의 6가지이다.
(ii) 눈의 수의 차가 5인 경우는
$(1, 6), (6, 1)$
의 2가지이다.
(i), (ii)에서 구하는 경우의 수는
$6+2=8$

06 2의 배수가 적힌 공이 나오는 경우는
2, 4, 6, 8, 10, 12의 6가지이고, ⋯ ㉮
3의 배수가 적힌 공이 나오는 경우는
3, 6, 9, 12의 4가지이다. ⋯ ㉯
이때 2의 배수인 동시에 3의 배수, 즉 6의 배수가 적힌 공이
나오는 경우는
6, 12의 2가지이다. ⋯ ㉰
따라서 구하는 경우의 수는
$6+4-2=8$ ⋯ ㉱

단계	채점 기준	배점 비율
㉮	2의 배수가 나오는 경우의 수 구하기	20 %
㉯	3의 배수가 나오는 경우의 수 구하기	20 %
㉰	2와 3의 공배수가 나오는 경우의 수 구하기	30 %
㉱	2의 배수 또는 3의 배수가 나오는 경우의 수 구하기	30 %

주의 공에 적힌 숫자 중 2와 3의 공배수, 즉 6의 배수가 있으므
로 6의 배수의 개수만큼 빼 주어야 한다.

07 ㄱ. $2 \times 2 = 4$
ㄴ. $6 \times 6 = 36$
ㄷ. $2 \times 2 \times 6 = 24$
이상에서 옳은 것은 ㄱ, ㄴ이다.

08 카페에서 나와 복도로 가는 경우의 수는 2이고,
복도에서 공연장으로 들어가는 경우의 수는 4이다.
따라서 구하는 경우의 수는
$2 \times 4 = 8$

09 전략 A 지점에서 B 지점까지 최단 거리로 가는 경우의 수와 B 지
점에서 C 지점까지 최단 거리로 가는 경우의 수를 각각 구하여 곱
한다.
오른쪽 그림에서 A 지점에서 B 지
점까지 최단 거리로 가는 경우의
수는 2이고, B 지점에서 C 지점까
지 최단 거리로 가는 경우의 수는
3이다.
따라서 구하는 경우의 수는
$2 \times 3 = 6$

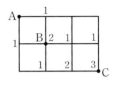

이것만은 꼭!

P 지점에서 Q 지점까지 최단 거리로 가는 경우의 수 구하기
❶ P 지점에서 Q 지점을 향해 오른쪽과 위로
한 칸씩 갈 수 있는 경우의 수를 각각 적
는다.
❷ 만나는 점에서 경우의 수를 더한다.

10 구하는 경우의 수는 6곡 중에서 4곡을 뽑아 한 줄로 세우는
경우의 수와 같으므로
$6 \times 5 \times 4 \times 3 = 360$

11 A에 칠할 수 있는 색은 4가지, B에 칠할 수 있는 색은 A에
칠한 색을 제외한 3가지, C에 칠할 수 있는 색은 A, B에 칠
한 색을 제외한 2가지, D에 칠할 수 있는 색은 B, C에 칠한
색을 제외한 2가지이다.
따라서 구하는 경우의 수는
$4 \times 3 \times 2 \times 2 = 48$

12 시집과 위인전을 한 묶음으로 생각하고 3권을 한 줄로 꽂는
경우의 수는
$3 \times 2 \times 1 = 6$ ⋯ ㉮
이때 묶음 안에서 시집, 위인전의 자리를 바꾸는 경우의 수는
$2 \times 1 = 2$ ⋯ ㉯
따라서 구하는 경우의 수는
$6 \times 2 = 12$ ⋯ ㉰

단계	채점 기준	배점 비율
㉮	시집과 위인전을 한 묶음으로 생각하고 3권을 한 줄로 꽂는 경우의 수 구하기	40 %
㉯	묶음 안에서 자리를 바꾸는 경우의 수 구하기	40 %
㉰	시집과 위인전을 이웃하게 꽂는 경우의 수 구하기	20 %

13 십의 자리, 일의 자리에 올 수 있는 숫자는 각각 8개씩이므로 구하는 자연수의 개수는

$8 \times 8 = 64$

14 (i) 백의 자리의 숫자가 2인 자연수의 개수

십의 자리에 올 수 있는 숫자는 5의 1개, 일의 자리에 올 수 있는 숫자는 0, 2, 5를 제외한 2개이므로 $1 \times 2 = 2$

(ii) 백의 자리의 숫자가 4인 자연수의 개수

십의 자리에 올 수 있는 숫자는 4를 제외한 4개, 일의 자리에 올 수 있는 숫자는 4와 십의 자리의 숫자를 제외한 3개이므로 $4 \times 3 = 12$

(iii) 백의 자리의 숫자가 5인 자연수의 개수

십의 자리에 올 수 있는 숫자는 5를 제외한 4개, 일의 자리에 올 수 있는 숫자는 5와 십의 자리의 숫자를 제외한 3개이므로 $4 \times 3 = 12$

이상에서 250보다 큰 자연수의 개수는

$2 + 12 + 12 = 26$

15 구하는 경우의 수는 11명 중에서 3명을 뽑아 한 줄로 세우는 경우의 수와 같으므로

$11 \times 10 \times 9 = 990$

16 딸기를 선택한 후 나머지 6가지의 과일 중에서 2가지를 선택해야 하므로 6개 중에서 자격이 같은 2개를 뽑는 경우의 수와 같다.

따라서 구하는 경우의 수는

$\dfrac{6 \times 5}{2} = 15$

17 구하는 경기 수는 8명 중에서 자격이 같은 대표 2명을 뽑는 경우의 수와 같으므로 $\dfrac{8 \times 7}{2} = 28$

18 전략 두 수의 곱이 홀수인 경우는 (홀수)×(홀수)=(홀수)뿐임을 이용한다.

두 수를 곱하여 홀수가 되려면 두 수 모두 홀수이어야 한다.

따라서 구하는 경우의 수는 1, 3, 5, 7, 9의 자연수가 각각 적힌 5개의 구슬 중에서 2개를 뽑는 경우의 수와 같으므로

$\dfrac{5 \times 4}{2} = 10$

19 $\overline{AB}$와 $\overline{BA}$는 같은 선분이므로 4개 중에서 자격이 같은 2개를 뽑는 경우의 수와 같다.

따라서 구하는 선분의 개수는

$\dfrac{4 \times 3}{2} = 6$

이것만은 꼭!

어느 세 점도 한 직선 위에 있지 않은 n개의 점 중에서 두 점을 연결하여 만들 수 있는 선분의 개수는

$\dfrac{n \times (n-1)}{2}$ (단, $n \geq 2$)

창의·융합 문제

153쪽

짝수이려면 일의 자리의 숫자가 2 또는 4 또는 6이어야 한다.

··· ❶

(i) 일의 자리의 숫자가 2인 짝수의 개수

백의 자리에 올 수 있는 숫자는 2를 제외한 5개, 십의 자리에 올 수 있는 숫자는 2와 백의 자리의 숫자를 제외한 4개이므로

$5 \times 4 = 20$

(ii) 일의 자리의 숫자가 4인 짝수의 개수

백의 자리에 올 수 있는 숫자는 4를 제외한 5개, 십의 자리에 올 수 있는 숫자는 4와 백의 자리의 숫자를 제외한 4개이므로

$5 \times 4 = 20$

(iii) 일의 자리의 숫자가 6인 짝수의 개수

백의 자리에 올 수 있는 숫자는 6을 제외한 5개, 십의 자리에 올 수 있는 숫자는 6과 백의 자리의 숫자를 제외한 4개이므로

$5 \times 4 = 20$ ··· ❷

이상에서 만들 수 있는 비밀번호 중 짝수의 개수는

$20 + 20 + 20 = 60$ ··· ❸

답 60

교과서 속 서술형 문제

154~155쪽

1 ❶ 22 이상인 자연수의 조건은?

십의 자리의 숫자가 2이고 일의 자리의 숫자가 $\boxed{2}$ 이상이거나, 십의 자리의 숫자가 $\boxed{3}$ 또는 4이어야 한다. ··· ㉮

❷ ❶에서 구한 조건을 만족하는 22 이상인 자연수의 개수를 각각 구하면?

(i) 십의 자리의 숫자가 2인 자연수는

$\boxed{23}$, 24의 2개

(ii) 십의 자리의 숫자가 $\boxed{3}$ 인 자연수는

31, $\boxed{32, 34}$ 의 $\boxed{3}$ 개

(iii) 십의 자리의 숫자가 4인 자연수는

$\boxed{41, 42, 43}$ 의 $\boxed{3}$ 개 ··· ㉯

❸ 22 이상인 자연수의 개수는?

따라서 22 이상인 자연수의 개수는

$\boxed{2} + \boxed{3} + \boxed{3} = 8$ ··· ㉰

단계	채점 기준	배점 비율
㉮	22 이상인 자연수의 조건 알기	20 %
㉯	㉮에서 구한 조건을 만족하는 22 이상인 자연수의 개수 각각 구하기	50 %
㉰	22 이상인 자연수의 개수 구하기	30 %

2

❶ 35 이하인 자연수의 조건은?

십의 자리의 숫자가 1 또는 2 또는 3이어야 한다. … ㉮

❷ ❶에서 구한 조건을 만족하는 35 이하인 자연수의 개수를 각각 구하면?

(ⅰ) 십의 자리의 숫자가 1인 자연수는

12, 13, 14, 15의 4개

(ⅱ) 십의 자리의 숫자가 2인 자연수는

21, 23, 24, 25의 4개

(ⅲ) 십의 자리의 숫자가 3인 자연수는

31, 32, 34, 35의 4개 … ㉯

❸ 35 이하인 자연수의 개수는?

따라서 35 이하인 자연수의 개수는

$4+4+4=12$ … ㉰

단계	채점 기준	배점 비율
㉮	35 이하인 자연수의 조건 알기	20 %
㉯	㉮에서 구한 조건을 만족하는 35 이하인 자연수의 개수 각각 구하기	50 %
㉰	35 이하인 자연수의 개수 구하기	30 %

3 비기는 경우는 세 명이 모두 같은 것을 내는 경우 또는 세 명이 모두 다른 것을 내는 경우이다.

가위바위보를 할 때, A, B, C가 내는 것을 순서쌍으로 나타내면

세 명이 모두 같은 것을 내는 경우는

(가위, 가위, 가위), (바위, 바위, 바위), (보, 보, 보)

의 3가지이고, … ㉮

세 명이 모두 다른 것을 내는 경우는

(가위, 바위, 보), (가위, 보, 바위), (바위, 가위, 보),

(바위, 보, 가위), (보, 가위, 바위), (보, 바위, 가위)

의 6가지이다. … ㉯

따라서 구하는 경우의 수는 $3+6=9$ … ㉰

답 9

단계	채점 기준	배점 비율
㉮	세 명 모두 같은 것을 내는 경우의 수 구하기	40 %
㉯	세 명 모두 다른 것을 내는 경우의 수 구하기	40 %
㉰	비기는 경우의 수 구하기	20 %

(참고) 세 사람이 가위바위보를 한 번 할 때

① (일어나는 모든 경우의 수)$=3\times3\times3=27$

② (비기는 경우의 수)

$\quad=$(세 명 모두 같은 것을 내는 경우의 수)

$\quad\quad+$(세 명 모두 다른 것을 내는 경우의 수)

$\quad=3+6=9$

③ (승부가 나는 경우의 수)

$\quad=$(일어나는 모든 경우의 수)$-$(비기는 경우의 수)

$\quad=27-9=18$

4 서로 다른 동전 2개 중에서 앞면이 한 개만 나오는 경우는

(앞, 뒤), (뒤, 앞)의 2가지 … ㉮

그 각각에 대하여 주사위가 4의 약수의 눈이 나오는 경우는

1, 2, 4의 3가지 … ㉯

따라서 구하는 경우의 수는

$2\times3=6$ … ㉰

답 6

단계	채점 기준	배점 비율
㉮	동전 2개 중에서 앞면이 한 개만 나오는 경우의 수 구하기	40 %
㉯	주사위는 4의 약수의 눈이 나오는 경우의 수 구하기	40 %
㉰	동전은 앞면이 한 개만 나오고 주사위는 4의 약수의 눈이 나오는 경우의 수 구하기	20 %

5 8 이하의 소수는 2, 3, 5, 7의 4개이므로 카드는 모두 4장이다. … ㉮

만들 수 있는 암호의 가짓수는 이 4장의 카드를 한 줄로 나열하는 경우의 수와 같으므로

$4\times3\times2\times1=24$ … ㉯

답 24

단계	채점 기준	배점 비율
㉮	8 이하의 소수가 적힌 카드의 수 구하기	40 %
㉯	암호의 가짓수 구하기	60 %

6 박물관 안내 도우미 1명을 뽑는 경우의 수는 6이다. … ㉮

우체국 청소 당번 2명을 뽑는 경우의 수는 박물관 안내 도우미 1명을 제외한 5명 중에서 자격이 같은 대표 2명을 뽑는 경우의 수와 같으므로 $\dfrac{5\times4}{2}=10$ … ㉯

따라서 구하는 경우의 수는

$6\times10=60$ … ㉰

답 60

단계	채점 기준	배점 비율
㉮	박물관 안내 도우미 1명을 뽑는 경우의 수 구하기	30 %
㉯	우체국 청소 당번 2명을 뽑는 경우의 수 구하기	50 %
㉰	박물관 안내 도우미 1명과 우체국 청소 당번 2명을 뽑는 경우의 수 구하기	20 %

이런 풀이 어때요?

우체국 청소 당번 2명을 뽑는 경우의 수는 $\dfrac{6\times5}{2}=15$

박물관 안내 도우미 1명을 뽑는 경우의 수는 우체국 청소 당번 2명을 제외한 4명 중에서 1명을 뽑는 경우의 수와 같으므로 4이다.

따라서 구하는 경우의 수는 $15\times4=60$

07 확률과 그 계산

❶ 확률과 그 기본 성질

개념 43 확률의 뜻

개념 확인하기 ·························· 158쪽

1 답 (1) 6 (2) 4 (3) $\dfrac{2}{3}$

(1) 한 개의 주사위를 한 번 던질 때 나오는 모든 경우는 1, 2, 3, 4, 5, 6의 6가지이므로 일어나는 모든 경우의 수는 6이다.

(2) 6의 약수의 눈이 나오는 경우는 1, 2, 3, 6의 4가지이므로 구하는 경우의 수는 4이다.

(3) 6의 약수의 눈이 나올 확률은

$$\dfrac{(6의 \ 약수의 \ 눈이 \ 나오는 \ 경우의 \ 수)}{(일어나는 \ 모든 \ 경우의 \ 수)}=\dfrac{4}{6}=\dfrac{2}{3}$$

이것만은 꼭!

사건 A가 일어날 확률은 다음과 같은 순서로 구한다.
❶ 일어나는 모든 경우의 수를 구한다.
❷ 사건 A가 일어나는 경우의 수를 구한다.
❸ (사건 A가 일어날 확률)$=\dfrac{❷}{❶}$

2 답 $\dfrac{1}{4}$

8개의 제비 중에서 당첨 제비가 2개 있으므로 구하는 확률은

$$\dfrac{2}{8}=\dfrac{1}{4}$$

대표문제 ···························· 159쪽

01 답 (1) $\dfrac{3}{5}$ (2) $\dfrac{3}{10}$ (3) $\dfrac{2}{5}$

모든 경우의 수는 10

(1) 4보다 큰 수가 적힌 카드가 나오는 경우는 5, 6, 7, 8, 9, 10의 6가지이므로 구하는 확률은 $\dfrac{6}{10}=\dfrac{3}{5}$

(2) 3의 배수가 적힌 카드가 나오는 경우는 3, 6, 9의 3가지이므로 구하는 확률은 $\dfrac{3}{10}$

(3) 소수가 적힌 카드가 나오는 경우는 2, 3, 5, 7의 4가지이므로 구하는 확률은 $\dfrac{4}{10}=\dfrac{2}{5}$

02 답 (1) $\dfrac{1}{2}$ (2) $\dfrac{1}{4}$ (3) $\dfrac{1}{2}$

서로 다른 두 개의 동전을 동시에 던질 때, 일어나는 모든 경우의 수는 $2\times2=4$

이때 두 개의 동전을 던져 나오는 면을 순서쌍으로 나타내면

(1) 앞면이 한 개만 나오는 경우는 (앞, 뒤), (뒤, 앞)의 2가지이므로 구하는 확률은 $\dfrac{2}{4}=\dfrac{1}{2}$

(2) 모두 앞면이 나오는 경우는 (앞, 앞)의 1가지이므로 구하는 확률은 $\dfrac{1}{4}$

(3) 서로 같은 면이 나오는 경우는 (앞, 앞), (뒤, 뒤)의 2가지이므로 구하는 확률은 $\dfrac{2}{4}=\dfrac{1}{2}$

03 답 (1) $\dfrac{1}{6}$ (2) $\dfrac{1}{9}$

서로 다른 두 개의 주사위를 동시에 던질 때, 일어나는 모든 경우의 수는 $6\times6=36$

이때 두 개의 주사위를 던져 나오는 눈의 수를 순서쌍으로 나타내면

(1) 나오는 눈의 수가 서로 같은 경우는

(1, 1), (2, 2), (3, 3), (4, 4), (5, 5), (6, 6)

의 6가지이므로 구하는 확률은

$$\dfrac{6}{36}=\dfrac{1}{6}$$

(2) 눈의 수의 합이 5인 경우는

(1, 4), (2, 3), (3, 2), (4, 1)

의 4가지이므로 구하는 확률은

$$\dfrac{4}{36}=\dfrac{1}{9}$$

04 답 (1) 120 (2) $\dfrac{1}{6}$

(1) N을 맨 앞의 자리에 고정하고 나머지 5개의 문자를 한 줄로 나열하는 경우의 수는

$5\times4\times3\times2\times1=120$

(2) 6개의 문자를 한 줄로 나열하는 경우의 수는

$6\times5\times4\times3\times2\times1=720$

따라서 구하는 확률은

$$\dfrac{120}{720}=\dfrac{1}{6}$$

05 답 (1) $\dfrac{1}{2}$ (2) $\dfrac{5}{9}$

(1) 전체 6개의 칸 중에서 색칠된 칸이 3개이므로 화살을 한 번 쏠 때, 색칠한 부분을 맞힐 확률은 $\dfrac{3}{6}=\dfrac{1}{2}$

(2) 전체 9개의 칸 중에서 색칠된 칸이 5개이므로 화살을 한 번 쏠 때, 색칠한 부분을 맞힐 확률은 $\dfrac{5}{9}$

06 답 $\dfrac{1}{4}$

4의 배수가 적힌 부분은 4, 8로 전체 8개의 칸 중에서 2개이다.

따라서 원판을 한 번 돌린 후 멈추었을 때, 바늘이 4의 배수가 적힌 부분을 가리킬 확률은

$$\dfrac{2}{8}=\dfrac{1}{4}$$

개념 44 확률의 성질

개념 확인하기 ·············· 160쪽

1 답 (1) $\frac{3}{5}$ (2) $\frac{2}{5}$ (3) 1 (4) 0

모든 경우의 수는 $3+2=5$

(1) 주머니 속에 빨간 공이 3개 들어 있으므로 구하는 확률은 $\frac{3}{5}$

(2) 주머니 속에 노란 공이 2개 들어 있으므로 구하는 확률은 $\frac{2}{5}$

(3) 주머니 속에 빨간 공 또는 노란 공만 들어 있으므로 구하는 확률은 1

(4) 주머니 속에 파란 공은 없으므로 구하는 확률은 0

대표문제
161~162쪽

01 답 (1) $\frac{1}{3}$ (2) 0 (3) 1

(1) 15개의 제비 중에서 당첨 제비가 5개이므로 구하는 확률은 $\frac{5}{15}=\frac{1}{3}$

(2) 당첨 제비가 없으므로 구하는 확률은 0

(3) 모든 제비가 당첨 제비이므로 구하는 확률은 1

02 답 (1) $\frac{4}{9}$ (2) $\frac{5}{9}$ (3) 1 (4) 0

모든 경우의 수는 $4+5=9$

(1) 상자 속에 단팥 호빵이 4개 들어 있으므로 구하는 확률은 $\frac{4}{9}$

(2) 상자 속에 야채 호빵이 5개 들어 있으므로 구하는 확률은 $\frac{5}{9}$

(3) 상자 속에 단팥 호빵 또는 야채 호빵만 들어 있으므로 구하는 확률은 1

(4) 상자 속에 피자 호빵은 없으므로 구하는 확률은 0

03 답 (1) $\frac{4}{9}$ (2) 1 (3) 0

모든 경우의 수는 9

(1) 짝수가 적힌 카드가 나오는 경우는 2, 4, 6, 8의 4가지이므로 구하는 확률은 $\frac{4}{9}$

(2) 카드에 적힌 수는 모두 한 자리 자연수이므로 구하는 확률은 1

(3) 카드에 적힌 수 중에 10의 배수는 없으므로 구하는 확률은 0

04 답 (1) $\frac{1}{2}$ (2) 0 (3) 1

모든 경우의 수는 6

(1) 4의 약수의 눈이 나오는 경우는 1, 2, 4의 3가지이므로 구하는 확률은 $\frac{3}{6}=\frac{1}{2}$

(2) 7의 눈이 나오는 경우는 없으므로 구하는 확률은 0

(3) 나오는 눈의 수는 항상 6 이하이므로 구하는 확률은 1

05 답 (1) 0 (2) 1

(1) 5의 배수이려면 일의 자리의 숫자가 0 또는 5이어야 한다. 2장을 뽑아 만들 수 있는 두 자리 자연수 중에서 5의 배수는 없으므로 구하는 확률은 0

(2) 2장을 뽑아 만들 수 있는 두 자리 자연수는 모두 40 이하의 자연수이므로 구하는 확률은 1

06 답 ㄷ

ㄱ. 사과만 들어 있는 봉지에서 귤을 꺼낼 수 없으므로 그 확률은 0

ㄴ. 두 자리 자연수 중에서 100의 배수를 선택할 수 없으므로 그 확률은 0

ㄷ. 서로 다른 동전 4개를 동시에 던질 때 일어나는 모든 경우의 수는 $2\times2\times2\times2=16$

모두 뒷면이 나오는 경우의 수는 1이므로 그 확률은 $\frac{1}{16}$

ㄹ. A, B, C 세 사람 중에서 대표 한 명을 뽑을 때 D가 뽑힐 수 없으므로 그 확률은 0

이상에서 확률이 나머지 넷과 다른 하나는 ㄷ이다.

07 답 $\frac{2}{3}$

(시험에 합격하지 못할 확률)=1-(시험에 합격할 확률)

$=1-\frac{1}{3}=\frac{2}{3}$

08 답 (1) $\frac{1}{4}$ (2) $\frac{3}{4}$

(1) 모든 경우의 수는 $3+4+5=12$

사과 맛 사탕이 3개 들어 있으므로 구하는 확률은 $\frac{3}{12}=\frac{1}{4}$

(2) (꺼낸 사탕이 사과 맛 사탕이 아닐 확률)

=1-(꺼낸 사탕이 사과 맛 사탕일 확률)

$=1-\frac{1}{4}=\frac{3}{4}$

09 답 (1) $\frac{2}{5}$ (2) $\frac{3}{5}$

(1) 모든 경우의 수는 10이고, 공에 적힌 수가 소수인 경우는 2, 3, 5, 7의 4가지이므로 구하는 확률은 $\frac{4}{10}=\frac{2}{5}$

(2) (공에 적힌 수가 소수가 아닐 확률)
　＝1－(공에 적힌 수가 소수일 확률)
　＝$1-\dfrac{2}{5}=\dfrac{3}{5}$

10 답 $\dfrac{5}{6}$

모든 경우의 수는 $6\times6=36$
이때 두 개의 주사위를 던져 나오는 눈의 수를 순서쌍으로 나타내면 눈의 수가 서로 같은 경우는
$(1, 1), (2, 2), (3, 3), (4, 4), (5, 5), (6, 6)$의 6가지이므로
그 확률은 $\dfrac{6}{36}=\dfrac{1}{6}$
∴ (나오는 눈의 수가 서로 다를 확률)
　＝1－(나오는 눈의 수가 서로 같을 확률)
　＝$1-\dfrac{1}{6}=\dfrac{5}{6}$

11 답 (1) $\dfrac{1}{4}$ (2) $\dfrac{3}{4}$

(1) 모든 경우의 수는 $2\times2=4$
이때 두 개의 동전을 던져 나오는 면을 순서쌍으로 나타내면 모두 뒷면이 나오는 경우는 (뒤, 뒤)의 1가지이므로 구하는 확률은 $\dfrac{1}{4}$
(2) (적어도 한 개는 앞면이 나올 확률)
　＝1－(모두 뒷면이 나올 확률)
　＝$1-\dfrac{1}{4}=\dfrac{3}{4}$

12 답 (1) $\dfrac{1}{4}$ (2) $\dfrac{3}{4}$

(1) 모든 경우의 수는 $6\times6=36$
한 개의 주사위를 던질 때, 짝수의 눈이 나오는 경우는 2, 4, 6의 3가지이므로 두 개의 주사위를 던질 때, 두 주사위 모두 짝수의 눈이 나오는 경우의 수는
$3\times3=9$
따라서 구하는 확률은 $\dfrac{9}{36}=\dfrac{1}{4}$
(2) (적어도 한 개는 홀수의 눈이 나올 확률)
　＝1－(모두 짝수의 눈이 나올 확률)
　＝$1-\dfrac{1}{4}=\dfrac{3}{4}$

13 답 $\dfrac{14}{15}$

6명 중에서 대표 2명을 뽑는 경우의 수는 $\dfrac{6\times5}{2}=15$
2명 모두 여학생이 뽑히는 경우의 수는 1이므로 그 확률은 $\dfrac{1}{15}$
∴ (적어도 한 명은 남학생이 뽑힐 확률)
　＝1－(모두 여학생이 뽑힐 확률)
　＝$1-\dfrac{1}{15}=\dfrac{14}{15}$

소단원 **핵심문제** 163쪽

01 $\dfrac{2}{9}$　02 ㄱ, ㄷ　03 ②　04 $\dfrac{7}{8}$　04-1 $\dfrac{19}{27}$

01 모든 경우의 수는 $6\times6=36$
이때 두 개의 주사위를 던져 나오는 눈의 수를 순서쌍으로 나타내면 눈의 수의 차가 2인 경우는
$(1, 3), (2, 4), (3, 1), (3, 5), (4, 2), (4, 6), (5, 3), (6, 4)$
의 8가지이므로 구하는 확률은
$\dfrac{8}{36}=\dfrac{2}{9}$

02 ㄱ. 여학교에는 여학생만 있으므로 남학생이 뽑힐 확률은 0
ㄴ. 모든 경우의 수는 $3\times3=9$
　비기는 경우를 순서쌍으로 나타내면
　(가위, 가위), (바위, 바위), (보, 보)
　의 3가지이므로 그 확률은 $\dfrac{3}{9}=\dfrac{1}{3}$
ㄷ. 한 개의 동전을 던질 때, 앞면과 뒷면이 동시에 나올 수 없으므로 그 확률은 0
ㄹ. 한 개의 주사위를 던질 때 나오는 눈의 수는 항상 1 이상이므로 그 확률은 1
이상에서 확률이 0인 것은 ㄱ, ㄷ이다.

03 (B 중학교가 이길 확률)
　＝1－(A 중학교가 이길 확률)
　＝$1-\dfrac{3}{5}=\dfrac{2}{5}$

04 한 문제에 ○ 또는 ×를 표시할 때 맞히는 경우와 틀리는 경우의 2가지이므로 모든 경우의 수는 $2\times2\times2=8$
3문제를 모두 틀리는 경우는 1가지이므로 그 확률은 $\dfrac{1}{8}$
∴ (적어도 한 문제는 맞힐 확률)
　＝1－(3문제를 모두 틀릴 확률)
　＝$1-\dfrac{1}{8}=\dfrac{7}{8}$

04-1 한 문제에 ○ 또는 △ 또는 ×를 표시할 때 맞히는 경우 1가지와 틀리는 경우 2가지, 즉 3가지이므로 모든 경우의 수는
$3\times3\times3=27$
3문제를 모두 틀리는 경우의 수는
$2\times2\times2=8$
이므로 그 확률은 $\dfrac{8}{27}$
∴ (적어도 한 문제는 맞힐 확률)
　＝1－(3문제를 모두 틀릴 확률)
　＝$1-\dfrac{8}{27}=\dfrac{19}{27}$

❷ 확률의 계산

개념 45 사건 A 또는 사건 B가 일어날 확률

개념 확인하기 164쪽

1 답 (1) $\dfrac{1}{5}$ (2) $\dfrac{3}{10}$ (3) $\dfrac{1}{2}$

모든 경우의 수는 10

(1) 2 이하의 수가 적힌 카드가 나오는 경우는 1, 2의 2가지이 므로 구하는 확률은 $\dfrac{2}{10}=\dfrac{1}{5}$

(2) 3의 배수가 적힌 카드가 나오는 경우는 3, 6, 9의 3가지이 므로 구하는 확률은 $\dfrac{3}{10}$

(3) 두 사건은 동시에 일어날 수 없으므로 구하는 확률은 $\dfrac{1}{5}+\dfrac{3}{10}=\dfrac{1}{2}$

대표문제 165쪽

01 답 (1) $\dfrac{4}{11}$ (2) $\dfrac{5}{11}$ (3) $\dfrac{9}{11}$

모든 경우의 수는 $4+5+2=11$

(1) 흰 공이 4개 들어 있으므로 흰 공이 나올 확률은 $\dfrac{4}{11}$

(2) 검은 공이 5개 들어 있으므로 검은 공이 나올 확률은 $\dfrac{5}{11}$

(3) 두 사건은 동시에 일어날 수 없으므로 구하는 확률은 $\dfrac{4}{11}+\dfrac{5}{11}=\dfrac{9}{11}$

02 답 (1) $\dfrac{1}{5}$ (2) $\dfrac{2}{5}$ (3) $\dfrac{3}{5}$

모든 경우의 수는 15

(1) 4의 배수가 적힌 구슬이 나오는 경우는 4, 8, 12의 3가지 이므로 구하는 확률은 $\dfrac{3}{15}=\dfrac{1}{5}$

(2) 소수가 적힌 구슬이 나오는 경우는 2, 3, 5, 7, 11, 13의 6가지이므로 구하는 확률은 $\dfrac{6}{15}=\dfrac{2}{5}$

(3) 두 사건은 동시에 일어날 수 없으므로 구하는 확률은 $\dfrac{1}{5}+\dfrac{2}{5}=\dfrac{3}{5}$

03 답 (1) $\dfrac{1}{18}$ (2) $\dfrac{1}{12}$ (3) $\dfrac{5}{36}$

모든 경우의 수는 $6\times6=36$

이때 두 개의 주사위를 던져 나오는 눈의 수를 순서쌍으로 나 타내면

(1) 눈의 수의 합이 3인 경우는
$(1, 2), (2, 1)$의 2가지이므로 구하는 확률은
$\dfrac{2}{36}=\dfrac{1}{18}$

(2) 눈의 수의 합이 10인 경우는
$(4, 6), (5, 5), (6, 4)$의 3가지이므로 구하는 확률은
$\dfrac{3}{36}=\dfrac{1}{12}$

(3) 두 사건은 동시에 일어날 수 없으므로 구하는 확률은
$\dfrac{1}{18}+\dfrac{1}{12}=\dfrac{5}{36}$

04 답 (1) $\dfrac{1}{3}$ (2) $\dfrac{1}{3}$ (3) $\dfrac{2}{3}$

모든 경우의 수는 $3\times3=9$

A, B가 가위, 바위, 보를 내는 것을 순서쌍으로 나타내면

(1) 비기는 경우는
(가위, 가위), (바위, 바위), (보, 보)
의 3가지이므로 구하는 확률은 $\dfrac{3}{9}=\dfrac{1}{3}$

(2) B가 이기는 경우는
(가위, 바위), (바위, 보), (보, 가위)
의 3가지이므로 구하는 확률은 $\dfrac{3}{9}=\dfrac{1}{3}$

(3) 두 사건은 동시에 일어날 수 없으므로 구하는 확률은
$\dfrac{1}{3}+\dfrac{1}{3}=\dfrac{2}{3}$

05 답 $\dfrac{37}{100}$

2편을 관람했을 확률은 $\dfrac{26}{100}=\dfrac{13}{50}$

3편을 관람했을 확률은 $\dfrac{11}{100}$

두 사건은 동시에 일어날 수 없으므로 구하는 확률은
$\dfrac{13}{50}+\dfrac{11}{100}=\dfrac{37}{100}$

06 답 $\dfrac{2}{5}$

모든 경우의 수는 $5\times4\times3\times2\times1=120$

A가 맨 앞에 서는 경우의 수는 B, C, D, E 4명을 한 줄로 세 우는 경우의 수와 같으므로
$4\times3\times2\times1=24$

즉, A가 맨 앞에 설 확률은 $\dfrac{24}{120}=\dfrac{1}{5}$

B가 맨 앞에 서는 경우의 수는 A, C, D, E 4명을 한 줄로 세 우는 경우의 수와 같으므로
$4\times3\times2\times1=24$

즉, B가 맨 앞에 설 확률은 $\dfrac{24}{120}=\dfrac{1}{5}$

두 사건은 동시에 일어날 수 없으므로 구하는 확률은
$\dfrac{1}{5}+\dfrac{1}{5}=\dfrac{2}{5}$

개념 46 두 사건 *A*와 *B*가 동시에 일어날 확률

개념 확인하기 166쪽

1 답 (1) $\frac{1}{2}$ (2) $\frac{1}{3}$ (3) $\frac{1}{6}$

(1) 모든 경우의 수는 6이고, 홀수의 눈이 나오는 경우는 1, 3, 5의 3가지이므로 구하는 확률은

$$\frac{3}{6}=\frac{1}{2}$$

(2) 모든 경우의 수는 6이고, 3 미만의 눈이 나오는 경우는 1, 2의 2가지이므로 구하는 확률은

$$\frac{2}{6}=\frac{1}{3}$$

(3) 주사위 A는 홀수의 눈이 나오고 주사위 B는 3 미만의 눈이 나올 확률은

$$\frac{1}{2}\times\frac{1}{3}=\frac{1}{6}$$

대표문제
167쪽

01 답 (1) $\frac{1}{2}$ (2) $\frac{1}{3}$ (3) $\frac{1}{6}$

(1) 모든 경우의 수는 $2\times2=4$이고, 서로 다른 면이 나오는 경우는 (앞, 뒤), (뒤, 앞)의 2가지이므로 구하는 확률은

$$\frac{2}{4}=\frac{1}{2}$$

(2) 모든 경우의 수는 6이고, 5 이상의 눈이 나오는 경우는 5, 6의 2가지이므로 구하는 확률은

$$\frac{2}{6}=\frac{1}{3}$$

(3) 동전은 서로 다른 면이 나오고 주사위는 5 이상의 눈이 나올 확률은

$$\frac{1}{2}\times\frac{1}{3}=\frac{1}{6}$$

02 답 (1) $\frac{2}{25}$ (2) $\frac{12}{25}$ (3) $\frac{3}{25}$

(1) 주머니 A에서 흰 바둑돌이 나올 확률은 $\frac{2}{5}$이고, 주머니 B에서 검은 바둑돌이 나올 확률은 $\frac{1}{5}$이므로 구하는 확률은

$$\frac{2}{5}\times\frac{1}{5}=\frac{2}{25}$$

(2) 주머니 A에서 검은 바둑돌이 나올 확률은 $\frac{3}{5}$이고, 주머니 B에서 흰 바둑돌이 나올 확률은 $\frac{4}{5}$이므로 구하는 확률은

$$\frac{3}{5}\times\frac{4}{5}=\frac{12}{25}$$

(3) 주머니 A에서 검은 바둑돌이 나올 확률은 $\frac{3}{5}$이고, 주머니 B에서 검은 바둑돌이 나올 확률은 $\frac{1}{5}$이므로 구하는 확률은

$$\frac{3}{5}\times\frac{1}{5}=\frac{3}{25}$$

03 답 $\frac{3}{25}$

10의 약수가 적힌 부분은 1, 2, 5, 10으로 전체 10개의 칸 중에서 4개이므로 그 확률은 $\frac{4}{10}=\frac{2}{5}$

9의 약수가 적힌 부분은 1, 3, 9로 전체 10개의 칸 중에서 3개이므로 그 확률은 $\frac{3}{10}$

따라서 구하는 확률은

$$\frac{2}{5}\times\frac{3}{10}=\frac{3}{25}$$

04 답 (1) $\frac{3}{20}$ (2) $\frac{1}{5}$ (3) $\frac{7}{20}$

(1) 민우가 합격하지 못할 확률은 $1-\frac{4}{5}=\frac{1}{5}$이므로 구하는 확률은 $\frac{3}{4}\times\frac{1}{5}=\frac{3}{20}$

(2) 하은이가 합격하지 못할 확률은 $1-\frac{3}{4}=\frac{1}{4}$이므로 구하는 확률은 $\frac{1}{4}\times\frac{4}{5}=\frac{1}{5}$

(3) (두 사람 중에서 한 사람만 합격할 확률)

= (하은이만 합격할 확률) + (민우만 합격할 확률)

$$=\frac{3}{20}+\frac{1}{5}=\frac{7}{20}$$

05 답 $\frac{63}{80}$

$$\left(1-\frac{1}{8}\right)\times\left(1-\frac{1}{10}\right)=\frac{7}{8}\times\frac{9}{10}=\frac{63}{80}$$

개념 47 연속하여 꺼내는 경우의 확률

개념 확인하기 168쪽

1 답 (1) $\frac{1}{16}$ (2) $\frac{1}{19}$

(1) 첫 번째에 당첨 제비를 꺼낼 확률은 $\frac{5}{20}=\frac{1}{4}$

꺼낸 제비를 다시 넣으므로 두 번째에 당첨 제비를 꺼낼 확률은 $\frac{5}{20}=\frac{1}{4}$

따라서 구하는 확률은 $\frac{1}{4}\times\frac{1}{4}=\frac{1}{16}$

(2) 첫 번째에 당첨 제비를 꺼낼 확률은 $\dfrac{5}{20}=\dfrac{1}{4}$

꺼낸 제비를 다시 넣지 않으므로 두 번째에 당첨 제비를

꺼낼 확률은 $\dfrac{4}{19}$

따라서 구하는 확률은 $\dfrac{1}{4}\times\dfrac{4}{19}=\dfrac{1}{19}$

따라서 구하는 확률은

$\dfrac{1}{5}\times\dfrac{4}{5}=\dfrac{4}{25}$

(3) (A가 당첨 제비를 뽑을 확률)

= (A, B 모두 당첨 제비를 뽑을 확률)

+ (A만 당첨 제비를 뽑을 확률)

$=\dfrac{1}{25}+\dfrac{4}{25}=\dfrac{1}{5}$

169쪽

대표문제

01 답 (1) $\dfrac{16}{81}$ (2) $\dfrac{25}{81}$

(1) 첫 번째에 흰 공을 꺼낼 확률은 $\dfrac{4}{9}$

두 번째에 흰 공을 꺼낼 확률은 $\dfrac{4}{9}$

따라서 구하는 확률은

$\dfrac{4}{9}\times\dfrac{4}{9}=\dfrac{16}{81}$

(2) 첫 번째에 검은 공을 꺼낼 확률은 $\dfrac{5}{9}$

두 번째에 검은 공을 꺼낼 확률은 $\dfrac{5}{9}$

따라서 구하는 확률은

$\dfrac{5}{9}\times\dfrac{5}{9}=\dfrac{25}{81}$

02 답 $\dfrac{3}{50}$

4의 약수는 1, 2, 4의 3개이므로 첫 번째에 4의 약수가 적힌

카드를 뽑을 확률은 $\dfrac{3}{10}$

4의 배수는 4, 8의 2개이므로 두 번째에 4의 배수가 적힌 카

드를 뽑을 확률은 $\dfrac{2}{10}=\dfrac{1}{5}$

따라서 구하는 확률은

$\dfrac{3}{10}\times\dfrac{1}{5}=\dfrac{3}{50}$

03 답 (1) $\dfrac{1}{25}$ (2) $\dfrac{4}{25}$ (3) $\dfrac{1}{5}$

(1) A가 당첨 제비를 뽑을 확률은 $\dfrac{2}{10}=\dfrac{1}{5}$

B가 당첨 제비를 뽑을 확률은 $\dfrac{2}{10}=\dfrac{1}{5}$

따라서 구하는 확률은

$\dfrac{1}{5}\times\dfrac{1}{5}=\dfrac{1}{25}$

(2) A가 당첨 제비를 뽑을 확률은 $\dfrac{2}{10}=\dfrac{1}{5}$

B가 당첨 제비를 뽑지 못할 확률은 $\dfrac{8}{10}=\dfrac{4}{5}$

04 답 (1) $\dfrac{3}{11}$ (2) $\dfrac{2}{11}$

(1) 첫 번째에 포도 맛 사탕을 꺼낼 확률은 $\dfrac{6}{11}$

두 번째에 포도 맛 사탕을 꺼낼 확률은 $\dfrac{5}{10}=\dfrac{1}{2}$

따라서 구하는 확률은 $\dfrac{6}{11}\times\dfrac{1}{2}=\dfrac{3}{11}$

(2) 첫 번째에 레몬 맛 사탕을 꺼낼 확률은 $\dfrac{5}{11}$

두 번째에 레몬 맛 사탕을 꺼낼 확률은 $\dfrac{4}{10}=\dfrac{2}{5}$

따라서 구하는 확률은

$\dfrac{5}{11}\times\dfrac{2}{5}=\dfrac{2}{11}$

05 답 (1) $\dfrac{2}{15}$ (2) $\dfrac{1}{3}$ (3) $\dfrac{7}{15}$

(1) 첫 번째에 노란 구슬을 꺼낼 확률은 $\dfrac{4}{10}=\dfrac{2}{5}$

두 번째에 노란 구슬을 꺼낼 확률은 $\dfrac{3}{9}=\dfrac{1}{3}$

따라서 구하는 확률은

$\dfrac{2}{5}\times\dfrac{1}{3}=\dfrac{2}{15}$

(2) 첫 번째에 빨간 구슬을 꺼낼 확률은 $\dfrac{6}{10}=\dfrac{3}{5}$

두 번째에 빨간 구슬을 꺼낼 확률은 $\dfrac{5}{9}$

따라서 구하는 확률은

$\dfrac{3}{5}\times\dfrac{5}{9}=\dfrac{1}{3}$

(3) (두 번 모두 같은 색의 구슬을 꺼낼 확률)

= (두 번 모두 노란 구슬을 꺼낼 확률)

+ (두 번 모두 빨간 구슬을 꺼낼 확률)

$=\dfrac{2}{15}+\dfrac{1}{3}=\dfrac{7}{15}$

06 답 $\dfrac{3}{5}$

민수가 행운 카드를 뽑지 못할 확률은 $\dfrac{4}{6}=\dfrac{2}{3}$

은석이가 행운 카드를 뽑지 못할 확률은 $\dfrac{3}{5}$

즉, 두 사람 모두 행운 카드를 뽑지 못할 확률은

$\dfrac{2}{3}\times\dfrac{3}{5}=\dfrac{2}{5}$

∴ (적어도 한 사람은 행운 카드를 뽑을 확률)

=1−(두 사람 모두 행운 카드를 뽑지 못할 확률)

$=1-\dfrac{2}{5}=\dfrac{3}{5}$

소단원 핵심문제　　　　170~171쪽

01 $\dfrac{5}{12}$　　02 ⑤　　03 ③　　04 $\dfrac{3}{50}$　　05 $\dfrac{2}{15}$

06 ⑤　　07 $\dfrac{1}{5}$　　08 $\dfrac{9}{38}$　　09 $\dfrac{34}{63}$　　09-1 $\dfrac{31}{56}$

01 전체 학생 수는 $11+12+9+4=36$

혈액형이 A형인 학생은 11명이므로 그 확률은 $\dfrac{11}{36}$

혈액형이 AB형인 학생은 4명이므로 그 확률은 $\dfrac{4}{36}=\dfrac{1}{9}$

따라서 구하는 확률은

$\dfrac{11}{36}+\dfrac{1}{9}=\dfrac{5}{12}$

02 만들 수 있는 두 자리 자연수의 개수는 $5\times4=20$

(ⅰ) 짝수이려면 일의 자리의 숫자가 2 또는 4이어야 한다.

일의 자리의 숫자가 2인 짝수는 12, 32, 42, 52의 4개,

일의 자리의 숫자가 4인 짝수는 14, 24, 34, 54의 4개

즉, 짝수는 8개이므로 그 확률은 $\dfrac{8}{20}=\dfrac{2}{5}$

(ⅱ) 5의 배수는 15, 25, 35, 45의 4개이므로 그 확률은

$\dfrac{4}{20}=\dfrac{1}{5}$

(ⅰ), (ⅱ)에서 구하는 확률은

$\dfrac{2}{5}+\dfrac{1}{5}=\dfrac{3}{5}$

03 안타를 칠 확률이 $0.3=\dfrac{3}{10}$이므로 구하는 확률은

$\dfrac{3}{10}\times\dfrac{3}{10}=\dfrac{9}{100}$

04 토요일에 비가 올 확률은 $20\%=\dfrac{20}{100}=\dfrac{1}{5}$

일요일에 비가 올 확률은 $30\%=\dfrac{30}{100}=\dfrac{3}{10}$

따라서 구하는 확률은 $\dfrac{1}{5}\times\dfrac{3}{10}=\dfrac{3}{50}$

05 A가 목표물을 맞히지 못할 확률은 $1-\dfrac{3}{5}=\dfrac{2}{5}$

B가 목표물을 맞히지 못할 확률은 $1-\dfrac{2}{3}=\dfrac{1}{3}$

따라서 구하는 확률은

$\dfrac{2}{5}\times\dfrac{1}{3}=\dfrac{2}{15}$

06 두 번 모두 골을 넣지 못할 확률은

$\left(1-\dfrac{2}{3}\right)\times\left(1-\dfrac{2}{3}\right)=\dfrac{1}{3}\times\dfrac{1}{3}=\dfrac{1}{9}$

∴ (적어도 한 번은 골을 넣을 확률)

=1−(두 번 모두 골을 넣지 못할 확률)

$=1-\dfrac{1}{9}=\dfrac{8}{9}$

07 첫 번째에 A가 적힌 카드가 나올 확률은 $\dfrac{1}{5}$

두 번째에 A가 적힌 카드가 나올 확률은 $\dfrac{1}{5}$

이므로 두 번 모두 A가 적힌 카드가 나올 확률은

$\dfrac{1}{5}\times\dfrac{1}{5}=\dfrac{1}{25}$

마찬가지로 두 번 모두 B, C, D, E가 적힌 카드가 나올 확률

도 각각 $\dfrac{1}{25}$이다.

따라서 구하는 확률은

$\dfrac{1}{25}+\dfrac{1}{25}+\dfrac{1}{25}+\dfrac{1}{25}+\dfrac{1}{25}=\dfrac{1}{5}$

08 짝수는 2, 4, 6, 8, …, 20의 10개이므로

첫 번째에 짝수가 적힌 카드가 나올 확률은 $\dfrac{10}{20}=\dfrac{1}{2}$

두 번째에 짝수가 적힌 카드가 나올 확률은 $\dfrac{9}{19}$

따라서 구하는 확률은

$\dfrac{1}{2}\times\dfrac{9}{19}=\dfrac{9}{38}$

09 (ⅰ) 주머니 A에서 흰 공, 주머니 B에서 흰 공이 나올 확률은

$\dfrac{3}{7}\times\dfrac{2}{9}=\dfrac{2}{21}$

(ⅱ) 주머니 A에서 파란 공, 주머니 B에서 파란 공이 나올 확률은

$\dfrac{4}{7}\times\dfrac{7}{9}=\dfrac{4}{9}$

(ⅰ), (ⅱ)에서 구하는 확률은

$\dfrac{2}{21}+\dfrac{4}{9}=\dfrac{34}{63}$

09-1 (ⅰ) 주머니 A에서 검은 구슬, 주머니 B에서 빨간 구슬이 나올 확률은

$\dfrac{2}{7}\times\dfrac{3}{8}=\dfrac{3}{28}$

(ⅱ) 주머니 A에서 빨간 구슬, 주머니 B에서 검은 구슬이 나올 확률은

$\dfrac{5}{7}\times\dfrac{5}{8}=\dfrac{25}{56}$

(ⅰ), (ⅱ)에서 구하는 확률은

$\dfrac{3}{28}+\dfrac{25}{56}=\dfrac{31}{56}$

01 $\frac{3}{8}$	**02** ⑤	**03** $\frac{1}{6}$	**04** ⑤	**05** ①
06 ④	**07** $\frac{11}{12}$	**08** $\frac{5}{7}$	**09** $\frac{3}{10}$	**10** ④
11 $\frac{25}{64}$	**12** ②	**13** $\frac{3}{4}$	**14** $\frac{4}{5}$	**15** $\frac{9}{20}$
16 $\frac{45}{49}$	**17** ⑤	**18** $\frac{2}{5}$	**19** $\frac{3}{14}$	

01 알파벳은 C, O, M, P, U, T, E, R의 8개이므로 모든 경우의 수는 8
모음이 적힌 카드를 뽑는 경우는 O, U, E의 3가지이므로
구하는 확률은 $\frac{3}{8}$

02 만들 수 있는 두 자리 자연수의 개수는 $4 \times 4 = 16$
23보다 작은 자연수는 10, 12, 13, 14, 20, 21의 6개이므로
구하는 확률은 $\frac{6}{16} = \frac{3}{8}$

03 모든 경우의 수는 $9 \times 8 = 72$ … ㉮
회장, 부회장으로 모두 여학생이 뽑히는 경우의 수는
$4 \times 3 = 12$ … ㉯
따라서 구하는 확률은
$\frac{12}{72} = \frac{1}{6}$ … ㉰

단계	채점 기준	배점 비율
㉮	모든 경우의 수 구하기	30 %
㉯	모두 여학생이 뽑히는 경우의 수 구하기	30 %
㉰	모두 여학생이 뽑힐 확률 구하기	40 %

04 (빨간 공일 확률) $= \frac{6}{6+7+x} = \frac{3}{10}$
$3(13+x) = 60, 13+x = 20$ ∴ $x = 7$

05 모든 경우의 수는 $6 \times 6 = 36$
$3x - y = 2$를 만족하는 순서쌍 (x, y)는
$(1, 1), (2, 4)$의 2가지
따라서 구하는 확률은
$\frac{2}{36} = \frac{1}{18}$

이것만은 꼭!
방정식, 부등식에서의 확률 구하기
❶ 모든 경우의 수를 구한다.
❷ 주어진 방정식 또는 부등식을 만족하는 경우의 수를 구한다. 이때 순서쌍을 이용하면 편리하다.
❸ $\frac{❷}{❶}$ 를 구한다.

06 ④ 사건 A가 절대로 일어나지 않으면 $p = 0$이다.

07 모든 경우의 수는 $6 \times 6 = 36$
이때 두 개의 주사위를 던져 나오는 눈의 수를 순서쌍으로 나타내면
눈의 수의 합이 10 초과인 경우는
$(5, 6), (6, 5), (6, 6)$의 3가지이므로
그 확률은 $\frac{3}{36} = \frac{1}{12}$
∴ (눈의 수의 합이 10 이하일 확률)
$= 1 - $ (눈의 수의 합이 10 초과일 확률)$= 1 - \frac{1}{12} = \frac{11}{12}$

08 모든 경우의 수는 $\frac{7 \times 6}{2} = 21$
지수가 뽑히는 경우의 수는 지수를 제외한 6명 중에서 대표 1명을 뽑는 경우의 수와 같으므로 6
따라서 지수가 뽑힐 확률이 $\frac{6}{21} = \frac{2}{7}$이므로 구하는 확률은
$1 - \frac{2}{7} = \frac{5}{7}$

09 모든 경우의 수는 30
화요일은 7일, 14일, 21일, 28일의 4일이 있으므로 그 확률은
$\frac{4}{30} = \frac{2}{15}$
목요일은 2일, 9일, 16일, 23일, 30일의 5일이 있으므로 그 확률은 $\frac{5}{30} = \frac{1}{6}$
따라서 구하는 확률은 $\frac{2}{15} + \frac{1}{6} = \frac{3}{10}$

10 모든 경우의 수는 $2 \times 2 \times 2 = 8$
이때 3개의 동전을 던져 나오는 면을 순서쌍으로 나타내면
(i) 앞면이 2개 나오는 경우는
(앞, 앞, 뒤), (앞, 뒤, 앞), (뒤, 앞, 앞)
의 3가지이므로 그 확률은 $\frac{3}{8}$
(ii) 앞면이 3개 나오는 경우는
(앞, 앞, 앞)의 1가지이므로 그 확률은 $\frac{1}{8}$
(i), (ii)에서 구하는 확률은 $\frac{3}{8} + \frac{1}{8} = \frac{1}{2}$

11 전체 16개의 칸 중에 색칠된 칸이 10개이므로 화살을 한 번 쏠 때, 색칠한 부분을 맞힐 확률은 $\frac{10}{16} = \frac{5}{8}$
따라서 구하는 확률은
$\frac{5}{8} \times \frac{5}{8} = \frac{25}{64}$

12 (A 팀이 1차전에서는 이기고 2차전에서는 질 확률)
$= $ (1차전에서 이길 확률) $\times$ (2차전에서 질 확률)
$= \frac{30}{100} \times \left(1 - \frac{60}{100}\right) = \frac{3}{10} \times \frac{2}{5} = \frac{3}{25}$

13 스위치 A, B가 모두 닫혀야 전구에 불이 켜지므로 전구에 불이 켜질 확률은 $\frac{1}{3} \times \frac{3}{4} = \frac{1}{4}$

∴ (전구에 불이 켜지지 않을 확률)

$= 1 - ($전구에 불이 켜질 확률$) = 1 - \frac{1}{4} = \frac{3}{4}$

14 [전략] A, B 두 선수 중 적어도 한 선수가 목표물을 맞히면 된다.

A, B 두 선수 중 한 선수만 목표물을 맞혀도 되므로 구하는 확률은 적어도 한 선수가 목표물을 맞힐 확률과 같다.

두 선수 모두 목표물을 맞히지 못할 확률은

$\left(1 - \frac{2}{5}\right) \times \left(1 - \frac{2}{3}\right) = \frac{3}{5} \times \frac{1}{3} = \frac{1}{5}$

∴ (적어도 한 선수가 목표물을 맞힐 확률)

$= 1 - ($두 선수 모두 목표물을 맞히지 못할 확률$)$

$= 1 - \frac{1}{5} = \frac{4}{5}$

15 (ⅰ) A 문제만 맞힐 확률은

$\frac{3}{4} \times \left(1 - \frac{3}{5}\right) = \frac{3}{4} \times \frac{2}{5} = \frac{3}{10}$ … ㉮

(ⅱ) B 문제만 맞힐 확률은

$\left(1 - \frac{3}{4}\right) \times \frac{3}{5} = \frac{1}{4} \times \frac{3}{5} = \frac{3}{20}$ … ㉯

(ⅰ), (ⅱ)에서 구하는 확률은 $\frac{3}{10} + \frac{3}{20} = \frac{9}{20}$ … ㉰

단계	채점 기준	배점 비율
㉮	A 문제만 맞힐 확률 구하기	40 %
㉯	B 문제만 맞힐 확률 구하기	40 %
㉰	한 문제만 맞힐 확률 구하기	20 %

16 두 번 모두 은색 클립을 꺼낼 확률은 $\frac{2}{7} \times \frac{2}{7} = \frac{4}{49}$

∴ (적어도 하나는 금색 클립을 꺼낼 확률)

$= 1 - ($두 번 모두 은색 클립을 꺼낼 확률$)$

$= 1 - \frac{4}{49} = \frac{45}{49}$

17 (ⅰ) 첫 번째에 빨간 구슬, 두 번째에 파란 구슬이 나올 확률은

$\frac{3}{10} \times \frac{7}{10} = \frac{21}{100}$

(ⅱ) 첫 번째에 파란 구슬, 두 번째에 빨간 구슬이 나올 확률은

$\frac{7}{10} \times \frac{3}{10} = \frac{21}{100}$

(ⅰ), (ⅱ)에서 구하는 확률은 $\frac{21}{100} + \frac{21}{100} = \frac{21}{50}$

18 첫 번째에 하늘색 솜사탕을 꺼낼 확률은 $\frac{4}{6} = \frac{2}{3}$ … ㉮

두 번째에 하늘색 솜사탕을 꺼낼 확률은 $\frac{3}{5}$ … ㉯

따라서 구하는 확률은

$\frac{2}{3} \times \frac{3}{5} = \frac{2}{5}$ … ㉰

단계	채점 기준	배점 비율
㉮	첫 번째에 하늘색 솜사탕을 꺼낼 확률 구하기	30 %
㉯	두 번째에 하늘색 솜사탕을 꺼낼 확률 구하기	40 %
㉰	2개 모두 하늘색 솜사탕일 확률 구하기	30 %

19 첫 번째에 불량품이 나올 확률은 $\frac{15}{50} = \frac{3}{10}$

두 번째에 불량품이 나오지 않을 확률은 $\frac{35}{49} = \frac{5}{7}$

따라서 구하는 확률은

$\frac{3}{10} \times \frac{5}{7} = \frac{3}{14}$

창의·융합 문제
174쪽

은별이가 결승전에 올라가려면 현수와의 경기에서 이기고, 윤아와의 경기에서도 이겨야 하므로 그 확률은

$\frac{1}{2} \times \frac{1}{2} = \frac{1}{4}$ … ❶

민상이가 결승전에 올라가려면 영찬이와 지혜 중에서 준결승전에 올라온 한 선수와의 경기에서만 이기면 되므로 그 확률은

$\frac{1}{2}$ … ❷

따라서 은별이와 민상이가 결승전에서 만날 확률은

$\frac{1}{4} \times \frac{1}{2} = \frac{1}{8}$ … ❸

답 $\frac{1}{8}$

교과서 속 서술형 문제
175~176쪽

1 ❶ 두 수의 곱이 짝수가 되는 경우와 홀수가 되는 경우를 생각해 보면?

짝수: (짝수)×(짝수), (짝수)×($\boxed{홀수}$),

(홀수)×($\boxed{짝수}$)

홀수: (홀수)×($\boxed{홀수}$)

❷ 나오는 눈의 수의 곱이 홀수일 확률을 구하면?

두 눈의 수의 곱이 홀수이려면 두 눈의 수가 모두 홀수이어야 하고 한 개의 주사위를 던질 때 홀수가 나올 확률은

$\frac{3}{6} = \frac{1}{2}$이므로

(두 눈의 수의 곱이 홀수일 확률)

$= \frac{1}{2} \times \boxed{\frac{1}{2}} = \boxed{\frac{1}{4}}$ … ㉮

❸ ❷를 이용하여 나오는 눈의 수의 곱이 짝수일 확률을 구하면?

(두 눈의 수의 곱이 짝수일 확률)

=1-(두 눈의 수의 곱이 홀수일 확률)

$=1-\dfrac{1}{4}=\dfrac{3}{4}$ ··· ㉯

단계	채점 기준	배점 비율
㉮	나오는 눈의 수의 곱이 홀수일 확률 구하기	50 %
㉯	나오는 눈의 수의 곱이 짝수일 확률 구하기	50 %

2 ❶ 두 수의 곱이 짝수가 되는 경우와 홀수가 되는 경우를 생각해 보면?

짝수: (짝수)×(짝수), (짝수)×(홀수), (홀수)×(짝수)

홀수: (홀수)×(홀수)

❷ 두 수의 곱이 홀수일 확률을 구하면?

두 수의 곱이 홀수이려면 두 수 모두 홀수이어야 하고 홀수를 뽑을 확률은 각각 $\dfrac{2}{5}$이므로

(두 수의 곱이 홀수일 확률)$=\dfrac{2}{5}\times\dfrac{2}{5}=\dfrac{4}{25}$ ··· ㉮

❸ ❷를 이용하여 두 수의 곱이 짝수일 확률을 구하면?

(두 수의 곱이 짝수일 확률)

=1-(두 수의 곱이 홀수일 확률)

$=1-\dfrac{4}{25}=\dfrac{21}{25}$ ··· ㉯

단계	채점 기준	배점 비율
㉮	두 수의 곱이 홀수일 확률 구하기	50 %
㉯	두 수의 곱이 짝수일 확률 구하기	50 %

3 모든 경우의 수는 $2\times2\times2=8$ ··· ㉮

이때 세 개의 동전을 던져 나오는 면을 순서쌍으로 나타내면 하나만 뒷면이 나오는 경우는

(뒤, 앞, 앞), (앞, 뒤, 앞), (앞, 앞, 뒤)의 3가지 ··· ㉯

따라서 구하는 확률은 $\dfrac{3}{8}$ ··· ㉰

답 $\dfrac{3}{8}$

단계	채점 기준	배점 비율
㉮	모든 경우의 수 구하기	40 %
㉯	하나만 뒷면이 나오는 경우의 수 구하기	40 %
㉰	하나만 뒷면이 나올 확률 구하기	20 %

4 모든 경우의 수는 $6\times6=36$ ··· ㉮

직선 $ax-by=2$가 점 $(1, 2)$를 지나므로 $a-2b=2$를 만족하는 순서쌍 (a, b)는 $(4, 1)$, $(6, 2)$의 2가지 ··· ㉯

따라서 구하는 확률은 $\dfrac{2}{36}=\dfrac{1}{18}$ ··· ㉰

답 $\dfrac{1}{18}$

단계	채점 기준	배점 비율
㉮	모든 경우의 수 구하기	20 %
㉯	직선 $ax-by=2$가 점 $(1, 2)$를 지나는 순서쌍 (a, b)의 수 구하기	60 %
㉰	직선 $ax-by=2$가 점 $(1, 2)$를 지날 확률 구하기	20 %

5 A에서 4의 약수는 1, 2, 4의 3가지이므로 그 확률은

$\dfrac{3}{4}$ ··· ㉮

B에서 소수는 2, 3, 5, 7, 11, 13, 17, 19의 8가지이므로 그 확률은

$\dfrac{8}{20}=\dfrac{2}{5}$ ··· ㉯

따라서 구하는 확률은

$\dfrac{3}{4}\times\dfrac{2}{5}=\dfrac{3}{10}$ ··· ㉰

답 $\dfrac{3}{10}$

단계	채점 기준	배점 비율
㉮	A에서 4의 약수일 확률 구하기	30 %
㉯	B에서 소수일 확률 구하기	30 %
㉰	A에서 4의 약수, B에서 소수일 확률 구하기	40 %

6 비가 온 날의 다음 날에 비가 올 확률은

$1-\dfrac{1}{3}=\dfrac{2}{3}$ ··· ㉮

비가 오는 경우를 ○, 비가 오지 않는 경우를 ×라 하고, 월요일에 비가 왔을 때 같은 주 수요일에 비가 오는 경우를 생각하면 다음 표와 같다.

	월	화	수	확률
(i)	○	○	○	$\dfrac{2}{3}\times\dfrac{2}{3}=\dfrac{4}{9}$
(ii)	○	×	○	$\dfrac{1}{3}\times\dfrac{1}{6}=\dfrac{1}{18}$

··· ㉯

(i), (ii)에서 구하는 확률은

$\dfrac{4}{9}+\dfrac{1}{18}=\dfrac{1}{2}$ ··· ㉰

답 $\dfrac{1}{2}$

단계	채점 기준	배점 비율
㉮	비가 온 날의 다음 날에 비가 올 확률 구하기	10 %
㉯	화요일에 비가 오는 경우와 비가 오지 않는 경우의 확률을 각각 구하기	60 %
㉰	수요일에 비가 올 확률 구하기	30 %

01 삼각형의 성질

개념 정리 ·· 2쪽

❶ 변　❷ 밑각　❸ 꼭지각　❹ RHA　❺ RHS
❻ 외접　❼ 외심　❽ 꼭짓점　❾ 내접　❿ 내심
⓫ 변

❶ 이등변삼각형

익힘문제

개념 01 이등변삼각형의 뜻과 성질　3쪽

01 답 (1) $100°$　(2) $67°$　(3) $70°$

(1) $\angle B = \angle C = 40°$이므로
$\angle x = 180° - 2 \times 40° = 100°$

(2) $\angle C = \angle B = \angle x$이므로
$\angle x = \dfrac{1}{2} \times (180° - 46°) = 67°$

(3) $\angle B = \angle C = 35°$이므로
$\angle x = 2 \times 35° = 70°$

02 답 (1) 5　(2) 90　(3) 55

(1) $\angle BAD = \angle CAD$이고 꼭지각의 이등분선은 밑변을 수직이등분하므로
$\overline{BD} = \dfrac{1}{2}\overline{BC} = \dfrac{1}{2} \times 10 = 5\,(\text{cm})$
∴ $x = 5$

(2) $\angle BAD = \angle CAD$이고 꼭지각의 이등분선은 밑변을 수직이등분하므로 $\angle ADC = 90°$　∴ $x = 90$

(3) $\angle CAD = \angle BAD = 35°$이고 꼭지각의 이등분선은 밑변을 수직이등분하므로 $\angle ADC = 90°$
△ADC에서
$\angle ACD = 180° - (35° + 90°) = 55°$
∴ $x = 55$

03 답 $12\,\text{cm}$

이등변삼각형 ABC에서 $\angle B$가 꼭지각이므로
$\overline{AB} = \overline{BC}$
△ABC의 둘레의 길이가 $35\,\text{cm}$이므로
$\overline{AB} + \overline{BC} + \overline{CA} = 2\overline{AB} + 11 = 35$
∴ $\overline{AB} = 12\,(\text{cm})$

04 답 (1) $60°$　(2) $60°$

(1) △ABD에서 $\overline{DA} = \overline{DB}$이므로
$\angle DAB = \angle B = 30°$
∴ $\angle ADC = 30° + 30° = 60°$

(2) △ADC에서 $\overline{DA} = \overline{DC}$이므로
$\angle C = \dfrac{1}{2} \times (180° - 60°) = 60°$

05 답 (1) $35°$　(2) $105°$

(1) △ABC에서 $\overline{AB} = \overline{AC}$이므로
$\angle ACB = \angle B = 70°$
∴ $\angle DCB = \dfrac{1}{2}\angle ACB$
$= \dfrac{1}{2} \times 70° = 35°$

(2) △DBC에서
$\angle ADC = 70° + 35° = 105°$

개념 02 이등변삼각형이 되는 조건　4쪽

01 답 (1) 4　(2) 8　(3) 5

(1) $\angle A = 180° - (45° + 90°) = 45°$
즉, $\angle A = \angle B$이므로
$\overline{AC} = \overline{BC} = 4\,\text{cm}$　∴ $x = 4$

(2) $\angle C = 180° - (70° + 55°) = 55°$
즉, $\angle B = \angle C$이므로
$\overline{AC} = \overline{AB} = 8\,\text{cm}$　∴ $x = 8$

(3) $\angle BCA = 180° - 110° = 70°$
△ABC에서
$\angle A = 180° - (40° + 70°) = 70°$
즉, $\angle A = \angle BCA$이므로
$\overline{BC} = \overline{AB} = 5\,\text{cm}$　∴ $x = 5$

02 답 (1) $12\,\text{cm}$　(2) $55°$　(3) $12\,\text{cm}$

(1) △DBC에서 $\angle DBC = \angle DCB$이므로
$\overline{BD} = \overline{CD} = 12\,\text{cm}$

(2) △ABC에서
$\angle A = 180° - (90° + 35°) = 55°$

(3) $\angle ABD = 90° - 35° = 55°$
이때 △ABD에서 $\angle A = \angle ABD$이므로
$\overline{AD} = \overline{BD} = 12\,\text{cm}$

03 🅐 4 cm

△ABC에서 ∠B=∠C이므로 $\overline{AB}=\overline{AC}$

이때 $\overline{AD}\perp\overline{BC}$이므로

$\overline{BD}=\dfrac{1}{2}\overline{BC}=\dfrac{1}{2}\times8=4\,(\text{cm})$

04 🅐 ∠ACB, $\dfrac{1}{2}$, ∠ACB, ∠DCB, $\overline{DC}$

△ABC에서 ∠ABC= $\boxed{\angle ACB}$ 이므로

∠DBC= $\boxed{\dfrac{1}{2}}$ ∠ABC=$\dfrac{1}{2}$ $\boxed{\angle ACB}$ = $\boxed{\angle DCB}$

따라서 △DBC는 $\overline{DB}=$ $\boxed{\overline{DC}}$ 인 이등변삼각형이다.

05 🅐 (1) 7   (2) 16

(1) 오른쪽 그림에서

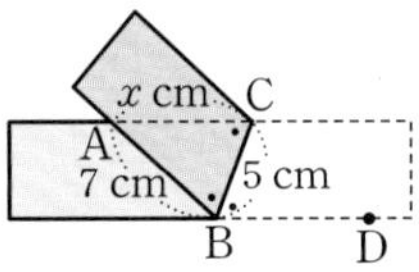

∠ABC=∠CBD (접은 각),

∠ACB=∠CBD (엇각)

이므로 ∠ABC=∠ACB

따라서 △ABC에서 $\overline{AC}=\overline{AB}=7\,\text{cm}$이므로

$x=7$

(2) 오른쪽 그림에서

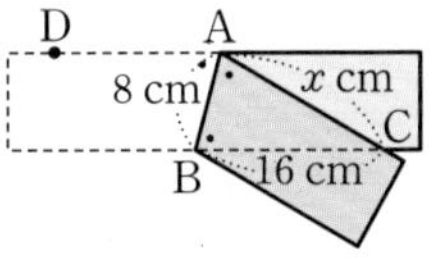

∠DAB=∠BAC (접은 각),

∠DAB=∠ABC (엇각)

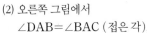

이므로 ∠ABC=∠BAC

따라서 △ABC에서 $\overline{AC}=\overline{BC}=16\,\text{cm}$이므로

$x=16$

━━━━━━━━━━━━━━━━━━ 5쪽

01 20°	**02** ④	**03** 4 cm	**04** 51	**05** 8 cm
06 13 cm	**07** ③			

01 △ABC에서 $\overline{AB}=\overline{AC}$이므로 ∠B=∠C

$2\angle x+2(3\angle x+10°)=180°$

$8\angle x=160°$ ∴ ∠$x=20°$

02 △ABC에서 $\overline{AB}=\overline{AC}$이므로

∠ACB=∠B=25°

∴ ∠DAC=∠B+∠ACB

$=25°+25°=50°$

△ACD에서 $\overline{CA}=\overline{CD}$이므로

∠CDA=∠CAD=50°

∴ ∠$x=180°-∠CDA$

$=180°-50°=130°$

03 △ABC는 $\overline{AB}=\overline{BC}$인 이등변삼각형이므로

∠A=∠C=$\dfrac{1}{2}\times(180°-60°)=60°$

따라서 △ABC는 정삼각형이므로

$\overline{AC}=\overline{AB}=8\,\text{cm}$

∴ $\overline{AD}=\dfrac{1}{2}\overline{AC}=\dfrac{1}{2}\times8=4\,(\text{cm})$

04 $\overline{AD}$가 이등변삼각형 ABC의 꼭지각의 이등분선이므로

∠ADB=90°

△ABD에서 ∠BAD=$180°-(45°+90°)=45°$

∴ $x=45$

또, ∠DAB=∠DBA=45°이므로

$\overline{DA}=\overline{DB}=6\,\text{cm}$ ∴ $y=6$

∴ $x+y=45+6=51$

05 △ABC에서 $\overline{AB}=\overline{AC}$이므로

∠ABC=∠C=72°

∴ ∠ABD=∠DBC=$\dfrac{1}{2}$∠ABC=$\dfrac{1}{2}\times72°=36°$

△BCD에서 ∠BDC=$180°-(72°+36°)=72°$

즉, ∠BCD=∠BDC=72°이므로

$\overline{BD}=\overline{BC}=8\,\text{cm}$

또, △ABC에서 ∠A=$180°-2\times72°=36°$

따라서 △ABD에서 ∠ABD=∠DAB=36°이므로

$\overline{AD}=\overline{BD}=8\,\text{cm}$

06 ∠GEF=∠FEH (접은 각),

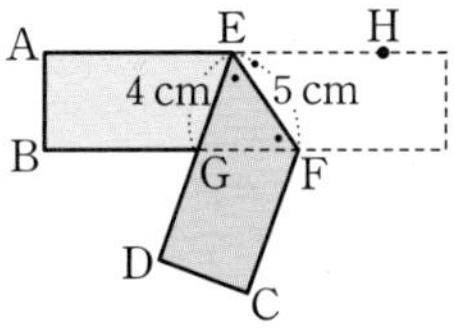

∠GFE=∠FEH (엇각)

이므로 ∠GEF=∠GFE

∴ $\overline{GF}=\overline{GE}=4\,\text{cm}$

따라서 △EGF의 둘레의 길이는

$\overline{EG}+\overline{GF}+\overline{FE}$

$=4+4+5=13\,(\text{cm})$

07 △ABC에서 $\overline{AB}=\overline{AC}$이므로

∠ABC=∠ACB=$\dfrac{1}{2}\times(180°-56°)=62°$

∴ ∠DCB=$\dfrac{1}{2}$∠ACB=$\dfrac{1}{2}\times62°=31°$

∠DBE=$\dfrac{1}{2}$∠ABE

$=\dfrac{1}{2}\times(180°-∠ABC)$

$=\dfrac{1}{2}\times(180°-62°)=59°$

△DBC에서 ∠BDC+∠DCB=∠DBE이므로

∠$x+31°=59°$

∴ ∠$x=28°$

② 직각삼각형의 합동 조건

개념 03 직각삼각형의 합동 조건; RHA 합동　6쪽

01　답 90, $\overline{AC}$, $\angle D$, $\triangle ABC$, RHA

02　답 ㄱ, ㄴ, ㄷ, ㅂ

03　답 (1) 90, $\overline{CB}$, 90, $\angle CBE$, $\triangle CBE$, RHA
　(2) 3 cm
　(2) $\triangle ACD \equiv \triangle CBE$이므로
　　$\overline{CE} = \overline{AD} = 9$ cm
　　$\therefore \overline{BE} = \overline{CD} = \overline{DE} - \overline{CE}$
　　　　$= 12 - 9 = 3 (\text{cm})$

04　답 (1) $\triangle BDE \equiv \triangle BDC$　(2) 2 cm
　(1) $\triangle BDE$와 $\triangle BDC$에서
　　$\angle BED = \angle C = 90°$, $\overline{BD}$는 공통, $\angle DBE = \angle DBC$
　　$\therefore \triangle BDE \equiv \triangle BDC$ (RHA 합동)
　(2) $\overline{BE} = \overline{BC} = 5$ cm이므로
　　$\overline{AE} = \overline{AB} - \overline{BE} = 7 - 5 = 2 (\text{cm})$

개념 04 직각삼각형의 합동 조건; RHS 합동　7쪽

01　답 90, $\overline{DE}$, $\overline{AC}$, $\triangle DEF$, RHS

02　답 ㄱ, ㄷ, ㅁ

03　답 (1) 90, $\overline{CD}$, $\overline{CE}$, $\triangle CED$, RHS
　(2) 15 cm
　(2) $\triangle CBD \equiv \triangle CED$이므로
　　$\overline{DB} = \overline{DE} = 5$ cm
　　$\therefore \overline{AB} = \overline{AD} + \overline{DB} = 10 + 5 = 15 (\text{cm})$

04　답 (1) $\triangle BDE \equiv \triangle CDF$　(2) $100°$
　(1) $\triangle BDE$와 $\triangle CDF$에서
　　$\angle BED = \angle CFD = 90°$, $\overline{BD} = \overline{CD}$, $\overline{DE} = \overline{DF}$
　　$\therefore \triangle BDE \equiv \triangle CDF$ (RHS 합동)
　(2) $\angle C = \angle B = 40°$이므로
　　$\triangle ABC$에서
　　$\angle A = 180° - 2 \times 40° = 100°$

개념 05 각의 이등분선의 성질　8쪽

01　답 $\angle OQP$, $\angle POR$, RHA

02　답 (1) 9　(2) 5　(3) 8

03　답 (1) $30°$　(2) $40°$
　(2) $\triangle OPA$에서 $\angle AOP = 180° - (90° + 50°) = 40°$
　　$\triangle POA \equiv \triangle POB$ (RHS 합동)이므로
　　$\angle x = \angle AOP = 40°$

04　답 ㄴ
　$\triangle OPQ$와 $\triangle OPR$에서
　$\angle OQP = \angle ORP = 90°$, $\overline{OP}$는 공통, $\overline{PQ} = \overline{PR}$
　따라서 $\triangle OPQ \equiv \triangle OPR$ (RHS 합동)이므로
　$\overline{OQ} = \overline{OR}$ (ㄱ), $\angle OPQ = \angle OPR$ (ㄷ),
　$\angle POQ = \angle POR$ (ㄹ)
　이상에서 옳지 않은 것은 ㄴ뿐이다.

05　답 (1) 8 cm　(2) 26 cm
　(1) $\triangle AED$와 $\triangle ACD$에서
　　$\angle AED = \angle C = 90°$, $\overline{AD}$는 공통, $\angle DAE = \angle DAC$
　　$\therefore \triangle AED \equiv \triangle ACD$ (RHA 합동)
　　$\therefore \overline{DE} = \overline{DC} = 8$ cm
　(2) $\overline{DE} = 8$ cm이고 $\triangle ABD$의 넓이가 104 cm²이므로
　　$\dfrac{1}{2} \times \overline{AB} \times 8 = 104$　$\therefore \overline{AB} = 26 (\text{cm})$

01 ⑤	02 6 cm	03 ③	04 14 cm	05 $22.5°$
06 $65°$	07 $\dfrac{81}{4}$ cm²			

01　① RHS 합동
　② SAS 합동
　③ ASA 합동
　④ RHA 합동
　⑤ 세 내각의 크기가 각각 같으면 모양은 같지만 크기가 다를 수 있으므로 두 삼각형은 서로 합동이 아닐 수도 있다.

02　$\triangle ACP$와 $\triangle BDP$에서
　$\angle C = \angle D = 90°$, $\overline{AP} = \overline{BP}$, $\angle APC = \angle BPD$ (맞꼭지각)
　$\therefore \triangle ACP \equiv \triangle BDP$ (RHA 합동)
　$\therefore \overline{PD} = \overline{PC} = 6$ cm

03 △ADC와 △CEB에서

∠ADC=∠CEB=90°, $\overline{AC}=\overline{CB}$,

∠ACD+∠BCE=90°,

∠ACD+∠CAD=90°

이므로 ∠CAD=∠BCE

∴ △ADC≡△CEB (RHA 합동)

따라서 $\overline{DC}=\overline{EB}$=8 cm, $\overline{CE}=\overline{AD}$=5 cm이므로

$\overline{DE}=\overline{DC}+\overline{CE}$=8+5=13(cm)

04 △AOP와 △BOP에서

∠OAP=∠OBP=90°,

$\overline{OP}$는 공통, ∠POA=∠POB

∴ △AOP≡△BOP (RHA 합동)

∴ $\overline{OA}=\overline{OB}$=5 cm, $\overline{BP}=\overline{AP}$=2 cm

따라서 사각형 AOBP의 둘레의 길이는

$\overline{AO}+\overline{OB}+\overline{BP}+\overline{PA}$=5+5+2+2=14(cm)

05 △ADE에서 $\overline{AD}=\overline{DE}$이고, ∠ADE=90°이므로

$∠A=\dfrac{1}{2}×(180°-90°)=45°$

△ABC에서 ∠ABC=180°-(45°+90°)=45°

△BED와 △BEC에서

∠BDE=∠C=90°, $\overline{BE}$는 공통, $\overline{DE}=\overline{CE}$

∴ △BED≡△BEC (RHS 합동)

따라서 ∠DBE=∠CBE이므로

$∠ABE=\dfrac{1}{2}∠ABC=\dfrac{1}{2}×45°=22.5°$

06 △AED와 △AFD에서

∠AED=∠AFD=90°,

$\overline{AD}$는 공통, $\overline{DE}=\overline{DF}$

∴ △AED≡△AFD (RHS 합동)

∴ $∠DAE=∠DAF=\dfrac{1}{2}∠BAC=\dfrac{1}{2}×50°=25°$

따라서 △AED에서

$∠x=180°-(25°+90°)=65°$

07 △AED와 △ACD에서

∠AED=∠ACD=90°,

$\overline{AD}$는 공통, ∠EAD=∠CAD

∴ △AED≡△ACD (RHA 합동)

$\overline{CD}=x$ cm라 하면 $\overline{DE}=\overline{DC}=x$ cm

△ABC=△ABD+△ADC이므로

$\dfrac{1}{2}×12×9=\dfrac{1}{2}×15×x+\dfrac{1}{2}×x×9$

54=12x   ∴ $x=\dfrac{9}{2}$

∴ $△ADC=\dfrac{1}{2}×\dfrac{9}{2}×9=\dfrac{81}{4}(cm^2)$

❸ 삼각형의 외심과 내심

익힘문제

개념 **06** 삼각형의 외심
10쪽

01 🅐 (1) ◯ (2) × (3) × (4) ◯ (5) ◯

(1) 삼각형의 외심에서 세 꼭짓점에 이르는 거리는 같으므로

$\overline{OA}=\overline{OC}$

(4) △OBC에서 $\overline{OB}=\overline{OC}$이므로

∠OBE=∠OCE

(5) △OAD와 △OBD에서

∠ODA=∠ODB=90°, $\overline{OD}$는 공통, $\overline{OA}=\overline{OB}$

∴ △OAD≡△OBD (RHS 합동)

02 🅐 (1) 10 (2) 40 (3) 6

(1) $\overline{BC}=2\overline{CD}$=2×5=10(cm)이므로

x=10

(2) △OAC에서 $\overline{OA}=\overline{OC}$이므로

$∠OAC=\dfrac{1}{2}×(180°-100°)=40°$

∴ x=40

(3) $\overline{AF}=\overline{CF}$=6 cm이므로 x=6

03 🅐 (1) 4 (2) 64 (3) 28

(1) $\overline{OA}=\overline{OB}=\overline{OC}$

$=\dfrac{1}{2}\overline{BC}=\dfrac{1}{2}×8=4(cm)$

∴ x=4

(2) △ABC에서 $\overline{OA}=\overline{OB}$이므로

∠OAB=∠OBA=32°

△OAB에서

∠AOC=32°+32°=64°   ∴ x=64

(3) △OBC에서 $\overline{OB}=\overline{OC}$이므로

∠OBC=∠OCB

따라서 x°+x°=56°이므로

x=28

04 🅐 (1) $\dfrac{13}{2}$ cm (2) 13π cm

(1) △ABC의 외접원의 반지름의 길이는

$\overline{OA}=\overline{OB}=\overline{OC}$

$=\dfrac{1}{2}\overline{AB}=\dfrac{1}{2}×13=\dfrac{13}{2}(cm)$

(2) △ABC의 외접원의 둘레의 길이는

$2π×\dfrac{13}{2}=13π(cm)$

개념 07 삼각형의 외심의 응용
11쪽

01 답 (1) 35° (2) 32° (3) 29°

(1) $28° + \angle x + 27° = 90°$ ∴ $\angle x = 35°$

(2) $\angle x + 23° + 35° = 90°$ ∴ $\angle x = 32°$

(3) $36° + \angle x + 25° = 90°$ ∴ $\angle x = 29°$

02 답 50°

오른쪽 그림과 같이 $\overline{OA}$를 그으면

$\angle OAB + 40° + 24° = 90°$

∴ $\angle OAB = 26°$

이때 $\triangle OCA$에서 $\overline{OA} = \overline{OC}$이므로

$\angle OAC = \angle OCA = 24°$

∴ $\angle A = \angle OAB + \angle OAC$

$\qquad = 26° + 24° = 50°$

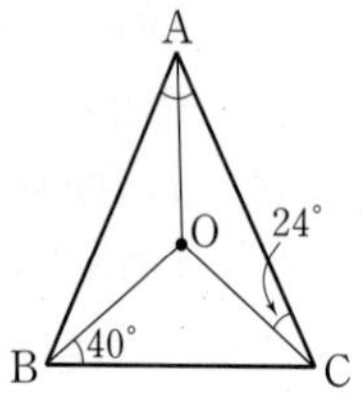

03 답 (1) 63° (2) 15° (3) 60°

(1) $\angle x = \dfrac{1}{2} \angle BOC$

$\qquad = \dfrac{1}{2} \times 126° = 63°$

(2) $\angle BOC = 2\angle A = 2 \times 75° = 150°$

$\triangle OBC$에서 $\overline{OB} = \overline{OC}$이므로

$\angle OCB = \angle OBC = \angle x$

∴ $\angle x = \dfrac{1}{2} \times (180° - 150°) = 15°$

(3) $\triangle OBC$에서 $\overline{OB} = \overline{OC}$이므로

$\angle OBC = \angle OCB = 30°$

∴ $\angle BOC = 180° - 2 \times 30° = 120°$

이때 $\angle BOC = 2\angle A$이므로

$120° = 2\angle x$ ∴ $\angle x = 60°$

04 답 (1) 35° (2) 110°

(1) $30° + \angle OBC + 25° = 90°$이므로

$\angle OBC = 35°$

(2) $\triangle OAC$에서 $\overline{OA} = \overline{OC}$이므로

$\angle OAC = \angle OCA = 25°$

∴ $\angle BAC = \angle BAO + \angle OAC$

$\qquad = 30° + 25° = 55°$

∴ $\angle BOC = 2\angle BAC = 2 \times 55° = 110°$

이런 풀이 어때요?

(2) $\triangle OBC$에서 $\overline{OB} = \overline{OC}$이므로

$\angle OCB = \angle OBC = 35°$

∴ $\angle BOC = 180° - 2 \times 35° = 110°$

개념 08 삼각형의 내심
12쪽

01 답 (1) 55° (2) 27°

(1) $\angle OAP = 90°$이므로 $\triangle OPA$에서

$\angle x = 180° - (35° + 90°) = 55°$

(2) $\angle OAP = 90°$이므로 $\triangle OPA$에서

$\angle x = 180° - (90° + 63°) = 27°$

02 답 (1) ○ (2) × (3) ○ (4) × (5) ○

(1) 삼각형의 내심은 세 내각의 이등분선의 교점이므로

$\angle IAD = \angle IAF$

(3) 삼각형의 내심에서 세 변에 이르는 거리는 같으므로

$\overline{IE} = \overline{IF}$

(5) $\triangle IBD$와 $\triangle IBE$에서

$\angle IDB = \angle IEB = 90°$, $\overline{IB}$는 공통,

$\angle IBD = \angle IBE$

∴ $\triangle IBD \equiv \triangle IBE$ (RHA 합동)

03 답 (1) 30° (2) 105°

(1) $\angle IBC = \angle IBA = \angle x$이고

$\angle ICB = \angle ICA = 25°$이므로

$\triangle IBC$에서

$125° + \angle x + 25° = 180°$

∴ $\angle x = 30°$

(2) $\angle IBC = \angle IBA = 40°$,

$\angle ICB = \angle ICA = 35°$

따라서 $\triangle IBC$에서

$\angle x = 180° - (40° + 35°) = 105°$

04 답 (1) 5 (2) 6

(1) $\overline{ID} = \overline{IE} = 5 \text{ cm}$이므로

$x = 5$

(2) $\triangle IEC$와 $\triangle IFC$에서

$\angle IEC = \angle IFC = 90°$, $\overline{IC}$는 공통,

$\angle ICE = \angle ICF$

∴ $\triangle IEC \equiv \triangle IFC$ (RHA 합동)

즉, $\overline{CE} = \overline{CF} = 6 \text{ cm}$이므로 $x = 6$

05 답 110°

$\angle BAC = 2\angle IAB = 2 \times 15° = 30°$

$\angle ABC = 2\angle IBA = 2 \times 20° = 40°$

따라서 $\triangle ABC$에서

$\angle x = 180° - (30° + 40°) = 110°$

01 답 (1) 40° (2) 31°

(1) $\angle x + 20° + 30° = 90°$　$\therefore \angle x = 40°$

(2) $\angle ICA = \dfrac{1}{2}\angle ACB = \dfrac{1}{2} \times 68° = 34°$이므로

$25° + \angle x + 34° = 90°$　$\therefore \angle x = 31°$

02 답 28°

오른쪽 그림과 같이 $\overline{IA}$를 그으면

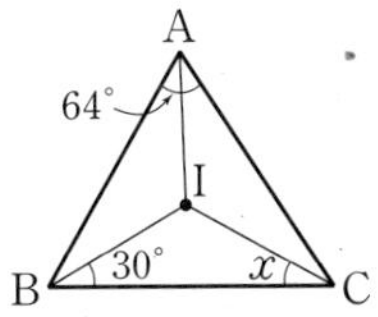

$\angle IAB = \dfrac{1}{2}\angle BAC$

$= \dfrac{1}{2} \times 64° = 32°$

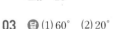

$32° + 30° + \angle x = 90°$이므로

$\angle x = 28°$

03 답 (1) 60° (2) 20°

(1) $\angle BIC = 90° + \dfrac{1}{2}\angle A = 90° + \dfrac{1}{2}\angle x$이므로

$120° = 90° + \dfrac{1}{2}\angle x$　$\therefore \angle x = 60°$

(2) $\angle BIC = 90° + \dfrac{1}{2}\angle A = 90° + \dfrac{1}{2} \times 80° = 130°$

따라서 △IBC에서

$\angle x = 180° - (130° + 30°) = 20°$

04 답 50 cm

$\triangle ABC = \dfrac{1}{2} \times 4 \times (\overline{AB} + \overline{BC} + \overline{CA})$이므로

$\dfrac{1}{2} \times 4 \times (\overline{AB} + \overline{BC} + \overline{CA}) = 100$

$\therefore \overline{AB} + \overline{BC} + \overline{CA} = 50(cm)$

따라서 △ABC의 둘레의 길이는 50 cm이다.

05 답 4 cm

$\triangle ABC = \dfrac{1}{2} \times 10 \times 24 = 120(cm^2)$

내접원 I의 반지름의 길이를 r cm라 하면

$\triangle ABC = \dfrac{1}{2}r(\overline{AB} + \overline{BC} + \overline{CA})$이므로

$\dfrac{1}{2} \times r \times (10 + 26 + 24) = 120$

$30r = 120$　$\therefore r = 4$

따라서 구하는 반지름의 길이는 4 cm이다.

06 답 (1) 5 (2) 13

(1) $\overline{BE} = \overline{BD} = 4$ cm이므로

$\overline{CF} = \overline{CE} = 9 - 4 = 5(cm)$　$\therefore x = 5$

(2) $\overline{AF} = \overline{AD} = 5$ cm이므로

$\overline{CE} = \overline{CF} = 14 - 5 = 9(cm)$

또, $\overline{BE} = \overline{BD} = 4$ cm이므로

$\overline{BC} = \overline{BE} + \overline{CE} = 4 + 9 = 13(cm)$

$\therefore x = 13$

01 ①　**02** 12 cm²　**03** ①　**04** 31°　**05** 42°
06 15 cm　**07** 9π cm²　**08** 5 cm

01 점 O는 △ABC의 외심이므로 $\overline{AD} = \overline{BD}$

따라서 △OAD와 넓이가 항상 같은 것은 ① △OBD이다.

02 점 O가 △ABC의 외심이므로 $\overline{OA} = \overline{OB}$

$\therefore \triangle OCA = \dfrac{1}{2}\triangle ABC = \dfrac{1}{2} \times \left(\dfrac{1}{2} \times 6 \times 8\right) = 12(cm^2)$

03 △OAB에서 $\overline{OA} = \overline{OB}$이므로

$\angle OAB = \angle OBA = 30°$

$\therefore \angle BAC = \angle OAB + \angle OAC = 30° + 20° = 50°$

$\therefore \angle x = 2\angle BAC = 2 \times 50° = 100°$

04 $\angle ACB = 2\angle ICA = 2 \times 34° = 68°$

△ABC에서 $\angle ABC = 180° - (50° + 68°) = 62°$

$\therefore \angle x = \dfrac{1}{2}\angle ABC = \dfrac{1}{2} \times 62° = 31°$

05 점 O는 △ABC의 외심이므로

$\angle x = 2\angle A = 2 \times 32° = 64°$

점 I는 △ABC의 내심이므로

$\angle y = 90° + \dfrac{1}{2}\angle A = 90° + \dfrac{1}{2} \times 32° = 106°$

$\therefore \angle y - \angle x = 106° - 64° = 42°$

06 $\angle DBI = \angle IBC$이고 $\angle IBC = \angle DIB$ (엇각)이므로

$\angle DBI = \angle DIB$

즉, △DBI는 $\overline{DB} = \overline{DI}$인 이등변삼각형이므로

$\overline{DI} = \overline{DB} = 3$ cm

같은 방법으로 $\angle EIC = \angle ECI$이므로 △EIC는 $\overline{EI} = \overline{EC}$인

이등변삼각형이다.

$\therefore \overline{EI} = \overline{EC} = 2$ cm

$\therefore \overline{DE} = \overline{DI} + \overline{EI} = 3 + 2 = 5(cm)$

따라서 △ADE의 둘레의 길이는

$\overline{AD} + \overline{DE} + \overline{AE} = 6 + 5 + 4 = 15(cm)$

07 $\triangle ABC = \dfrac{1}{2} \times 24 \times 7 = 84(cm^2)$

내접원 I의 반지름의 길이를 r cm라 하면

$\triangle ABC = \dfrac{1}{2}r(\overline{AB} + \overline{BC} + \overline{CA})$이므로

$\dfrac{1}{2} \times r \times (25 + 24 + 7) = 84$　$\therefore r = 3$

따라서 내접원 I의 반지름의 길이는 3 cm이므로 그 넓이는

$\pi \times 3^2 = 9\pi(cm^2)$

08 $\overline{AD} = \overline{AF} = x$ cm라 하면

$\overline{BE} = \overline{BD} = (8 - x)$ cm, $\overline{CE} = \overline{CF} = (13 - x)$ cm

이때 $\overline{BC} = 11$ cm이고 $\overline{BC} = \overline{BE} + \overline{CE}$이므로

$11 = (8 - x) + (13 - x)$　$\therefore x = 5$

$\therefore \overline{AD} = 5$ cm

02 사각형의 성질

❶ □ABCD ❷ 변 ❸ 대각 ❹ 평행 ❺ 4
❻ 직사각형 ❼ 마름모 ❽ 정사각형 ❾ 등변사다리꼴
❿ 수직이등분 ⓫ m ⓬ n

❶ 평행사변형

익힘문제

개념 10 평행사변형의 뜻과 성질 16쪽

01 탑 (1) $x=4, y=7$ (2) $x=5, y=4$ (3) $x=125, y=55$
(4) $x=60, y=70$ (5) $x=5, y=7$ (6) $x=8, y=1$
(2) $\overline{AD}=\overline{BC}$이므로 $x+7=3x-3$
$2x=10$ ∴ $x=5$
$\overline{AB}=\overline{DC}$이므로 $9=2y+1$
$2y=8$ ∴ $y=4$
(3) ∠A+∠B=180°이므로
∠A+55°=180°, ∠A=125°
∴ $x=125$
∠D=∠B=55°이므로 $y=55$
(4) ∠BAD+∠D=180°이므로
∠BAC=180°-(50°+70°)=60°
∴ $x=60$
∠B=∠D=70°이므로 $y=70$
(6) $x=\dfrac{1}{2}\times16=8$
$3y+3=\dfrac{1}{2}\times12$, $3y+3=6$ ∴ $y=1$

02 탑 (1) ∠x=50°, ∠y=35° (2) ∠x=50°, ∠y=90°
(1) △ODA에서 ∠OAD=180°-(115°+30°)=35°
또, $\overline{AD}/\!/\overline{BC}$이므로
∠ACB=∠DAC=35° (엇각) ∴ ∠y=35°
∠BAD+∠ADC=180°이므로
∠BDC=180°-(65°+35°+30°)=50°
∴ ∠x=50°
(2) ∠B+∠C=180°이므로
∠B=180°-130°=50° ∴ ∠x=50°
∠D=∠B=50°이므로
△AED에서 ∠AED=180°-(40°+50°)=90°
∴ ∠y=90°

03 탑 (1)○ (2)× (3)○ (4)○ (5)○
(2) 평행사변형의 두 대각선은 서로를 이등분하므로
$\overline{OA}=\overline{OC}$, $\overline{OB}=\overline{OD}$
(5) △AOD와 △COB에서
$\overline{OA}=\overline{OC}$, $\overline{OD}=\overline{OB}$, ∠AOD=∠COB (맞꼭지각)
∴ △AOD≡△COB (SAS 합동)

개념 11 평행사변형이 되는 조건 17쪽

01 탑 (1)$\overline{DC}$, $\overline{BC}$ (2)$\overline{DC}$, $\overline{BC}$ (3)∠BCD, ∠ADC
(4)$\overline{OC}$, $\overline{OD}$ (5)$\overline{DC}$, $\overline{DC}$

02 탑 360, 180, $\overline{BC}$, $\overline{DC}$

03 탑 (1) $x=5, y=6$ (2) $x=10, y=98$ (3) $x=2, y=1$
(1) $\overline{AD}=\overline{BC}$이어야 하므로
$2x+2=12$, $2x=10$ ∴ $x=5$
$\overline{AB}=\overline{DC}$이어야 하므로
$8=y+2$ ∴ $y=6$
(2) $\overline{AD}=\overline{BC}$이어야 하므로 $x=10$
$\overline{AD}/\!/\overline{BC}$이어야 하므로 ∠ACB=∠DAC=56° (엇각)
△OBC에서 ∠DOC=42°+56°=98° ∴ $y=98$
(3) $\overline{OA}=\overline{OC}$이어야 하므로
$2x+1=\dfrac{1}{2}\times10$, $2x+1=5$ ∴ $x=2$
$\overline{OB}=\overline{OD}$이어야 하므로
$3y+1=\dfrac{1}{2}\times8$, $3y+1=4$ ∴ $y=1$

04 탑 $\overline{OF}$, $\overline{OD}$, 대각선

개념 12 평행사변형과 넓이 18쪽

01 탑 (1) 16 cm² (2) 8 cm² (3) 16 cm²
(1) △ACD=$\dfrac{1}{2}$□ABCD=$\dfrac{1}{2}\times32$=16(cm²)
(2) △ABO=$\dfrac{1}{4}$□ABCD=$\dfrac{1}{4}\times32$=8(cm²)
(3) △AOD+△BOC=$\dfrac{1}{4}$□ABCD+$\dfrac{1}{4}$□ABCD
=$\dfrac{1}{2}$□ABCD=$\dfrac{1}{2}\times32$=16(cm²)

02 탑 (1) 6 cm² (2) 12 cm² (3) 24 cm²
(1) △COD=△AOD=6 cm²
(2) △BCD=2△AOD=2×6=12(cm²)
(3) □ABCD=4△AOD=4×6=24(cm²)

03 🔑 (1) 11 cm² (2) 24 cm² (3) 9 cm²

(1) △PAB+△PCD=△PDA+△PBC이므로

$8+9=6+△PBC$ ∴ △PBC=11(cm²)

(2) △PAB+△PCD=$\frac{1}{2}$□ABCD=$\frac{1}{2}$×48=24(cm²)

(3) △PDA+△PBC=$\frac{1}{2}$□ABCD이므로

△PDA+11=$\frac{1}{2}$×40

∴ △PDA=9(cm²)

04 🔑 36 cm²

△PAB+△PCD=8+10=18(cm²)이므로

□ABCD=2(△PAB+△PCD)

$=2×18=36$(cm²)

01 115° **02** 9 cm **03** 80° **04** ㄴ **05** ⑤
06 16 cm² **07** 27 cm²

01 $\overline{AD}/\!/\overline{BC}$이므로 ∠ADB=∠DBC=23° (엇각)

△AOD에서

∠x=180°−(42°+23°)=115°

02 ∠BAE=∠DAE이고 ∠DAE=∠AEB (엇각)이므로

∠BAE=∠AEB

즉, △BAE는 $\overline{BA}=\overline{BE}$인 이등변삼각형이다.

∴ $\overline{AB}=\overline{BE}=\overline{BC}−\overline{EC}=\overline{AD}−\overline{EC}=13−4=9$(cm)

03 ∠A+∠B=180°이고 ∠A : ∠B=5 : 4이므로

∠D=∠B=$\frac{4}{5+4}$×180°=$\frac{4}{9}$×180°=80°

> **이런 풀이 어때요?**
>
> ∠A : ∠B=5 : 4이므로 4∠A=5∠B
>
> ∴ ∠A=$\frac{5}{4}$∠B
>
> ∠A+∠B=180°이므로
>
> $\frac{5}{4}$∠B+∠B=180°, $\frac{9}{4}$∠B=180° ∴ ∠B=80°
>
> ∴ ∠D=∠B=80°

04 ㄴ. $\overline{AD}/\!/\overline{BC}$이고 $\overline{AD}=\overline{BC}=14$

즉, 한 쌍의 대변이 평행하고, 그 길이가 같으므로

□ABCD는 평행사변형이 된다.

이상에서 필요한 조건은 ㄴ뿐이다.

05 $\overline{OA}=\overline{OC}$에서 $\overline{OP}=\frac{1}{2}\overline{OA}=\frac{1}{2}\overline{OC}=\overline{OR}$

$\overline{OB}=\overline{OD}$에서 $\overline{OQ}=\frac{1}{2}\overline{OB}=\frac{1}{2}\overline{OD}=\overline{OS}$

따라서 두 대각선이 서로를 이등분하므로

□PQRS는 평행사변형이 된다.

06 평행사변형의 넓이는 한 대각선에 의하여 이등분되므로

△DBC=$\frac{1}{2}$□ABCD=△ABC=16 cm²

07 △PAB+△PCD=$\frac{1}{2}$□ABCD=$\frac{1}{2}$×72=36(cm²)

이때 △PAB : △PCD=3 : 1이므로

△PAB=$\frac{3}{3+1}$×36=$\frac{3}{4}$×36=27(cm²)

② 여러 가지 사각형

개념 **13** 직사각형의 뜻과 성질 ⎯⎯⎯⎯ 20쪽

01 🔑 (1) ◯ (2) ◯ (3) × (4) ◯ (5) ×

02 🔑 (1) 50° (2) 5 (3) 10 (4) 40°

(4) △ODA에서 $\overline{OA}=\overline{OD}$이므로 ∠OAD=∠ODA=40°

03 🔑 (1) 6 (2) 14 (3) 35 (4) 120

(4) △OBC에서 $\overline{OB}=\overline{OC}$이므로 ∠OBC=∠OCB=30°

∴ ∠BOC=180°−(30°+30°)=120°

∴ x=120

04 🔑 8

$\overline{OB}=\overline{OD}$이므로 $x+2=2x−6$ ∴ $x=8$

개념 **14** 마름모의 뜻과 성질 ⎯⎯⎯⎯ 21쪽

01 🔑 (1) ◯ (2) × (3) ◯ (4) × (5) ◯

02 🔑 (1) 10 (2) 5 (3) 90° (4) 30°

03 🔑 (1) x=12, y=40 (2) x=8, y=25

(3) x=10, y=35

(3) $\overline{AB}=\overline{BC}$이므로 $2x+6=3x−4$ ∴ $x=10$

△OBC에서 ∠BOC=90°

∠OCB=∠OAD=55° (엇각)이므로

∠OBC=180°−(90°+55°)=35° ∴ y=35

04 답 (1) $75°$ (2) $10°$

(1) △CDB에서 $\overline{CB}=\overline{CD}$이므로

$\angle CBD=\angle CDB=35°$ ∴ $\angle y=35°$

또, $\angle C=180°-(35°+35°)=110°$

$\angle A=\angle C$이므로 $\angle x=110°$

∴ $\angle x-\angle y=110°-35°=75°$

(2) △ABD에서 $\overline{AB}=\overline{AD}$이므로

$\angle ADB=\angle ABD=40°$ ∴ $\angle y=40°$

△OBC에서 $\angle BOC=90°$,

$\angle CBO=\angle ADO=40°$ (엇각)이므로

$\angle x=180°-(90°+40°)=50°$

∴ $\angle x-\angle y=50°-40°=10°$

개념 15 정사각형의 뜻과 성질 22쪽

01 답 (1) ○ (2) × (3) ○ (4) ○ (5) ○

(5) △OAB와 △OAD에서

$\overline{AB}=\overline{AD}$, $\overline{OA}$는 공통, $\overline{OB}=\overline{OD}$

∴ △OAB≡△OAD (SSS 합동)

02 답 (1) 8 (2) 4 (3) $90°$ (4) $45°$

(4) △OCD에서 $\angle COD=90°$이고, $\overline{OC}=\overline{OD}$이므로

$\angle OCD=\frac{1}{2}\times(180°-90°)=45°$

03 답 (1) 4 (2) 6

04 답 (1) $45°$ (2) $80°$

(2) △ABE에서

$\angle BEC=\angle EAB+\angle EBA=45°+35°=80°$

05 답 98

$\overline{OA}=\frac{1}{2}\overline{AC}=\frac{1}{2}\overline{BD}=\frac{1}{2}\times14=7$이고 $\angle AOD=90°$

이므로 △ABD$=\frac{1}{2}\times14\times7=49$

∴ □ABCD$=2$△ABD$=2\times49=98$

개념 16 등변사다리꼴의 뜻과 성질 23쪽

01 답 $\angle DEC$, $\angle DEC$, 이등변삼각형, $\overline{DC}$

02 답 (1) × (2) ○ (3) ○

(2) △ABD와 △DCA에서

$\overline{AB}=\overline{DC}$, $\overline{AD}$는 공통, $\overline{DB}=\overline{AC}$

∴ △ABD≡△DCA (SSS 합동)

---

(3) △ABC와 △DCB에서

$\overline{AB}=\overline{DC}$, $\overline{BC}$는 공통, $\overline{AC}=\overline{DB}$

∴ △ABC≡△DCB (SSS 합동)

03 답 (1) 7 (2) $75°$

(2) $\overline{AD}/\!/\overline{BC}$이므로 $\angle ACB=\angle DAC=35°$ (엇각)

∴ $\angle ABC=\angle DCB=40°+35°=75°$

04 답 (1) 3 (2) 105

(2) $\angle C=\angle B=75°$이고 $\angle C+\angle D=180°$이므로

$75°+\angle D=180°$, $\angle D=105°$ ∴ $x=105$

05 답 (1) $70°$ (2) $45°$

(1) $\angle BCD=\angle B=70°$

(2) $\angle ACB=70°-25°=45°$

$\overline{AD}/\!/\overline{BC}$이므로 $\angle DAC=\angle ACB=45°$ (엇각)

06 답 $60°$

$\overline{AD}/\!/\overline{BC}$이므로 $\angle ADB=\angle DBC=40°$ (엇각)

또, $\overline{AB}=\overline{AD}$이므로 $\angle ABD=\angle ADB=40°$

∴ $\angle DCB=\angle ABC=40°+40°=80°$

따라서 △DBC에서

$\angle x=180°-(40°+80°)=60°$

개념 17 여러 가지 사각형 사이의 관계 24쪽

01 답 (1) 마름모 (2) 직사각형 (3) 직사각형

(4) 정사각형 (5) 정사각형

(3) $\angle BAD=\angle BCD$이므로 $\angle BAD+\angle BCD=180°$이면

$\angle BAD=\angle BCD=\frac{1}{2}\times180°=90°$

즉, 평행사변형에서 한 내각이 직각이므로 직사각형이 된다.

02 답 (1) ○ (2) × (3) × (4) ○

(3) 두 대각선이 서로 수직인 평행사변형은 마름모이다.

03 답

성질\사각형	두 쌍의 대변이 각각 평행하다.	모든 변의 길이가 같다.	네 내각의 크기가 모두 같다.
평행사변형	○	×	×
직사각형	○	×	○
마름모	○	○	×
정사각형	○	○	○

04 답 ㄷ, ㄹ

05 답 ㄴ, ㄹ

ㄴ. $\overline{AB}\perp\overline{BC}$인 평행사변형 ABCD는 직사각형이다.

이상에서 옳지 않은 것은 ㄴ, ㄹ이다.

필수문제

| 01 43 | 02 36° | 03 ④ | 04 8 cm | 05 70° |
| 06 ②,⑤ | 07 8 cm | 08 ⑤ | | |

01 $\overline{BD}=2\overline{OC}=2\times4=8$ (cm)이므로 $x=8$

$\triangle OAB$에서 $\overline{OA}=\overline{OB}$이므로 $\angle OBA=\angle OAB=55°$

$\angle OBC=90°-55°=35°$이므로 $y=35$

$\therefore x+y=8+35=43$

02 $\overline{AD}/\!/\overline{BC}$이므로 $\angle FEC=\angle AFE=63°$ (엇각)

$\angle AEF=\angle FEC=63°$ (접은 각)

$\triangle AEF$에서 $\angle FAE=180°-(63°+63°)=54°$

따라서 $\angle BAF=90°$이므로

$\angle BAE=90°-54°=36°$

03 $\triangle CDB$에서 $\overline{CD}=\overline{CB}$이므로

$\angle CDB=\angle CBD=\dfrac{1}{2}\times(180°-130°)=25°$

따라서 $\triangle PHD$에서

$\angle x=\angle PHD+\angle PDH=90°+25°=115°$

04 $\overline{AC}\perp\overline{BD}$, 즉 두 대각선이 서로 수직이므로 평행사변형 ABCD는 마름모이다.

$\therefore \overline{AB}=\overline{AD}=8$ cm

05 $\triangle ABE$에서 $\overline{AB}=\overline{AE}$이므로

$\angle AEB=\angle ABE=25°$

$\therefore \angle BAE=180°-(25°+25°)=130°$

$\angle BAD=90°$이므로 $\angle DAE=130°-90°=40°$

따라서 $\triangle ADE$에서 $\overline{AD}=\overline{AE}$이므로

$\angle x=\dfrac{1}{2}\times(180°-40°)=70°$

06 ① 마름모 ③ 직사각형 ④ 직사각형

07 오른쪽 그림과 같이 꼭짓점 D를 지나고 $\overline{AB}$에 평행한 직선을 그어 $\overline{BC}$와 만나는 점을 E라 하면 □ABED는 평행사변형이므로

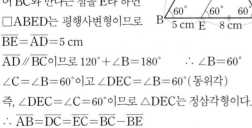

$\overline{BE}=\overline{AD}=5$ cm

$\overline{AD}/\!/\overline{BC}$이므로 $120°+\angle B=180°$ $\quad\therefore \angle B=60°$

$\angle C=\angle B=60°$이고 $\angle DEC=\angle B=60°$ (동위각)

즉, $\angle DEC=\angle C=60°$이므로 $\triangle DEC$는 정삼각형이다.

$\therefore \overline{AB}=\overline{DC}=\overline{EC}=\overline{BC}-\overline{BE}$

$=13-5=8$ (cm)

08 ⑤ 직사각형 — 마름모

---

❸ 평행선과 넓이

익힘문제

개념 18 평행선과 삼각형의 넓이

01 답 (1) $\triangle ACD$ (2) $\triangle ABE$

(2) □ABCD $=\triangle ABC+\triangle ACD$

$=\triangle ABC+\triangle ACE$

$=\triangle ABE$

02 답 (1) 10 (2) 15 (3) 8 (4) 18

(1) $\triangle ABO=\triangle ABC-\triangle OBC=\triangle DBC-\triangle OBC$

$=30-20=10$

(2) $\triangle ABC=\triangle ABE+\triangle AEC$

$=\triangle ABE+\triangle DEC$

$=8+7=15$

(3) $\triangle ABC=\triangle ABE-\triangle ACE$

$=\triangle ABE-\triangle ACD$

$=22-14=8$

(4) □ABCD $=\triangle ABD+\triangle DBC$

$=\triangle DEB+\triangle DBC$

$=10+8=18$

03 답 ㄴ, ㄷ

ㄴ. $\overline{AC}/\!/\overline{DE}$이므로 $\triangle ACD=\triangle ACE$

ㄷ. □ABCD $=\triangle ABC+\triangle ACD$

$=\triangle ABC+\triangle ACE$

$=\triangle ABE$

04 답 (1) 12 cm² (2) 30 cm²

(1) □ABCD $=\triangle DAB+\triangle DBC=\triangle DEB+\triangle DBC$

이므로 $30=\triangle DEB+18$

$\therefore \triangle DEB=12$ (cm²)

(2) $\triangle DEC=\triangle DEB+\triangle DBC$

$=12+18=30$ (cm²)

> **이런 풀이 어때요?**
>
> (2) $\triangle DEC=\triangle DEB+\triangle DBC$
>
> $=\triangle DAB+\triangle DBC$
>
> $=$ □ABCD $=30$ cm²

05 답 $\dfrac{45}{2}$ cm²

□ABCD $=\triangle ABC+\triangle ACD$

$=\triangle ABC+\triangle ACE$

$=\triangle ABE$

$=\dfrac{1}{2}\times(3+6)\times5=\dfrac{45}{2}$ (cm²)

01 답 (1) 8 cm² (2) 12 cm²

(1) $\triangle ABC : \triangle ABD = \overline{BC} : \overline{BD} = (2+3) : 2 = 5 : 2$

이므로 $\triangle ABD = \dfrac{2}{5}\triangle ABC = \dfrac{2}{5} \times 20 = 8(\text{cm}^2)$

(2) $\triangle ABC : \triangle ADC = \overline{BC} : \overline{DC} = (2+3) : 3 = 5 : 3$

이므로 $\triangle ADC = \dfrac{3}{5}\triangle ABC = \dfrac{3}{5} \times 20 = 12(\text{cm}^2)$

02 답 (1) 18 cm² (2) 6 cm²

(1) $\overline{BD} = \overline{CD}$이므로

$\triangle ABC : \triangle ABD = \overline{BC} : \overline{BD} = (1+1) : 1 = 2 : 1$

$\therefore \triangle ABD = \dfrac{1}{2}\triangle ABC = \dfrac{1}{2} \times 36 = 18(\text{cm}^2)$

(2) $\triangle ABD$에서 $\overline{AE} : \overline{ED} = 2 : 1$이므로

$\triangle ABD : \triangle EBD = \overline{AD} : \overline{ED} = (2+1) : 1 = 3 : 1$

$\therefore \triangle EBD = \dfrac{1}{3}\triangle ABD = \dfrac{1}{3} \times 18 = 6(\text{cm}^2)$

03 답 (1) 30 cm² (2) 24 cm²

(1) $\triangle AFD = \dfrac{1}{2}\square ABCD = \dfrac{1}{2} \times 60 = 30(\text{cm}^2)$

(2) $\triangle AFD$에서 $\overline{AE} : \overline{ED} = 4 : 1$이므로

$\triangle AFE : \triangle AFD = \overline{AE} : \overline{AD} = 4 : (4+1) = 4 : 5$

$\therefore \triangle AFE = \dfrac{4}{5}\triangle AFD = \dfrac{4}{5} \times 30 = 24(\text{cm}^2)$

04 답 12 cm²

$\triangle BCD$에서 $\overline{BE} : \overline{ED} = 3 : 2$이므로

$\triangle BCE : \triangle BCD = \overline{BE} : \overline{BD} = 3 : (3+2) = 3 : 5$

$\therefore \triangle BCE = \dfrac{3}{5}\triangle BCD = \dfrac{3}{5} \times \dfrac{1}{2}\square ABCD$

$\qquad = \dfrac{3}{10}\square ABCD = \dfrac{3}{10} \times 40 = 12(\text{cm}^2)$

05 답 (1) 6 cm² (2) 25 cm²

(1) $\triangle ACD$에서

$\triangle AOD : \triangle DCO = \overline{AO} : \overline{OC} = 2 : 3$이므로

$\triangle DCO = \dfrac{3}{2}\triangle AOD = \dfrac{3}{2} \times 4 = 6(\text{cm}^2)$

$\therefore \triangle ABO = \triangle DCO = 6\ \text{cm}^2$

(2) $\triangle ABC$에서

$\triangle ABO : \triangle OBC = \overline{AO} : \overline{OC} = 2 : 3$이므로

$\triangle OBC = \dfrac{3}{2}\triangle ABO = \dfrac{3}{2} \times 6 = 9(\text{cm}^2)$

$\therefore \square ABCD = \triangle AOD + \triangle ABO + \triangle OBC + \triangle DCO$

$\qquad = 4 + 6 + 9 + 6 = 25(\text{cm}^2)$

06 답 30 cm²

$\triangle ABO = \triangle DCO = 9\ \text{cm}^2$이고

$\triangle DCO : \triangle OBC = \overline{DO} : \overline{OB} = 3 : 7$이므로

$\triangle OBC = \dfrac{7}{3}\triangle DCO = \dfrac{7}{3} \times 9 = 21(\text{cm}^2)$

$\therefore \triangle ABC = \triangle ABO + \triangle OBC = 9 + 21 = 30(\text{cm}^2)$

01 12 cm² **02** 18 cm² **03** ④ **04** 45 cm² **05** 12 cm²
06 7 cm² **07** 24 cm² **08** 18 cm²

01 $\overline{AC} /\!/ \overline{DE}$이므로

$\triangle ACD = \triangle ACE = \triangle ABE - \triangle ABC$

$\qquad = 28 - 16 = 12(\text{cm}^2)$

02 $\overline{AE} /\!/ \overline{DC}$이므로 $\triangle AED = \triangle AEC$

$\therefore \square ABED = \triangle ABE + \triangle AED = \triangle ABE + \triangle AEC$

$\qquad = \triangle ABC = \dfrac{1}{2} \times (4+2) \times 6 = 18(\text{cm}^2)$

03 $\overline{AD} /\!/ \overline{BC}$이므로 $\triangle ABE = \triangle DBE$

$\overline{BD} /\!/ \overline{EF}$이므로 $\triangle DBE = \triangle DBF$

$\overline{AB} /\!/ \overline{DC}$이므로 $\triangle DBF = \triangle ADF$

$\therefore \triangle ABE = \triangle DBE = \triangle DBF = \triangle ADF$

따라서 나머지 넷과 넓이가 다른 하나는 ④ $\triangle DEC$이다.

04 $\overline{BD} : \overline{DC} = 1 : 4$이므로

$\triangle ABD : \triangle ABC = \overline{BD} : \overline{BC} = 1 : (1+4) = 1 : 5$

$\therefore \triangle ABC = 5\triangle ABD = 5 \times 9 = 45(\text{cm}^2)$

05 $\triangle ABC$에서 $\overline{BE} : \overline{EC} = 1 : 2$이므로

$\triangle ABC : \triangle AEC = \overline{BC} : \overline{EC} = (1+2) : 2 = 3 : 2$

$\therefore \triangle AEC = \dfrac{2}{3}\triangle ABC = \dfrac{2}{3} \times 24 = 16(\text{cm}^2)$

$\triangle AEC$에서 $\overline{AD} : \overline{DC} = 3 : 1$이므로

$\triangle AEC : \triangle AED = \overline{AC} : \overline{AD} = (3+1) : 3 = 4 : 3$

$\therefore \triangle AED = \dfrac{3}{4}\triangle AEC = \dfrac{3}{4} \times 16 = 12(\text{cm}^2)$

06 오른쪽 그림과 같이 대각선 BD를
그으면

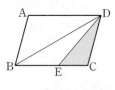

$\triangle DBC = \dfrac{1}{2}\square ABCD$

$\qquad = \dfrac{1}{2} \times 35 = \dfrac{35}{2}(\text{cm}^2)$

$\triangle DBC$에서 $\overline{BE} : \overline{EC} = 3 : 2$이므로

$\triangle DBC : \triangle DEC = \overline{BC} : \overline{EC} = (3+2) : 2 = 5 : 2$

$\therefore \triangle DEC = \dfrac{2}{5}\triangle DBC = \dfrac{2}{5} \times \dfrac{35}{2} = 7(\text{cm}^2)$

07 $\triangle ABD$에서 $\triangle ABE : \triangle AED = \overline{BE} : \overline{ED} = 3 : 1$이므로

$\triangle ABE = 3\triangle AED = 3 \times 4 = 12(\text{cm}^2)$

$\triangle ABE = \triangle CEB$이므로 $\square ABCE = 2 \times 12 = 24(\text{cm}^2)$

08 $\triangle ACD$에서 $\triangle AOD : \triangle DCO = \overline{AO} : \overline{OC} = 2 : 3$이므로

$\triangle DCO = \dfrac{3}{2}\triangle AOD = \dfrac{3}{2} \times 8 = 12(\text{cm}^2)$

$\therefore \triangle ABO = \triangle DCO = 12\ \text{cm}^2$

$\triangle ABC$에서 $\triangle ABO : \triangle OBC = \overline{AO} : \overline{OC} = 2 : 3$이므로

$\triangle OBC = \dfrac{3}{2}\triangle ABO = \dfrac{3}{2} \times 12 = 18(\text{cm}^2)$

03 도형의 닮음 (1)

❶ 도형의 닮음

익힘문제

개념 20 닮은 도형 ─────────── 30쪽

01 🖺 △ABC∽△DFE

02 🖺 (1) 점 F　(2) $\overline{DE}$　(3) ∠E

03 🖺 (1) 점 F　(2) $\overline{GH}$　(3) ∠G

04 🖺 (1) 점 H　(2) 모서리 FG　(3) 면 EGH

05 🖺 $\overline{DF}$, ∠B

06 🖺 ㄷ, ㄹ

　ㄷ. 면의 개수가 같은 두 정다면체는 항상 서로 닮은 도형이 므로 두 정사면체는 항상 서로 닮은 도형이다.

　ㄹ. 두 원은 항상 서로 닮은 도형이므로 두 원을 반으로 자른 두 반원도 항상 서로 닮은 도형이다.

이상에서 항상 서로 닮은 도형인 것은 ㄷ, ㄹ이다.

개념 21 닮음의 성질 ─────────── 31쪽

01 🖺 (1) 3 : 4　(2) $\dfrac{9}{2}$ cm　(3) 60°

　(1) $\overline{BC} : \overline{EF} = 6 : 8 = 3 : 4$이므로 닮음비는 3 : 4이다.

　(2) 닮음비가 3 : 4이므로 $\overline{AB} : \overline{DE} = 3 : 4$에서

　　$\overline{AB} : 6 = 3 : 4$, $4\overline{AB} = 18$　∴ $\overline{AB} = \dfrac{9}{2}$(cm)

　(3) ∠E = ∠B = 60°

02 🖺 (1) 1 : 2　(2) 모서리 AE　(3) 5 cm

　(1) $\overline{EF} : \overline{E'F'} = 3 : 6 = 1 : 2$이므로 닮음비는 1 : 2이다.

　(3) 닮음비가 1 : 2이므로 $\overline{AE} : \overline{A'E'} = 1 : 2$에서

　　$\overline{AE} : 10 = 1 : 2$, $2\overline{AE} = 10$　∴ $\overline{AE} = 5$(cm)

03 🖺 (1) 3 : 5　(2) 3 : 5　(3) 9 : 25

---

04 🖺 (1) 2 : 3　(2) 4 : 9　(3) 8 : 27　(4) 189π cm³

　(4) 원뿔 B의 부피를 x cm³라 하면

　　$56\pi : x = 8 : 27$에서 $8x = 1512\pi$　∴ $x = 189\pi$

　　따라서 원뿔 B의 부피는 189π cm³이다.

필수문제 ─────────────────── 32쪽

01 ①, ④　　02 ④　　03 ①　　04 15　　05 27 cm²
06 800 cm²　　　　07 135π cm³

01 ① 두 직각삼각형은 직각을 낀 두 변 의 길이의 비가 다를 수 있으므로 항상 서로 닮은 도형이라 할 수 없다.

　④ 두 원뿔은 밑면은 항상 서로 닮은 도형이지만 높이가 다를 수 있으 므로 항상 서로 닮은 도형이라 할 수 없다.

02 ① 서로 합동인 두 도형은 닮음비가 1 : 1이다.

　② 서로 닮은 두 도형에서 대응변의 길이의 비는 일정하다.

　③ 서로 닮은 두 도형에서 둘레의 길이의 비는 닮음비와 같으 므로 일정하다.

　⑤ △ABC∽△DEF일 때, $\overline{AC}$의 대응변은 $\overline{DF}$이다.

　따라서 옳은 것은 ④이다.

03 ① ∠A의 대응각은 ∠D이므로 ∠A = 90°이다.

　② ∠C = 180° − (90° + 30°) = 60°

　③ $\overline{BC} : \overline{EF} = 4 : 3$이므로 닮음비는 4 : 3이다.

　④ 닮음비가 4 : 3이므로 $\overline{AC} : \overline{DF} = 4 : 3$에서

　　$2 : \overline{DF} = 4 : 3$, $4\overline{DF} = 6$　∴ $\overline{DF} = \dfrac{3}{2}$(cm)

　⑤ $\overline{DE}$의 길이는 알 수 없다.

　따라서 옳은 것은 ①이다.

04 $\overline{DE} : \overline{D'E'} = 4 : 10 = 2 : 5$이므로 닮음비는 2 : 5이다.

　$\overline{EF} : \overline{E'F'} = 2 : 5$에서

　$x : 5 = 2 : 5$　∴ $x = 2$

　$\overline{AD} : \overline{A'D'} = 2 : 5$에서

　$3 : y = 2 : 5$, $2y = 15$　∴ $y = \dfrac{15}{2}$

　∴ $xy = 2 \times \dfrac{15}{2} = 15$

05 두 삼각형의 닮음비가 $\overline{BC} : \overline{EF} = 2 : 6 = 1 : 3$이므로 넓이의 비는 $1^2 : 3^2 = 1 : 9$

　△DEF의 넓이를 x cm²라 하면

　$3 : x = 1 : 9$　∴ $x = 27$

　따라서 △DEF의 넓이는 27 cm²이다.

06 두 직육면체 A, B의 닮음비가 $18:12=3:2$이므로

겉넓이의 비는 $3^2:2^2=9:4$

직육면체 B의 겉넓이를 S cm²라 하면

$1800:S=9:4$, $9S=7200$ $\therefore S=800$

따라서 직육면체 B의 겉넓이는 800 cm²이다.

07 두 구는 항상 서로 닮은 도형이고 닮음비는 반지름의 길이의

비와 같으므로 닮음비는 $2:3$이다. 즉, 부피의 비는

$2^3:3^3=8:27$

큰 구의 부피를 V cm³라 하면

$40\pi:V=8:27$, $8V=1080\pi$ $\therefore V=135\pi$

따라서 큰 구의 부피는 135π cm³이다.

② 삼각형의 닮음 조건

익힘문제

개념 22 삼각형의 닮음 조건
33쪽

01 답 (1) △GHI, SAS (2) △MNO, SSS

(3) △PQR, AA

(1) △ABC와 △GHI에서

$\overline{AB}:\overline{GH}=1:3$,

$\overline{AC}:\overline{GI}=2:6=1:3$,

$\angle A=\angle G=80°$

$\therefore$ △ABC∽△GHI (SAS 닮음)

(2) △DEF와 △MNO에서

$\overline{DE}:\overline{MN}=4:2=2:1$,

$\overline{EF}:\overline{NO}=5:\dfrac{5}{2}=2:1$,

$\overline{DF}:\overline{MO}=6:3=2:1$

$\therefore$ △DEF∽△MNO (SSS 닮음)

(3) △JKL과 △PQR에서

$\angle Q=180°-(65°+40°)=75°$이므로

$\angle J=\angle P=40°$, $\angle K=\angle Q=75°$

$\therefore$ △JKL∽△PQR (AA 닮음)

02 답 (1) △ABC∽△DAC, SSS 닮음

(2) △ABC∽△DAC, SAS 닮음

(3) △ABC∽△DEC, AA 닮음

(1) △ABC와 △DAC에서

$\overline{AB}:\overline{DA}=6:3=2:1$,

$\overline{BC}:\overline{AC}=8:4=2:1$,

$\overline{CA}:\overline{CD}=4:2=2:1$

$\therefore$ △ABC∽△DAC (SSS 닮음)

(2) △ABC와 △DAC에서

$\overline{BC}:\overline{AC}=16:12=4:3$,

$\overline{AC}:\overline{DC}=12:9=4:3$,

$\angle C$는 공통

$\therefore$ △ABC∽△DAC (SAS 닮음)

(3) △ABC와 △DEC에서

$\angle BAC=\angle EDC=60°$, $\angle C$는 공통

$\therefore$ △ABC∽△DEC (AA 닮음)

03 답 (1) $\dfrac{4}{3}$ (2) 8

(1) △ABC와 △EDC에서

$\overline{AC}:\overline{EC}=9:3=3:1$,

$\overline{BC}:\overline{DC}=12:4=3:1$,

$\angle C$는 공통

$\therefore$ △ABC∽△EDC (SAS 닮음)

이때 닮음비가 $3:1$이므로

$\overline{AB}:\overline{ED}=3:1$에서

$4:x=3:1$, $3x=4$ $\therefore x=\dfrac{4}{3}$

(2) △ABC와 △ADB에서

$\overline{AB}:\overline{AD}=6:3=2:1$,

$\overline{AC}:\overline{AB}=12:6=2:1$,

$\angle A$는 공통

$\therefore$ △ABC∽△ADB (SAS 닮음)

이때 닮음비가 $2:1$이므로

$\overline{BC}:\overline{DB}=2:1$에서

$x:4=2:1$ $\therefore x=8$

04 답 (1) 4 (2) $\dfrac{24}{5}$

(1) △ABC와 △AED에서

$\angle A$는 공통,

$\angle ABC=\angle AED$

$\therefore$ △ABC∽△AED (AA 닮음)

따라서 $\overline{AB}:\overline{AE}=\overline{AC}:\overline{AD}$이므로

$16:8=(8+x):6$

$8(8+x)=96$, $64+8x=96$

$8x=32$ $\therefore x=4$

(2) △ABC와 △ADB에서

$\angle A$는 공통,

$\angle ACB=\angle ABD$

$\therefore$ △ABC∽△ADB (AA 닮음)

따라서 $\overline{AB}:\overline{AD}=\overline{BC}:\overline{DB}$이므로

$8:x=10:6$

$10x=48$ $\therefore x=\dfrac{24}{5}$

01 답 (1) 9 (2) 10 (3) $\dfrac{18}{5}$ (4) 4 (5) $\dfrac{25}{2}$ (6) $\dfrac{24}{5}$

(1) $\overline{AB}^2 = \overline{BD} \times \overline{BC}$ 이므로

$6^2 = 4 \times x$, $4x = 36$ $\therefore x = 9$

(2) $\overline{AB}^2 = \overline{BD} \times \overline{BC}$ 이므로 $x^2 = 5 \times 20 = 100$

이때 $10^2 = 100$ 이고 $x > 0$ 이므로 $x = 10$

(3) $\overline{AC}^2 = \overline{CD} \times \overline{CB}$ 이므로

$6^2 = x \times 10$, $10x = 36$ $\therefore x = \dfrac{18}{5}$

(4) $\overline{AC}^2 = \overline{CD} \times \overline{CB}$ 이므로 $x^2 = 2 \times 8 = 16$

이때 $4^2 = 16$ 이고 $x > 0$ 이므로 $x = 4$

(5) $\overline{AD}^2 = \overline{BD} \times \overline{CD}$ 이므로

$10^2 = 8 \times x$, $8x = 100$ $\therefore x = \dfrac{25}{2}$

(6) $\triangle ABC = \dfrac{1}{2} \times 6 \times 8 = \dfrac{1}{2} \times 10 \times x$

$5x = 24$ $\therefore x = \dfrac{24}{5}$

02 답 (1) $\dfrac{16}{3}$ (2) $\dfrac{20}{3}$ (3) 4

(1) $\overline{AC}^2 = \overline{CD} \times \overline{CB}$ 이므로

$5^2 = 3 \times (3 + \overline{BD})$, $9 + 3\overline{BD} = 25$

$3\overline{BD} = 16$ $\therefore \overline{BD} = \dfrac{16}{3}$

(2) $\overline{AB}^2 = \overline{BD} \times \overline{BC}$ 이므로

$\overline{AB}^2 = \dfrac{16}{3} \times \left(\dfrac{16}{3} + 3 \right) = \dfrac{400}{9}$

이때 $\left(\dfrac{20}{3} \right)^2 = \dfrac{400}{9}$ 이고 $\overline{AB} > 0$ 이므로

$\overline{AB} = \dfrac{20}{3}$

(3) $\overline{AD}^2 = \overline{BD} \times \overline{CD}$ 이므로 $\overline{AD}^2 = \dfrac{16}{3} \times 3 = 16$

이때 $4^2 = 16$ 이고 $\overline{AD} > 0$ 이므로

$\overline{AD} = 4$

03 답 7 cm

$\overline{AB}^2 = \overline{BD} \times \overline{BC}$ 이므로

$12^2 = 9 \times (9 + \overline{CD})$

$81 + 9\overline{CD} = 144$, $9\overline{CD} = 63$

$\therefore \overline{CD} = 7(\text{cm})$

04 답 156 cm²

$\overline{AD}^2 = \overline{BD} \times \overline{CD}$ 이므로 $\overline{AD}^2 = 18 \times 8 = 144$

이때 $12^2 = 144$ 이고 $\overline{AD} > 0$ 이므로 $\overline{AD} = 12(\text{cm})$

$\therefore \triangle ABC = \dfrac{1}{2} \times (18 + 8) \times 12 = 156(\text{cm}^2)$

01 ③, ④	02 ①	03 ③	04 ④	05 $\dfrac{21}{4}$
06 6 cm	07 9 m			

01 ③, ④ 두 쌍의 대응각의 크기가 각각 같으므로

$\triangle ABC \backsim \triangle DEF$ 이다.

02 $\triangle AEC$ 와 $\triangle BED$ 에서

$\overline{AE} : \overline{BE} = 9 : 12 = 3 : 4$,

$\overline{CE} : \overline{DE} = 6 : 8 = 3 : 4$,

$\angle AEC = \angle BED$ (맞꼭지각)

$\therefore \triangle AEC \backsim \triangle BED$ (SAS 닮음)

이때 닮음비가 $3 : 4$ 이므로 $\overline{AC} : \overline{BD} = 3 : 4$ 에서

$\overline{AC} : 16 = 3 : 4$, $4\overline{AC} = 48$ $\therefore \overline{AC} = 12(\text{cm})$

03 $\triangle ABC$ 와 $\triangle AED$ 에서

$\angle A$ 는 공통, $\angle ABC = \angle AED = 90°$

$\therefore \triangle ABC \backsim \triangle AED$ (AA 닮음)

따라서 $\overline{AC} : \overline{AD} = \overline{AB} : \overline{AE}$ 이므로

$(8 + 12) : 10 = (10 + \overline{BD}) : 8$, $10(10 + \overline{BD}) = 160$

$100 + 10\overline{BD} = 160$, $10\overline{BD} = 60$ $\therefore \overline{BD} = 6(\text{cm})$

04 $\triangle ABC \backsim \triangle HBA \backsim \triangle HAC$

④ $\overline{AC}^2 = \overline{CH} \times \overline{CB}$

05 $\overline{AB}^2 = \overline{BD} \times \overline{BC}$ 이므로 $5^2 = 4 \times (4 + x)$

$25 = 16 + 4x$, $4x = 9$ $\therefore x = \dfrac{9}{4}$

또, $\overline{AD}^2 = \overline{BD} \times \overline{CD}$ 이므로 $y^2 = 4 \times \dfrac{9}{4} = 9$

이때 $3^2 = 9$ 이고 $y > 0$ 이므로 $y = 3$

$\therefore x + y = \dfrac{9}{4} + 3 = \dfrac{21}{4}$

06 $\angle D = 90°$ 인 직각삼각형 ACD에서

$\overline{AD}^2 = \overline{AE} \times \overline{AC}$ 이므로

$10^2 = 8 \times (8 + \overline{CE})$, $100 = 64 + 8\overline{CE}$

$8\overline{CE} = 36$ $\therefore \overline{CE} = \dfrac{9}{2}(\text{cm})$

또, $\overline{DE}^2 = \overline{AE} \times \overline{CE}$ 이므로 $\overline{DE}^2 = 8 \times \dfrac{9}{2} = 36$

이때 $6^2 = 36$ 이고 $\overline{DE} > 0$ 이므로 $\overline{DE} = 6(\text{cm})$

07 $\triangle ABC$ 와 $\triangle EDC$ 에서

$\angle ACB = \angle ECD$ (맞꼭지각), $\angle CAB = \angle CED = 90°$

$\therefore \triangle ABC \backsim \triangle EDC$ (AA 닮음)

따라서 $\overline{AB} : \overline{ED} = \overline{CA} : \overline{CE}$ 이므로

$\overline{AB} : 3 = 12 : 4$, $4\overline{AB} = 36$ $\therefore \overline{AB} = 9(\text{m})$

따라서 두 지점 A, B 사이의 거리는 9 m이다.

04 도형의 닮음 (2)

개념 정리 ·· 36쪽

❶ $\overline{AE}$ ❷ $\overline{CD}$ ❸ $\dfrac{1}{2}$ ❹ 무게중심 ❺ $\dfrac{1}{6}$

❶ 삼각형과 평행선

익힘문제

개념 24 삼각형에서 평행선과 선분의 길이의 비 37쪽

01 답 (1) 6 (2) 12 (3) 12

(1) $\overline{AB} : \overline{AD} = \overline{AC} : \overline{AE}$ 이므로
$12 : 8 = 9 : x$, $12x = 72$ $\therefore x = 6$

(2) $\overline{AB} : \overline{AD} = \overline{BC} : \overline{DE}$ 이므로
$15 : 10 = 18 : x$, $15x = 180$ $\therefore x = 12$

(3) $\overline{AB} : \overline{AD} = \overline{AC} : \overline{AE}$ 이므로
$x : 4 = 18 : 6$, $6x = 72$ $\therefore x = 12$

02 답 (1) 9 (2) 16

(1) $\overline{AB} : \overline{AD} = \overline{AC} : \overline{AE}$ 이므로

$10 : (10-4) = 8 : x$, $10x = 48$ $\therefore x = \dfrac{24}{5}$

$\overline{AB} : \overline{AD} = \overline{BC} : \overline{DE}$ 이므로

$10 : (10-4) = 7 : y$, $10y = 42$ $\therefore y = \dfrac{21}{5}$

$\therefore x + y = \dfrac{24}{5} + \dfrac{21}{5} = 9$

(2) $\overline{AB} : \overline{AD} = \overline{BC} : \overline{DE}$ 이므로
$(9-3) : 3 = 12 : x$, $6x = 36$ $\therefore x = 6$

$\overline{AB} : \overline{AD} = \overline{AC} : \overline{AE}$ 이므로
$(9-3) : 3 = y : 5$, $3y = 30$ $\therefore y = 10$

$\therefore x + y = 6 + 10 = 16$

03 답 (1) 15 (2) 2 (3) 10

(1) $\overline{AD} : \overline{DB} = \overline{AE} : \overline{EC}$ 이므로
$14 : 21 = 10 : x$, $14x = 210$ $\therefore x = 15$

(2) $\overline{AB} : \overline{DB} = \overline{AC} : \overline{EC}$ 이므로
$9 : 3 = 6 : x$, $9x = 18$ $\therefore x = 2$

(3) $\overline{AD} : \overline{DB} = \overline{AE} : \overline{EC}$ 이므로
$6 : 15 = 4 : x$, $6x = 60$ $\therefore x = 10$

04 답 (1) 180 (2) 54

(1) $\overline{AD} : \overline{DB} = \overline{AE} : \overline{EC}$ 이므로
$x : 6 = (8+4) : 4$, $4x = 72$ $\therefore x = 18$

$\overline{AC} : \overline{AE} = \overline{BC} : \overline{DE}$ 이므로
$8 : (8+4) = y : 15$, $12y = 120$ $\therefore y = 10$

$\therefore xy = 18 \times 10 = 180$

(2) $\overline{AD} : \overline{DB} = \overline{AE} : \overline{EC}$ 이므로
$x : 15 = 6 : (6+4)$, $10x = 90$ $\therefore x = 9$

$\overline{AC} : \overline{AE} = \overline{BC} : \overline{DE}$ 이므로
$4 : 6 = y : 9$, $6y = 36$ $\therefore y = 6$

$\therefore xy = 9 \times 6 = 54$

개념 25 삼각형의 각의 이등분선 38쪽

01 답 (1) 5 (2) $\dfrac{5}{2}$ (3) 6 (4) $\dfrac{40}{13}$

$\overline{AB} : \overline{AC} = \overline{BD} : \overline{CD}$ 이므로

(1) $10 : 6 = x : 3$, $6x = 30$ $\therefore x = 5$

(2) $6 : 5 = 3 : x$, $6x = 15$ $\therefore x = \dfrac{5}{2}$

(3) $12 : 8 = (15-x) : x$, $12x = 8(15-x)$
$12x = 120 - 8x$, $20x = 120$ $\therefore x = 6$

(4) $5 : 8 = x : (8-x)$, $5(8-x) = 8x$
$40 - 5x = 8x$, $13x = 40$ $\therefore x = \dfrac{40}{13}$

02 답 (1) 40 cm² (2) 10 cm²

(1) $\triangle ABD : \triangle ACD = \overline{BD} : \overline{CD} = \overline{AB} : \overline{AC}$
$= 15 : 9 = 5 : 3$

$\therefore \triangle ABD = \dfrac{5}{8} \triangle ABC = \dfrac{5}{8} \times 64 = 40 \, (\text{cm}^2)$

(2) $\triangle ABD : \triangle ACD = \overline{BD} : \overline{CD} = \overline{AB} : \overline{AC}$
$= 4 : 6 = 2 : 3$

이므로 $\triangle ABD : \triangle ABC = 2 : (2+3) = 2 : 5$

$\therefore \triangle ABC = \dfrac{5}{2} \triangle ABD = \dfrac{5}{2} \times 4 = 10 \, (\text{cm}^2)$

03 답 (1) 12 (2) $\dfrac{50}{7}$

(1) $\overline{AB} : \overline{AC} = \overline{BD} : \overline{CD}$ 이므로
$9 : 6 = x : 8$, $6x = 72$ $\therefore x = 12$

(2) $\overline{AC} : \overline{AB} = \overline{CD} : \overline{BD}$ 이므로
$10 : x = 14 : (14-4)$, $14x = 100$ $\therefore x = \dfrac{50}{7}$

04 답 12 cm

$\overline{AB} : \overline{AC} = \overline{BD} : \overline{CD}$ 에서
$3 : 5 = \overline{BD} : (32 - \overline{BD})$, $5\overline{BD} = 3(32 - \overline{BD})$
$5\overline{BD} = 96 - 3\overline{BD}$, $8\overline{BD} = 96$ $\therefore \overline{BD} = 12 \, (\text{cm})$

05 답 (1) 10 cm (2) 23 cm

(1) $\overline{AB} : \overline{AC} = \overline{BD} : \overline{CD}$ 이므로
$\overline{AB} : 4 = (9+6) : 6$, $6\overline{AB} = 60$ $\therefore \overline{AB} = 10 \, (\text{cm})$

(2) △ABC의 둘레의 길이는
$\overline{AB}+\overline{BC}+\overline{CA}=10+9+4=23(cm)$

개념 26 삼각형의 두 변의 중점을 연결한 선분의 성질 39쪽

01 답 (1) 45 (2) 7 (3) 22
(1) $\overline{AM}=\overline{MB}$, $\overline{AN}=\overline{NC}$이므로 $\overline{BC}\,\#\,\overline{MN}$
∴ ∠ABC=∠AMN=45° (동위각) ∴ $x=45$
(2) $\overline{AM}=\overline{MB}$, $\overline{AN}=\overline{NC}$이므로
$\overline{MN}=\frac{1}{2}\overline{BC}=\frac{1}{2}\times14=7$ ∴ $x=7$
(3) $\overline{AM}=\overline{MB}$, $\overline{AN}=\overline{NC}$이므로
$\overline{BC}=2\overline{MN}=2\times11=22$ ∴ $x=22$

02 답 (1) 4 (2) 10
(1) $\overline{AM}=\overline{MB}$, $\overline{BC}\,\#\,\overline{MN}$이므로
$\overline{AN}=\overline{NC}=4$ ∴ $x=4$
(2) $\overline{AM}=\overline{MB}$, $\overline{BC}\,\#\,\overline{MN}$이므로 $\overline{AN}=\overline{NC}$
∴ $\overline{BC}=2\overline{MN}=2\times5=10$ ∴ $x=10$

03 답 (1) 4 (2) 6
(1) △FGD에서 $\overline{FG}=2\overline{EC}=2\times2=4$
(2) △ABC에서 $\overline{AC}=2\overline{FG}=2\times4=8$
∴ $\overline{AE}=\overline{AC}-\overline{EC}=8-2=6$

04 답 12 cm
$\overline{DE}=\frac{1}{2}\overline{AC}=\frac{1}{2}\times6=3(cm)$
$\overline{EF}=\frac{1}{2}\overline{AB}=\frac{1}{2}\times8=4(cm)$
$\overline{FD}=\frac{1}{2}\overline{BC}=\frac{1}{2}\times10=5(cm)$
따라서 △DEF의 둘레의 길이는
$\overline{DE}+\overline{EF}+\overline{FD}=3+4+5=12(cm)$

05 답 15
△AFE에서 $\overline{GD}=\frac{1}{2}\overline{FE}=\frac{1}{2}\times10=5$
△DBC에서 $\overline{BD}=2\overline{FE}=2\times10=20$
∴ $\overline{BG}=\overline{BD}-\overline{GD}=20-5=15$

개념 27 도형에서 변의 중점을 연결한 선분의 성질 40쪽

01 답 (1) 6 (2) 5
(1) $\overline{EF}=\frac{1}{2}\overline{AC}=\frac{1}{2}\times12=6$
(2) $\overline{FG}=\frac{1}{2}\overline{BD}=\frac{1}{2}\times10=5$

02 답 (1) 4 (2) 6 (3) 10
$\overline{AD}\,\#\,\overline{BC}$, $\overline{AM}=\overline{MB}$, $\overline{DN}=\overline{NC}$이므로
$\overline{AD}\,\#\,\overline{MN}\,\#\,\overline{BC}$
(1) $\overline{MP}=\frac{1}{2}\overline{AD}=\frac{1}{2}\times8=4$
(2) $\overline{NP}=\frac{1}{2}\overline{BC}=\frac{1}{2}\times12=6$
(3) $\overline{MN}=\overline{MP}+\overline{NP}=4+6=10$

03 답 (1) 10 (2) 7 (3) 3
$\overline{AD}\,\#\,\overline{BC}$, $\overline{AM}=\overline{MB}$, $\overline{DN}=\overline{NC}$이므로
$\overline{AD}\,\#\,\overline{MN}\,\#\,\overline{BC}$
(1) $\overline{MQ}=\frac{1}{2}\overline{BC}=\frac{1}{2}\times20=10$
(2) $\overline{MP}=\frac{1}{2}\overline{AD}=\frac{1}{2}\times14=7$
(3) $\overline{PQ}=\overline{MQ}-\overline{MP}=10-7=3$

04 답 (1) $x=6$, $y=4$ (2) $x=4$, $y=16$
$\overline{AD}\,\#\,\overline{BC}$, $\overline{AM}=\overline{MB}$, $\overline{DN}=\overline{NC}$이므로
$\overline{AD}\,\#\,\overline{MN}\,\#\,\overline{BC}$
(1) $\overline{AD}=2\overline{MP}=2\times3=6$ ∴ $x=6$
$\overline{PN}=\frac{1}{2}\overline{BC}=\frac{1}{2}\times8=4$ ∴ $y=4$
(2) $\overline{MP}=\frac{1}{2}\overline{AD}=\frac{1}{2}\times8=4$ ∴ $x=4$
$\overline{MQ}=\overline{MP}+\overline{PQ}=4+4=8$이므로
$\overline{BC}=2\overline{MQ}=2\times8=16$ ∴ $y=16$

05 답 16 cm
직사각형의 네 변의 중점을 연결하여 만든 사각형은 마름모
이므로 □EFGH는 마름모이다.
△ABD에서
$\overline{EH}=\frac{1}{2}\overline{BD}=\frac{1}{2}\times8=4(cm)$
따라서 □EFGH의 둘레의 길이는
$4\times4=16(cm)$

06 답 9 cm
오른쪽 그림과 같이 $\overline{AC}$를 그어
$\overline{MN}$과의 교점을 P라 하자.
$\overline{AD}\,\#\,\overline{BC}$, $\overline{AM}=\overline{MB}$, $\overline{DN}=\overline{NC}$
이므로
$\overline{AD}\,\#\,\overline{MN}\,\#\,\overline{BC}$
△ABC에서
$\overline{MP}=\frac{1}{2}\overline{BC}=\frac{1}{2}\times12=6(cm)$
△CDA에서
$\overline{PN}=\frac{1}{2}\overline{AD}=\frac{1}{2}\times6=3(cm)$
∴ $\overline{MN}=\overline{MP}+\overline{PN}=6+3=9(cm)$

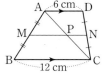

필수문제 ——————————— 41쪽

01 36 cm	02 ②	03 9 cm	04 3	05 36
06 7 cm	07 ①	08 10		

01 $\overline{AB} : \overline{AD} = \overline{AC} : \overline{AE}$이므로

$4 : \overline{AD} = 3 : 9$, $3\overline{AD} = 36$ ∴ $\overline{AD} = 12(cm)$

$\overline{AB} : \overline{AD} = \overline{BC} : \overline{DE}$이므로

$4 : 12 = 5 : \overline{DE}$, $4\overline{DE} = 60$ ∴ $\overline{DE} = 15(cm)$

따라서 △ADE의 둘레의 길이는 $12 + 15 + 9 = 36(cm)$

02 $\overline{AD} : \overline{DB} = \overline{AE} : \overline{EC}$이므로

$10 : x = 8 : (12-8)$, $8x = 40$ ∴ $x = 5$

$\overline{AC} : \overline{AE} = \overline{BC} : \overline{DE}$이므로

$12 : 8 = 10 : y$, $12y = 80$ ∴ $y = \dfrac{20}{3}$

∴ $x + y = 5 + \dfrac{20}{3} = \dfrac{35}{3}$

03 $\overline{DP} : \overline{BQ} = \overline{AP} : \overline{AQ} = \overline{PE} : \overline{QC}$이므로

$6 : \overline{BQ} = 4 : 6$, $4\overline{BQ} = 36$ ∴ $\overline{BQ} = 9(cm)$

04 $\overline{AB} : \overline{AC} = \overline{BD} : \overline{CD}$이므로

$(2x+4) : 2x = 5 : (8-5)$, $10x = 3(2x+4)$

$10x = 6x + 12$, $4x = 12$ ∴ $x = 3$

05 $\overline{AB} : \overline{AC} = \overline{BD} : \overline{CD}$이므로

$10 : 6 = (8 + \overline{CD}) : \overline{CD}$, $10\overline{CD} = 6(8 + \overline{CD})$

$10\overline{CD} = 48 + 6\overline{CD}$, $4\overline{CD} = 48$ ∴ $\overline{CD} = 12$

이때 ∠ACD = 90°이므로 △ACD $= \dfrac{1}{2} \times 12 \times 6 = 36$

06 $\overline{CE} = x$ cm라 하면 △AMF ≡ △CME (ASA 합동)이므로

$\overline{AF} = \overline{CE} = x$ cm, △DBE에서 $\overline{BE} = 2\overline{AF} = 2x$ cm

$\overline{BC} = \overline{BE} + \overline{CE}$이므로 $21 = 2x + x$에서 $x = 7$

∴ $\overline{CE} = 7$ cm

07 오른쪽 그림과 같이 $\overline{AC}$를 그어 $\overline{MN}$

과의 교점을 P라 하자.

$\overline{AD} /\!/ \overline{BC}$, $\overline{AM} = \overline{MB}$, $\overline{DN} = \overline{NC}$

이므로 $\overline{AD} /\!/ \overline{MN} /\!/ \overline{BC}$

△ABC에서 $\overline{MP} = \dfrac{1}{2}\overline{BC} = \dfrac{1}{2} \times 13 = \dfrac{13}{2}(cm)$

$\overline{PN} = \overline{MN} - \overline{MP} = 10 - \dfrac{13}{2} = \dfrac{7}{2}(cm)$

△ACD에서 $\overline{AD} = 2\overline{PN} = 2 \times \dfrac{7}{2} = 7(cm)$

08 $\overline{AD} /\!/ \overline{MN} /\!/ \overline{BC}$이므로

△ABC에서 $\overline{MQ} = \dfrac{1}{2}\overline{BC} = \dfrac{1}{2} \times 18 = 9$

∴ $\overline{MP} = \overline{MQ} - \overline{PQ} = 9 - 4 = 5$

△ABD에서 $\overline{AD} = 2\overline{MP} = 2 \times 5 = 10$

❷ 평행선 사이의 선분의 길이의 비

익힘문제

개념 28 평행선 사이의 선분의 길이의 비　42쪽

01 답 (1) 2 : 1　(2) 1 : 3

(1) $x : y = 8 : 4 = 2 : 1$

(2) $3 : 9 = x : y$이므로 $x : y = 1 : 3$

02 답 (1) 6　(2) 9　(3) $\dfrac{10}{3}$　(4) $\dfrac{18}{7}$

(1) $4 : 10 = x : 15$에서

$10x = 60$ ∴ $x = 6$

(2) $6 : 4 = x : 6$에서

$4x = 36$ ∴ $x = 9$

(3) $2 : x = 3 : 5$에서

$3x = 10$ ∴ $x = \dfrac{10}{3}$

(4) $2 : 5 = x : (9-x)$에서

$5x = 2(9-x)$, $5x = 18 - 2x$

$7x = 18$ ∴ $x = \dfrac{18}{7}$

03 답 (1) $x = 4$, $y = 15$　(2) $x = 9$, $y = 4$

(1) $9 : 6 = 6 : x$에서

$9x = 36$ ∴ $x = 4$

$4 : 10 = 6 : y$에서

$4y = 60$ ∴ $y = 15$

(2) $6 : 15 = y : (14-y)$에서

$15y = 6(14-y)$, $15y = 84 - 6y$

$21y = 84$ ∴ $y = 4$

$15 : x = (14-4) : 6$에서

$10x = 90$ ∴ $x = 9$

04 답 14

$x : 8 = 6 : 12$에서 $12x = 48$ ∴ $x = 4$

$6 : 12 = 5 : y$에서 $6y = 60$ ∴ $y = 10$

∴ $x + y = 4 + 10 = 14$

개념 29 평행선 사이의 선분의 길이의 비의 응용　43쪽

01 답 (1) $x = 1$, $y = 6$　(2) $x = \dfrac{18}{7}$, $y = 3$

(1) □AGFD는 평행사변형이므로

$\overline{GF} = \overline{AD} = 6$ ∴ $y = 6$

△ABH에서 $\overline{AE}:\overline{AB}=\overline{EG}:\overline{BH}$이고

$\overline{HC}=\overline{AD}=6$이므로

$2:(2+6)=x:(10-6)$

$8x=8$ $\therefore x=1$

(2) □AGFD는 평행사변형이므로

$\overline{GF}=\overline{AD}=3$ $\therefore y=3$

△ABH에서 $\overline{AE}:\overline{AB}=\overline{EG}:\overline{BH}$이고

$\overline{HC}=\overline{AD}=3$이므로

$3:(3+4)=x:(9-3)$

$7x=18$ $\therefore x=\dfrac{18}{7}$

02 🗒 (1) $\dfrac{31}{5}$ (2) 13

(1) △ABC에서 $\overline{AE}:\overline{AB}=\overline{EG}:\overline{BC}$이므로

$2:(2+3)=\overline{EG}:8,\ 5\overline{EG}=16$ $\therefore \overline{EG}=\dfrac{16}{5}$

△ACD에서 $\overline{CF}:\overline{CD}=\overline{GF}:\overline{AD}$이므로

$3:(3+2)=\overline{GF}:5,\ 5\overline{GF}=15$ $\therefore \overline{GF}=3$

$\therefore \overline{EF}=\overline{EG}+\overline{GF}=\dfrac{16}{5}+3=\dfrac{31}{5}$

(2) △ABC에서 $\overline{AE}:\overline{AB}=\overline{EG}:\overline{BC}$이므로

$8:(8+6)=\overline{EG}:16,\ 14\overline{EG}=128$ $\therefore \overline{EG}=\dfrac{64}{7}$

△ACD에서 $\overline{CF}:\overline{CD}=\overline{GF}:\overline{AD}$이므로

$6:(6+8)=\overline{GF}:9,\ 14\overline{GF}=54$ $\therefore \overline{GF}=\dfrac{27}{7}$

$\therefore \overline{EF}=\overline{EG}+\overline{GF}=\dfrac{64}{7}+\dfrac{27}{7}=13$

03 🗒 (1) $\dfrac{24}{5}$ (2) 6

(1) $\overline{BE}:\overline{DE}=\overline{AB}:\overline{CD}=8:12=2:3$

$\overline{BE}:\overline{BD}=\overline{EF}:\overline{CD}$이므로

$2:(2+3)=x:12,\ 5x=24$ $\therefore x=\dfrac{24}{5}$

(2) $\overline{BE}:\overline{DE}=\overline{AB}:\overline{CD}=9:6=3:2$

$\overline{BD}:\overline{DE}=\overline{BC}:\overline{CF}$이므로

$(3+2):2=15:x,\ 5x=30$ $\therefore x=6$

04 🗒 14

△ABC에서 $\overline{AE}:\overline{AB}=\overline{EG}:\overline{BC}$이므로

$6:(6+3)=x:12,\ 9x=72$ $\therefore x=8$

△ACD에서 $\overline{CG}:\overline{CA}=\overline{GF}:\overline{AD}$이므로

$3:(3+6)=2:y,\ 3y=18$ $\therefore y=6$

$\therefore x+y=8+6=14$

05 🗒 7 : 5

$\overline{AE}:\overline{CE}=\overline{AB}:\overline{CD}=10:4=5:2$이므로

$\overline{AC}:\overline{AE}=(5+2):5=7:5$

01 ⑤	02 ④	03 6 cm	04 6 cm	05 $\dfrac{40}{3}$ cm
06 6 cm	07 28	08 90 cm²		

01 $4:6=x:(12-x)$에서

$6x=4(12-x),\ 6x=48-4x$

$10x=48$ $\therefore x=\dfrac{24}{5}$

$4:6=5:y$에서 $4y=30$ $\therefore y=\dfrac{15}{2}$

$\therefore xy=\dfrac{24}{5}\times\dfrac{15}{2}=36$

02 $\overline{AB}:\overline{BC}=\overline{DG}:\overline{GC}$이므로

$x:6=3:2,\ 2x=18$ $\therefore x=9$

$\overline{DG}:\overline{GC}=\overline{DE}:\overline{EF}$이므로

$3:2=(10-y):y,\ 3y=2(10-y)$

$3y=20-2y,\ 5y=20$ $\therefore y=4$

$\therefore x+y=9+4=13$

03 $\overline{AE}:\overline{AB}=\overline{DG}:\overline{DB}=\overline{GF}:\overline{BC}$이므로

$3:(3+1)=\overline{GF}:8,\ 4\overline{GF}=24$ $\therefore \overline{GF}=6(cm)$

04 오른쪽 그림과 같이 점 A를 지나고 $\overline{DC}$에 평행한 직선을 그어 $\overline{EF}$, $\overline{BC}$와 만나는 점을 각각 P, Q라 하면 $\overline{PF}=\overline{AD}=4$ cm

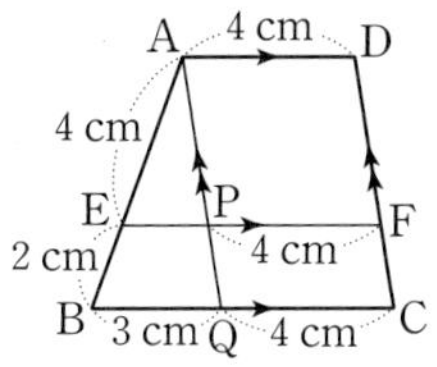

△ABQ에서

$\overline{AE}:\overline{AB}=\overline{EP}:\overline{BQ}$이고 $\overline{QC}=\overline{AD}=4$ cm이므로

$4:(4+2)=\overline{EP}:(7-4),\ 6\overline{EP}=12$ $\therefore \overline{EP}=2(cm)$

$\therefore \overline{EF}=\overline{EP}+\overline{PF}=2+4=6(cm)$

05 $\overline{EO}:\overline{BC}=\overline{OF}:\overline{BC}$이므로

$\overline{EO}=\overline{OF}=\dfrac{1}{2}\overline{EF}=\dfrac{1}{2}\times10=5(cm)$

△ABD에서 $\overline{BO}:\overline{BD}=\overline{EO}:\overline{AD}=5:8$이므로

$\overline{OD}:\overline{OB}=(8-5):5=3:5$

△AOD∽△COB (AA 닮음)이므로

$\overline{OD}:\overline{OB}=\overline{AD}:\overline{CB}$

$3:5=8:\overline{CB},\ 3\overline{BC}=40$ $\therefore \overline{BC}=\dfrac{40}{3}(cm)$

06 △ABC에서 $\overline{AE}:\overline{AB}=\overline{EQ}:\overline{BC}$이므로

$3:(3+2)=\overline{EQ}:20,\ 5\overline{EQ}=60$ $\therefore \overline{EQ}=12(cm)$

△ABD에서 $\overline{BE}:\overline{BA}=\overline{EP}:\overline{AD}$이므로

$2:(2+3)=\overline{EP}:15,\ 5\overline{EP}=30$ $\therefore \overline{EP}=6(cm)$

$\therefore \overline{PQ}=\overline{EQ}-\overline{EP}=12-6=6(cm)$

07 $\overline{AE}:\overline{CE}=\overline{AB}:\overline{CD}=10:20=1:2$

$\overline{CE}:\overline{CA}=\overline{EF}:\overline{AB}$이므로

$2:(2+1)=y:10,\ 3y=20$ ∴ $y=\dfrac{20}{3}$

$\overline{BF}:\overline{BC}=\overline{BE}:\overline{BD}$이므로

$x:24=1:(1+2),\ 3x=24$ ∴ $x=8$

∴ $x+3y=8+3\times\dfrac{20}{3}=28$

08 $\overline{PB}:\overline{PD}=\overline{AB}:\overline{CD}=10:18=5:9$

오른쪽 그림과 같이 점 P에서
$\overline{BC}$에 내린 수선의 발을 H라
하면

$\overline{BP}:\overline{BD}=\overline{PH}:\overline{DC}$이므로

$5:(5+9)=\overline{PH}:18$

$14\overline{PH}=90$ ∴ $\overline{PH}=\dfrac{45}{7}$(cm)

∴ $\triangle PBC=\dfrac{1}{2}\times\overline{BC}\times\overline{PH}=\dfrac{1}{2}\times28\times\dfrac{45}{7}=90$(cm^2)

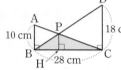

③ 삼각형의 무게중심

익힘문제

개념 30 삼각형의 무게중심
45쪽

01 답 4 cm

$\overline{BD}=\dfrac{1}{2}\overline{BC}=\dfrac{1}{2}\times8=4$(cm)

02 답 (1) 18 cm^2 (2) 6 cm^2 (3) 18 cm^2

(1) (색칠한 부분의 넓이)$=\triangle ABD=\dfrac{1}{2}\triangle ABC$

$=\dfrac{1}{2}\times36=18$(cm^2)

(2) (색칠한 부분의 넓이)$=\triangle EBF=\dfrac{1}{3}\triangle ABD$

$=\dfrac{1}{3}\times\dfrac{1}{2}\triangle ABC=\dfrac{1}{6}\triangle ABC$

$=\dfrac{1}{6}\times36=6$(cm^2)

(3) (색칠한 부분의 넓이)$=\triangle EBC=\triangle EBD+\triangle EDC$

$=\dfrac{1}{2}\triangle ABD+\dfrac{1}{2}\triangle ADC$

$=\dfrac{1}{2}\times\dfrac{1}{2}\triangle ABC+\dfrac{1}{2}\times\dfrac{1}{2}\triangle ABC$

$=\dfrac{1}{4}\triangle ABC+\dfrac{1}{4}\triangle ABC$

$=\dfrac{1}{2}\triangle ABC=\dfrac{1}{2}\times36=18$(cm^2)

03 답 40 cm^2

$\triangle ABC=2\triangle ABD=2\times2\triangle ABE=4\triangle ABE$

$=4\times10=40$(cm^2)

04 답 (1) $x=3,\ y=4$ (2) $x=16,\ y=15$

(1) $\overline{AG}:\overline{GD}=2:1$이므로

$\overline{GD}=\dfrac{1}{2}\overline{AG}=\dfrac{1}{2}\times6=3$ ∴ $x=3$

$\overline{BG}:\overline{GE}=2:1$이므로

$\overline{GE}=\dfrac{1}{2}\overline{BG}=\dfrac{1}{2}\times8=4$ ∴ $y=4$

(2) 점 D는 $\overline{BC}$의 중점이므로

$\overline{BC}=2\overline{BD}=2\times8=16$ ∴ $x=16$

$\overline{BG}:\overline{BE}=2:3$이므로

$\overline{BE}=\dfrac{3}{2}\overline{BG}=\dfrac{3}{2}\times10=15$ ∴ $y=15$

05 답 8 cm

$\overline{AG}:\overline{GD}=2:1$이므로 $\overline{GD}=\dfrac{1}{3}\overline{AD}=\dfrac{1}{3}\times36=12$(cm)

$\overline{GG'}:\overline{G'D}=2:1$이므로 $\overline{GG'}=\dfrac{2}{3}\overline{GD}=\dfrac{2}{3}\times12=8$(cm)

06 답 (1) 8 cm (2) 4 cm

$\overline{BO}=\overline{DO}=\dfrac{1}{2}\overline{BD}=\dfrac{1}{2}\times24=12$(cm)

(1) 점 Q는 $\triangle ACD$의 무게중심이므로

$\overline{DQ}=\dfrac{2}{3}\overline{DO}=\dfrac{2}{3}\times12=8$(cm)

(2) 점 P는 $\triangle ABC$의 무게중심이므로

$\overline{PO}=\dfrac{1}{3}\overline{BO}=\dfrac{1}{3}\times12=4$(cm)

개념 31 삼각형의 무게중심과 넓이
46쪽

01 답 (1) 10 cm^2 (2) 10 cm^2 (3) 10 cm^2

(1) (색칠한 부분의 넓이)$=\triangle GBC=\dfrac{1}{3}\triangle ABC$

$=\dfrac{1}{3}\times30=10$(cm^2)

(2) (색칠한 부분의 넓이)$=\triangle GBF+\triangle GCE$

$=\dfrac{1}{6}\triangle ABC+\dfrac{1}{6}\triangle ABC$

$=\dfrac{1}{3}\triangle ABC$

$=\dfrac{1}{3}\times30=10$(cm^2)

(3) (색칠한 부분의 넓이)$=\square AFGE=\triangle GAF+\triangle GAE$

$=\dfrac{1}{6}\triangle ABC+\dfrac{1}{6}\triangle ABC$

$=\dfrac{1}{3}\triangle ABC=\dfrac{1}{3}\times30=10$(cm^2)

02 ⓐ (1) 24 cm² (2) 36 cm²

(1) $\triangle ABC = 3\triangle GBC = 3 \times 8 = 24(cm^2)$

(2) $\triangle ABC = 6\triangle GBF = 6 \times 6 = 36(cm^2)$

03 ⓐ (1) 18 cm² (2) 3 cm²

(1) $\triangle ABC = \dfrac{1}{2} \times 9 \times 4 = 18(cm^2)$

(2) $\triangle GBD = \dfrac{1}{6}\triangle ABC = \dfrac{1}{6} \times 18 = 3(cm^2)$

04 ⓐ (1) 8 cm² (2) 16 cm² (3) 16 cm² (4) 16 cm²

두 점 P, Q는 각각 △ABC, △ACD의 무게중심이므로

(1) (색칠한 부분의 넓이) $= \triangle APO = \dfrac{1}{6}\triangle ABC$

$\qquad\qquad\qquad = \dfrac{1}{6} \times \dfrac{1}{2}\square ABCD = \dfrac{1}{12}\square ABCD$

$\qquad\qquad\qquad = \dfrac{1}{12} \times 96 = 8(cm^2)$

(2) (색칠한 부분의 넓이) $= \triangle AQD = \dfrac{1}{3}\triangle ACD$

$\qquad\qquad\qquad = \dfrac{1}{3} \times \dfrac{1}{2}\square ABCD = \dfrac{1}{6}\square ABCD$

$\qquad\qquad\qquad = \dfrac{1}{6} \times 96 = 16(cm^2)$

(3) $\triangle AOQ = \dfrac{1}{6}\triangle ACD = \dfrac{1}{6} \times \dfrac{1}{2}\square ABCD$

$\qquad\quad = \dfrac{1}{12}\square ABCD = \dfrac{1}{12} \times 96 = 8(cm^2)$

∴ (색칠한 부분의 넓이) $= \triangle APQ = \triangle APO + \triangle AOQ$

$\qquad\qquad\qquad\qquad = 8 + 8 = 16(cm^2)$

(4) 오른쪽 그림과 같이 $\overline{BP}$를 그으면 색칠한 부분의 넓이는

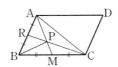

$\square BMPR$

$= \triangle BMP + \triangle BPR$

$= \dfrac{1}{6}\triangle ABC + \dfrac{1}{6}\triangle ABC$

$= \dfrac{1}{3}\triangle ABC = \dfrac{1}{3} \times \dfrac{1}{2}\square ABCD$

$= \dfrac{1}{6}\square ABCD$

$= \dfrac{1}{6} \times 96 = 16(cm^2)$

![필수문제]

47쪽

| 01 | 4 cm | 02 | 3 cm | 03 | $\dfrac{3}{2}$ | 04 | 10 cm² | 05 | 9 cm² |
| 06 | 8 cm² | 07 | 9 cm | 08 | 90 cm² |

01 $\overline{BD} = \dfrac{1}{2}\overline{BC} = \dfrac{1}{2} \times 6 = 3(cm)$

△ABD의 넓이가 6 cm²이므로

$\dfrac{1}{2} \times 3 \times \overline{AE} = 6$ ∴ $\overline{AE} = 4(cm)$

02 점 D는 직각삼각형 ABC의 외심이므로

$\overline{BD} = \overline{AD} = \overline{CD} = \dfrac{1}{2}\overline{AC} = \dfrac{1}{2} \times 18 = 9(cm)$

이때 점 G가 △ABC의 무게중심이므로

$\overline{GD} = \dfrac{1}{3}\overline{BD} = \dfrac{1}{3} \times 9 = 3(cm)$

03 $\overline{AG} : \overline{GD} = 2 : 1$이므로 $\overline{GD} = \dfrac{1}{2}\overline{AG} = \dfrac{1}{2} \times 2 = 1$

△ADC에서 $\overline{CF} : \overline{CA} = \overline{FE} : \overline{AD}$이므로

$1 : (1+1) = \overline{FE} : (2+1)$, $2\overline{FE} = 3$ ∴ $\overline{FE} = \dfrac{3}{2}$

04 오른쪽 그림과 같이 $\overline{CG}$를 그으면

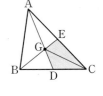

$\square GDCE$

$= \triangle GDC + \triangle GCE$

$= \dfrac{1}{6}\triangle ABC + \dfrac{1}{6}\triangle ABC$

$= \dfrac{1}{3}\triangle ABC$

$= \triangle ABG = 10\ cm^2$

05 오른쪽 그림과 같이 $\overline{AG}$를 그으면 색칠한 부분의 넓이는

$\triangle ADG + \triangle AGE$

$= \dfrac{1}{2}\triangle ABG + \dfrac{1}{2}\triangle AGC$

$= \dfrac{1}{2} \times \dfrac{1}{3}\triangle ABC + \dfrac{1}{2} \times \dfrac{1}{3}\triangle ABC$

$= \dfrac{1}{6}\triangle ABC + \dfrac{1}{6}\triangle ABC$

$= \dfrac{1}{3}\triangle ABC = \dfrac{1}{3} \times 27 = 9(cm^2)$

06 $\triangle GG'C = \dfrac{1}{3}\triangle GBC = \dfrac{1}{3} \times \dfrac{1}{3}\triangle ABC$

$\qquad\qquad = \dfrac{1}{9}\triangle ABC = \dfrac{1}{9} \times 72 = 8(cm^2)$

07 오른쪽 그림과 같이 $\overline{AC}$를 긋고 $\overline{AC}$와 $\overline{BD}$의 교점을 O라 하면 두 점 P, Q는 각각 △ABC, △ACD 의 무게중심이므로

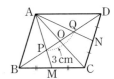

$\overline{BP} = 2\overline{PO}$, $\overline{DQ} = 2\overline{QO}$

∴ $\overline{BD} = \overline{BP} + \overline{PO} + \overline{QO} + \overline{DQ} = 2\overline{PO} + \overline{PO} + \overline{QO} + 2\overline{QO}$

$\qquad = 3\overline{PO} + 3\overline{QO} = 3(\overline{PO} + \overline{QO})$

$\qquad = 3\overline{PQ} = 3 \times 3 = 9(cm)$

08 오른쪽 그림과 같이 $\overline{AC}$를 긋고 $\overline{AC}$ 와 $\overline{BD}$의 교점을 O라 하면 점 P는 △ABC의 무게중심이다.

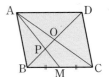

∴ $\square ABCD = 2\triangle ABC$

$\qquad\qquad = 2 \times 3\triangle ABP$

$\qquad\qquad = 6\triangle ABP = 6 \times 15 = 90(cm^2)$

05 피타고라스 정리

❶ c^2　❷ $=$　❸ c^2　❹ c　❺ $<$

❻ $>$　❼ $\overline{CD}^2$　❽ $\overline{AD}^2$　❾ S_3　❿ △ABC

❶ 피타고라스 정리

익힘문제

개념 32 피타고라스 정리　49쪽

01 답 (1) 75　(2) 32
(1) $x^2+5^2=10^2$　∴ $x^2=10^2-5^2=75$
(2) $x^2+x^2=8^2, 2x^2=64$　∴ $x^2=32$

02 답 (1) 13　(2) 4　(3) 15
(1) $5^2+12^2=x^2, x^2=169$
이때 $13^2=169$이고 $x>0$이므로 $x=13$
(2) $x^2+3^2=5^2, x^2=5^2-3^2=16$
이때 $4^2=16$이고 $x>0$이므로 $x=4$
(3) $8^2+x^2=17^2, x^2=17^2-8^2=225$
이때 $15^2=225$이고 $x>0$이므로 $x=15$

03 답 (1) 8 cm　(2) 6 cm
(1) △ABD에서
$15^2+\overline{AD}^2=17^2, \overline{AD}^2=17^2-15^2=64$
이때 $8^2=64$이고 $\overline{AD}>0$이므로
$\overline{AD}=8$(cm)
(2) △ADC에서
$8^2+\overline{DC}^2=10^2, \overline{DC}^2=10^2-8^2=36$
이때 $6^2=36$이고 $\overline{DC}>0$이므로
$\overline{DC}=6$(cm)

04 답 (1) 12 cm　(2) 15 cm
(1) △ABC에서
$5^2+\overline{AC}^2=13^2, \overline{AC}^2=13^2-5^2=144$
이때 $12^2=144$이고 $\overline{AC}>0$이므로
$\overline{AC}=12$(cm)
(2) △ACD에서
$9^2+12^2=\overline{CD}^2, \overline{CD}^2=225$
이때 $15^2=225$이고 $\overline{CD}>0$이므로
$\overline{CD}=15$(cm)

05 답 10

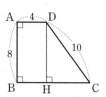

오른쪽 그림과 같이 꼭짓점 D에서
$\overline{BC}$에 내린 수선의 발을 H라 하면
$\overline{BH}=\overline{AD}=4, \overline{DH}=\overline{AB}=8$
이므로 △DHC에서
$\overline{HC}^2+8^2=10^2, \overline{HC}^2=10^2-8^2=36$
이때 $6^2=36$이고 $\overline{HC}>0$이므로 $\overline{HC}=6$
∴ $\overline{BC}=\overline{BH}+\overline{HC}=4+6=10$

개념 33 피타고라스 정리의 설명 (1)　50쪽

01 답 (1) 15 cm²　(2) 16 cm²　(3) 4 cm²
(1) □ACDE+□BHIC=□AFGB이므로
□AFGB=12+3=15(cm²)
(2) □ADEB+□BFGC=□ACHI에서
□ADEB+48=64이므로
□ADEB=64-48=16(cm²)
(3) □LMGB=□BHIC=4 cm²

02 답 3 cm
□ACDE+□BHIC=□AFGB에서
6+□BHIC=15이므로
□BHIC=15-6=9(cm²)
□BHIC는 정사각형이므로 $\overline{BC}^2=9$
이때 $3^2=9$이고 $\overline{BC}>0$이므로
$\overline{BC}=3$(cm)

03 답 ㄱ, ㄷ
ㄱ. △EAB와 △CAF에서
$\overline{EA}=\overline{CA}, \overline{AB}=\overline{AF},$
∠EAB=90°+∠CAB=∠CAF
∴ △EAB≡△CAF (SAS 합동)
ㄴ. △CAF와 △ABC의 넓이가 서로 같은지 알 수 없다.
ㄷ. $\overline{EA}$∥$\overline{DB}$이므로 △EAC=△EAB
△EAB≡△CAF이므로 △EAB=△CAF
$\overline{AF}$∥$\overline{CM}$이므로 △CAF=△AFL
∴ △EAC=△AFL
ㄹ. △ABC=$\frac{1}{2}×\overline{AC}×\overline{BC}, \frac{1}{2}$□ACDE=$\frac{1}{2}\overline{AC}^2$
∴ △ABC≠$\frac{1}{2}$□ACDE
이상에서 옳은 것은 ㄱ, ㄷ이다.

04 🅐 (1) 144 (2) 72

(1) □ACDE+□BHIC=□AFGB에서

□ACDE+5^2=13^2이므로

□ACDE=13^2-5^2=144

(2) 오른쪽 그림과 같이 $\overline{EC}$를 그으면

$\overline{EA}$ // $\overline{DB}$이므로

△ABE=△ACE

$\quad\quad\quad$ =$\frac{1}{2}$□ACDE

$\quad\quad\quad$ =$\frac{1}{2}\times144$=72

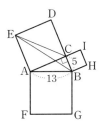

05 🅐 18

△LGB=$\frac{1}{2}$□LMGB=$\frac{1}{2}$□BHIC

$\quad\quad$ =$\frac{1}{2}\overline{BC}^2$=$\frac{1}{2}\times6^2$=18

개념 **34** 피타고라스 정리의 설명 (2)　　51쪽

01 🅐 (1) 25 (2) 29

(1) △AEH≡△BFE≡△CGF≡△DHG이므로

□EFGH는 정사각형이다.

△AEH에서 3^2+4^2=$\overline{EH}^2$, $\overline{EH}^2$=25

∴ □EFGH=$\overline{EH}^2$=25

(2) △AEH≡△BFE≡△CGF≡△DHG이므로

□EFGH는 정사각형이다.

△AEH에서 2^2+5^2=$\overline{EH}^2$, $\overline{EH}^2$=29

∴ □EFGH=$\overline{EH}^2$=29

02 🅐 (1) 12 (2) 68

(1) □EFGH=$\overline{GH}^2$=169

이때 13^2=169이고 $\overline{GH}$>0이므로 $\overline{GH}$=13

△DHG에서 $5^2+\overline{DG}^2$=13^2, $\overline{DG}^2$=13^2-5^2=144

이때 12^2=144이고 $\overline{DG}$>0이므로 $\overline{DG}$=12

(2) $\overline{CG}$=$\overline{DH}$=5이므로 $\overline{CD}$=12+5=17

따라서 □ABCD의 둘레의 길이는

4×17=68

03 🅐 16

□EFGH=$\overline{EH}^2$=10

△AEH에서 $\overline{AH}^2+3^2$=10, $\overline{AH}^2$=$10-3^2$=1

이때 1^2=1이고 $\overline{AH}$>0이므로 $\overline{AH}$=1

$\overline{DH}$=$\overline{AE}$=3이므로 $\overline{AD}$=1+3=4

∴ □ABCD=$\overline{AD}^2$=4^2=16

---

04 🅐 (1) 12 cm (2) $\frac{48}{5}$ cm (3) $\frac{36}{5}$ cm

(1) △ABC에서

$\overline{BC}^2+9^2$=15^2, $\overline{BC}^2$=15^2-9^2=144

이때 12^2=144이고 $\overline{BC}$>0이므로 $\overline{BC}$=12(cm)

(2) $\overline{BC}^2$=$\overline{BD}\times\overline{BA}$이므로 12^2=$\overline{BD}\times15$

∴ $\overline{BD}$=$\frac{48}{5}$(cm)

(3) $\overline{AC}\times\overline{BC}$=$\overline{CD}\times\overline{AB}$이므로 9×12=$\overline{CD}\times15$

∴ $\overline{CD}$=$\frac{36}{5}$(cm)

05 🅐 (1) $\frac{32}{5}$ (3) $\frac{25}{13}$

(1) △ABC에서

8^2+6^2=$\overline{BC}^2$, $\overline{BC}^2$=100

이때 10^2=100이고 $\overline{BC}$>0이므로 $\overline{BC}$=10

$\overline{AB}^2$=$\overline{BD}\times\overline{BC}$이므로 8^2=$x\times10$　∴ x=$\frac{32}{5}$

(2) △ABC에서

$12^2+\overline{AB}^2$=13^2, $\overline{AB}^2$=13^2-12^2=25

이때 5^2=25이고 $\overline{AB}$>0이므로 $\overline{AB}$=5

$\overline{AB}^2$=$\overline{AD}\times\overline{AC}$이므로 5^2=$x\times13$　∴ x=$\frac{25}{13}$

06 🅐 (1) 8 (2) 80

(1) $\overline{AD}^2$=$\overline{BD}\times\overline{CD}$이므로 4^2=$2\times\overline{CD}$　∴ $\overline{CD}$=8

(2) △ADC에서 8^2+4^2=$\overline{AC}^2$　∴ $\overline{AD}^2$=80

> **이런 풀이 어때요?**
>
> (2) $\overline{AC}^2$=$\overline{CD}\times\overline{CB}$이므로
>
> $\overline{AC}^2$=8×(8+2)=80

필수문제　　52쪽

01 96 cm²	02 25 cm	03 12 cm	04 5 cm	05 10 cm²
06 $\frac{12}{5}$ cm		07 50 cm²	08 28 cm	

01 △ABC에서 $\overline{AB}^2+12^2$=20^2, $\overline{AB}^2$=256

이때 $\overline{AB}$>0이므로 $\overline{AB}$=16(cm)

∴ △ABC=$\frac{1}{2}\times\overline{AB}\times\overline{AC}$

$\quad\quad\quad$ =$\frac{1}{2}\times16\times12$=96(cm²)

02 △ABD는 ∠A=90°인 직각삼각형이므로

15^2+20^2=$\overline{BD}^2$, $\overline{BD}^2$=625

이때 $\overline{BD}$>0이므로 $\overline{BD}$=25(cm)

03 오른쪽 그림과 같이 꼭짓점 B에서 $\overline{AD}$에 내린 수선의 발을 H라 하면 $\overline{DH}=\overline{BC}=11$ cm이므로

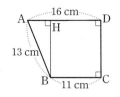

$\overline{AH}=16-11=5(cm)$

△ABH에서 $5^2+\overline{BH}^2=13^2$

$\overline{BH}^2=144$

이때 $\overline{BH}>0$이므로 $\overline{BH}=12(cm)$

∴ $\overline{CD}=\overline{BH}=12$ cm

04 오른쪽 그림과 같이 $\overline{AB}$를 한 변으로 하는 정사각형 AHIB를 그렸을 때,

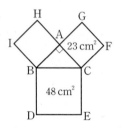

□AHIB+□ACFG=□BDEC
에서

□AHIB+23=48이므로

□AHIB=48-23=25(cm²)

즉, $\overline{AB}^2=25$이고 $\overline{AB}>0$이므로

$\overline{AB}=5(cm)$

05 △AEH≡△BFE≡△CGF≡△DHG이므로

□EFGH는 정사각형이다.

△AEH에서 $x^2+y^2=\overline{EH}^2$이므로 $\overline{EH}^2=10$

∴ □EFGH=$\overline{EH}^2=10(cm^2)$

06 △ABC에서 $3^2+\overline{AC}^2=5^2$, $\overline{AC}^2=16$

이때 $\overline{AC}>0$이므로 $\overline{AC}=4(cm)$

$\overline{AB}\times\overline{AC}=\overline{AD}\times\overline{BC}$이므로 $3\times4=\overline{AD}\times5$

∴ $\overline{AD}=\dfrac{12}{5}(cm)$

07 △ABC≡△CDE이므로

∠BAC=∠DCE, ∠BCA=∠DEC

∴ ∠ACE=180°-(∠BCA+∠DCE)

  =180°-(∠BCA+∠BAC)

  =180°-90°=90°

즉, △ACE는 $\overline{AC}=\overline{CE}$이고 ∠C=90°인 직각이등변삼각형이다.

$\overline{BC}=\overline{DE}=8$ cm이므로 △ABC에서

$8^2+6^2=\overline{AC}^2$ ∴ $\overline{AC}^2=100$

∴ △ACE=$\dfrac{1}{2}\times\overline{AC}^2=\dfrac{1}{2}\times100=50(cm^2)$

08 4개의 직각삼각형이 모두 합동이므로 □CFGH는 정사각형이다.

$\overline{AE}=\overline{ED}=17$ cm이므로 △AHE에서

$8^2+\overline{EH}^2=17^2$, $\overline{EH}^2=225$

이때 $\overline{EH}>0$이므로 $\overline{EH}=15(cm)$

$\overline{EG}=\overline{AH}=8$ cm이므로

$\overline{GH}=\overline{EH}-\overline{EG}=15-8=7(cm)$

따라서 □CFGH의 둘레의 길이는 $4\times7=28(cm)$

② 피타고라스 정리의 성질

익힘문제

개념 **35** 직각삼각형이 되는 조건

53쪽

01 답 (1) × (2) ○ (3) × (4) × (5) ○

(1) $2^2+4^2\neq5^2$이므로 직각삼각형이 아니다.

(2) $3^2+4^2=5^2$이므로 직각삼각형이다.

(3) $3^2+6^2\neq7^2$이므로 직각삼각형이 아니다.

(4) $4^2+5^2\neq6^2$이므로 직각삼각형이 아니다.

(5) $5^2+12^2=13^2$이므로 직각삼각형이다.

02 답 ㄹ

ㄱ. $2^2+3^2\neq4^2$이므로 직각삼각형이 아니다.

ㄴ. $3^2+4^2\neq6^2$이므로 직각삼각형이 아니다.

ㄷ. $8^2+9^2\neq12^2$이므로 직각삼각형이 아니다.

ㄹ. $7^2+24^2=25^2$이므로 직각삼각형이다.

이상에서 직각삼각형인 것은 ㄹ뿐이다.

03 답 15

$8<x<17$이므로 주어진 삼각형의 세 변의 길이 중 가장 긴 변의 길이는 17 cm이다.

따라서 직각삼각형이 되려면 $8^2+x^2=17^2$이어야 한다.

즉, $x^2=225$

이때 $x>0$이므로 $x=15$

04 답 (1) 둔각삼각형 (2) 예각삼각형 (3) 둔각삼각형

  (4) 예각삼각형 (5) 직각삼각형

(1) $6^2>3^2+5^2$이므로 둔각삼각형이다.

(2) $7^2<4^2+6^2$이므로 예각삼각형이다.

(3) $15^2>7^2+10^2$이므로 둔각삼각형이다.

(4) $14^2<9^2+12^2$이므로 예각삼각형이다.

(5) $20^2=12^2+16^2$이므로 직각삼각형이다.

05 답 ㄱ, ㄷ

ㄱ. $9^2>4^2+8^2$이므로 둔각삼각형이다.

ㄴ. $7^2<5^2+6^2$이므로 예각삼각형이다.

ㄷ. $11^2>7^2+8^2$이므로 둔각삼각형이다.

ㄹ. $15^2=9^2+12^2$이므로 직각삼각형이다.

이상에서 둔각삼각형인 것은 ㄱ, ㄷ이다.

01 답 (1) 91   (2) 104

$\overline{DE}^2 + \overline{BC}^2 = \overline{BE}^2 + \overline{CD}^2$ 에서

(1) $3^2 + x^2 = 6^2 + 8^2$ ∴ $x^2 = 91$

(2) $3^2 + 12^2 = x^2 + 7^2$ ∴ $x^2 = 104$

02 답 (1) 12   (2) 31

$\overline{AB}^2 + \overline{CD}^2 = \overline{AD}^2 + \overline{BC}^2$ 에서

(1) $6^2 + 5^2 = x^2 + 7^2$ ∴ $x^2 = 12$

(2) $7^2 + x^2 = 4^2 + 8^2$ ∴ $x^2 = 31$

03 답 18

$\overline{AP}^2 + \overline{CP}^2 = \overline{BP}^2 + \overline{DP}^2$ 에서

$4^2 + \overline{CP}^2 = 3^2 + 5^2$ ∴ $\overline{CP}^2 = 18$

04 답 (1) 44π (2) 15π

(1) (색칠한 부분의 넓이) $= 14\pi + 30\pi = 44\pi$

(2) $25\pi +$ (색칠한 부분의 넓이) $= 40\pi$ 이므로

    (색칠한 부분의 넓이) $= 40\pi - 25\pi = 15\pi$

05 답 (1) 25   (2) 60

(1) (색칠한 부분의 넓이) $= \triangle ABC$

$$= \frac{1}{2} \times 5 \times 10 = 25$$

(2) △ABC에서

$\overline{AB}^2 + 8^2 = 17^2$, $\overline{AB}^2 = 225$

이때 $15^2 = 225$ 이고 $\overline{AB} > 0$ 이므로 $\overline{AB} = 15$

∴ (색칠한 부분의 넓이) $= \triangle ABC$

$$= \frac{1}{2} \times 15 \times 8 = 60$$

필수문제   **55쪽**

01 ④	**02** 64, 136	**03** 7	**04** 20
05 164	**06** 27	**07** 9π	**08** 15 cm

01 ① $3^2 + 4^2 = 5^2$ 이므로 직각삼각형이다.

② $5^2 + 12^2 = 13^2$ 이므로 직각삼각형이다.

③ $7^2 + 24^2 = 25^2$ 이므로 직각삼각형이다.

④ $9^2 + 16^2 \neq 20^2$ 이므로 직각삼각형이 아니다.

⑤ $10^2 + 24^2 = 26^2$ 이므로 직각삼각형이다.

따라서 직각삼각형이 아닌 것은 ④이다.

02 (i) 가장 긴 변의 길이가 a일 때

    직각삼각형이 되려면 $6^2 + 10^2 = a^2$ 이어야 하므로

    $a^2 = 136$

(ii) 가장 긴 변의 길이가 10일 때

    직각삼각형이 되려면 $6^2 + a^2 = 10^2$ 이어야 하므로

    $a^2 = 64$

(i), (ii)에서 a^2의 값은 64, 136이다.

03 삼각형의 세 변의 길이 사이의 관계에서

$6 - 4 < x < 6 + 4$ 이므로 $2 < x < 10$

이때 $x > 6$ 이므로 $6 < x < 10$ …… ㉠

한편, $\angle A < 90°$ 이므로 $x^2 < 4^2 + 6^2$

$x^2 < 52$ …… ㉡

따라서 ㉠, ㉡을 만족하는 자연수 x는 7이다.

04 △ABC에서

$\overline{AD} = \overline{DB}$, $\overline{BE} = \overline{EC}$ 이므로

$\overline{AC} = 2\overline{DE} = 2 \times 2 = 4$

이때 $\overline{DE}^2 + \overline{AC}^2 = \overline{AE}^2 + \overline{CD}^2$ 이고

$\overline{DE}^2 + \overline{AC}^2 = 2^2 + 4^2 = 20$ 이므로

$\overline{AE}^2 + \overline{CD}^2 = 20$

05 △OCD에서

$6^2 + 8^2 = \overline{CD}^2$ ∴ $\overline{CD}^2 = 100$

$\overline{AB}^2 + \overline{CD}^2 = \overline{BC}^2 + \overline{AD}^2$ 에서

$\overline{AB}^2 + \overline{CD}^2 = 8^2 + 100 = 164$ 이므로

$\overline{BC}^2 + \overline{AD}^2 = 164$

06 $\overline{AP}^2 + \overline{CP}^2 = \overline{BP}^2 + \overline{DP}^2$ 에서

$\overline{AP}^2 + 6^2 = 3^2 + \overline{DP}^2$ 이므로

$\overline{DP}^2 - \overline{AP}^2 = 6^2 - 3^2 = 27$

07 $\frac{1}{2}\overline{BC} = \frac{1}{2} \times 6 = 3$ 이므로

$$S_3 = \frac{1}{2} \times \pi \times 3^2 = \frac{9}{2}\pi$$

이때 $S_1 + S_2 = S_3$ 이므로

$S_1 + S_2 + S_3 = 2S_3$

$$= 2 \times \frac{9}{2}\pi = 9\pi$$

08 색칠한 부분의 넓이는 △ABC의 넓이와 같으므로

$$\frac{1}{2} \times 9 \times \overline{AC} = 54$$

∴ $\overline{AC} = 12 \,(\text{cm})$

△ABC에서

$9^2 + 12^2 = \overline{BC}^2$, $\overline{BC}^2 = 225$

이때 $\overline{BC} > 0$ 이므로 $\overline{BC} = 15 \,(\text{cm})$

06 경우의 수

❶ 경우의 수

익힘문제

개념 37 사건과 경우의 수 　　57쪽

01 답 (1) 5　(2) 7　(3) 6
(1) 소수가 적힌 공이 나오는 경우는 2, 3, 5, 7, 11의 5가지이다.
(2) 5보다 큰 수가 적힌 공이 나오는 경우는 6, 7, 8, 9, 10, 11, 12의 7가지이다.
(3) 12의 약수가 적힌 공이 나오는 경우는 1, 2, 3, 4, 6, 12의 6가지이다.

02 답 앞, 앞, 뒤, 뒤, 뒤, 뒤, 뒤, 뒤, 뒤　(1) 8　(2) 3
(2) 앞면이 2개 나오는 경우는
(앞, 앞, 뒤), (앞, 뒤, 앞), (뒤, 앞, 앞)
의 3가지이다.

03 답 (1) 1　(2) 4　(3) 10　(4) 4
두 개의 주사위를 동시에 던질 때, 나오는 눈의 수를 순서쌍으로 나타내면
(1) 눈의 수의 합이 2인 경우는 (1, 1)의 1가지이다.
(2) 눈의 수의 합이 5인 경우는 (1, 4), (2, 3), (3, 2), (4, 1)의 4가지이다.
(3) 눈의 수의 차가 1인 경우는
(1, 2), (2, 3), (3, 4), (4, 5), (5, 6), (6, 5), (5, 4),
(4, 3), (3, 2), (2, 1)
의 10가지이다.
(4) 눈의 수의 차가 4인 경우는
(1, 5), (2, 6), (5, 1), (6, 2)
의 4가지이다.

04 답 (1) 풀이 참조　(2) 5

(1)	100원(개)	6	5	5	4	4
	50원(개)	0	2	1	4	3
	10원(개)	0	0	5	0	5
	금액(원)	600	600	600	600	600

(2) 빵값을 지불하는 모든 방법의 수는 5이다.

개념 38 사건 A 또는 사건 B가 일어나는 경우의 수 58쪽

01 답 (1) 2　(2) 1　(3) 3
(1) 3보다 작은 눈이 나오는 경우는 1, 2의 2가지이다.
(2) 5보다 큰 눈이 나오는 경우는 6의 1가지이다.
(3) 3보다 작거나 5보다 큰 눈이 나오는 경우의 수는
2+1=3

02 답 (1) 3　(2) 2　(3) 5
(1) 4의 배수가 적힌 카드가 나오는 경우는 4, 8, 12의 3가지이다.
(2) 7의 배수가 적힌 카드가 나오는 경우는 7, 14의 2가지이다.
(3) 4의 배수 또는 7의 배수가 적힌 카드가 나오는 경우의 수는
3+2=5

03 답 (1) 6　(2) 3　(3) 9
두 개의 주사위를 동시에 던질 때, 나오는 눈의 수를 순서쌍으로 나타내면
(1) 눈의 수의 합이 7인 경우는
(1, 6), (2, 5), (3, 4), (4, 3), (5, 2), (6, 1)
의 6가지이다.
(2) 눈의 수의 합이 11 이상인 경우는
(5, 6), (6, 5), (6, 6)
의 3가지이다.
(3) 눈의 수의 합이 7이거나 11 이상인 경우의 수는
6+3=9

04 답 (1) 7　(2) 10
(1) 4+3=7
(2) 8+2=10

05 답 7
3+4=7

06 답 10
정팔면체를 두 번 던질 때, 바닥에 오는 면에 적힌 수를 순서쌍으로 나타내면
두 수의 합이 6인 경우는
(1, 5), (2, 4), (3, 3), (4, 2), (5, 1)
의 5가지이고,
두 수의 합이 12인 경우는
(4, 8), (5, 7), (6, 6), (7, 5), (8, 4)
의 5가지이다.
따라서 구하는 경우의 수는
5+5=10

07 답 18
6+12=18

개념 39 두 사건 A와 B가 동시에 일어나는 경우의 수 59쪽

01 답 (1) 3 (2) 2 (3) 6

(1) 주사위 A에서 홀수의 눈이 나오는 경우는 1, 3, 5의 3가지이다.

(2) 주사위 B에서 합성수의 눈이 나오는 경우는 4, 6의 2가지이다.

(3) 주사위 A에서 홀수의 눈이 나오고, 주사위 B에서 합성수의 눈이 나오는 경우의 수는

$3 \times 2 = 6$

참고 합성수: 1보다 큰 자연수 중에서 소수가 아닌 수

02 답 (1) 48 (2) 72

(1) $2 \times 2 \times 2 \times 6 = 48$

(2) $2 \times 6 \times 6 = 72$

03 답 3

동전이 앞면이 나오는 경우는 1가지이고, 그 각각에 대하여 주사위가 짝수의 눈이 나오는 경우는 2, 4, 6의 3가지이다.

따라서 구하는 경우의 수는

$1 \times 3 = 3$

04 답 (1) 3 (2) 5 (3) 15

(3) $3 \times 5 = 15$

05 답 (1) 24 (2) 12

(1) $6 \times 4 = 24$

(2) $4 \times 3 = 12$

06 답 9

서준이가 낼 수 있는 것은 가위, 바위, 보의 3가지이고, 그 각각에 대하여 서언이가 낼 수 있는 것은 가위, 바위, 보의 3가지이므로 구하는 경우의 수는

$3 \times 3 = 9$

필수문제 —————————— 60쪽

| 01 ⑤ | 02 ③ | 03 8 | 04 ① | 05 12 |
| 06 ③ | 07 ⑤ | 08 8 | | |

01 ① 4 이상의 눈이 나오는 경우는 4, 5, 6의 3가지이다.
② 3 미만의 눈이 나오는 경우는 1, 2의 2가지이다.
③ 홀수의 눈이 나오는 경우는 1, 3, 5의 3가지이다.
④ 6의 약수의 눈이 나오는 경우는 1, 2, 3, 6의 4가지이다.
⑤ 5의 배수의 눈이 나오는 경우는 5의 1가지이다.

따라서 경우의 수가 가장 작은 것은 ⑤이다.

02 정십이면체를 두 번 던질 때, 바닥에 오는 면에 적힌 수를 순서쌍으로 나타내면 두 수의 차가 7인 경우는

$(1, 8), (2, 9), (3, 10), (4, 11), (5, 12),$
$(8, 1), (9, 2), (10, 3), (11, 4), (12, 5)$

의 10가지이다.

03 빨간 공이 나오는 경우의 수는 3이고
노란 공이 나오는 경우의 수는 5이므로
구하는 경우의 수는

$3 + 5 = 8$

04 두 개의 주사위를 동시에 던질 때, 나오는 눈의 수를 순서쌍으로 나타내면 눈의 수의 합이 4인 경우는

$(1, 3), (2, 2), (3, 1)$의 3가지

눈의 수의 합이 9인 경우는

$(3, 6), (4, 5), (5, 4), (6, 3)$의 4가지

따라서 구하는 경우의 수는

$3 + 4 = 7$

05 3의 배수가 나오는 경우는
3, 6, 9, …, 30의 10가지이다.
11의 배수가 나오는 경우는
11, 22의 2가지이다.
따라서 구하는 경우의 수는

$10 + 2 = 12$

06 A 지점에서 출발하여 B 지점까지 버스를 타고 가는 방법의 수는 4이고, 그 각각에 대하여 지하철을 타고 오는 방법의 수는 3이다.
따라서 구하는 방법의 수는

$4 \times 3 = 12$

07 주사위 A에서 4 이하의 눈이 나오는 경우는 1, 2, 3, 4의 4가지이고, 주사위 B에서 3의 배수의 눈이 나오는 경우는 3, 6의 2가지이다.
따라서 구하는 경우의 수는

$4 \times 2 = 8$

08 (i) 집에서 공원까지 가는 경우의 수는 3이고, 그 각각에 대하여 공원에서 도서관까지 가는 경우의 수는 2이다.
따라서 집에서 도서관까지 공원을 거쳐 가는 경우의 수는

$3 \times 2 = 6$

(ii) 집에서 도서관까지 공원을 거치지 않고 가는 경우의 수는 2

(i), (ii)에서 구하는 경우의 수는

$6 + 2 = 8$

❷ 여러 가지 경우의 수

익힘문제

개념 40 한 줄로 세우는 경우의 수 61쪽

01 답 (1) 120 (2) 24 (3) 20 (4) 120
(1) $5 \times 4 \times 3 \times 2 \times 1 = 120$
(2) 4명을 한 줄로 세우는 경우의 수와 같으므로 구하는 경우의 수는
$4 \times 3 \times 2 \times 1 = 24$
(3) $5 \times 4 = 20$
(4) 6명 중에서 3명을 뽑아 한 줄로 세우는 경우의 수와 같으므로 구하는 경우의 수는
$6 \times 5 \times 4 = 120$

02 답 (1) 24 (2) 6 (3) 48 (4) 12
(1) K를 맨 앞의 자리에 고정하고, 나머지 4개의 알파벳을 한 줄로 나열하는 경우의 수와 같으므로
$4 \times 3 \times 2 \times 1 = 24$
(2) K를 맨 앞, A를 맨 뒤의 자리에 고정하고, 나머지 3개의 알파벳을 한 줄로 나열하는 경우의 수와 같으므로
$3 \times 2 \times 1 = 6$
(3) (i) K를 맨 뒤의 자리에 고정하고, 나머지 4개의 알파벳을 한 줄로 나열하는 경우의 수는
$4 \times 3 \times 2 \times 1 = 24$
(ii) A를 맨 뒤의 자리에 고정하고, 나머지 4개의 알파벳을 한 줄로 나열하는 경우의 수는
$4 \times 3 \times 2 \times 1 = 24$
(i), (ii)에서 구하는 경우의 수는
$24 + 24 = 48$
(4) (i) K□□□R가 되도록 나열하는 경우의 수는
$3 \times 2 \times 1 = 6$
(ii) R□□□K가 되도록 나열하는 경우의 수는
$3 \times 2 \times 1 = 6$
(i), (ii)에서 구하는 경우의 수는
$6 + 6 = 12$

03 답 (1) 6 (2) 6 (3) 36
(1) $3 \times 2 \times 1 = 6$
(2) $3 \times 2 \times 1 = 6$
(3) $6 \times 6 = 36$

04 답 (1) 144 (2) 240 (3) 96
(1) 남학생 4명을 한 묶음으로 생각하고 3명이 한 줄로 서서 사진을 찍는 경우의 수는
$3 \times 2 \times 1 = 6$

이때 묶음 안에서 남학생 4명이 자리를 바꾸는 경우의 수는 $4 \times 3 \times 2 \times 1 = 24$
따라서 구하는 경우의 수는 $6 \times 24 = 144$
(2) 여학생 2명을 한 묶음으로 생각하고 5명이 한 줄로 서서 사진을 찍는 경우의 수는
$5 \times 4 \times 3 \times 2 \times 1 = 120$
이때 묶음 안에서 여학생 2명이 자리를 바꾸는 경우의 수는 2이므로 구하는 경우의 수는 $120 \times 2 = 240$
(3) 남학생끼리, 여학생끼리 각각 한 묶음으로 생각하고 2명이 한 줄로 서서 사진을 찍는 경우의 수는
$2 \times 1 = 2$
이때 묶음 안에서 남학생 4명이 자리를 바꾸는 경우의 수는 $4 \times 3 \times 2 \times 1 = 24$
또, 묶음 안에서 여학생 2명이 자리를 바꾸는 경우의 수는
$2 \times 1 = 2$
따라서 구하는 경우의 수는 $2 \times 24 \times 2 = 96$

개념 41 자연수의 개수 62쪽

01 답 (1) 42 (2) 210 (3) 12 (4) 24 (5) 30
(1) $7 \times 6 = 42$
(2) $7 \times 6 \times 5 = 210$
(3) (i) 십의 자리의 숫자가 1인 자연수는
12, 13, 14, 15, 16, 17의 6개
(ii) 십의 자리의 숫자가 2인 자연수는
21, 23, 24, 25, 26, 27의 6개
(i), (ii)에서 30보다 작은 수의 개수는 $6 + 6 = 12$
(4) 홀수이려면 일의 자리의 숫자가 1 또는 3 또는 5 또는 7이어야 한다.
(i) 일의 자리의 숫자가 1인 홀수는
21, 31, 41, 51, 61, 71의 6개
(ii) 일의 자리의 숫자가 3인 홀수는
13, 23, 43, 53, 63, 73의 6개
(iii) 일의 자리의 숫자가 5인 홀수는
15, 25, 35, 45, 65, 75의 6개
(iv) 일의 자리의 숫자가 7인 홀수는
17, 27, 37, 47, 57, 67의 6개
이상에서 구하는 홀수의 개수는
$6 + 6 + 6 + 6 = 24$
(5) 5의 배수이려면 일의 자리의 숫자가 5이어야 한다.
백의 자리에 올 수 있는 숫자는 5를 제외한 6개,
십의 자리에 올 수 있는 숫자는 5와 백의 자리의 숫자를 제외한 5개이므로 구하는 5의 배수의 개수는
$6 \times 5 = 30$

(4) 일의 자리에 올 수 있는 숫자는 1, 3, 5, 7의 4개, 십의 자리에 올 수 있는 숫자는 일의 자리에 온 숫자를 제외한 6개이다. 따라서 구하는 홀수의 개수는

$4 \times 6 = 24$

02 답 125

백의 자리, 십의 자리, 일의 자리에 올 수 있는 숫자는 각각 5개이다.
따라서 구하는 자연수의 개수는

$5 \times 5 \times 5 = 125$

03 답 (1) 36 (2) 180 (3) 17 (4) 21 (5) 12

(1) $6 \times 6 = 36$

(2) $6 \times 6 \times 5 = 180$

(3) (i) 십의 자리의 숫자가 4인 자연수는
  41, 42, 43, 45, 46의 5개

 (ii) 십의 자리의 숫자가 5인 자연수는
  50, 51, 52, 53, 54, 56의 6개

 (iii) 십의 자리의 숫자가 6인 자연수는
  60, 61, 62, 63, 64, 65의 6개

이상에서 40보다 큰 수의 개수는

$5 + 6 + 6 = 17$

(4) 짝수이려면 일의 자리의 숫자가 0 또는 2 또는 4 또는 6이어야 한다.

 (i) 일의 자리의 숫자가 0인 짝수는
  10, 20, 30, 40, 50, 60의 6개

 (ii) 일의 자리의 숫자가 2인 짝수는
  12, 32, 42, 52, 62의 5개

 (iii) 일의 자리의 숫자가 4인 짝수는
  14, 24, 34, 54, 64의 5개

 (iv) 일의 자리의 숫자가 6인 짝수는
  16, 26, 36, 46, 56의 5개

이상에서 구하는 짝수의 개수는

$6 + 5 + 5 + 5 = 21$

(5) 두 자리 자연수 중 3의 배수는
  12, 15, 21, 24, 30, 36, 42, 45, 51, 54, 60, 63
  의 12개이다.

04 답 100

백의 자리에 올 수 있는 숫자는 0을 제외한 4개, 십의 자리, 일의 자리에 올 수 있는 숫자는 각각 5개씩이다.
따라서 구하는 자연수의 개수는

$4 \times 5 \times 5 = 100$

개념 42 대표를 뽑는 경우의 수 63쪽

01 답 (1) 30 (2) 120 (3) 20

(1) $6 \times 5 = 30$

(2) $6 \times 5 \times 4 = 120$

(3) A를 회장으로 뽑고 난 후 나머지 B, C, D, E, F 5명 중에서 부회장 1명, 총무 1명을 뽑아야 하므로 구하는 경우의 수는

$5 \times 4 = 20$

02 답 72

구하는 경우의 수는 9명 중에서 자격이 다른 대표 2명을 뽑는 경우의 수와 같으므로

$9 \times 8 = 72$

03 답 42

영욱이를 400 m 달리기 선수로 뽑고 난 후 나머지 7명 중에서 100 m 달리기, 200 m 달리기 선수를 각각 1명씩 뽑아야 하므로 구하는 경우의 수는

$7 \times 6 = 42$

04 답 (1) 15 (2) 20 (3) 10

(1) $\dfrac{6 \times 5}{2} = 15$

(2) $\dfrac{6 \times 5 \times 4}{3 \times 2 \times 1} = 20$

(3) F를 대표로 뽑고 난 후 나머지 A, B, C, D, E 5명 중에서 자격이 같은 대표 2명을 뽑는 경우의 수와 같으므로

$\dfrac{5 \times 4}{2} = 10$

05 답 (1) 36 (2) 84

(1) 구하는 경우의 수는 지훈이를 제외한 9명 중에서 자격이 같은 대표 2명을 뽑는 경우의 수와 같으므로

$\dfrac{9 \times 8}{2} = 36$

(2) 구하는 경우의 수는 지훈이를 제외한 9명 중에서 자격이 같은 대표 3명을 뽑는 경우의 수와 같으므로

$\dfrac{9 \times 8 \times 7}{3 \times 2 \times 1} = 84$

06 답 30

5명 중에서 회장 1명을 뽑는 경우의 수는 5이다.
회장을 제외한 4명 중에서 부회장 2명을 뽑는 경우의 수는

$\dfrac{4 \times 3}{2} = 6$

따라서 구하는 경우의 수는

$5 \times 6 = 30$

01 $3 \times 2 \times 1 = 6$

02 □ □ 지혜 □ □

구하는 경우의 수는 지혜를 가운데 자리에 고정하고 재원, 도형, 주창, 양희 4명을 한 줄로 세우는 경우의 수와 같으므로
$4 \times 3 \times 2 \times 1 = 24$

03 사회와 사회과부도를 한 묶음으로 생각하고 4권을 한 줄로 꽂는 경우의 수는 $4 \times 3 \times 2 \times 1 = 24$
이때 묶음 안에서 사회와 사회과부도가 자리를 바꾸는 경우의 수는 $2 \times 1 = 2$
따라서 구하는 경우의 수는
$24 \times 2 = 48$

04 짝수이려면 일의 자리의 숫자가 2 또는 4이어야 한다.
(i) 일의 자리의 숫자가 2인 짝수는
　　12, 32, 42, 52의 4개
(ii) 일의 자리의 숫자가 4인 짝수는
　　14, 24, 34, 54의 4개
(i), (ii)에서 구하는 짝수의 개수는
$4 + 4 = 8$

05 5의 배수이려면 일의 자리의 숫자가 0 또는 5이어야 한다.
(i) 일의 자리의 숫자가 0인 5의 배수의 개수
　　백의 자리에 올 수 있는 숫자는 0을 제외한 5개,
　　십의 자리에 올 수 있는 숫자는 0과 백의 자리의 숫자를 제외한 4개이므로 $5 \times 4 = 20$
(ii) 일의 자리의 숫자가 5인 5의 배수의 개수
　　백의 자리에 올 수 있는 숫자는 0과 5를 제외한 4개,
　　십의 자리에 올 수 있는 숫자는 5와 백의 자리의 숫자를 제외한 4개이므로 $4 \times 4 = 16$
(i), (ii)에서 구하는 5의 배수의 개수는
$20 + 16 = 36$

06 A를 제외한 나머지 B, C, D, E 4명 중에서 2루수 1명, 3루수 1명을 뽑아야 하므로 구하는 경우의 수는
$4 \times 3 = 12$

07 구하는 횟수는 5명 중에서 자격이 같은 대표 2명을 뽑는 경우의 수와 같으므로 $\dfrac{5 \times 4}{2} = 10$

08 $\overline{AB}$와 $\overline{BA}$는 같은 선분이므로 6개 중에서 자격이 같은 2개를 뽑는 경우의 수와 같다. 따라서 구하는 선분의 개수는
$\dfrac{6 \times 5}{2} = 15$

07 확률과 그 계산

❶ 확률과 그 기본 성질

익힘문제

개념 **43** 확률의 뜻 ─────── 66쪽

01 답 (1) 10 　(2) 4 　(3) $\dfrac{2}{5}$
(1) $6 + 4 = 10$
(2) 노란 공이 4개 있으므로 구하는 경우의 수는 4
(3) $\dfrac{4}{10} = \dfrac{2}{5}$

02 답 (1) 4 　(2) 1 　(3) $\dfrac{1}{4}$
(1) $2 \times 2 = 4$
(2) 모두 뒷면이 나오는 경우는 (뒤, 뒤)의 1가지이다.
(3) 모두 뒷면이 나올 확률은 $\dfrac{1}{4}$이다.

03 답 (1) $\dfrac{1}{6}$ 　(2) $\dfrac{1}{2}$ 　(3) $\dfrac{1}{2}$
모든 경우의 수는 6
(1) 4의 눈이 나오는 경우는 1가지이므로 구하는 확률은 $\dfrac{1}{6}$
(2) 홀수의 눈이 나오는 경우는 1, 3, 5의 3가지이므로 구하는 확률은 $\dfrac{3}{6} = \dfrac{1}{2}$
(3) 소수의 눈이 나오는 경우는 2, 3, 5의 3가지이므로 구하는 확률은 $\dfrac{3}{6} = \dfrac{1}{2}$

04 답 (1) 120 　(2) 24 　(3) $\dfrac{1}{5}$
(1) $5 \times 4 \times 3 \times 2 \times 1 = 120$
(2) D를 맨 뒤의 자리에 고정하고, 나머지 4개의 알파벳을 한 줄로 나열하는 경우의 수와 같으므로
$4 \times 3 \times 2 \times 1 = 24$
(3) $\dfrac{24}{120} = \dfrac{1}{5}$

05 답 (1) 4 　(2) $\dfrac{1}{3}$
(1) 3의 배수인 경우는 12, 21, 24, 42의 4개이다.
(2) 만들 수 있는 두 자리 자연수의 개수는
$4 \times 3 = 12$
따라서 구하는 확률은
$\dfrac{4}{12} = \dfrac{1}{3}$

06 📖 (1) 36π (2) 9π (3) $\dfrac{1}{4}$

(1) $\pi \times 6^2 = 36\pi$

(2) $\pi \times 3^2 = 9\pi$

(3) $\dfrac{9\pi}{36\pi} = \dfrac{1}{4}$

개념 44 확률의 성질 67쪽

01 📖 (1) $\dfrac{3}{5}$ (2) $\dfrac{2}{5}$ (3) 0 (4) 1

02 📖 (1) $\dfrac{5}{36}$ (2) 0 (3) $\dfrac{1}{9}$ (4) 1

모든 경우의 수는 $6 \times 6 = 36$

이때 두 개의 주사위를 던져 나오는 눈의 수를 순서쌍으로 나타내면

(1) 눈의 수의 합이 8인 경우는

$(2, 6), (3, 5), (4, 4), (5, 3), (6, 2)$

의 5가지이므로 구하는 확률은 $\dfrac{5}{36}$

(2) 눈의 수의 차가 7이 되는 경우는 없으므로 구하는 확률은 0

(3) 눈의 수의 곱이 12인 경우는 $(2, 6), (3, 4), (4, 3), (6, 2)$

의 4가지이므로 구하는 확률은 $\dfrac{4}{36} = \dfrac{1}{9}$

(4) 눈의 수의 합은 항상 13보다 작으므로 구하는 확률은 1

03 📖 (1) $\dfrac{3}{5}$ (2) $\dfrac{9}{10}$ (3) $\dfrac{5}{7}$

(1) (과녁을 맞히지 못할 확률) $=1-$ (과녁을 맞힐 확률)

$=1-\dfrac{2}{5} = \dfrac{3}{5}$

(2) (복권에 당첨되지 못할 확률) $=1-$ (복권에 당첨될 확률)

$=1-\dfrac{1}{10} = \dfrac{9}{10}$

(3) (내일 비가 오지 않을 확률) $=1-$ (내일 비가 올 확률)

$=1-\dfrac{2}{7} = \dfrac{5}{7}$

04 📖 (1) $\dfrac{1}{8}$ (2) $\dfrac{7}{8}$

(1) 서로 다른 동전 3개를 동시에 던질 때, 나오는 모든 경우의 수는 $2 \times 2 \times 2 = 8$

모두 뒷면이 나오는 경우를 순서쌍으로 나타내면

(뒤, 뒤, 뒤)의 1가지이므로 모두 뒷면이 나올 확률은 $\dfrac{1}{8}$

(2) (적어도 한 개는 앞면이 나올 확률)

$=1-$ (모두 뒷면이 나올 확률)

$=1-\dfrac{1}{8} = \dfrac{7}{8}$

05 📖 (1) $\dfrac{1}{9}$ (2) $\dfrac{8}{9}$

(1) 모든 경우의 수는 $6 \times 6 = 36$

이때 두 개의 주사위를 던져 나오는 눈의 수를 순서쌍으로 나타내면 두 주사위에서 모두 5 이상의 눈이 나오는 경우는

$(5, 5), (5, 6), (6, 5), (6, 6)$의 4가지이므로

두 주사위에서 모두 5 이상의 눈이 나올 확률은

$\dfrac{4}{36} = \dfrac{1}{9}$

(2) (적어도 한 개는 5 미만의 눈이 나올 확률)

$=1-$ (모두 5 이상의 눈이 나올 확률)

$=1-\dfrac{1}{9} = \dfrac{8}{9}$

필수문제 68쪽

01 ④	**02** ①	**03** ③	**04** $\dfrac{3}{4}$	**05** ㄱ, ㄴ, ㄹ
06 ④	**07** $\dfrac{35}{36}$	**08** $\dfrac{3}{5}$		

01 $\dfrac{5}{2+5+3} = \dfrac{5}{10} = \dfrac{1}{2}$

02 모든 경우의 수는 $6 \times 6 = 36$

이때 두 개의 주사위를 던져 나오는 눈의 수를 순서쌍으로 나타내면 눈의 수의 합이 6인 경우는

$(1, 5), (2, 4), (3, 3), (4, 2), (5, 1)$

의 5가지이므로 구하는 확률은 $\dfrac{5}{36}$

03 모든 경우의 수는 $5 \times 4 \times 3 \times 2 \times 1 = 120$

A를 첫 번째 주자로 세우고, A를 제외한 나머지 4명의 달리기 순서를 정하는 경우의 수는

$4 \times 3 \times 2 \times 1 = 24$

따라서 구하는 확률은

$\dfrac{24}{120} = \dfrac{1}{5}$

04 작은 원의 반지름의 길이를 r라 하면 작은 원의 넓이는 πr^2

큰 원의 반지름의 길이는 $2r$이므로 큰 원의 넓이는

$\pi \times (2r)^2 = 4\pi r^2$

∴ (색칠한 부분의 넓이)$=$(큰 원의 넓이)$-$(작은 원의 넓이)

$=4\pi r^2 - \pi r^2 = 3\pi r^2$

따라서 구하는 확률은

$\dfrac{3\pi r^2}{4\pi r^2} = \dfrac{3}{4}$

05 ㄷ. $p+q=1$이므로 $q=1-p$

ㅁ. $p=0$이면 사건 A는 절대로 일어나지 않는다.

이상에서 옳은 것은 ㄱ, ㄴ, ㄹ이다.

06 모든 경우의 수는 10

① 짝수가 적힌 카드가 나오는 경우는 2, 4, 6, 8, 10의 5가지

이므로 그 확률은 $\dfrac{5}{10}=\dfrac{1}{2}$

② 3의 배수가 적힌 카드가 나오는 경우는 3, 6, 9의 3가지이

므로 그 확률은 $\dfrac{3}{10}$

③ 8의 약수가 적힌 카드가 나오는 경우는 1, 2, 4, 8의 4가지

이므로 그 확률은 $\dfrac{4}{10}=\dfrac{2}{5}$

④ 10의 배수가 적힌 카드가 나오는 경우는 10의 1가지이므

로 그 확률은 $\dfrac{1}{10}$

⑤ 반드시 10 이하의 수가 적힌 카드가 나오므로 그 확률은 1

07 모든 경우의 수는 $6\times6=36$

이때 두 개의 주사위를 던져 나오는 눈의 수를 순서쌍으로 나

타내면 눈의 수의 합이 11보다 큰 경우는

$(6, 6)$의 1가지이므로

눈의 수의 합이 11보다 클 확률은 $\dfrac{1}{36}$

따라서 구하는 확률은

$1-\dfrac{1}{36}=\dfrac{35}{36}$

08 6명 중에서 2명의 대표를 뽑는 경우의 수는 $\dfrac{6\times5}{2}=15$

2명의 대표 모두 여학생이 뽑히는 경우의 수는 $\dfrac{4\times3}{2}=6$

이므로 그 확률은 $\dfrac{6}{15}=\dfrac{2}{5}$

∴ (적어도 한 명은 남학생이 뽑힐 확률)

$=1-($모두 여학생이 뽑힐 확률$)$

$=1-\dfrac{2}{5}=\dfrac{3}{5}$

❷ 확률의 계산

익힘문제

개념 **45** 사건 A 또는 사건 B가 일어날 확률 69쪽

01 답 (1) $\dfrac{4}{9}$ (2) $\dfrac{2}{9}$ (3) $\dfrac{2}{3}$

모든 경우의 수는 $4+3+2=9$

(1) 빨간 구슬은 4개이므로 구하는 확률은 $\dfrac{4}{9}$

(2) 노란 구슬은 2개이므로 구하는 확률은 $\dfrac{2}{9}$

(3) 두 사건은 동시에 일어날 수 없으므로 구하는 확률은

$\dfrac{4}{9}+\dfrac{2}{9}=\dfrac{2}{3}$

02 답 (1) $\dfrac{7}{12}$ (2) $\dfrac{7}{12}$ (3) $\dfrac{2}{3}$

모든 경우의 수는 12

(1) 홀수가 나오는 경우는 1, 3, 5, 7, 9, 11의 6가지이므로 그

확률은 $\dfrac{6}{12}=\dfrac{1}{2}$

8이 나오는 경우는 1가지이므로 그 확률은 $\dfrac{1}{12}$

두 사건은 동시에 일어날 수 없으므로 구하는 확률은

$\dfrac{1}{2}+\dfrac{1}{12}=\dfrac{7}{12}$

(2) 6의 약수가 나오는 경우는 1, 2, 3, 6의 4가지이므로 그 확

률은 $\dfrac{4}{12}=\dfrac{1}{3}$

4의 배수가 나오는 경우는 4, 8, 12의 3가지이므로 그 확

률은 $\dfrac{3}{12}=\dfrac{1}{4}$

두 사건은 동시에 일어날 수 없으므로 구하는 확률은

$\dfrac{1}{3}+\dfrac{1}{4}=\dfrac{7}{12}$

(3) 7보다 작은 수가 나오는 경우는 1, 2, 3, 4, 5, 6의 6가지이

므로 그 확률은

$\dfrac{6}{12}=\dfrac{1}{2}$

10보다 큰 수가 나오는 경우는 11, 12의 2가지이므로 그

확률은

$\dfrac{2}{12}=\dfrac{1}{6}$

두 사건은 동시에 일어날 수 없으므로 구하는 확률은

$\dfrac{1}{2}+\dfrac{1}{6}=\dfrac{2}{3}$

03 답 (1) $\dfrac{1}{9}$ (2) $\dfrac{1}{6}$ (3) $\dfrac{5}{18}$

모든 경우의 수는 $6\times6=36$

이때 두 개의 주사위를 던져 나오는 눈의 수를 순서쌍으로 나

타내면

(1) 눈의 수의 합이 5인 경우는

$(1, 4), (2, 3), (3, 2), (4, 1)$

의 4가지이므로 구하는 확률은

$\dfrac{4}{36}=\dfrac{1}{9}$

(2) 눈의 수의 합이 7인 경우는

$(1, 6), (2, 5), (3, 4), (4, 3), (5, 2), (6, 1)$

의 6가지이므로 구하는 확률은

$\dfrac{6}{36}=\dfrac{1}{6}$

(3) 두 사건은 동시에 일어날 수 없으므로 구하는 확률은

$$\frac{1}{9}+\frac{1}{6}=\frac{5}{18}$$

04 📖 $\frac{5}{18}$

모든 경우의 수는 $6\times6=36$

이때 두 개의 주사위를 던져 나오는 눈의 수를 순서쌍으로 나타내면 눈의 수의 차가 3인 경우는

$(1,4),(2,5),(3,6),(4,1),(5,2),(6,3)$

의 6가지이므로 그 확률은 $\frac{6}{36}=\frac{1}{6}$

눈의 수의 차가 4인 경우는

$(1,5),(2,6),(5,1),(6,2)$

의 4가지이므로 그 확률은 $\frac{4}{36}=\frac{1}{9}$

두 사건은 동시에 일어날 수 없으므로 구하는 확률은

$$\frac{1}{6}+\frac{1}{9}=\frac{5}{18}$$

05 📖 $\frac{1}{2}$

3의 배수가 적힌 부분은 3, 6으로 전체 6개의 칸 중에서 2개이므로 그 확률은 $\frac{2}{6}=\frac{1}{3}$

5의 배수가 적힌 부분은 5로 전체 6개의 칸 중에서 1개이므로 그 확률은 $\frac{1}{6}$

두 사건은 동시에 일어날 수 없으므로 구하는 확률은

$$\frac{1}{3}+\frac{1}{6}=\frac{1}{2}$$

개념 46 두 사건 A와 B가 동시에 일어날 확률 70쪽

01 📖 (1) $\frac{1}{2}$ (2) $\frac{1}{3}$ (3) $\frac{1}{6}$

(2) 4보다 큰 수의 눈이 나오는 경우는 5, 6의 2가지이므로 그 확률은

$$\frac{2}{6}=\frac{1}{3}$$

(3) $\frac{1}{2}\times\frac{1}{3}=\frac{1}{6}$

02 📖 (1) $\frac{5}{9}$ (2) $\frac{1}{18}$ (3) $\frac{5}{18}$

(1) 주머니 A에서 검은 공이 나올 확률은 $\frac{4}{6}=\frac{2}{3}$

주머니 B에서 흰 공이 나올 확률은 $\frac{5}{6}$

따라서 구하는 확률은

$$\frac{2}{3}\times\frac{5}{6}=\frac{5}{9}$$

(2) 주머니 A에서 흰 공이 나올 확률은 $\frac{2}{6}=\frac{1}{3}$

주머니 B에서 검은 공이 나올 확률은 $\frac{1}{6}$

따라서 구하는 확률은

$$\frac{1}{3}\times\frac{1}{6}=\frac{1}{18}$$

(3) 주머니 A에서 흰 공이 나올 확률은 $\frac{2}{6}=\frac{1}{3}$

주머니 B에서 흰 공이 나올 확률은 $\frac{5}{6}$

따라서 구하는 확률은

$$\frac{1}{3}\times\frac{5}{6}=\frac{5}{18}$$

03 📖 (1) $\frac{1}{4}$ (2) $\frac{1}{9}$

(1) 4의 약수의 눈이 나오는 경우는 1, 2, 4의 3가지이므로 그 확률은 $\frac{3}{6}=\frac{1}{2}$

소수의 눈이 나오는 경우는 2, 3, 5의 3가지이므로 그 확률은 $\frac{3}{6}=\frac{1}{2}$

따라서 구하는 확률은

$$\frac{1}{2}\times\frac{1}{2}=\frac{1}{4}$$

(2) 3의 배수의 눈이 나오는 경우는 3, 6의 2가지이므로 그 확률은 $\frac{2}{6}=\frac{1}{3}$

따라서 구하는 확률은

$$\frac{1}{3}\times\frac{1}{3}=\frac{1}{9}$$

04 📖 (1) $\frac{3}{8}$ (2) $\frac{1}{8}$ (3) $\frac{1}{2}$ (4) $\frac{1}{2}$

(1) $\frac{2}{4}\times\frac{3}{4}=\frac{3}{8}$

(2) $\frac{2}{4}\times\frac{1}{4}=\frac{1}{8}$

(3) (같은 색의 공이 나올 확률)

= (모두 빨간 공이 나올 확률)

  + (모두 노란 공이 나올 확률)

$$=\frac{3}{8}+\frac{1}{8}=\frac{1}{2}$$

(4) (다른 색의 공이 나올 확률)

= $1-$(같은 색의 공이 나올 확률)

$$=1-\frac{1}{2}=\frac{1}{2}$$

05 📖 (1) $\frac{1}{3}$ (2) $\frac{1}{10}$ (3) $\frac{9}{10}$

(1) $\frac{5}{6}\times\frac{2}{5}=\frac{1}{3}$

(2) $\left(1-\frac{5}{6}\right)\times\left(1-\frac{2}{5}\right)=\frac{1}{6}\times\frac{3}{5}=\frac{1}{10}$

(3) (A, B 중 적어도 한 사람은 이 시험에 합격할 확률)

= $1-$(A, B 모두 이 시험에 합격하지 못할 확률)

$$=1-\frac{1}{10}=\frac{9}{10}$$

개념 47 연속하여 꺼내는 경우의 확률 71쪽

01 답 (1) $\dfrac{1}{36}$ (2) $\dfrac{25}{36}$ (3) $\dfrac{5}{36}$ (4) $\dfrac{1}{6}$

꺼낸 제품을 다시 넣으므로

(1) $\dfrac{2}{12} \times \dfrac{2}{12} = \dfrac{1}{36}$

(2) $\dfrac{10}{12} \times \dfrac{10}{12} = \dfrac{25}{36}$

(3) $\dfrac{10}{12} \times \dfrac{2}{12} = \dfrac{5}{36}$

(4) (B가 불량품을 꺼낼 확률)

　＝(B만 불량품을 꺼낼 확률)

　　＋(A, B 모두 불량품을 꺼낼 확률)

　＝$\dfrac{5}{36} + \dfrac{1}{36} = \dfrac{1}{6}$

02 답 (1) $\dfrac{4}{25}$ (2) $\dfrac{4}{25}$ (3) $\dfrac{8}{25}$

(1) $\dfrac{3}{15} \times \dfrac{12}{15} = \dfrac{4}{25}$

(2) $\dfrac{12}{15} \times \dfrac{3}{15} = \dfrac{4}{25}$

(3) $\dfrac{4}{25} + \dfrac{4}{25} = \dfrac{8}{25}$

03 답 (1) $\dfrac{1}{66}$ (2) $\dfrac{15}{22}$ (3) $\dfrac{5}{33}$ (4) $\dfrac{65}{66}$

꺼낸 제품을 다시 넣지 않으므로

(1) $\dfrac{2}{12} \times \dfrac{1}{11} = \dfrac{1}{66}$

(2) $\dfrac{10}{12} \times \dfrac{9}{11} = \dfrac{15}{22}$

(3) $\dfrac{10}{12} \times \dfrac{2}{11} = \dfrac{5}{33}$

(4) (적어도 한 사람은 정상 제품을 꺼낼 확률)

　＝1−(A, B 모두 불량품을 꺼낼 확률)

　＝$1 - \dfrac{1}{66} = \dfrac{65}{66}$

04 답 $\dfrac{2}{9}$

홀수가 적힌 카드가 나오는 경우는 1, 3, 5, 7, 9의 5가지이므로 구하는 확률은

$\dfrac{5}{10} \times \dfrac{4}{9} = \dfrac{2}{9}$

05 답 $\dfrac{13}{28}$

두 번 모두 검은 공이 나올 확률은

$\dfrac{5}{8} \times \dfrac{4}{7} = \dfrac{5}{14}$

두 번 모두 흰 공이 나올 확률은

$\dfrac{3}{8} \times \dfrac{2}{7} = \dfrac{3}{28}$

따라서 구하는 확률은

$\dfrac{5}{14} + \dfrac{3}{28} = \dfrac{13}{28}$

| 01 ④ | 02 $\dfrac{16}{81}$ | 03 $\dfrac{11}{20}$ | 04 ④ | 05 $\dfrac{11}{25}$ |
| 06 ④ | 07 $\dfrac{2}{21}$ | 08 ⑤ | | |

01 5의 배수가 나오는 경우는 5, 10의 2가지이므로 그 확률은

$\dfrac{2}{12} = \dfrac{1}{6}$

12의 약수가 나오는 경우는 1, 2, 3, 4, 6, 12의 6가지이므로

그 확률은 $\dfrac{6}{12} = \dfrac{1}{2}$

두 사건은 동시에 일어날 수 없으므로 구하는 확률은

$\dfrac{1}{6} + \dfrac{1}{2} = \dfrac{2}{3}$

02 전체 9개의 칸 중에서 색칠하지 않은 칸이 4개이므로 화살을 한 번 쏘아 색칠하지 않은 부분을 맞힐 확률은 $\dfrac{4}{9}$

따라서 구하는 확률은

$\dfrac{4}{9} \times \dfrac{4}{9} = \dfrac{16}{81}$

03 (ⅰ) 민수만 이 문제를 풀 확률은

$\dfrac{2}{5} \times \left(1 - \dfrac{3}{4}\right) = \dfrac{2}{5} \times \dfrac{1}{4} = \dfrac{1}{10}$

(ⅱ) 지민이만 이 문제를 풀 확률은

$\left(1 - \dfrac{2}{5}\right) \times \dfrac{3}{4} = \dfrac{3}{5} \times \dfrac{3}{4} = \dfrac{9}{20}$

(ⅰ), (ⅱ)에서 구하는 확률은

$\dfrac{1}{10} + \dfrac{9}{20} = \dfrac{11}{20}$

04 두 수의 곱이 홀수일 확률은 $\dfrac{2}{4} \times \dfrac{2}{3} = \dfrac{1}{3}$

∴ (두 수의 곱이 짝수일 확률)

　＝1−(두 수의 곱이 홀수일 확률)＝$1 - \dfrac{1}{3} = \dfrac{2}{3}$

05 두 사람이 만날 확률은 $\dfrac{4}{5} \times \dfrac{7}{10} = \dfrac{14}{25}$

∴ (두 사람이 만나지 못할 확률)

　＝1−(두 사람이 만날 확률)＝$1 - \dfrac{14}{25} = \dfrac{11}{25}$

06 구슬을 꺼내 확인하고 다시 넣으므로

$\dfrac{2}{8} \times \dfrac{2}{8} = \dfrac{1}{16}$

07 3의 배수가 적힌 카드가 나오는 경우는 3, 6, 9, 12, 15의 5가지이므로 구하는 확률은

$\dfrac{5}{15} \times \dfrac{4}{14} = \dfrac{2}{21}$

08 두 사람 모두 당첨되지 않을 확률은 $\dfrac{6}{9} \times \dfrac{5}{8} = \dfrac{5}{12}$

∴ (적어도 한 사람이 당첨될 확률)

　＝1−(두 사람 모두 당첨되지 않을 확률)

　＝$1 - \dfrac{5}{12} = \dfrac{7}{12}$

Memo